KB159218

雪蓮道場 5

히말라야의 맹주

# 네팔 히말라야

Kathmandu

카트만두 편

임현담 글·사진

종이거울

샨티푸르 샨티구루에게

카트만두 분지가 자연재해에서 벗어나

샨티(평화) 안에 늘 머물 수 있도록

부탁드리며

• 카트만두는 산에 둘러싸여 있는 분지. 북쪽으로 올라서면 히말라야가 하얀 물결처럼 출렁이고, 남쪽으로 올라서면 인도대륙에 연결된 테라이[평원] 지평선이 눈에 들어온다. 한반도에 살면서 만나왔던 풍경과는 전혀 차원이 다른 모습들이 시선 앞에 드넓고 웅장하게 펼쳐진다. 손바닥 디지털기기에 매달렸던 짧고 궁색했던 시선은 두 발로 걸어 올라 만나게 되는 장대함에 고스란히 압도된다. 스스로 너무 오랫동안 동굴 안에 가둬져 있었다. 밝은 태양 아래 신세계 그리고 버려지는 근시안.

## 지난 스무 몇 해 동안 모셔온 귀한 스승

36살, 붓다가 정각에 이르렀다는 나이에, 나는 그제야 집을 나섰다. 그리고 한밤중에 인도 뭄바이 공항에 도착했다.

그 후 강과 산이 여러 차례 변하는 제법 긴 세월 동안의 행적이 몸과 마음에 이런저런 흔적을 남겨 왔다.

배낭을 메고 집을 나가던 순간부터, 오늘 이 자리에 이르기까지의 여정을 돌아보면, 단지 스무 몇 해가 아니라 몇 생(生)을 너끈히 살아낸 것 같다. 종교 이야기만 하더라도 천주교에서 힌두교로 그리고 티베트 불교로 이어나가며, 마치 나이테처럼 확연히 뛰어넘고 구별되는 삶들이 세월 따라 여러 겹 생겨났다. 안거를 지내 법랍(法臘)이 늘어나면 세수(歲首)만한 가치를 지니거늘 집을 나선 날부터 스스로 납(臘)을 삼았으니 삶이 제법 흘러온 셈이다.

이런 소중한 시간대가 없었다면 여전히 탐욕스럽고 이기적이며 세속적인 가치로 무장한 채 영원히 죽지 않을 사람처럼 질주하고 있었을 것이다. 그러다가 거스를 수 없는 노화나 회복이 어려운 큰 병이 다가와, 이제 가까워진 죽음을 어루만질 무렵에서야 '삶이란 겨우 이런 것인가?' 물었을 것이고, 회복되기 어려운 상태에서 '나라는 존재는 겨우 잠시 깜박였다가 사라지는 불꽃이었던가?' 삶을 통째로 회의했을 것이다.

혹 치명적인 병이라도 찾아왔다면 쉬이 내려놓지 못하고 '인궁즉호천(人窮則呼天) 통극즉호부모(痛極則呼父母)'라 했던가, 하늘을 향해 살려달라고 기도하며 집요하게 매달렸으리라.

삶이 왕성했던 스무 몇 해 동안의 지대한 스승은 서남쪽 인도라고 부르는 땅덩어리를 중심으로 북쪽의 티베트, 서쪽의 파키스탄 그리고 북쪽 중앙부에 위치한 네팔이라는 나라들이었다. 이들을 연결하는 하나의 공통점이자 구심점은 동쪽에서부터 서쪽으로 달리는 길고 하얀 대간, 높고 거친 백산룡(白山龍) 줄기, 즉 히말라야.

히말라야는 동서 길이가 무려 2,500km 남북 300km 이르러 지구 둘레를 도는 인공위성에서 별다른 노력 없이 선명하게 보이는 드넓은 지역으로, 이 거대한 산맥에서 흘러나오는 강줄기에 의지 의탁하는 여러 나라가, 지난 세월 동안의 삶의 방향을 바꿔준 열혈공부방이었다.

산수(山水)는 물론, 자생하는 동식물들, 더불어 자연에 기대어 살아가고 있는 사람들, 사원과 히말라야에서 수행하는 구루들, 그들이 믿고 따르는 종교의 가르침, 종교 문화적 유산들, 이 모두가 꿀과 젖 같은 가르침을 주며 상응(相應)하여 오늘의 나를 키워냈다.

인연법에 따라 힌두교와 티베트불교의 이야기들이 마른 스펀지가 물을 빨아들이듯 흡수되고, 이야기가 펼쳐진 힌두교 성지를 찾아 인도에서 북쪽 가르왈 히말라야로 들어가는 것을 시작으로, 히말라야 줄기 이곳저곳, 결국 불교와 힌두교의 최고 성지인 티베트의 강 링포체(카일라스)를 돌아보는 순간까지 자연스럽게 이어졌다. 새로운 지역을 들어갈 때마다 떨리는 가슴, 묘한 흥분은 마치 오랫동안 기다려왔던 새로운 책을 이제 막 펼치는 기분이랄까.

쓸데없이 이리저리 분주하게 발바닥 닳도록 돌아다닌[踏僞脚板濶] 일은 아니었는지 이제 과거 목숨 걸고 얻고자 노력한 귀중했던 가치는 호수의 잔물결,

아지랑이나 구름처럼 모두 덧없음을 알게 되었다. 삶의 중요 관점이 뒤바뀌고 변화하였으니 본래 종자들이 싹을 틔우고 자라나기 시작하며, 계절을 겪어가며 해가 바뀌어, 때마다 나이테가 하나씩 더해졌다. 이제 달과 손가락 사이에서 다시는 현혹되지 않는(指月無復眩) 입구에 서 있다.

모두 히말라야 덕분이다.

## 천대 받았던 카트만두의 복권

그렇게 히말라야를 여행하던 1996년, 당시 시절 인연에 따라 카트만두에 처음 발을 들여놓게 된 후, 꽤나 여러 차례 되찾게 되었다. 그러나 시선이 놓인 자리 풍경, 건물 등등이 가지고 있는 신화와 종교적 깊은 이야기에는 무관심으로 일관하며 카트만두는 다만 산으로 가기 위한 중간 기착지로 간주했다.

네팔에 대한 관심은 깊되 카트만두의 참맛은 간과하여 이 매력적인 도시 속살은 감히 살펴보지 못했다. 그 당시 만약 누군가 오로지 카트만두만 보기 위해 네팔을 갔다고 말했다면 '왜지?' 고개를 갸우뚱했을 것이다.

세월의 힘으로 차차 눈이 뜨이면서 힌두교 코드와 불교 코드가 미묘하게 적절한 비율로 버무려지고 뒤섞인 모습들에 적이 감탄하는 시간대가 찾아왔다. 풍경은 풍경대로 사람은 사람대로 바로 남쪽에 인접한 인도와는 거의 같으면서 완연히 다른 색깔이었다. 북쪽 티베트와도 많이 달랐다.

살펴보니 카트만두는 고대 인도에서부터 흘러 내려오는 유장한 흐름 안에 있었다. 인도에서 발생한 힌두교와 불교가 히말라야와 연관을 가지며 웅대한 스케일을 가지고 카트만두 분지에서 꽃을 피워냈다. 더불어 히말라야 너머 티베트까지 가세하여 색다른 모습을 직조해왔다. 두 종교는 태생적으로 사막이 아닌 나무, 숲 그리고 산이라는 배경을 가지고 일어났기에 공유하는 부분이 많으며, 아말감처럼 융합하여 카트만두 분지에 자리 잡았다.

두 종교의 수많은 신과 붓다와 보디삿뜨바는 너와 나라는 구별점이 아닌 우리라는 개념 안에서 주석하고, 아주 먼 과거로부터 흘러온 세월 속에 용과 뱀이 뒤섞이고 범부와 성인이 함께〔龍蛇混雜 凡聖同居〕 분지 안에서 어울려왔다. 하나의 문화재 안에는 이런 복잡계 세상이 엿보였다. 두 개의 실이 하나의 노끈을 엮어나가듯이 힌두교와 티베트불교가 하나로 재탄생하여 성장해왔다.

종교의 다양함에 더해 부족들의 다양성은 또 어떤가. 획일(劃一)을 멀리한 여러 가지 꽃이 함께 어울려 피어난 화려한 꽃밭. 거기에 더해 기후변화에 따른 인간의 대응이 조절이 아니라 도리어 카트만두 분지 문화를 키워냈다.

속살을 보고 나니 카트만두라는 도시가 원래 가치로 복권되었고, 더불어 카트만두 분지의 종교와 문화들이 카트만두를 벗어나 네팔 히말라야 곳곳에 포진하고 있기에, 네팔 변방까지 선연하게 파악하는 일이 가능해졌다. 카트만두를 진하게 이해하자, 그 다음 네팔 히말라야 코드는 거저먹기였다. 그동안 카트만두를 너무 몰랐다.

1996년 발을 내딛는 순간, 카트만두는 하나의 고향으로 자리매김을 시작했으며 아직 유효하다. 고향이 된다는 일은 내 조국과 구별이 상실되고 국경의 벽이 무너진다는 사건. 자신의 고정적 관념을 망각하고 녹아든다는 일로 천향만리 고향을 늘려가며 자신의 영토가 확장된다는 의미이며, 모두가 여행이라는 행위의 인연이 만들어준 선물이다. 더구나 여기는 백색고불 히말라야의 심장으로, 마음으로나마 고향으로 선포할 수 있었다니 북으로 꽉 막힌 반도의 남쪽 출신으로는 크나큰 행운이 아닌가.

나를 바꾸어 놓은 여러 가지 요소 중에서 동물성보다는 식물성 아우라를 가진, 금속성보다는 목조의 아우라를 가진 카트만두를 빼면 참으로 심심해진다. 천주교도에서 힌두교도로 넘어가는 길에 인도가 있었다면, 힌두교에서 티베트불교로 넘어오는 길에 소중한 촉매제, 카트만두에 있었다. 나는 세월이 지나면서 카트만두 덕분에 더 새로워졌다.

네팔 카트만두에 무엇인가 보답하고 싶은 감정을 가지고 이 글을 쓴다. 해박함까지 겹쳐지면 좋겠지만 내 모자란 능력의 한계를 알기에 고대도시 문화유산을 시선이 가는 곳까지만 소개하는 일이 섭섭할 따름이다. 지면 역시 충분히 넓지 않아 내용을 줄이는 일도 안타깝다.

자판을 두드리는 동안 실핏줄 같은 카트만두 골목들이 더욱 정겨워졌으며, 어디선가 풍겨나는 오래된 나무 냄새에 킁킁 거렸고, 고향에 가까워져 익숙한 물 냄새를 맡은 연어처럼 가슴이 내내 뛰었다. 애향심이라 표현해도 될까.

내일, 이른 아침, 눈을 뜨는 순간 카트만두의 삐걱거리는 침대 위라면 얼마나 좋겠는가. 아니면 말년의 삶을 카트만두 사원 골목과 능선들을 오가고 어슬렁거리며 마감할 수 있다면 그런 호강이 세상 또 어디에 있겠는가.

항상 집에 있되 조금도 길 걷기를 쉬지 않는다〔常在家舍 不離途中〕던가, 비록 반도에 머물러도 지금 카트만두 골목을 걷고 있으니 눈 감으면 발아래가 즐겁고 환하다.

## 대지진 이후

원고를 만들고 출판을 기다리는 동안 큰일이 생겼다. 네팔 히말라야, 특히 중부 고르카를 중심으로 네팔 전역에 대형 지진이 일어난 것이다. 카트만두의 많은 건물들, 특히 유서 깊은 문화재들이 타격을 받아 무너지고 인명 피해가 컸기에, 네팔을 아는 사람들은 남의 일 같지 않아 발을 동동, 그리고 촉각을 곤두세워 사태의 추이를 바라보았으리라.

어땠을까?

소위 선진국이라 자처하는 국가에서 재난 발생시에 자동적으로 일어나는 사재기, 난동, 방화 등등의 현상은 추호도 없었다. 자연재해가 일어나면, 어디 재해뿐이랴, 대형사고가 발생하면 인재라며 누군가에게 책임을 돌리며 돌을 던지고 뭇매질하는 일은 네팔에서 티끌만큼도 찾지 못했다. 요즘 세태는 돌부리에 걸려 넘어지면 자신을 탓하지 않고 땅 주인을 고소하는 세상으로 변했으나 네팔인들의 마음은 역시 달랐다.

그동안의 네팔을 바라보았던 시선이 틀리지 않았음을 확인했으니 지진 이

후 네팔을 관심 있게 바라보았던 많은 세계인들 시선 역시 나와 다르지 않았으리라.

출판을 이런저런 이유로 지연시키는 바람에 책 내용 일부, 특히 사진들은 지진 이후 옛것으로 변해버렸다. 그러나 문화유산이 파괴되었다 해서 그 자리에 스며 있던 이야기들의 생명력이 변하겠는가. 네팔 사람들은 다시 복구해서 올릴 것이고 신화와 함께 구전되어 온 이야기들은 다시 이어져 나가리라.

테세우스가 괴물을 죽이고 돌아온 후, 사람들은 영웅의 위대한 업적을 기념하기 위해 테세우스의 배를 기념물로 보전하기로 했다. 세월이 지나면서 널빤지가 떨어지면 새것으로 교체하고 일부가 썩으면 새 나무로 바꾸어갔다. 언젠가 본래의 재료가 모두 사라지고 완전히 새로운 재료로 교체되었다고 테세우스의 영웅담이 사라졌을까. 여전히 테세우스의 배라고 불리며 정체성을 품는다. 카트만두를 기록한 이야기는 일부 문화재들이 무너지고 사라진 오늘이라고 버릴 수 없으며, 더 큰 재난을 겪는다 해도 쉬이 버려지지는 않는다.

시간이 지나면서 무너진 사원들은 테세우스 배처럼, 마치 우리들의 몸처럼, 다시금 새로운 널빤지로 대체될 것이고, 지난 모습을 되찾아 가리라. 기회가 있을 때마다 그런 새로운 작업 현장에 앉아 현상의 무상한 배후를 바라보고 싶은 마음이 일어난다. 함께 벽돌이라도 져 나르고 싶다.

툽텐랍쎌 임현담

어머니가 육신을 키우는 젖을 주었다면, 히말라야 두두물물은 중년을 맞이한 한 남자에게 영혼의 젖을 물려주었다. 오랫동안 굶주렸다면 누구라도 그렇게 급하고 맛있게 먹었으리라. 그 모든 영양소들이 이제 골수가 되고 살이 되어 금생이라는 세상을 여유롭게 사는 힘의 기초가 되어 있다. 말씀들이 얼룩진 탑 앞에 서면 감사한 마음 끝이 없구나.

## 차례

# 1

# 카트만두 분지의 기본 골격

세계 각국 사람들은 네팔을 무척 좋아한다. 고적을 구경하기 위해서가 아니라 자연에 빠져들기 위해서다. 이곳의 자연은 히말라야 산이든 원시산림이든 모두 그 어떤 인류 문명보다 훨씬 오랜 역사를 가지고 있다. 뜻밖에도 수천 년을 고군분투한 인류가 가장 좋아하는 것은 자신들의 창조물이 아니다.

– 위치우위의 『사색의 즐거움』 중에서

## 만나면 외관을 먼저 살피다

현재 화려한 문화를 자랑하는 유서 깊은 도시들은 느닷없이 불쑥 탄생하지 않았다. 산, 강 그리고 벌판과 같은 요소들이 적당히 어우러진 어떤 장소에, 사람들이 차차 모여들어 사회를 꾸려나가고, 지역에 어울리는 독특한 문화를 이루며 성장하여 오늘의 모습을 만들었다.

자연이 앞서 멍석을 깔아 놓은 자리에 인간의 손길이 더해져 도시가 뒤따라 일어선 것이다. 마치 숲이 형성된 과정처럼 바람을 타고 씨앗이 날아들어 싹을 틔우고 나무들이 자라나 큰 군락지를 이루는 수순을 밟아왔다. 일관성을 가진 자연스러운 진화다.

그러나 근대에 들어서는 인간들의 정치적 목적이나 경제적 의지에 따라 대규모 계획도시가 곳곳에서 급하게 일어났다. 이런 의지 때문에 멀쩡한 산을 깎고 물줄기를 돌리며, 산허리를 끊어내는 일이 생겨났다. 신도시 건설 주장을 했거나 동조했던 세력들은 이런 일들을 자랑스럽게 자신들의 치적(治績)으로 내세운다. 이렇게 인위적 식목으로 급조된 자리에서는 한동안 전통 문화란 찾기 어럽게 된다. 도시 이름 역시 세종으로 하건 태종으로 하건 큰 문제 되지 않는다.

현재 카트만두(Kathmandu)는 전자(前者), 즉 자연스럽게 진화한 도시에 해당된다. 카트만두가 아닌 다른 이름으로 바뀔 수는 없다. 도시 존재의 동일성이 시간 안에서 형성되어 있는 탓이다.

도시들은 시간이 흐르면서 전쟁과 같은 인간의 탐욕, 지진·화재와 같은 자연재해 등으로, 어디 사람만의 일일까, 도시 역시 무상살귀(無常殺鬼) 쇠락의 길로 접어들며 몰락하거나, 반대로 서로 간의 이익을 추구하며 대도시로 덩치를 키우며 성장했다. 카트만두는 지구상 다른 도시들의 운명처럼 여러 차례 지진을 포함한 자연재해, 전쟁을 겪어가며 한 발 한 발 대도시로 성장하여 오늘의 모습을 일궈냈다.

카트만두 역시 자연이 품어낸 한 생명체로 구전과 기록을 따르자면 3,000년 혹은 그 이상 한 자리에서 서서히 진화를 해온 인류 역사상 매우 드문, 유서 깊은 도시. 그러나 산중에 폭 쌓여 있어 세세한 사항은 외부에 알려지지 않았다. 카트만두는 정치·문화적으로 크게 3곳으로 구분되며 그 크기는 이렇다. 서울 면적 605.25㎢를 참고해보자.

1. 칸티푸르 – 카트만두(Kathmandu) : 1,003,285명, 면적 49.45㎢
2. 파탄 – 랄릿푸르(Lalitpur) : 468,132명, 면적 385㎢
3. 박타푸르(Bhaktapur) : 304,652명, 면적 119㎢

카트만두 : 총인구 1,766,069명, 전체 면적 553.45㎢

2011년 6월 인구센서스에 의하면 카트만두 분지 내 총 1,766,069명이 거주하는 것으로 보고되었으니 면적에 비해 엄청난 숫자다. 네팔 통계의 허술함을 변수로 넣고 세월이 몇 년 더 흐른 것을 감안하여 참고한다면 200만 명 가까운 사람들이 분지에서 생활하는 것으로 추정된다. 카트만두 건물들이 거의 대부분 5층이 넘지 않는 저층이기에 개인당 평균면적은 지나치게 협소한 셈이다.

사람이란 존재는 눈이 있기에 다른 대상을 만나면 우선 외모부터 살핀다. 외모보다 상대 마음을 가늠하는, 보다 가치 있는 무형의 정신적 세계 역시 존재하지만, 시선을 던져 힐끗 쳐다보거나 혹은 보다 진중하게 들여다보면서 이목구비, 키, 비만도 등등을 차례로 살핀다.

제아무리 색〔形態〕은 별 것 아니며〔空〕 색즉시공(色卽是空) 공즉시색(空卽是色)이라 해도, 루빠(rupa, 形態)를 가지고 사는 현상계에서는 상대 외형을 어느 정도 중시하게 되며, 그 후 학벌이 어떻고, 집안이 어떻고, 경제력이 어떻고 하지 않는가.

도시를 감상하는 법도 마찬가지라 이렇게 지리적 골격을 살피는 일이 우선이며 그런 하드웨어에 담겨진 소프트웨어를 살핀 후, 내친 김에 도시의 얼까지, 혼까지 읽어낸다면 더할 나위 없겠다. 담산담수(談山談水)가 중요하며 이어 그런 지형 안에 무엇이 담겨 있나 살핀 후, 이 두 가지가 어떻게 조화를 이루어 오늘에 이런 모습을 빚어냈는지, 연관성을 살피는 일이 대상에 대한 깊은 이해와 통찰을 준다.

하늘에서 바라보면 카트만두는 중앙부가 움푹 내려앉은 타원형의 세수 대야처럼 생긴 분지다. 카트만두의 바닥 고도는 1,200m에서 1,400m로 우리나라 소백산 높이와 유사하다. 주산인 북쪽 히말라야 기운이 물결치며 남쪽으로 내려와 고이는 자리인 카트만두는 마치 경사진 설산 사면에 둥근 도장을 깊게 쿡 찍어 놓은 형상.

주변에는 2,000m가 넘는 여러 봉우리가 이 분지를 스크럼을 짜듯 외호하기에 안으로 들어오기도 용이하지 않고 밖으로 뻗어나가기도 쉽지 않은 함지(陷地) 모양이다. 다만 남남서 방향으로 자그마한 문이 트여 분지의 강물이 외부로 흘러나가는 통로를 만든다.

도시의 외연을 구성하는 다섯 개의 봉우리는 너무나 많은 이야기와 그에 따른 주제에 의한 변주를 품고 있기에, 시간이 주어지는 여행자들이라면 봉우리들을 모두 올라 전해지는 말씀을 되돌아보고 분지 안에 모습을 조망하는 일이 히말라야 맹주, 네팔 히말라야의 수도 카트만두를 이해하는 첩경이 되리라.

이 봉우리들에는 붓다와 신들의 이야기가 서려 있으니 주로 신화시대의 이야기가 된다. 카트만두가 거대한 호수였을 무렵, 물에 잠긴 곳을 바라볼 수 있는 곳은 이런 봉우리들로 1,950m 한라산과 2,744m 높이의 백두산을 감안한다면 비교적 이해가 쉽다.

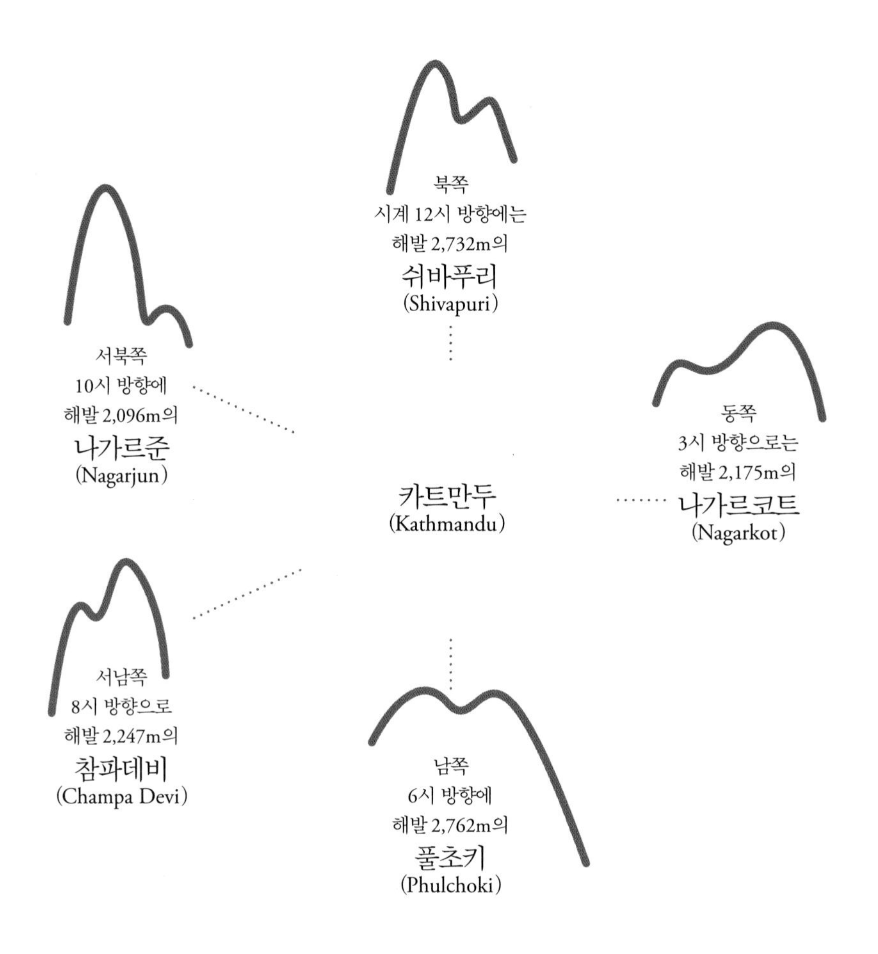


이렇게 다섯 개의 봉우리가 방위신처럼 호종(護從) 호위(護衛)하는 가운데 카트만두가 마치 프라이팬 안의 노른자를 터뜨리지 않은 달걀 프라이처럼 담겨 있다. 그중 서쪽으로 쏠려 불룩하게 솟은 노른자, 즉 육릉(陸稜)을 스왐부나트(Swayambuhnath) 봉우리로 보면 된다.

• 카트만두를 호위하는 봉우리 곳곳은 물론 히말라야 불교도 성지에는 반드시 오색 타르쵸 혹은 룽따가 휘날리며 영역을 표시한다. 이런 깃발을 만나면 이 자리에 어떤 스승의 귀한 말씀이 소며 있는지 두루 알아보는 일이 중요하리라.

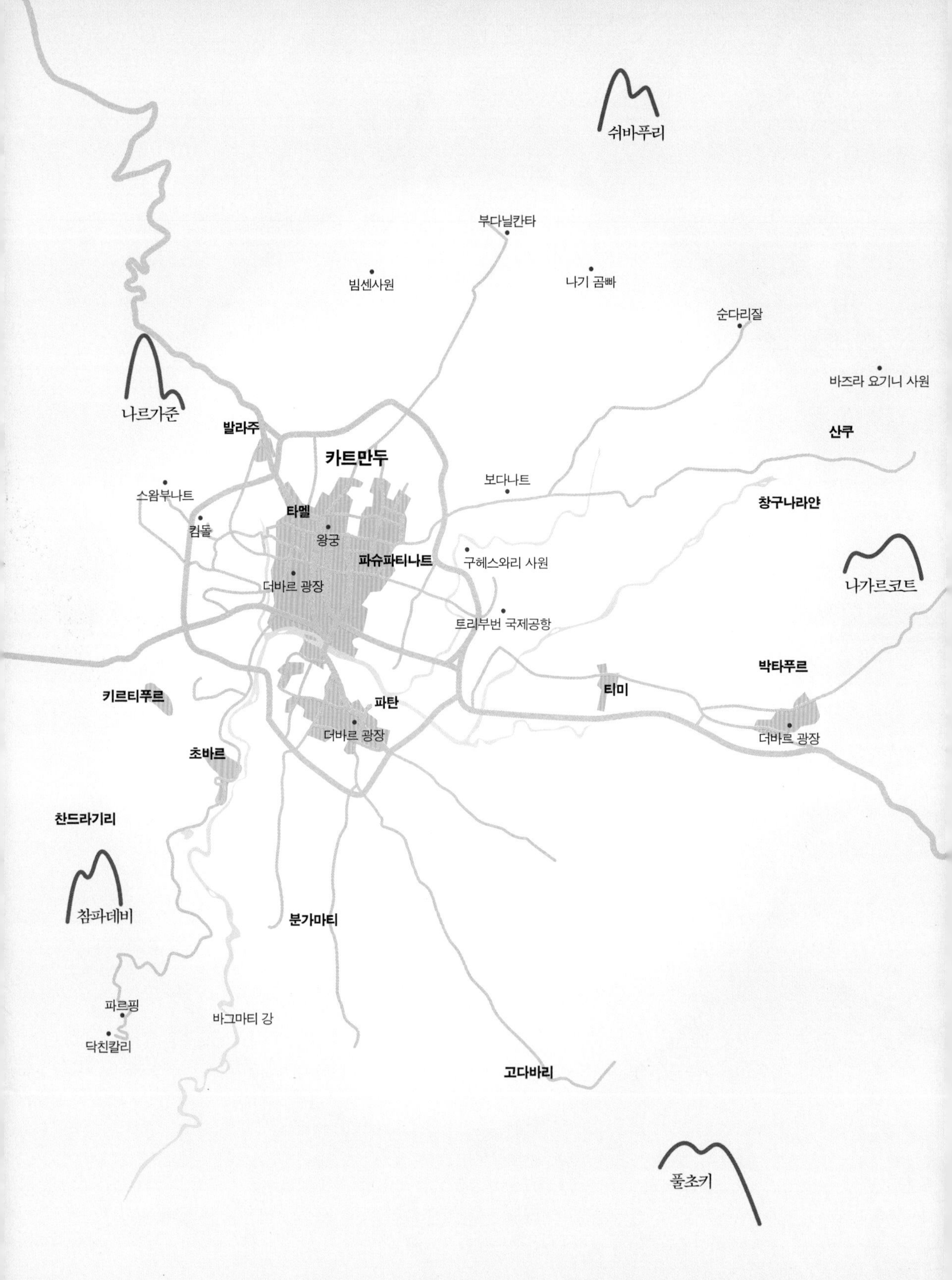

쉬바푸리
부다닐칸타
빔센사원
나기 곰빠
순다리잘
바즈라 요기니 사원
나르가준
발라주
카트만두
산쿠
보다나트
스왐부나트
타멜
캄돌
왕궁
창구나라얀
파슈파티나트
구헤스와리 사원
나가르코트
더바르 광장
트리부번 국제공항
박타푸르
티미
키르티푸르
파탄
더바르 광장
더바르 광장
초바르
찬드라기리
참파데비
분가마티
파르핑
바그마티 강
닥친칼리
고다바리
풀초키

## 얼음 나라의 물의 수도

이에 더해 카트만두를 풀어내는 숨겨진 코드는 바로 이런 프라이팬에 담겨 있었던 물이다. 혹자는 네팔이라는 나라를 특성상 산의 나라라고 부르지만 산의 높은 부분은 물의 변형인 눈과 얼음으로 덮여 있고, 조금 낮은 곳에는 산과 산 사이를 빙하가 이어준다. 보다 저지대에는 많은 빙하 호수와 일반 호수, 그곳에서 발생하여 낮은 곳을 찾아 떠나는 지류, 더불어 곳곳에 포진한 다양한 크기의 물웅덩이와 샘이 수없이 산재하기에 네팔을 물의 나라라 이야기해도 크게 그르지 않은 시선이다. 훗날 물이 빠지면서 사람들이 정착했고, 역사가 흐르면서 중세에 이르러 카트만두 분지에 고구려·신라·백제처럼 파탄(랄릿푸르), 박타푸르 그리고 칸티푸르(카트만두), 세 나라가 자리 잡는다.

카트만두 분지는 물과 관련된 이야기를 빼면 남는 것이 별로 없다. 때로는 홍수 또 그 정도의 가뭄이 번갈아 찾아들어 물이 넘치고 부족함으로 도시를 시련으로 몰아넣으면서 성장통으로 작용했으며, 사람들은 위기를 극복하기 위해 단합하여 제사를 지내고 사원을 일으켰다. 신화가 서린 다섯 개의 봉우리가 있고 그 후 풍상설월(風霜雪月) 세월 속에 일어난 문화가 물과 어떤 관련이 있는지 주의 깊게 바라보면 이해가 쉽다. 훗날 분지 안에서 일어난 세 나라 중에, 파탄(랄릿푸르)은 주로 대부분 불교 색을 가지고 있으며, 박타푸르는 힌두교가 주 세력, 그리고 칸티푸르(카트만두)는 힌두교가 우세하지만 모든 것이 혼융된 상태로 보아도 크게 틀리지 않다.

티베트에는 현재 인도 힌두교의 향이 스며든 티베트불교와 기존 토착종교 뵌교가 어울려져 있다. 인도에서 불교는 이미 거의 숨이 끊어진 종교로 다만 유적지 혹은 관광지로 자리 잡았다가, 요즘은 티베트 불교도에 의해 유적지와 관광지가 성지(聖地)로 바뀌며 다시 몸을 일으켜 세우는 형상. 그러나 불교의 힘은 미미하여 굳건하게 자리 잡은 힌두교 기득세를 깨가며 따라잡기는 너무 벅차다. 반면 카트만두는 불교와 힌두교가 서로 어울려 있어, 숨겨진 아이콘을 읽다 보면 두 종교 사이의 경계는 희미해진다.

카트만두에서 종교는 각각 다른 하나의 실[絲]이 애초부터 서서히 간섭과 조화가 이루어져 직조된 아름다운 양탄자이기에 서로 어떻게 존재감을 드러내는지 살펴보는 일도 흥미롭다.

# 2

# 카트만두 분지는 이렇게 시작했다

이곳이 바로 연꽃나라요,

이 몸이 바로 부처이다.

– 하쿠인〔白隱〕의 『좌선화찬(坐禪和讚)』 중에서

## 『스왐부 뿌라나』, 시초를 이야기하다

합창단에 들어가서 노래를 부르는 경우, 누구 한 사람이 가사가 틀리면 모두의 눈총을 받는다. 나이가 어린 경우 자꾸 틀리면 쉬는 시간에 선배에게 쿡 쥐어박힌다. 바로 올바른 길로 가고자 하는 집단의 힘이다.

붓다 사후, 초기경전은 문자가 아니라 암송에 의해 다음 세대로 전해지는데, 바로 이런 원리를 기초로 한다. 모여 앉아 붓다의 어묵동정(語默動靜)을 암송하는 경우 원형이 고스란히 전해지며, 누군가에 의해 고의로 내용이 덧붙여지거나 혹은 삭제되어 버릴 가능성은 완벽히 사라진다. 암송을 통한 전래는 합창과 같아 본래의 말씀을 고스란히 타인에게 전할 수 있는 수단이다. 개인에 의해 쓰인 경전은 위험하다.

세월이 지나며 암송에 이어서 문자로 기록된 경전들이 속속 등장한다. 문자 경전의 발생 이유는 외적인 요인으로 인해서, 서로의 기억을 도와주며 오류를 수정할 수 있는 합창단이 구성되지 못해서다. 전쟁이 일어나면 뿔뿔이 헤어져야 하고, 기근이 들이닥치면 식량 부족으로 스님들 탁발마저 어려워져 사방으로 흩어져야 한다. 즉, 3차 결집 후에 타밀 족이 스리랑카를 침범한 14년 전쟁 동안 암송은 위기를 맞는다. 그렇다고 소중한 말씀을 잊거나 내려놓을 수 있는가. 특히 어린 수행자들의 기억력이란 한계가 있고 배워야 할 분야가 아직 많기에 패엽에 문자를 사용해서 스스로 학습하도록 만들어야 했다.

이렇게 초기불교의 붓다의 말씀이 그대로 암송되어 전해지고 후에 문자로 고스란히 옮겨진 것을 진경(眞經)이라 한다. 구태여 진경이라 말하는 이유는 위경(僞經)이 있기 때문이다. 이 두 가지 경전의 구분법은 여러 가지 분류법이 있으나, 인도 안에서 만들어졌는지 아니면 훗날 인도 이외의 지역에서 만들어진 것인지, 따라서 인도 언어로 만들어진 것인지 아닌지가 구분법이 된다.

카트만두를 정의하는 일은 쉽지 않다. 히말라야라는 거친 아들 여럿을 거느리고 있다 해도 과언이 아닌 이 도시 안에는 히말라야 고봉만을 추구하며 카트만두를 오로지 전진기지로 삼는 사람들에게 간과되었던 삶의 교훈들이 그득하다. 너무나 방대한 내용으로 책 한 권으로 꾸미기에 어림도 없을 정도다. 그런 신화와 역사 하나하나가 카트만두 구석구석에 서려 오늘까지 옛 이야기를 쉼 없이 속삭이기에 귀가 있는 사람이라면 걸음을 멈추고 이야기를 듣거나 이야기가 시작된 장소를 찾아 스스럼없이 예경을 올려야 할 터다.

『스왐부 뿌라나』는 카트만두의 시초를 알려주는 텍스트, 네왈리 불교(Newar Buddhism)의 오래된 대승경전이다. 구태여 네왈리라고 앞에 적는 이유는, 네팔에서 만들어졌으며, 세상 그 어느 곳에도 이와 동일한 내용이 없기 때문이며, 당연히 위경(僞經)에 속한다. 좁은 의미에서는 붓다의 육성이 아니므로 비불설(非佛說)이나 넓게 해석하자면 불설(佛說)이며, 좁은 의미로 위경이나 광의적으로는 다른 대승경전이 모두 그렇듯이 진경이다. 『뿌라나』라는 주로 인도문화권에서 오래된 이야기를 의미하며 그 항목은 이렇다.

1. 우주 창조
2. 우주의 파괴와 재창조
3. 신과 성자들의 계보

4. 세계의 시대

5. 왕조의 역사

살펴보자면 우주의 시초부터 근대에 이르는 빅 히스토리(Big History)에 해당한다.

『스왐부 뿌라나』 혹은 예를 갖추어 『스왐부 마하뿌라나』라는 독특한 경전에는, 카트만두 분지 안에 불교 성인들, 힌두교 제신(諸神)들 그리고 수행자들을 모두 등장시켜, 이 분지 안에서 어떤 일들이 어떤 이유로 일어났는지 탄생부터 성장과정을 소상하게 기록하고 이 분지에서 일어난 인간들의 선행(善行)을 덧붙인다.

세대를 거듭하며 구전되어 오던 이야기들을 모아 기록한 이 경전은 상상과 현실이 뒤섞이며 웅장하게 펼쳐진다. 우리의 『삼국유사(三國遺事)』가 시간이 지나면서 기록된 내용이 현실과 멀지 않았음을 알게 되었듯 『스왐부 뿌라나』 역시 상상과 허구가 아닌 현실에 바탕을 두었으리라. 지나치게 구체적이고 현실과 구별이 되지 않는 이야기들이 페이지마다 전개되기에, 단군신화와 『삼국유사』의 합본 정도로 생각하면 된다.

산스크리트어로 만들어진 『스왐부 뿌라나』의 작성 시기는 확실하지는 않으나 인도에서 불교가 소멸할 무렵, 카트만두 분지가 불교 보전은 물론 불교 교리라는 꽃을 꾸준히 피워나갈 수 있는 토양으로 생각하고, 카트만두에서 산스크리트 『스왐부 뿌라나』를 만들었을 것으로 추측한다. 지금껏 발견된 가장 오래된 고본은 1558년 본이지만 여러 정황을 살펴볼 때 작성 시기는 몇 세기 앞서는 것으로 추정한다.

이 『뿌라나』 내용은 기원전부터 카트만두 불교성지를 중심으로 구전되어 오던 것을 훗날 산바사(Sanvasa)가 아쇼까 왕의 국사였던 우파굽타(Upagupta)에게 전했고, 우파굽타는 아쇼까 왕에게, 그리고 이어 자야스리(Jayasri)를 지나 지나스리 라즈(Jinasri Raj)에게 구전되었고, 그것이 훗날 문서로 만들어졌다 한다. 물론 주다(Juda) 비구니로부터 시작하는 다른 설 등등이 있다.

현재 크게는 다섯 가지 이상의 교정본이 존재하는 것으로 알려져 있으며 새로운 교정본이 나올수록 내용이 길어지고 힌두교 이야기가 섞이는 힌두화(Hinduization)가 심하게 나타난다. 불교와 힌두교가 서로 남이 아니라는 장치다. 사막의 종교는 무채색이 특징이라면 숲의 종교는 산림총림에 거주하는 많은 종처럼 빛의 스펙트럼이 만화경 속 세상만큼 화려하다. 덕분에 명색이 불교경전이지만 힌두교의 신들이 대거 등장하여 진정한 칵테일을 이루고 있어 아름다운 만큼 양쪽 종교의 교훈이 흥미진진하다.

## 붓다 일행이 히말라야 호숫가에 나타나고

카트만두 도시에서 굽어보는 봉우리들에는 문자 이전의 신과 보디삿뜨바 신화들이 서려 있고, 도시의 유적지에는 문자로 기록된 인간들의 역사가 스며 있다. 역사 이전의 측정하기 어려운 먼 과거의 이야기를 더듬고 문자로 남겨진 역사적 사실을 살펴보는 일이 순서가 되기에 종교와 신화의 경계가 모호한 길을 따라 의식 안에 호기심을 촉발하는 이야기를 좇아 아주 오래 전으로 걸어들어 가보면 색다른 세상이 펼쳐진다.

신화시대에 히말라야 산 기슭에 울창한 숲으로 둘러싸인 커다란 호수가 하나 있었다. 역시 물로 시작한다. 호수 이름은 깔리다하(Kalidaha). 경전에 따라 뱀 혹은 용이 사는 호수라는 의미의 나가바슈라다(Nagavashrada) 혹은 거대한 호수〔大湖〕라는 뜻인 타오다나라다(Taodhanahrada)라는 이름으로 등장하기도 한다.

때로는 빛나는 태양, 더할 나위 없이 둥근 보름달, 풍성한 하얀 구름, 몬순의 비를 품은 검은 구름 등등, 하늘 풍경을 있는 그대로 받아내며 그려내다가, 목마른 산짐승이 찾아와 목을 축이면 수면위에 동심원을 그려가며 기꺼이 반기는 호수였다.

호수는 1. 맑고 2. 좋은 향기로 가득하며 3. 시원하고 4. 맛이 있으며 5. 가볍고 6. 소화가 잘되며 7. 독성이 없고 8. 모든 존재들에게 좋은(유익한) 물이라는 여덟 가지 장점이 있었단다.

오래된 이야기, 『스왐부 뿌라나』는 호수 물의 장점에 이어, 호수를 이렇게 묘사하고 있다.

이 호수에는 많은 나그(nag, 뱀)가 살고 있다. 그리고 물에는 작은 벌레, 물고기, 개구리, 거북이 그리고 물새가 함께 있었다. 나그들이 살고 있어 이 호수의 이름은 나가바슈라다(뱀이 있는 호수)로 알려져 있었다. 이 호수 위로는 하얀색, 붉은색, 노란색 그리고 파란색 연꽃이 피어나고 왕오리, 사러스, 버쿨라 물오리 등등, 많은 새들이 더불어 살아갔다. 또한 이 호수 안에는 보석이 있었다. 이 호수 사방에는 히말라야가 펼쳐져 있어 아주 아름다웠으며 호수 근처에 다른 작은 산들도 있어 여러 종류의 나무에서 꽃이 피어나고 더불어 여러 동물들이 살았다. 산 근처에는 작은 구파(돌집)가 있었는데 이 구파는 요가수행자 그리고 고행하는 사두들의 명상처였다. 이 나가바슈라다에는 브라흐만과 같은 신들 그리고 전사들 역시 찾아와 목욕하고 더불어 (호수를) 경배하기도 했다.

경전은 호수에 대한 여러 칭찬으로 한동안 이어지는 바, 종합하자면 아름다운 호수가 있고 온갖 동물들이 함께 있으며, 풍경이 신령스러워 주변 산에는 수행자들이 모여 정진하고 심지어 신적인 존재들까지 즐겨 찾았다는 이야기다.

이런 이야기를 접하면 서양 신화와는 조금 다른 구조를 엿볼 수 있다. 서양의 신화에는 깊고 어두운 숲이나 숲에 둘러싸인 호수라면 으레 괴이한 마녀들, 무당들이나 예언자들 혹은 요정들이 거주하거나 등장하는 어두침침한 부정적 장소다. 그러나 동양 쪽에서는 자신의 존재와 신에 대해 참구하는 현자들의 밝은 수행처로 나타난다.

어느 날 위빳시 붓다(Vipassi Buddha)가 제자들과 함께 남쪽에서 히말라야를 향해 순례 중에 이곳을 찾아왔다. 지금으로부터 91겁 전의 이야기니 아주, 아주

• 낮은 구름이 카트만두 분지를 가득 채운 모습으로 창구나라얀 박물관에 걸린 사진의 일부다. 중앙에 섬처럼 솟아오른 자리는 바로 스왐부나트. 카트만두가 출렁이는 거대한 호수였을 때를 연상하기 쉬운 풍경이다. 그렇게 분지를 가득 채웠던 물은 만주스리에 의해 모두 방류된다.

오래전으로 생각하면 된다.

이런 일은 상상만으로 가슴 찡하다. 헐벗은 한 성자가 쇠약한 몸을 끌고 제자들과 함께 산과 고개를 넘으며, 때로는 험하게 흘러가는 물을 건너 고도를 높여왔다. 히말라야를 걸어 본 사람이라면 인도 테라이(평원)에서부터 북으로 향해 오는 길이 얼마나 고된지 경험을 통해 익히 안다. 급한 산길을 오르지만 날씨 또한 도움이 되지 못한 채, 우박, 폭우 때로는 거친 바람이 오르는 길을 가로막는다. 산이 뭉텅 끊어져 멀리 돌아가기도 하고, 뿐인가, 길 끝에서 절벽을 만나 오던 길을 다시 힘겹게 되돌아간다.

아무리 깨달은 붓다라 해도 사람의 몸을 가진 한 물리적 법칙을 극복하기는 어렵다. 우주 어디서나 육신에 들이닥치는 생로병사(生老病死) 성주괴공(成住壞空)의 진행과정은 지극히 당연하고, 거기에 더해 가해지는 중력 역시 똑같기에 힘든 언덕길을 극복하며 산을 오르며 애쓰는 일은 여느 사람들과 다르지 않으니 얼마나 힘들었을까, 내 귀에는 뒤따르는 제자들처럼 위빳시 붓다의 휘청거리는 걸음걸이 모습은 물론 거친 호흡소리까지 낱낱이 들린다.

그들은 긴 여정 끝에 출렁이는 호수 한쪽에서 도착하여 함께 먼 길 걸어온 제자 수행자들과 신령스러운 호수 물에 목욕을 했다. 훗날 마이뜨레야가 스승에게 이 호수, 나가바슈라다에서 목욕하는 일이 어떤 장점이 있는지 물은 적이 있었다. 대답은.

"이 호수에 목욕을 한 이들은 모두 행복할 수 있다. 그리고 평생토록 편안한 마음으로 일을 하며 살아갈 수 있다. 그리고 아들이 태어나면 붓다의 마음을 가지고 태어나며, 세상 모든 존재들의 안녕과 평화를 생각하며 목욕한다면 그는 붓다의 길을 걸을 수 있다. 천국의 (일반) 신들이 행복을 위해 목욕하며 기도를 한다면, 신들은 인드라 신이 될 수 있으며, 왕이 되고 싶어 목욕하고 기도를 한다면 사방의 왕이 될 수 있다."

"호수에서 목욕하며 기도하는 사람들은 모든 죄를 면할 수 있고, 맑은 마음을 가질 수 있다. 이 호수는 모든 사람들 그리고 신들이 목욕을 통해 원하는 것을 이루는 것으로 널리 알려져 있다."

이런 호수가 현재 지구상에 있다면 모든 일을 젖혀두고라도 얼마든지 달려갈 수 있다. 그러나 이것은 91겁 전 아주 오래전의 이야기가 되니, 아쉽다. 호수가 지상에서 사라진지 이미 오래지 않은가.

나무[木]에 빗물[氵]이 닿으며 청결해지는 모습[沐]이랄지, 먼지가 뒤덮인 계곡[谷]에 물[氵]이 흐르며 정갈해지는 모습[浴] 안에서 목욕이라는 단어가 일어난 것을 생각한다면 나무와 계곡뿐인가, 인간, 특히 나의 더러운 외부 모습과도 관련이 있고, 몸뿐인가, 탁한 마음까지 청정해지는 일이 목욕과 연관이 된다. 침례 그리고 미크바(Mikvah, 유대교에서 정결 의식의 하나로 몸을 물에 담그는 도구), 모두 물을 통하여 가게 되는 같은 과정이다.

우리네도 씻기의 비유가 제법 있어 나쁜 일에서 손을 떼는 일을 손을 씻었다[洗手]고 하며, 좋지 않은 말을 들었다면 허유(許由)처럼 강물에 귀를 씻는다[洗耳於潁水之濱].

목욕이란 맑은 물처럼 되라는 이야기.

맑은 물은 맑은 영혼과 같아 주변의 모든 것을 왜곡 없이 진실 그대로 투영한다. 흙탕물이란 대지의 성분이 들어갔고, 짠물은 소금-금속의 성분이, 흔들리는 물은 바람의 요소가 관여했기에 물 자체의 성질인 본디 맑음을 잃으니, 인간의 탐욕, 성냄 그리고 어리석음이 관여하는 것과 같다. 목욕은 본래의 자리, 즉 본래면목(本來面目)으로 되돌아가는 과정의 은유다.

호수 안에 몸을 담근 위빳시 붓다의 위빳시라는 이름은 평소 수행에 관심이 있는 사람이라면 귀에 못이 박히도록 들었던 불교의 수행방법 중에 하나인 위빠사나와 어원에서 맥을 같이한다. 반두마티 시의 반두마 왕의 왕자로 태어났을 무렵 '눈을 깜짝이지 않고 본다.'고 해서 붙여진 이름이다. 주석서에 또 다른 설명을 따르자면.

"눈을 깜박일 때도 어두움이 없이 청정함을 본다(passati). 그리고 열린(vivatehi) 눈으로 본다(passati)고 해서 위빳시라고 한다. 두 번째는 이러하다. 면밀하고 면밀하게(viceyya) 본다(passati)라고 해서 위빳시다. 분석하고(vicitva) 분석해서 본다(passati)는 뜻이다."

눈으로 보는 일만 그렇게 또렷하게 볼까. 당연히 세상일을 두루두루 그렇게 보았다는 뜻으로 이런 일화까지 있다. 반두마 왕이 법정에서 재판을 하던 중 위빳시 왕자를 가슴에 안고 재판을 진행했다.

> 왕이 왕자를 무릎 위에 올려놓고 사랑스럽게 어루만지는 동안, 대신들은 잘못된 판단으로 엉뚱한 사람을 두고 그 재산의 주인이라고 주장하고 있었다. 그러자 잘못된 평결에 불만을 느낀 왕자가 갑자기 격렬하게 울어대기 시작했다. 왕은 사람들에게 '내 아들에게 왜 이런 일이 일어났는지 조사해보라'고 말했다. 사람들은 법정의 판결이 잘못되어서 왕자가 운 것일지 모른다고 생각했다. 그리하여 그들은 평결을 바꿔보았다. 이에 만족한 왕자는 울음을 멈추었다. 정말 왕자가 그 사건을 인식해서 울었던 것인지를 알아보기 위해 그들은 다시 판결을 뒤집었다. 그러자 왕자는 이전처럼 다시 격렬하게 울어댔다. 이에 왕은 '내 아들은 진실로 무엇이 옳고 그른지 알고 있다'며 깨달았다.

밍군 사야도가 저술한 『대불전경(마하붓다왕사)』 「본생부」에 나오는 대목이다.

진리를 꿰뚫어보는 통찰력을 가진 존재가 히말라야 순례 중에 산중 호수에 도착한 일은 허투루가 아닌 다 깊은 뜻이 있어서이리라. 머리에는 푸른 하늘, 히말라야 산중 검은 호수, 위대한 성자 그리고 제자들, 이렇게 세 요소가 오늘의 카트만두를 열게 된 신화적 출발점이다. 모두들 함께 목욕한 후 호수의 서쪽 언덕을 향해 걸어 올라갔다.

## 붓다들의 계보

여기서 위빳시 붓다에 대한 궁금증이 없을 수 있을까. 붓다(Buddha, 부처)는 부처인데 앞에 색다른 이름이 붙는다.

우리가 흔히 이야기하는 붓다는 기원전 6세기에 왕자로 태어나 출가하여, 용맹전진 끝에 깨달음을 얻은 고오타마 붓다, 즉 석가모니 부처님을 말한다. 그러나 본래 붓다 – 부처란 특정한 사람을 일컫는 것이 아니라, 우주의 모든 고통을 극복하고 위대한 깨달음을 얻은 상태의 '사람'을 모두 지칭한다.

붓다를 티베트에서는 '상게(sanggye)'라 부르며, '상(sang)'이란 모든 번뇌와 습기를 닦아내었다는 이야기며 '게(gye)'는 일체를 모두 아는 분을 칭하는 바, 그런 조건을 갖춘 이는 어디 시공간에 오로지 하나뿐이랴, 과거에도 있었고 미래에도 있을 예정이 아닌가.

따라서 고오타마 붓다 이전에도, 크게 깨닫고, 세상을 향해 사자후를 펼친 후, 반열반으로 들어간 인간 성자들이 여럿 있었으며, 그 후에도 있을 수 있다는, 과거뿐 아니라 미래 언젠가 또다시 등장한다는 매우 합리적 이야기가 등장하게 된다.

경전을 본다. 고오타마 붓다가 사왓티에 있는 제따 숲의 급고독원에 위치한 까레라 나무 앞 토굴에 머물 때 제자들이 원형 천막 안에서 자신들의 전생이야기를 나누는 것을 듣고, 고오타마 붓다는 지상에 빛을 던진 과거 붓다에 대한 이야기를 한다. 『디가 니까야』의 「대전기경」 장에 기록된 이야기다. 세존 아라한을 붓다로 바꿔서 읽어도 된다. 이어지는 내용이지만 이해하기 편하도록 중간을 끊고 번호를 매겨본다.

1. 비구들이여, 91겁 이전에 위빳시 세존 아라한 정등각께서 세상에 출현하셨다.
2. 비구들이여, 31겁 이전에 시키 세존 아라한 정등각께서 세상에 출현하셨다.
3. 비구들이여, 그와 같이 31겁 이전에 웻사부 세존 아라한 정등각께서 세상에 출현하셨다.
4. 비구들이여, 현재 행운의 겁 동안에 까꾸산다 세존 아라한 정등각께서 세상에 출현하셨다.

파탄 국립박물관에 진열된 목조 아디붓다 상. 아디붓다는 본초불(本初佛)이라고 번역되었다. 카트만두를 찾아온 위빳시 붓다와 동일시하는 개념이 있으나 아디붓다는 힌두교의 영향으로 만들어진 붓다이며, 일부에서는 이 아디붓다가 카트만두에 찾아와 축복한 것으로 이야기한다. 아름답고 정감 있으며 자세가 단정하여 눈길이 떨어지지 않는다.

5. 비구들이여, 현재 행운의 겁 동안에 꼬나가마나 세존 아라한 정등각께서 세상에 출현하셨다.
6. 비구들이여, 현재 행운의 겁 동안에 깟사빠 세존 아라한 정등각께서 세상에 출현하셨다.
7. 비구들이여, 현재 행운의 겁 동안에 지금의 아라한 정등각인 내가 세상에 출현했다.

–『디가 니까야』「대전기경」 중에서

순서를 살피자면 91겁 전에 위빳시 붓다(Vipassi Buddha), 31겁 전에 시키 붓다(Sikhi Buddha), 역시 31겁 전에 웻사부 붓다(Vessabhu Buddha). 그리고 행운의 겁(bhadda kappa)이라고 이야기하는 시기에 까꾸산다 붓다(Kakusandha Buddha), 꼬나가마나 붓다(Konagamana Buddha), 깟사빠 붓다(Kassapa Buddha) 그리고 마지막으로 고오타마 붓다(Gotama Buddha)가 등장한다. 여기서 91겁, 31겁 전의 1, 2, 3은 아주 오래된 붓다들, 영겁의 시간대에 등장한 붓다들이며, 나머지 4, 5, 6, 7은 현세의 겁에 나타난 붓다가 된다.

이렇게 일곱 붓다[過去七佛]는 그야말로 인간의 몸으로 깨달음을 얻은 황금라인업으로, 불법(佛法)이라는 실[絲]로 궁극의 아름다움을 가진 일곱 보석구슬을 꿰어 놓은 모습이 된다.

현세의 겁을 행운의 겁이라 칭한 이유는, 위의 네 붓다에 더해 앞으로 미륵불까지 합쳐 모두 다섯 붓다가 출현했거나 출현할 예정이기에, 사람들이 의지만 있다면 쉬이 가르침을 받을 수 있어 현재의 겁을 행운의 겁이라 칭했다.

미륵불(Metteya Buddha) – 마이뜨레야 – 메시아 – 미래불은 경전에는 등장이 예고되어 있으나, 아직 출현하지 않았다 생각하기에, 과대망상에 사로잡힌 사람들이 스스로 자신이 미륵불, 마이뜨레야, 메시아, 미래불인 양 자처하고 행동하기도 했으며 우매한 사람들은 특정인을 그렇게 믿어 추종해왔다. 사실 메시아는 '이미 와서 우리 곁에 있지만 아직 오지 않은,' 일반인에게는 난해한 존재다.

네팔의 전승에 의하면 4, 5, 7번째의 까꾸산다, 꼬나가마나, 고오타마, 세 분 붓다는 네팔 태생이라고 주장한다. 그러나 네팔이라는 나라가 네팔이라는 이름을 가지고 지상에 등장한 역사적 시간을 감안하면, 네팔 태생이라기보다는 차라리 히말라야 출신이라고 이야기하는 것이 옳겠다. 히말라야가 붓다를 배출했다고 보는 일이 보편타당하기에 히말라야는 과거·현재·미래의 길을 안내하는 스승들을 배출하는 자궁이다.

이렇게 과거 7불에서 멈추지 않고, 이어서 다르마를 이어받은 인도의 28조사, 중국의 110선사로 법맥은 계속 흘러내려온다.

고려 백운 화상(白雲 和尙, 1299-1375)은 중국에서 공부하는 동안 스승에게 건네받은 서적에 『선문염송(禪門拈頌)』의 내용을 보완하여, 이 흐름에 있는 스승들의 게(偈), 송(頌), 찬(讚), 명(銘), 서(書), 시(詩) 그리고 법어(法語)를 기록하였으며, 백운 화상 열반 3년 후(1377) 청주목 홍덕사에서 제자들에 의해 『직지심체요절(直指心體要節)』이 세계 최초 금속활자로 세상에 나왔다. 세계 최초 금속활자로 만든 책 안에 바로 이런 91겁의 장구한 흐름과 흐름 안에 남겨진 말씀이 기록되었다는 사실은 기억에 남겨도 좋지 않으랴. 일단 이쯤 알고 나면 이해가 편하다.

1대 붓다가 가장 먼저 히말라야 검은 호수를 찾아왔다. 그리고 이 자리에서 불법(佛法)을 개시한다.

# 3

# 개국의 시원, 나가르준

불법은 무한하기가 대양과 같다. 듣는 이의 자세에 따라서 그것은 여러 가지 방식으로 설명된다. 때로는 존재를 말하고 때로는 비존재를 말한다. 때로는 영원성을 말하고, 때로는 비영속성을 말한다. 행복을 말하고 고통을 논하며, 자기를 말하고 비아(非我)를 논한다.
붓다의 다양한 가르침은 그러하다.

- 나가르주나

## 위빳시 붓다를 뒤따라 오르는 나가르준

카트만두의 최고성지를 꼽으라고 주문한다면, 각자 나름대로 염두에 두었던 여러 후보지를 내세울 터다. 개인적으로 이런 주문을 받는다면 누가 뭐래도 해발고도 2,096m 나가르준(Nagarjun)을 강력 추천하리라. 우리나라로 이야기하자면 마니산 혹은 태백산급인 이 자리는 카트만두를 제집처럼 드나드는 사람들도 여간해서 찾지 않는 보석 같은 의미를 품은 봉우리다.

나가르준 정상에 오르기 위해서는 왕후의 숲이라 불리는 라니반(Raniban)에서 3시간 정도 걸어 올라야 한다. 과거에는 흔히들 농담으로 정상까지는 일곱 오름과 일곱 테라스를 거쳐야 한다고 이야기했다. 실제로 오르막과 평편함이 여러 번 꾸준히 이어지는 산길로 지칠 만하면 쉬엄쉬엄 평지를 걷다가 다시 오르기를 반복하는 길이라 애써 힘쓰지 않아도 되었다. 그러나 혈육 간의 총기난사로 네팔 왕정이 무너진 후, 왕궁에서 쫓겨난 왕이 라니반 안의 작은 집으로 거처를 옮기면서, 편안한 옛 산길의 입구가 바뀌어 처음은 불편한 계단을 한동안 올라야만 한다. 새로 생긴 계단 길을 빠져나오면 체크포스트를 중심으로 다시 옛길이 이어진다. 오래된 길에는 많은 이야기가 스며들어 있다. 산길을 휘어 감으며 에돌아가는 묵은 길에는 목동, 성자, 상인, 군인, 순례자 그리고 시인들이 남긴 이런저런 사연들이 뒷날 이어 사는 사람들에게 전해진다.

나가르준 정상으로 이어지는 이 길은 역사 이래로 군인이나 상인이 아닌 많은 순례자가 계절을 마다 않고 발길을 이어온 오르막. 지금 내가 밟는 길이란 간절한 마음을 가지고 기도를 위해 걸었던 순례자, 혹은 신심이 깊은 어느 수행자가 손으로 염주를 굴리고 만뜨라를 입에 달며 천천히 걸었던 길이기도 하다.

이 길에 순례자가 유독 많았던 이유는 바로 91겁 전에 위빳시 붓다와 다르마 사트야(Dharma Satya)를 위시한 여러 제자들이 길을 처음 열었기 때문이다. 이후 많은 사람들이 이 일을 기리고자 뒤따랐다. 한 사람이 찾고 두 사람이 찾고 무리 지어 찾다보니 길이 만들어지고, 이렇게 이루어진 순례자의 길을 오른다는 일은, 그것도 이런 사건들을 마음에 담고 성지순례의 느낌을 품고 오른다는 일은 얼마나 벅찬 일인가.

길 없는 길을 스승은 앞서가고, 제자들은 그림자인 양 뒤따른다. 스승이 멈추면 제자도 멈추고, 스승이 지나온 길을 되돌아보거나 목욕한 호수를 바라보면 그들 역시 허리를 굽힌 채 그 방향을 바라본다. 과거 신화시대에 무슨 번듯한 길이라도 있었겠는가. 수풀을 헤치고 바위를 더듬으며〔披榛捫石〕이끼 서린 돌을 피해 스스로 길을 만들어 올랐으리라.

현재는 나가르준으로 불리지만 자타마트라 파르밧(Jatamatra parvat), 네와리어로는 자마쵸(Jamacho), 혹은 빈댜 산(Vindya mountain)로도 불리는 바, 당연히 여러 언어의 문화권이 이 지역에 연고권을 가지고 관여했기 때문이다. 네팔에서는 흔한 일로 불교도가 부르는 이름, 힌두교도가 칭하는 이름이 있으며, 주변 거주민들이 산의 형상에 따라 부르는 이름까지 다양하게 준비되어 세상과 소통한다.

큰 스승 출현 91겁 지나서 안경 쓴 사내 하나가 작은 배낭 등에 짊어지고, 사진기 하나 길게 꿰찬 채 긴 막대기 하나 움켜쥐고 뒤따른다. 91겁 전에 이 길과 다르다고 생각하거나, 같다고 생각하거나, 뭔가 마음을 내면 그르치니 다만 급한 걸음은 거두고 천천히 오르다가 서서 뒤돌아보고, 다시 오르다가 쉬어간다.

산은 오를수록 숲이 울창해진다. 산 높이의 반쯤 오르면서 숲이 옅어지고 하늘이 드러난다.

두 발로 걷기란 참으로 가치 있는 일. 발끝 혹은 발뒤꿈치가 대지에 닿았다가 허공을 이동하고 다시 닿음을 반복하는 동작을 살펴보는 '위빠사나' 안에는 고(苦), 무상(無常), 무아(無我), 말로 다 설명하기 어려운 별세상이 있다.

혹자는 어두운 거리에서 불판 위에 고기를 뒤적이거나, 손바닥보다 작은, 스마트하다는 전자기기로 대화를 나누겠지만, 그렇게 시선이 바깥으로 향하는 문명의 모든 것을 내려놓고, 이렇게 위빳시 붓다 걸음걸음을 통해 스스로 자신 내부를 살펴보는 위빠사나로 가는 일은 법열(法悅)을 일으킨다.

사실 불교에 있어 가장 기초는 '바라봄'이다. 모든 기본은 '생각하기'가 아니라 '바라보기'다. 위빠사나 위에 세월이 지나면서 대승(大乘)이 일어나고 금강승(金剛乘)이 피어났다. 일곱이나 되는 붓다 중에 가장 첫 번째 붓다가 '바라보기'를 통한 명확한 이해를 추구하는 위빠사나와 어원을 같이 하는 위빳시 붓다라는 사실은 시사하는 바가 보통 크고 엄중한 것이 아니다.

아이를 데리고 숲으로 간다.

집에 돌아와서 묻는다.

"오늘 무엇을 보았니?"

아이는 나무, 돌, 시냇물이라 이야기한다.

다음에 다시 숲속 산책을 하고는 무엇을 보았는지 묻는다. 아이는 범위가 드넓어져 야생화를 보았고, 낙엽을 보았으며, 새들까지 이야기한다.

다음에 다시 함께 숲에 가자고 이야기하면 아이는 지금까지 보지 않았던 것들을 새롭게 찾아낸다. 가령 숲 사이를 지나가는 향기를 품은 바람, 나뭇잎 사이로 들어오는 햇빛, 나무를 타고 오르는 작은 곤충, 아차 하면 밟고 지나갈 버섯 등등, 많은 부분을 스스로 찾아내니 모두 바라보기에서 오는 발전이다.

그러다가 혼자 숲에 들어가는 어느 날, 갑자기 이 모든 것이 하나로 연결되

- 과거 순례자들을 위한 숙소는 이제 한낮 시간에만 사용이 가능하다. 낮이고 밤이고 자유롭게 드나들던 시절이 있었으나 정국 불안으로, 퇴위한 왕이 이 산 허리에 머무는 관계로, 가끔 강도가 나타난다는 치안상 이유로 등등, 야간에는 모든 사람이 성지를 완전히 비우게 된다. 잘 되었다. 성지도 밤에는 통성 기도하는 소란스러운 인간으로부터 휴식이 필요하다. 오로지 히말라야에서 불어오는 바람소리만 맴돌아야 한다.

어 있음을 알아차린다. 이 거대한 숲이 한 몸으로 살아가고 있음을 느끼며, 언젠가 이 삼천대천세계가, 온 우주가 나 자신임을 알아차리는〔頓覺三千是我家〕 '올바르게 보는 눈을 갑자기 가지게 되는' 순간이 온다.

위대한 조각가 로댕에게는 그만큼 명성이 쟁쟁한 추종자 릴케가 있었다. 릴케는 어느 날 자신이 글 쓰는 능력이 고갈되었음을 느낀다. 로뎅은 릴케에게 매일 파리 동물원에 가서 동물 하나를 택해서 열심히, 그 동물을 분명히 볼 수 있을 때까지 지켜보라고 권했다. 릴케는 표범을 선택했고 이어서 72편의 시를 쓰게 되었다. 후에 릴케는 화가 세잔느에게 그때의 경험을 말했다.

내 부모는 이렇게 가르치지 않았다. 365일 술을 드시는 아버지가 작정하고 내게 이렇게 바라보는 길을 알려주었다면, 지금쯤, 산속 토굴에서 태평가를 부르고〔野人無事太平歌〕 있었으리라.

윗빠시 붓다의 바라보기 가운데 과거회상이라는 잡념이 바람처럼 일어났다가 사라진다.

산을 오르면서 나무들이 점차 우람해지고 길은 양탄자처럼 푹신 거린다. 장난꾸러기 원숭이들이 나무 위에서 뛰어다니며 바닥에 열매를 떨어트리는가 하면, 우리나라 꿩보다 듬직한 몸집을 가진 히말라야 꿩들이 후두두둑 요란한 날갯소리를 내며 숲 밖으로 서둘러 빠져나간다.

## 안식일 없는 네팔

오늘은 토요일, 네팔의 휴일인지라 소풍 온 학생들이 웃고 떠들며 무리 지어 하산한다. 창조주가 세상을 만들고 하루 쉰 날이 일요일이 되었고 이런 흐름이 전세계에 일요일이라는 제도를 보급했으나 네팔은 이런 안식일 제도에 동참하지 않는다. 일요일을 휴무로 택하지 않은 나라는? 퀴즈 문제감이다.

토요일은 별자리로 치면 토성이며, 불운을 몰고 오며 화를 잘 내는 샤니(Shani) 신의 날이기에 이 날은 사업을 시작하지 않고, 다른 사람을 초대하지 않으며, 샤니 신을 달래기 위해, 사원으로 가는 날로 정했기에 토요일이 휴일이 되었다. 힌두교 시선이다.

다른 이야기는 도력이 깊은 밀교수행자, 즉 바즈라차르야(Vajracharya)인 자마나 구바주(Jamana Guvaju)와의 관련설, 즉 티베트불교 입장이다. 그는 카트만두의 툰디켈(Tundikhel)에서 양을 놓아 돌보던 중, 하늘을 날아가는 마하깔라(Mahakala)를 보고 신통력을 발휘하여 지상으로 끌어내려 버린다. 이렇게 위대한 신이 카트만두 분지에 머물며 함께 한다면 얼마나 좋겠냐는 단순한 생각이었다. 마하깔라는 자신이 단지 카트만두만을 위해 지상에 머무를 수 없다고 설명하며 정녕 그걸 원한다면 자신의 형상을 만들어 놓으면 토요일마다 찾아오겠노라 약속했다.

사람들은 힌두교도나 불교도 상관없이 토요일에 불운과 액운을 몰고 다니는 신이 찾아오는 것으로 여겼고, 특히 말라 왕조 때부터는 모든 무서운 신들을 달래기 위해 토요일은 휴일로 선언되었다. 토요일에 카트만두 분지에서 많은 사건사고가 생겼다는 증거일 수 있다.

이런 이유들로 1932년부터 국무총리 빔 숨세르(Bhim Shumsher)에 의해 토요일이 휴일로 정식 지정되었으며 토요일 다음날인 일요일은 다른 국가에서는 휴일이지만 태양의 신 수리야를 섬기는 날로 어떤 일을 시작하기 좋은 날로 간주한다.

참고로 월요일은 쉬바 신을 섬기고, 화요일은 원숭이 신 하누만을 섬기고, 수요일은 코끼리 신 가네쉬를 섬기는 날로 사업을 시작하면 좋으며, 목요일은 비슈누를 모시고, 금요일은 락쉬미의 날이다. 참 좋다. 술꾼들이 요일별로 술을 마셔야만 하는 이유를 만드는 것처럼, 날마다 신을 찾을 수 있다니. 신이 각각 어떤 역을 떠맡고 있는지 안다면 네팔에서 그 날의 의미와 함께 할 수 있는 일, 금해야 하는 일을 쉽게 구별할 수 있다.

토요일 휴일답게 많은 현지인들이 정상에서 내려온다. 나가르준을 찾는 스케줄을 조절할 수만 있다면 토요일은 피하는 것이 좋다.

# 연꽃의 깊고 깊은 의미

정상이 보이는 곳부터 마음이 흔들리는 것이 느껴진다. 산의 사연을 알아서인지 기쁜 마음과 경건한 마음이 일어나며 산으로 오르는 더욱 가팔라지는 예각 따위는 아랑곳없이 발길은 속도가 붙는다. 정상의 풍경은 압권으로 히말라야 연봉이 허공에 두둥실 부상한 채 병풍으로 펼쳐진다. 히말라야가 자리 잡은 북쪽을 잘 바라보기 위해 나무 위로 높은 철골 조망탑을 세워 놓아 사람들이 올라서서 경탄을 자아내도록 만들었다.

그러나 위빳시 붓다의 행적은 히말라야가 펼쳐지는 북쪽과는 거리가 멀다. 정상에 오른 위빳시 붓다는 잠시 후 손에 들었던 연꽃 한 송이를 연못에 던졌다(심었다). 서북에서 불어온 히말라야 바람을 타고 연꽃은 둥실 날아올라 커다란 호숫가에 파문을 그리며 물위에 툭 안착했다. 텍스트는 다만 '던졌다' 혹은 '심었다'라 표현하고 있으나 어디 그것뿐일까. 모든 사건에는 숨겨진 과정과 의미가 있는 법으로 고대에 연꽃은 생명을 상징하기에 연꽃을 던지는 일은 방생(放生)의 의미가 담긴 뿌자(puja, 祭禮)다.

> 인도 종교에서 연꽃의 비중은 매우 막중하다. 불교에서 연꽃은 진흙에서 싹을 틔우고 진흙탕을 거쳐 수면 위로 뛰어올라 꽃을 피워내지만 이런저런 더러움에 조금도 물들지 않기에 청정무염(清淨無染)과 탈속(脫俗)의 상징으로 비유된다. 파드마쌈바바와 같은 큰 구루가 연꽃에서 태어났다고 이야기하는 근거가 바로 그것이다. 연꽃은 절대순수함을 대변한다.
>
> 그러나 고대인도 힌두교에서는 청정무염이나 탈속보다는 연꽃 = 생명(生命)이라는 개념이 정립되어 있었다. 무수한 꽃잎으로 이루어진 연꽃은 하나하나의 작은 생명들이 모여 거대한 하나의 생명체를 구성하는 우주의 상징이었고, 더불어 다산(多産)이라는 여성생식, 생명창조의 은유였다.
>
> 붓다의 어머니 마야 부인은 어느 날 여섯 개의 흰 상아를 가진 흰 코끼리가 연꽃을 들고 나타나는 꿈을 꾼다. 이때는 불교가 시작되기 전이므로 힌두교

의 코드로 읽어내야 한다. 인도에서 연꽃이 생명을 상징한다는 사실을 아는 사람이라면 이 꿈이 곧 아이를 낳으리라는 태몽(胎夢)임을 쉬이 안다. 또한 붓다가 태어나 동서남북으로 각각 일곱 발자국씩 걸어가자 그 걸음걸음마다 연꽃이 피었다는 설화 역시 위대한 영혼의 생명의 획득, 즉 탄생(誕生)의 표현이 된다.

또한 연꽃은 세상과 우주를 상징한다. 많은 힌두 신들의 손 위에 연꽃이 놓여 있거나 연꽃 위에 앉아 있다〔蓮華坐〕. 연꽃을 장식품으로 그냥 들고 있는 것이 아니라 깊은 의미가 있는 바, 세상과 우주 그리고 생명을 상징하는 연꽃이 신의 손 위에 있다는 사실은, 세상이 신을 떠받치는 것이 아니라, 신의 손에 만물이 거주하는 세상이 있음을 말한다. 세상에 신이 있는 것이 아니라 신의 손에 우리들이 거주하는 세상이 있다는 표현이다. 때로는 신이 그런 세상에 걸터앉아 있다.

– 임현담의 『가르왈 히말라야』 중에서

불교적 시선으로 보자면 연꽃을 던진 사건은 앞으로 유장한 세월이 지난 후, 이 연못 일대에 대한 올곧은 다르마의 유지, 이곳을 중심으로 한 히말라야 계곡에 수많은 보디삿뜨바 출현을 위한 발원, 어디 그것뿐이랴. 앞으로 다가올 시대에 이 자리에서 머물거나 거쳐 갈 삼사라(samsara, 윤회하는 세계)의 모든 유정(有情)·무정(無情)들이, 보리심과 공성(空性)의 지혜가 서서히 싹튼 후, 다시는 후퇴하지 않고, 시들지 않고 위없이 자라기를 바라는 마음 역시 깊고 넓게 들어 있었다고 보면 된다. 호수 뒤편에 우뚝한 히말라야처럼 이 자리와 연관된 모든 중생이 차차 높고 고귀하게 되기를 바랐으리라.

하늘은 푸르러 하늘이 호수인지 호수가 하늘인지 구별되지 않은 채, 그 사이, 놓인 연꽃 한 송이가 보시기 좋았으리라. 그리고 예언했다.

"이 연꽃들이 피어날 무렵, 스스로 현현하는(스왐부, Swayambhu) 존재가 광휘(빛)로 일어나리라(Swayambhu Dharmadhatu)."

• 나가르준 정상에는 불탑이 서 있다. 양식으로 보아 불교적인 탑이지만 힌두교도들이 득세한 후 힌두 신상을 사방에 덧붙였다. 이 자리에서 큰 구루가 연못을 내려다보며 훗날을 축복하는 성스러운 만뜨라를 던졌다. 만뜨라는 겁이라는 시간을 지난 오늘, 아직껏 유효하다.

"이 빛으로 세상의 나쁜 것들은 사라지고, 세상 곳곳에 행복이 넘쳐나리라.
모든 만물이 편안해지리라."

『스왐부 뿌라나』의 연꽃은 힌두교가 아니라 불교의 눈으로 읽어내야 하기에, 절대순수의 씨앗을 심은 것이며 그 결과 절대순수의 원초의 빛이 나타난다는 계시다. 우주법계의 진리로 형상으로도 이름으로도 표현할 수 없고 오로지 빛으로 표현되는 비로자나(Vairocana)를 은유하기도 하며 그것으로 끝이 아니라 빛의 근원을 돌이켜 살피는, 즉 스스로의 본래심(本來心)을 되돌아보는 반조(返照)의 의미도 품는다.

호수는 기꺼이 연꽃을 받아들여 수면 위에 온전히 둥실 띄웠다. 이미 호수 위에 자리 잡았던 여느 연꽃과는 사뭇 다른 모습이었으리라.

현겁(賢劫)의 시초에 향기로운 물이 가득한데 천 송이의 큰 연꽃이 떠 있었다. 4선천(四禪天)에서 이런 상서를 내려다보고 서로 말했다.
"지금 이 세계가 이루어지면 천 명의 현인이 세상에 나오실 것이다."
그러므로 이 시기를 현겁이라 한다.
-『조당집』 중에서

훗날 카트만두의 역사를 이끌어내는 연화방생(蓮花放生). 이 일 하나만으로 나가르준은 카트만두 최고 성지로 간주해도 무리가 없다. 각각의 『뿌라나』마다 위빳시 붓다가 연못에서 목욕 후에 심었다 혹은 언덕 정상으로 올라와 심었다 등등 동작의 차이가 있으나 위빳시 붓다는 연꽃을 심었고 언덕에 올랐으며, 호수는 여전하게 아름다웠다는 점은 동일하다.

우리에게는 단군(檀君)이 있듯이 카트만두에는 붓다의 계열의 1대 위빳시 붓다가 개국의 시조가 된다. 전지전능한 하늘의 신이 아니라 세상의 이치를 모두 궁구(窮究)하여 알아차린 인간이, 더불어 창칼이나 화살을 들고 정복을 위해 찾아온 무장이 아닌 깨달음을 얻은 성자가 나라의 문을 열었다니 지극히 인간적이며 더불어 다르마가 복되고 다시 또 복되도다.

옴.

나가르준 정상에서 바라보는 조망은 일품명품이다. 멀리 북쪽으로 시선을 놓으면 히말라야 연봉이 동서로 이어져 물결치며 달려 나가고 시선 한쪽으로는 카트만두 시내가 조망된다. 새들이 나무와 나무 사이를 가볍게 날아다니며 노래하여 바람에 뒤섞이는 타르초 소리와 하나가 된다. 멀리 보이는 히말라야는 변함이 없다. 오랜만에 같은 얼굴로 남쪽 낮은 지역들을 굽어보고 있다.

송지문(宋之問)은 '해마다 꽃은 서로 비슷하지만 해마다 사람은 같지 않구나〔年年歲歲花相似 歲歲年年人不同〕'라고 읊었다. 꽃〔花〕을 설산(雪山)으로 바꾸면 산은 변함이 없으나 바라보는 이 몸은 늘 일정한지〔歲歲年年我不同〕 되묻게 된다. 몸을 가지고 있기에 노(老)·병(病)을 겪어가며 항상(恒常)하지 못한데, 마음이라고 저렇게 항상한가? 늘 그러하고 여여한가? 다시 되짚어 본다. 어림없는 이야기다.

신통한 일은 히말라야를 바라보는 순간 내 마음은 여여부동으로 바뀌고 흔들리는 모든 잡념들이 화로 위의 눈송이처럼 사라지기〔紅爐一點雪〕에 만파식적이 따로 없다. 앞생각이 뒷생각으로 상속되지 않고 상상이 꼬리에 꼬리를 물며 유랑하지 못한다.

더불어 이 안에 소멸되지 않고 파괴되지 않는 자성이 있어, 비록 안경을 걸치고 보아야 정확히 산을 보는 시력의 변화는 있을지언정, 20년 전 히말라야를 바라보는 그 자성은 약해짐조차 없이 생멸(生滅)치 않고 바라봄이 항상하다. 그 자성이 빛난다.

그동안 히말라야는 구름으로 반쯤 가린 모습으로 때로는 화창한 모습으로 나를 맞았으니, 이는 마치 때로는 주장자를 들고 혹은 손가락을 세우며 '이 소식을 알겠느냐?' 묻는 스승과 같은 모습.

히말라야에 이렇게 넋을 빼앗기는 일은 어쩔 수 없다 해도 카트만두의 신화를 기억하는 사람이라면 붓다의 눈빛이 어디에 머물었는지 그 방향에 시선을 맞추는 일이 필요하다.

눈에 보이는 카트만두 분지 모두가 과거에는 출렁이는 호수였다니 그야말로 장관을 이뤘을 터다. 백두산 천지의 최대 크기는 가장 긴 곳의 지름이 4.6km, 면적은 9.17㎢임을 생각한다면 백두산 천지의 무려 60배 정도의 크기를 가진 호수가 나가르준 아래에 출렁이며 넓게 자리 잡고 있었다.

## 히말라야의 수행자, 나가르주나

그런데 봉우리 이름에는 위빳시를 연상시키는 의미가 조금도 들어가 있지 않다. 나가르준은 이름만 들으면 도리어 마치 나가(뱀)와 관련이 있는 이름처럼 보인다. 실상은 나가르준 정상 부근에 제2의 붓다로 칭송 받는 나가르주나(Nagarjuna, 龍樹)의 명상처가 있었다기에 붙은 이름이다. 나가르주나라는 인물이 얼마나 커다란 존재였는지, 우리나라의 고승의 이름을 모신 원효봉, 의상봉 등등과 같은 작명법으로 산봉우리가 그의 이름을 온전히 안고 있다.

붓다가 반열반으로 지상을 떠난 후 800년 지나, 인도 동쪽, 중부지방 크리슈나 강가에 예사롭지 않은 도인이 등장했으니 혹자는 제2의 붓다라 부르는 나가르주나다.

나가르주나의 원래 출생지는 현재 안드라 프라데시(Andhra Pradesh) 주의 비다르바(Vidarbha)로 알려져 있고 부모님은 힌두교 브라흐민 계급이었다. 어린 시절은 부모의 영향을 받아 힌두의 교리를 섭렵했고, 혈기왕성한 시기에 방탕한 생활을 보내던 끝에 죽음의 입구에 발을 들여놓았다가 빠져나온 후, 불교로 전향했다.

쿠마라지와(Kumarajiva, 343-413, 鳩摩羅什)가 한역한 『용수보살전(龍樹菩薩轉)』에는 파란만장한 이야기가 마치 소설처럼 전개되어 있다. 이와 더불어 현재 나가르주나의 일대기를 알아볼 수 있는 방법은 티베트의 부톤(Buton, 1290-1364)의 『불교사』 중에 기록된 나가르주나에 대한 내용, 역시 티베트의 타라나타(Taranatha, 1573-1615?)의 『불교사』에서 어렵지 않게 찾을 수 있다.

• 위빳시 붓다가 오랫동안 서 있던 자리는 이제 불교를 믿는 사람들의 치성소가 되었다. 세월이 지나면 본래 의미는 잊히고 행동만 남게 되는 것일까. 산 정상에 합장하던 위빳시 붓다의 어묵동정은 차차 어두워지고 요즘은 발복을 위한, 사람들의 행렬이 이어진다. 타르쵸에 자신의 이름과 기원을 적어서 탑에 내건다. 축복의 방향이 자신과 자기 가족에 제한되었는지, 아니면 그 경계를 넘어 먼 미물까지 향하는지가 속인과 성인의 경계가 되는가.

힌두교를 통달한 그가 불교로 전향한 이유 중에는 은신법이라는 원인이 숨어 있었다. 햇볕 아래 당당하게 걸을 수 있는 장부다운 자신이 있었다면 무엇 때문에 쓸데없는 은신술 따위를 배우겠는가, 무엇하려고 투명 인간이 되겠는가. 남의 눈을 피하여 은밀하게 무엇을 도모하고자 하는 어두운 마음에서 은신술을 학습했을 터. 그렇지 않아도 삶에서 해야 할 공부와 행하여야 할 선행이 널렸거늘, 짧은 인생살이에서 은신술이라는 기술을 배우는 사람이나, 그런 잡술을 가르치는 선생과의 인연을 애당초 멀리하는 것이 현명하지 않겠는가.

그는 친구들과 함께 이 방법을 숙달한 후 궁전에 은밀하게 스며들었다. 밤마다 왕국의 궁녀들을 희롱하니 어느 사이 궁녀들 대부분을 임신시켜 버린다. 이런 행적이 오래 갈 수 있을까. 바닥에 모래를 깔아 놓고 기다리던 왕과 신하에 의해 발자국이 추적당해 결국 친구 세 사람은 머리가 잘려 살해되었고 기지를 발동하여 왕 옆에 바짝 붙어 숨어 있던 나가르주나만 간신히 목숨을 부지한다.

왕에 옆에 숨어 있는 동안 나가르주나는 이런 결과를 일으킨 원인, 즉 탐욕에 대해 생각한다. 누구나 죽음을 맞이하고, 죽음이 위협하는 순간을 맞이하는 바, 이런 급박한 순간을 목전에 맞이한다면, 살기에 급급하거나, 아이고 내 팔자야! 포기하며 한탄으로 그치는 일이 대부분일 터, 목숨이 촌각인데 이런 생각을 일으켰다는 사실 자체가 보통 인물이 아니라는 증거가 된다.

거친 바람에 휘날리는 촛불 같은 절체절명(絶體絶命) 순간에, 쾌락을 일으킨 원인을 돌아보고, 겨우 이것 때문에 장부 목숨을 날려서야 되겠는가, 도대체 그런 탐욕의 근원이란 무엇인가? 골몰했다. 그는 힌두교 통달이라는 탄탄한 기초가 있었기에 난처한 상황에서 이런 깊은 추리가 자연스럽게 가능했다.

이제 살아나가면 출가하기로 한다〔若能逃出此次危難 便去投靠沙門 受出家之法〕. 쿠마라지와는 이때 나가르주나의 상태를 심심각성(深深覺醒)으로 표현했다. 심심각성, 심심각성, 의미가 깊고 또 깊으며 더불어 무겁다.

몸을 왕궁에서 안전하게 빼낸 후 그는 감각의 통제, 욕망의 제거, 고통의 해결에 대해 친절한 가르침을 주는 불교로 전향하여 정말 열심히 공부했다.

一切欲樂如鹽滷 任幾受用渴轉增
於諸能生貪著物 頓捨卻是佛子行
감각적인 즐거움은 소금물과 같아서
내키는 대로 마신다면 갈증만 커져간다.
어떤 대상이든 탐착하는 마음 생길 때
그 순간 바로 버리는 게 불자의 행동이네.

–『불자행삼십칠송(佛子行三十七誦)』 중에서

나가르주나는 죽음이라는 백척간두에서 한 발 더 크게 내딛어 나가며 불교경전을 읽고 또 읽어가며 참구하였으나 무엇인가 미흡하여 이제 히말라야로 간다.

히말라야가 사람이라면 얼마나 행복한가. 예로부터 공부하고자 발심하거나, 수행이 잘 안되면 정진하기 위해 히말라야 품을 찾는다. 일반인에게 히말라야는 아버지 같이 어려운 존재이지만 수행자에게는 반야바라밀다 어머니와 동일한 존재다. 즉 히말라야는 붓다와 보디삿뜨바 그리고 성자를 낳거나 기르기에 어머니이다.

스승 돔뙨바(Dromtonpa)는 '번뇌의 치료제가 되면 그것이 수행이고, (번뇌를 없애는) 치료제 역할을 하지 못하면 수행이 아니다. 세속적인 굴레에서 벗어나는 것이 수행이고, 더욱 빠져들면 수행이 아니다.'라고 수행을 명쾌하게 정의했다. 히말라야에 오면 번뇌는 사라지고 세속을 여의지기에 수행처 중 으뜸이다. 히말라야는 절대존재 혹은 진리의 상징이며, 마누 신화에서 지구상의 모든 대지가 물에 잠겼을 때조차 수면 위로 홀로 솟아올라 어떤 시련에도 굴하지 않는 불멸을 웅변하기도 했다.

나가르준 정상 부근에는 히말라야가 시원하게 보이는 북쪽을 향하여 나가르주나의 명상처인 동굴이 있고, 주변에 붓다와 마하싯다, 즉 위대한 선각자들은 물론 파드마쌈바바(Padmasambhava)가 수행했다는 동굴들이 함께 있었단다. 1981년 큰 태풍 전까지 그 동굴을 보았다는 기록이 남아 있으나 정상 부근에서

• 북쪽은 인위적인 면이 완전 배제된 무결점 풍경으로 이어진다. 한 구루의 동굴은 저렇게 빛나는 풍경을 마주보는 위치에 있었단다. 눈만 열면 보이는 소소한 번뇌를 압도하는 풍경 안에서 깨달음으로 가는 길을 닦았고 그의 이름은 아직 봉우리에 남아 있어 우리는 그를 기린다. 구루 나가르주나 그리고 봉우리 이름 나가르준. 그의 동굴 수행처를 못 찾으면 또 어떠랴. 그 시절 구루가 바라보던 풍경은 아직 변함이 없는걸.

촛불을 파는 힌두인들은 동굴에 대한 이야기를 들어본 적이 없다고 했다. 그나마 동굴에 대해 안다는 사람들은 나가르준 중턱 부근만 이야기하니, 정상 부근에 있다는 기록은 다만 30여 년 전 기록일 뿐 무성한 숲으로 뒤덮여 이제 자취를 감추었다. 나가르주나가 힌두교 큰 스승이었다면 힌두교가 국교였던 네팔에서 이렇게까지 되지는 않았으리라. 뜻을 품은 옛 자리는 간 곳이 없고 볼거리를 위한 구조물만이 높아 말세에 숨어버린 스승의 거처가 그리워진다.

나가르주나는 풍경이 신령스러운 히말라야에서 어떤 나이든 스님으로부터 경전을 받아 또다시 열심히 행업순일(行業純一) 후, 다시 인도로 내려와 다른 경전을 찾고 동시에 그간의 공부로 얻은 실력을 발휘하여 토론을 통해 상대편을 무력화시켰다. 이제 자만심이 커졌다. 이때 외도의 제자 하나가 말한다.

"스승께서는 일체지인(一切智人, 모든 것을 알고 있는 사람)인데, 지금 붓다의 제자라고 합니다. 제자라 함은 자신에게 부족한 점이 있다고 인정하는 것입니다. 하여, 스승은 일체지인이 아닙니다."

훗날 완성된 나가르주나였다면 간단하게 논파했을 터인데 분별심이 남아 만법무성무상(萬法無性無常) 무념종지(無念宗旨)와는 다소 거리가 있었던 교만한 나가르주나, 이렇게 답한다.

"이 세상에는 가르침이 여러 가지다. 붓다의 가르침이 수승하기는 하지만 아직 철저하지 못한 바가 있다. 그런 것을 바로잡고 보완하여 바른 법을 편다면 그것 또한 옳은 일이 아니냐."

말뿐 아니라 나가르주나는 가르침, 계율, 승복, 그리고 의식을 기존 것에서 슬쩍 변형을 시켰으니, 청출어람(青出於藍), 어림도 없어, 요즘 말로 약간 이단(異端) 냄새가 슬금슬금 나기 시작한다. 이어지는 구름 같은 일설에 의하면, 교만함을 보다 못한 대룡보살이 나가들이 사는 바다 밑의 나라로 불러들여 여러 가지 경전은 물론 붓다가 남겨 놓은 마하프라즈냐 파라미타(『반야심경』)를 전수했다고 한다.

나가르주나의 사상은 불교에서 매우 중요하다. 무자성이므로 공하다〔無自

性故空)로 집약된다. 나가르주나는 이것을 증명하기 위해 공하다는 사실을 적극적으로 알린 것이 아니라, 공을 부정하는 입장, 다시 말하면 실체가 있다는 주장의 모순을 지적하는 방법을 사용했다. 티베트 사람들은 만주스리(Manjusri)에서 나가르주나로 이어지는 법맥을 상모따규라 부르는데, 바로 공성의 깊은 견해를 중시하는 법맥이라는 뜻이다.

나가르주나의 일대기에서 히말라야에 거주했던 일은 역사적 사실로 간주된다. 특히 나가르주나가 받았다는 소중한 경전이 존재하고 잘 보존·보호되기 위해서는 그럴 듯한 절집이 있어야 한다는 점을 감안하면 위치를 추적하는 일은 그리 어렵지 않다. 박식으로 치자면 으뜸이었던 나가르주나가 붓다의 이야기가 스며 있는 카트만두 일대를 몰랐을 리 없으며, 더구나 나가르준이라는 언덕에 나가르주나의 명상처가 있으니 나가르주나 일대기에 등장하는 히말라야는 바로 카트만두 일대다.

불교의 첫 번째 단계이자 출발점인 초기불교의 경우 붓다는 영속적인 실체를 부정하며 고집멸도의 대명제를 이야기했으며, 이때만 해도 명확한 공성의 개념은 등장하지 않았다. 그 후 두 번째로 자신과 외부의 공성(空性)과 무실체성(無實體性)에 대한 이야기가 등장하고, 마지막 세 번째는 불성(佛性), 여래장(如來藏)의 개념이 나타나게 된다. 이 중 두 번째가 나가르주나의 몫이다.

나가르주나 임종의 순간, 눈앞에 주마등처럼 스쳐가는 과거에는 지금 내가 밟고 있는 이 언덕의 모든 풍경이 지나갔으리라. 그가 바라보며 결가부좌로 앉았던 변함없는 저 하얀 봉우리 역시 내가 바라보니 같은 풍경과 같은 위치의 아뢰야식을 공유한다.

나가르준이라는 봉우리는 인간의 몸으로 얻어낸 붓다라는 지위를 최초로 획득한 사람인 위빳시 붓다와, 훗날 붓다급 반열에 오른 성자로 칭송받는 나가르주나의 사연이 얽힌 자리다. 위대한 존재들이 찾아와 머문 곳으로 세월 속에서 무너지지 않고, 물에 잠기지 않은 채 현존하는 성스러운 자리다.

상상으로 그려지는 과거세.

신화시대의 커다란 사건을 초대받아 바로 옆에서 바라보는 일은 물론 위대한 성자가 거닐었던 자리의 기운을 받으며 이리 걷고 또 저리 걷는다.

뿌자를 마친 위빳시 붓다는 제자들과 함께 돌아갔다. 나도 위빳시 붓다의 제자인 양 정상에서 좋은 시간을 보낸 후 조심스럽게 하산을 시작한다. 언제나 그렇듯이 좋은 자리를 떠나는 일은 쉽지 않아 자꾸 머뭇머뭇 뒤돌아보게 된다.

뒤돌아보는 히말라야는 여전히 장관이다. 신성은 히말라야와 같은 자연에 스며 있다는 느낌을 받는다. 이런 풍경이 있는 산에서 느껴지는 신성은, 즉 법신(法身)은 나이가 없다. 나는 물에게, 구름에게, 바람에게, 나이를 묻지 않았으니, 나이가 없기 때문이다. 그들에게 편재한 신, 법신이라고 안 그렇겠는가. 나이는 오로지 나이를 느끼는 우리에게 있을 따름이기에 나가르주나도, 나도 나이를 가지지 않을 수 있다.

옴 샨티 샨티 샨티.

세월은 정처 없이 흘러간다.

호수 위의 하늘은 위빳시 붓다가 찾아오기 전처럼 여전히 만변(萬變)했다. 날씨에 따라 변화하는 주변 풍경 역시 늘 그러했듯이 변화무쌍했다. 다만 호수 위에는 성자가 던지고 간 연꽃들이 차차 피어올라 위빳시 붓다 방문 전과는 다른 풍경을 서서히 일구어냈다. 성자가 연꽃을 품고 산길 올라오며 꾸었던 꿈 그대로 호수는 서서히 변화를 시작한다.

# 4

# 두 번째 붓다의 축복, 다이나쵸

벗이여, 이 숲은 멋있군요.
달빛 비치는 밤, 살라 꽃은 만발해 있고, 천상의 향기가 가득합니다.
비구의 어떤 살림살이가 이 숲을 빛나게 할까요?

-『중부』 32경

## 두 번째 시키 붓다가 등장하시다

참파데비(Champa Devi)의 출발점은 코끼리 숲이라는 의미를 가진 하티반(Hativan)이다. 아랫마을에서 1시간 정도 걸어 올라가거나, 소나무 숲 사이로 비포장도로를 따라 차량으로 갈 수 있다.

본래 사바나, 우림 등등에서 사는 코끼리가 어쩌다가 고지대인 이곳에 자신의 이름, 하티를 심었을까. 혹시 부귀를 상징하는 코끼리 머리를 가진 가네쉬(Ganesh)와 관련이 있을까.

실상은 200년 전 나라의 정권을 잡았던 라나(Rana) 일가가 벌인 일이란다. 평야지대 치트완(Chitwan)에서 코끼리를 잡아와 분지 내에서 코끼리를 교통수단으로 사용했고, 거기에 더해 영국 관리를 초대하여 호랑이 사냥을 할 때 코끼리를 동원했다 한다. 그런 코끼리들을 한데 모아서 키웠던 장소가 하티반.

현재 동물원에 갇혀 있거나 인간 대신 노동을 하는 코끼리 수는 16,000이나 된다. 전 세계 코끼리의 1/4이나 되는 엄청난 숫자. '당신에겐 재미난 추억일지 모르지만, 동물에겐 말 그대로 지옥'이라는 표현은 정확하다. 잊지 말자, 코끼리 사파리는 야만이다.

하티반 북쪽 언덕으로는 서양풍 리조트가 자리 잡고 있어 예사롭지 않은 풍경을 선물한다. 호주머니 가벼운 사람은 투숙 대신 다만 둘러보는 일만 가능하지만, 잊지 말고 히말라야가 보이는 북쪽 테라스까지는 반드시 가 보아야 한다. 네팔을 제집처럼 드나든 사람도 감탄하지 않을 수 없는 서구풍, 알프스스러운 풍경이 혼을 빼앗는다.

잘 꾸며 놓은 정원, 도심에서는 결코 만날 수 없는 청정한 공기, 북쪽 하늘 아래 동서로 두둥실 구름처럼 그러나 현실감 있게 떠 있는 히말라야를 바라보고 있노라면 감탄도 잠시, 무아의 경지에서 자신 역시 풍경이 되어 버린다. 히말라야는 허공에 하얀 점을 찍어 장엄한 듯〔空點以嚴之〕하며, 임금의 상투에 숨긴 소중한 구슬〔如彼啓明珠 置之於頂上〕처럼 눈부시게 빛난다. 저런 히말라야는 인간이 존재하기 이전부터 터를 잡고 있었다.

참으로 공(空)이란 대단하다. 공이 있기에 저런 거대한 것들이 자리 잡아 세상을 꾸며나간다. 공이 존재하지 않는다면 유한한 자리에 무한한 것이나 유한한 것이 거처를 만들 수나 있었을까.

그러나 내가 살고 있는 세상이란 풍경이 아니라 인연이 문제다. 세상을 살아가는 모든 사람은 공이 허락한 풍경 속에서 태어나고 풍경 속에서 살며 또한 인연 속에서 살아야만 하기에, 세상에 태어난 그 어떤 성자도 이런 인연을 쉬이 벗어나지는 못했다. 그러나 설산 풍경 안에서는 인연이 내팽개쳐지며 풍경과 하나 되어 모든 것이 끊어진다.

하티반에서 출발하여 다이나쵸(Dhyanacho)를 향해 북서쪽으로 오르는 길은 처음에는 그만그만한 둔각으로 이어진다. 호주머니 빵빵한 하티반 리조트 투숙객을 위한 시설일까, 친절하게도 제법 긴 구간까지 계단을 설치해 놓았기에 무릎이 좋지 않은 사람들에게는 지나친 친절로 작용한다. 계단이 끝나는 부분부터는 예각을 이루어 산을 오르는 사람을 다소 힘들게 만든다. 그러나 우측으로 히말라야가 계속 따라나서기에 시선을 설산과 마주치면 상행의 고난은 스스로 반감된다.

위빳시 붓다가 반열반으로 세상을 떠난 지 무려 59겁이 흘러간 후, 즉 오늘부터 31겁 전에 시키 붓다(Sikhi Buddha)가 세상에 출현했다.

여기에 59겁(劫), 다시 '겁'이라는 단어가 반복 등장한다. 이런 숫자는 빠름빠름이라는 초 단위로 살아야 하는 몇몇 사람들에게는 괴롭지만 한 번 정리하고 넘어가야 히말라야와 인연 있는 나라들 깊이를 이해할 수 있다. 힌두교와 불교에서 시간 배열에 따른 역사의 개념은 크게 두 가지로 나뉜다.

1. 측정이 불가능한 겁이라는 우주적인 단위의 시간
2. 측정이 가능한 몇 세기, 몇 년 등 시간적 단위의 시간

불교에서 겁이란, 가로·세로·높이가 각각 1요자나(yojana, 由旬) 되는 커다란 통에 겨자씨를 가득 넣고, 100년에 한 번 겨자씨를 하나씩 꺼내, 통을 완전히 텅 비게 하는 시간단위다. 말하자면 측정이 불가할 정도로 긴 시간이라는 의미로 우주적 스케일을 품는다.

통의 크기를 측정하는 데 쓰인 요자나라는 단위는 길이, 거리를 나타내는 고대 인도 단위로, '제왕이 하루 동안 이동하는 거리'를 일컬으며, 급한 소식을 신속하게 전하는 파발마가 아닌 통상 품위 있는 제왕의 여유로운 움직임을 간주해서 10~15km로 계산하게 된다. 그러나 훗날 이 단위는 조금 현실적으로 변형이 되어 황소가 멍에를 지고 하루 동안 가는 거리를 말하게 된다. 또 1요자나는 8크로사(krosa, 俱盧舍)로 계산했는데 1크로사는 소가 우는 소리가 들리는 거리를 말한다. 소가 음매 우는 소리가 들릴 듯 안 들릴 듯하면 1크로사, 인도가 아니면 만들 수 없는 단위다.

사실 하루 이동거리는 1요자나가 가장 적절하다. 이 거리를 하루에 가게 되는 경우, 주변의 아름다운 풍경을 바라보고, 휴식을 취하며 사위(四圍)와 교감이 가능하다. 맑은 시냇물을 만나면 목욕을 하고, 물소리 새소리 들리는 곳에서 차를 마시거나 산들바람 스쳐가는 나무 밑에서 꿀맛 같은 짧은 낮잠도 가능하다. 마치 코끼리 행보처럼.

영국의 사상가 존 러스킨 뒤에는 뛰어난 부모가 있었다. 남부 스페인에서 셰리 주(酒)를 수입해서 판매하던 부유한 아버지는 아들에게 고전을 읽어주고 박물관에 자주 데리고 갔다. 여름철이 되면 영국은 물론 유럽 대륙의 아름다운 풍경으로 여행을 떠나기도 했다.

러스킨의 아버지에게는 여행에 관한 몇 가지 규칙이 있었다. 그중 하나는 '마차를 타고 여행을 하되 하루에 40km 이상 가지 않으며,' 이것뿐일까, 또 다른 규칙은 '40km를 가되 몇 킬로미터마다 반드시 마차를 세우고 경치를 감상한다'였다. 이 방법은 그 후 러스킨이 이어받아 러스킨이 여행하는 동안 평생 동안 지킨 수칙이 되었다.

빨리 달린다고 해서 보다 더 행복하거나 지혜로워지거나 일찍 도달한 도착지에서 시간을 잘 보낸다는 보장이 있을까. 산행인구가 늘어나면서 산길이 스포츠 각축장처럼 변해, 이마에 불을 켜고 소란을 피워 산짐승에게 피해를 주는 야간산행에 더해 속도를 자랑하는 사람과 단체가 마구 늘어났다. 그들은 안간힘으로 하루 걸은 거리를 자랑하는 바, '제왕의 행차'가 아니라 '낮은 카스트의 노동 혹은 유희'로 보이며, 다만 자신이 어떤 카스트인지 모르는 듯하다. 인증샷만이 그들의 목적처럼 보일 때도 있다.

No-yak(노약) 산악회는 내가 스스로 만든 산악회로 회원은 오로지 나 하나다. 야크(Yak)처럼 등에 짐을 가득 싣고 아침부터 저녁까지 내리 걷는 일을 반대(No)하는 노약자 수준의 '노약자' 산악회로, 일명 '요자나 산악회'는 풍경과 교감하는 최고 산악회다. 다른 회원을 받지 못하는 일은 이 느려터진 속도를 견딜 수 있는 산사람이 없어서다. 오르는 일도 마찬가지로, 내 몸이 허락하는 최고 고도가 바로 정상이다. 어디라고 안 그럴까. 카트만두 역시 이렇게 걷고 오르며 모든 산길 들길을 이런 방식으로 걷는다.

겨자씨가 담긴 통은 가로·세로·높이가 무려 최대 15km에 이르는 거대한 곡간이란다. 스스로 근시안으로 몰아넣지 않고 겁이라는 개념을 마음에 넣을 경우, 의식은 우주적 확장이 일어나며 무량원겁즉일념(無量遠劫卽一念) 일념즉시무량겁(一念卽是無量劫), 무한하게 팽창한다. 자신은 과거의 어디까지 볼 수 있으며 미래의 어디까지 바라보는 일이 가능한지 자신의 그릇 크기는 스스로 만든다.

결국 측정불가의 공 혹은 무의 개념과 상통하게 되어 시대신(是大神) 시대명(是大明) 시무상(是無上) 시무등등(是無等等)에 이르는 불가사의(不可思議) 단위가 내 안에서 논다. 그것이 본래 마음의 스케일이거늘 스스로 바늘 하나 꽂을 자리가 없도록 좁아진 경우가 대부분이다. 이런 우화적인 비유보다 정확한 내용을 살피자면 윈스턴 처칠은 "더 먼 과거를 볼 때에 더 먼 미래를 볼 수 있다."라고 했다.

위빳시 붓다와 시키 붓다, 이렇게 두 붓다 사이의 간극인 59겁이라는 엄청나게 기나긴 세월은 인간들에게 가르침의 부재, 가르침의 공백 시기였다.

붓다 중에 두 번째인 시키 붓다는 아루나와티 시의 아루나 왕과 그의 첫 번째 왕비인 파바와티 사이에서 태어났으며, 시키라는 이름은 외모에서 유래된 것으로 '머리띠 같은 이마의 살이 공작의 벼슬처럼 솟아 있었기' 때문. 코끼리를 타고 출가했고, 고된 수행을 했으며, 정좌하자마자 꽃과 과일이 뒤덮인 푼다리카 보리수 아래에서 정진, 수증오도(修證悟道) 결국 붓다가 되었다.

시키 붓다의 특징 중에 하나는 광채로서, 몸에서 나오는 빛은 어디에서나 방해 없이 30요자나를 비추었다는 점. 요자나를 복습해서 계산해 본다면 무려 40km 밖에서도 느낄 수 있는 광채였다는 이야기다. 글을 그대로 받아낸다면 몸에서 나오는 초신성(超神聖)스러운 광휘를 뜻하겠으나, 59겁 동안 지상에 내려앉았던 어두움을 두루두루 몰아내었고, 넓은 지역의 중생들 무명(無明)을 몰아내고 내면을 밝혔다는 상징이 아닌가, 스스로 추측해본다. 그야말로 자등명(自燈明) 붓다.

그 빛은 멸했을까, 우주 모든 빛의 성질대로 오늘도 드넓은 우주를 향해 쉼없이 달려 나가고 있을 터다. 우리가 저지른 행동, 긍정적이건 부정적이건 인간의 판단과는 무관하게, 모든 어묵동정은 파장·파동, 멜로디가 되어 우주라는 계에 커져 가는 나이테처럼 동심원을 그리며 퍼져나간다. 그 광휘가 문자로 변하

• 울울한 송림 사이로 맑은 얼굴의 히말라야를 보며 오르게 된다. 오전 10시에 이르면 카트만두 분지에서 매연이 본격적으로 올라오는 시각. 따라서 산에 오르는 시간이 이르면 이를수록 설산 바라보기에 올바른 선택이 된다. 여행은 부지런해야 한다.

면 지상에 남아 지금도 느낄 수 있다.

시키 붓다가 아루나와티에서 제자들에게 설법하던 어느 날, 갑자기 우르르 땅이 심하게 흔들리는 대지진이 일어났다. 지진이 멈추자 제자가 두 손 모아 시키 붓다에게 이유를 물었다.

"이 지진은 커다란 뿌자 때문에 일어났다. 북쪽 히말라야 밑에 여덟 가지 수승한 장점을 가진 나가바슈라다라고 알려진 맑고 커다란 호수가 있다. 그 호수 중앙에 연꽃이 피어났다. 연꽃 중심에 모든 종교의 원형인 스스로 빛나는 광휘로움이 나타났고, 그것이 나타나자 브라흐마, 비슈누, 쉬바 신을 포함해서 시방세계의 신들과 제왕들이 찾아와 뿌자를 하는구나. 이로 인해, 그리고 이 사실을 모르고 있는 이들에게도 (널리) 알리기 위해 지진이 일어났다."

지진 진원지가 카트만두라는 이야기다.

다른 예를 하나 본다. 7대 붓다, 즉 고오타마 붓다가 지상에서의 인연이 거의 다 되어 반열반에 이르기 3개월 전, 마라가 찾아온 적이 있었다. 당시 마라는 이제 때에 이르렀으니 지금 당장 반열반에 들어가라고 유혹한다. 즉, 지금 이 자리에서 목숨을 끊고 그만 살라는 것이다. 그러나 붓다는 앞으로 3개월 후에 육신을 버릴 것을 이야기하며 차팔라 사당에서 '정념과 지혜를 갖춘 채 목숨의 결합작용을 제거'했다.

시절인연에 따라 걸쳐 입었던 육신을 지상에 두기로 했으니 급격한 이별이 아니라 자연스럽게 내리막으로 가서 육신이 분리되는 길을 스스로 택한 것이다. 이때 갑자기 '털이 곤두설 정도의 두려운 대지의 진동이 있었다.' 잠시 후 아난다는 붓다에게 다가가 이처럼 대지의 진동이 일어난 원인과 인연에 대해 묻는다. 알기 쉽게 풀어 번호를 매겨본다.

아난다여, 대지의 진동이 나타나는 데는 8가지 원인, 8가지 인연이 있느니라.

1. 이 대지는 물 위에 놓여 있고, 물은 바람 위에 놓여 있으며, 바람은 허공에 머무노라. 큰 바람이 불 때가 있는데, 그럴 때면 물이 흔들리느니라. 그렇게 물이 흔들릴 때 대지 또한 흔들리는 것이니라. 이것이 대지가 진동하는 첫 번째 원인이자, 첫 번째 인연이니라.
2. 신통을 갖추고 있으며 마음의 지배력이 완성된 사문이나 브라흐민이 있느니라. 또한 위대한 신통과 위엄을 갖춘 천신이 있느니라. 그들은 대지가 작고 물이 무량하다는 생각을 닦고 있는데, 그들이 이 땅을 흔들고 진동시키느니라. 이것이 대지가 진동하는 두 번째 인연이자 두 번째 인연이니라.

3. 보살이 도솔천에서 죽어 정념과 지혜를 갖춘 채 모태에 들 때 땅이 흔들리고 진동하느니라. 이것이 대지가 진동하는 세 번째 원인이자, 세 번째 인연이니라.
4. 보살이 정념과 지혜를 갖추어 모태에서 나올 때 땅이 흔들리고 진동하느니라. 이것이 대지가 진동하는 네 번째 원인이자, 네 번째 인연이니라.
5. 여래가 더 이상 없는 바르고 원만한 깨달음을 얻을 때 땅이 흔들리고 진동하느니라. 이것이 대지가 진동하는 다섯 번째 원인이자, 다섯 번째 인연이니라.
6. 여래가 더 이상 없는 법의 바퀴를 굴릴 때 땅이 흔들리고 진동하느니라. 이것이 대지가 진동하는 여섯 번째 원인이자, 여섯 번째 인연이니라.
7. 여래가 정념과 지혜를 갖춘 채 목숨의 결합작용을 제거할 때 땅이 흔들리고 진동하느니라. 이것이 대지가 진동하는 일곱 번째 원인이자, 일곱 번째 인연이니라.
8. 여래가 남음 없는 열반계에서 완전한 열반에 들 때 땅이 흔들리고 진동하느니라. 이것이 대지가 진동하는 여덟 번째 원인이자, 여덟 번째 인연이니라.

아난다여, 이것들이 대지가 진동하는 8가지 원인이자 8가지 인연이니라.

– 밍군 사야도의 『대불전경』「열반부」 중에서

1번은 『구사론』에서도 나타나는 물리적이고 과학적인 근거에 의한 대지의 흔들림을 설명하고 있으며, 나머지는 그 외의 요소를 해설한다. 시키 붓다 설법 당시의 지진, 대지의 진동은 6번째에 해당한다. 또 다른 『뿌라나』에서 시키 붓다는 당시 대지의 진동을 이렇게 설명한다.

"빛나는 성스러운 처소에는 그 옛날 위빳시 붓다께서 심어 놓은 연꽃이 있다. 지금 거기에서 '천 개의 잎을 가진 연꽃'이 피어나고 있다. 그래서 많은 신들이 그 연꽃에 경배하고자 몰려들고 있구나. 그런데 그중에 쉐샤 나가(Shesha Naga)가 참석해서 이렇게 땅이 흔들리는구나."

고대 인도의 우주관을 살피자면 지구의 대지는 여러 성스러운 동물들이 떠받치고 있는 것으로 표현되어 있다. 지역에 따라 코끼리, 물소 등등, 각기 다른 짐승들이 이야기 된다. 평소 무거운 지구를 떠받치고 있는 짐승이 피로감으로 몸을 움직이거나 중요한 일로 외출하게 되면 지상에 대지진이 일어난다는 것으로, 대지를 떠받치는 뱀, 쉐샤 나가가 귀중한 법을 듣기 위해서 자신의 처소에서 몸을 움직였다는 이야기다.

인도문화권에서 뱀을 소홀히 지나 갈 수는 없다. 일부 종교에서 뱀을 사악한 동물로 취급하지만 인도에서 발생한 종교들에서 뱀은 푸른 별 지구에 동승한 승객으로 정당한 대우를 받으며, 때로는 신격을 부여 받아 인간보다 상위에 놓여 숭배 받는다.

뱀의 종류는 이루 다 말할 수 없다. 『마하바라타(Mahabharata)』에는 떠돌이 가객인 우그라쉬라아스가 샤우나까의 질문에 뱀의 족보를 답하는 대목이 있다.

"고행이 재산인 분이시여, 뱀은 수없이 많아 그 이름을 다 들먹일 순 없고 잘 알려진 이름만 이야기할 터이니 들어보소서. 제일 먼저 태어난 이는 쉐샤이며, 둘째는 바수키, 그 다음으로 아이라와따와 탁샤카가 태어났지요. 다음으로는 까르꼬타까, 다난자야, 깔리야, 마니나가, 아뿌라나, 삔자라까, 엘라빠뜨라, 와마나, 닐라, 아닐라, 까마샤, 샤발라가 태어났습니다."

이어서 뱀 이름이 한 페이지 가득 등장한다. 남북, 피아, 흑백으로 오랫동안 두 가지만 알고 살아온 사람들은 이런 다양한 관찰력·변별력을 가진 민족을 두려워하며, 의식의 지평을 넓혀준 점에 고마워하고, 계속 배워야 한다.

주목할 것은 뱀 중에 제일 먼저 등장한 쉐샤이다. 쉐샤는 어머니 까드루의 저주를 받고, 형제들의 행동에 진절머리를 치면서 집을 나와 고행의 길로 접어든다. 모든 음식을 끊고 공기만으로 연명한 채, 깊은 숲과 높은 산기슭 등등, 내로라하는 고행처를 전전하며 감각을 통제하며 정진에 정진을 가행한다.

힌두교에서 이야기하는 나가 중에 첫 번째는 바로 이 쉐샤 나가로 신화의 다른 부분에서는 우주 대양에 떠 있으며 그 위에 비슈누가 누워 있는 것으로 묘사된다. 두 번째는 바수키(Vasuki)이며 불사약을 만들 때 거대한 바다를 휘젓는 데 공헌을 했고, 마지막으로 뱀 중의 왕으로 부르는 탁샤카(Takshaka)가 있다. 서열 1, 2 그리고 3이다.

때가 되어 브라흐마가 쉐샤 앞에 나타나 고행의 이유를 묻는다. 쉐샤는 지긋지긋한 자신들의 형제를 만나지 않게 해달라며 이어서 소망을 이야기한다.

"성스러운 브라흐마이시여. 세상의 주인이시여. 제 마음이 오직 진리를 추구하고 고행에만 전념할 수 있도록 해주소서. 이것이 제 소망입니다."

고행하는 다른 존재들처럼 힘을 얻어 누구 손에도 죽지 않게 해달라거나, 어떤 물질적인 부귀영화를 원하는 것이 아니라 다만 고행뿐이라니! 감동한 브라흐마는 허락한다.

"쉐샤여, 드넓은 이 대지는 광석으로 가득 찬 산과 숲이 있고, 보물이 가득 찬 바다로 둘러싸여 있지만, 안정적이지 못하다. 그대가 가서 대지가 흔들리지 않도록 제대로 잘 떠받치고 있도록 해라."

대지는 계속 불안정하게 흔들린다. 누군가 밑에서 받쳐만 준다면 그 흔들림을 막아줄 수가 있다. 자신들의 형제와 얼굴을 마주치지 않고, 홀로 고행을 거듭할 장소가 대지 밑이라면 최상이 아니랴.

"최상의 뱀이여, 땅 밑으로 내려가거라. 땅이 스스로 네게 구멍을 열어줄 것이다. 네가 내 말을 따라 이 대지를 잘 잡고 있으면, 쉐샤여, 너는 세상을 위해 참으로 위대한 일을 하는 것이다."

이리하여 쉐샤는 대지 밑에서 홀로 대지를 떠받친다. 서양의 아틀라스(Atlas)가 천지 사이를 떠받치는 일은 고단한 형벌이며 수동이지만, 동양의 쉐샤가 대지를 잡아주는 일은 자발적 능동이며 수행이라는 점이 비교 관점이 된다.

이렇게 대지를 짊어졌던 쉐샤가 위대한 법문을 듣기 위해 외출했다는 이야기다. 그가 대지 밑에서 빠져나옴으로써 지진이 우르르 일어난 것은 당연한 일이고.

시키 붓다 역시 이제 행장을 꾸려 진앙의 발생지 북쪽으로 출발했다. 그리고 힘든 여정을 치러내며 드디어 선대 붓다인 위빳시 붓다가 연꽃을 심은 후, 연꽃이 자라고 피어나 1천 개의 잎을 품으며 이제 '1천 개의 해와 달보다 빛나는' 모습이 펼쳐진 호수에 도착했다.

황금그릇 안에 타오르는 밝은 불빛은 얼마나 밝고 아름다운가. 그러나 연꽃에서 퍼져 나오는 '삼천대천세계를 침투하며 대천을 넘어서는' 신령스러운 광투시방(光透十方)의 빛을 당할 수 있으랴.

> 금과 은의 번쩍거리는 아름다움, 다이아몬드나 루비, 그 밖의 보석의 눈부신 아름다움도 불꽃의 광채와 아름다움에는 비할 수 없습니다.
> 어떤 다이아몬드가 이 불꽃만큼 빛을 낼 수 있겠습니까? 또한 다이아몬드가 밤에 찬란하게 빛나는 것도 불꽃 덕분입니다. 불꽃이 빛을 비춰 주기 때문에 다이아몬드가 빛나는 것입니다. 불꽃은 어둠 속에서 빛을 발하지만 다이아몬드는 불꽃이 없다면 빛날 수 없습니다. 양초는 제 스스로 자신을 위해 빛을 내며 또한 다른 것을 위해 빛을 내는 것입니다.
>
> – 마이클 패러데이의 『양초 한 자루에 담긴 화학 이야기』 중에서

이미지 최소단위, 즉 원자는 빛으로, 빛이 없으면 아무 것도 이루어지지 않는다. 색이란 빛이 일어나야 비로소 생겨나기에 생생한 시야는, 바라봄은, 모두 빛이 기본, 즉 제아무리 눈이 있다 해도 빛이 없으면 볼 수 없다〔無燈不可見〕.

무명을 거두어내는 일, 어두움을 밀어내는 일은 끝이 아니라 제대로 보기 위한 시작이다. 공공적적(空空寂寂) 소소영영(昭昭靈靈), 즉 공적영지(空寂靈知). 다만 밝힘에 머물지 않는 분별심 없는 밝고 신령한 빛의 의미가 무명을 걷어내는 바이로차나가 아닌가. 빛이 있어야 관찰대상인 진리를 보고, 바람이 불어야 숨은 소리들인 음(音)들이 드러난다.

이렇게 해서 카트만두는 1대 붓다에 이어 2대 붓다인 시키 붓다와도 인연이 닿는다. 시키 붓다는 호수를 둘러싸고 있는 높은 봉우리들을 이어나가는 능선을 따라 시계방향으로 돈 후, 현재 다이나쵸(Dhyanacho) 정상에 올라 빛나는 연꽃이 피어난 스왐부를 향해 뿌자를 올렸다.

# 시키 붓다의 향기가 스민 봉우리

하티반을 출발한 발길은 시티 붓다의 명상처 다이나쵸 봉우리를 향해 오르고 다시 오른다. 고통의 시간은 길지 않다. 순례의 마음을 가슴에 담고 옛 구루의 길을 따르는 제자의 입장이라면 힘든 길은 오히려 거친 까르마(karma)를 녹이는 고행의 길, 힘들수록 당연히 반갑다. 더구나 니체의 말처럼 '나를 죽이지 못하는 시련은 나를 더욱 강하게 만들'기에 이런 육체적 고통은 물론 정신적 고통 역시 스스로를 더욱 강하게 탁마(琢磨)하게 된다.

카트만두의 골격은 오름으로써 대부분 파악된다. 뒤로는 능선 길들이 갈라진 가르마처럼 이어지고, 아래로는 사연이 깊은 파르핑(Pharping), 초바르(Chobar)가 멀지 않은 곳에서 시선에 걸리더니, 고개를 들어 시선을 올리면 멀지 않은 곳에 카트만두를 굽어보는 최고봉 풀초키(Phulchoki)가 우뚝하니 버텨 서서 카트만두의 해부학을 논한다.

느릿느릿 요자나 산악회 철학에 맞춰 오르다보면 어느새 정상에 도착한다. 수시로 앉아, 새소리 듣기, 주변 풍경 살피며 봉우리 이름 알아맞히기, 간식 먹으며 설산과 눈 맞추기, 등산화 벗어 발가락들에게도 설산바람 체험시키기, 거풍(擧風) 등등으로 걷는 시간, 쉬는 시간 거의 동등하게 배분하다 보면, 코끼리 숲 하티반에서 두 시간 남짓 소요된다.

정상에는 두르가(Durga)로 보이는 30cm 높이의 힌두신상이 있고 주변에는 쉬바 신의 삼지창들이 몇 개 꼽혀 있어 다이나쵸가 힌두교 성지임을 주장한다. 『스왐부 뿌라나』에 기록된 성지들은 훗날 모두 득세한 힌두교에 의해 덧칠되었다. 그러나 타르초(Tarcho)들이 여기저기 나무 사이를 가로질러 내걸려 불교가 원조임을 당당히 선포하는 중이다.

정상에 선 시키 붓다는 스왐부를 향해 선다.

"위대한 빛 스왐부, 당신에게 경배를 올립니다. 나마스까르 스왐부시여, 우리가 이렇다 저렇다 일컬을 수 없는 당신이시여, 늘 항상(恒常)한 모습으로, 움직임이 없는 이여, 우리가 표현할 도리가 없는 이여, 스왐부이시여, 이 모든 종교의 원형은 당신이옵니다. 스왐부시여, 이렇게 나가바슈다라(호수)의 중앙에서 천 개의 잎을 가진 연꽃에서 탄생하셔서 시작과 끝이 없이 빛나는 스왐부시여, 당신을 평생 경배하나이다."

"스왐부시여 당신보다 더 높고 깊은 것을 듣지 못한 제가 시작과 끝이 없는 당신 모습에 대해서 귀로 듣고, 눈으로 볼 수 있고, 발로 당신 앞에 와서 두 손으로 당신에게 뿌자 올릴 수 있어 마음으로 언제나 스왐부만을 생각하겠습니다."

"스왐부시여, 당신에 대해서 더 이상의 설명을 할 수 없습니다. 당신의 모습을 또한 제가 설명할 수가 없습니다. 제가 말을 할 수 있는 혀가 있기 때문에 몇 마디를 했을 뿐 입니다. 혹시 제가 부족한 부분을 보셔도 너그럽게 봐주십사 합니다. 저는 언제나 당신만을 경배 드립니다."

『뿌라나』에서는 최상의 존경심을 품은 지극한 기도문이 길게 이어져 나간다. 빛은 빛 자체가 진리를 상징하며, 빛은 어둠을 몰아내어 진리를 볼 수 있는 힘을 주는 역할도 품고 있으니, 스왐부가 상징하는 것을 진중하게 가슴에 넣어야 한다.

이렇게 정갈하게 예경하는 동안, 함께 왔던 모든 사람들은 모든 죄가 사라지고, 아뜨만(atman)이 맑아지며, 모두 모습이 아름다워졌다고 한다. 더불어 있던 존재들은 이제 사후에도 이 스왐부의 광휘로운 빛이 자신들과 함께 할 수 있다는 확신을 얻었다는 설명이 뒤따른다.

일체유심(一切唯心), 마음이 만든 그림자는 빛에 의해 소실된다. 명확히 보기 위한[照見] 힘.

대승경전이면서도 힌두교 용어인 아뜨만이라는 단어가 나오는 것은 힌두화 되었기 때문이다.

커다란 호수에는 한편에는 연꽃을 중심으로 퍼져나가는 황홀한 불빛, 그 빛을 돌려 자신의 마음을 밝혀보는 붓다. 그 불빛을 중심으로 위대한 성자가 능선에서 능선으로 이어지는 길을 탑돌이 한 후에 일으키는 제례와 명상.

그가 앉은 자리가 바로 이곳, 즉 키르티푸르(Kirtipur) 근처의 해발 2,247m

• 힘들다 말해도 그르고, 힘들지 않다 이야기해도 옳지 않은 능선 길이 다이나쵸까지 이어진다. 나무가 사라지면 이제 분지의 모습이 훤히 보여 한때 이곳을 올랐던 스승들이 바라본 풍경을 똑같이 경험하게 된다. 성냥갑 같은 집들이 옹기종기 모여 있는 자리에는 거대한 검은 호수가 있었단다. 수면에는 연꽃들이 피어 있었고, 중앙에는 빛나는 천 개의 잎을 가진 연꽃이 호수를 더욱 눈부시게 했단다.

의 선정(禪定)이라는 의미의 드야나(dhyana)라는 단어가 들어간 다이나쵸.

평평하게 다져진 정상 주변에는 수령이 오래되지 않은 나무들이 무성하다. 지금은 나무들로 인해 사이사이 풍경이 가려지며 단편적 모습으로 보이지만 나무들의 수령을 보아 20년 전만 해도, 사방이 텅 비어 엄청난 선경을 선사했을 것이다. 좌측을 바라보면 히말라야, 우측으로 시선을 돌리면 카트만두 시내, 남쪽으로는 푸르른 풀초키가 우뚝 선 모습까지 속 시원하게 두루두루 보였으리라. 더불어 빛나는 스왐부나트까지 선연하게 보였겠으나 지금은 나무에 가려 조망이 어렵다. 시키 붓다는 이 자리에서 축복에 찬 예언을 한다.

"앞으로 이 호수 일대 커다란 사원이 될 것이다. 또한 이 자리는 모든 붓다와 보디삿뜨바의 정신적 지혜를 일깨우는 장소가 되리라."

그는 이곳에서 명상을 한다. 모든 일을 마친 후 다시 남쪽 인도로 떠나갔다.

정상은 키가 크지 않은 나무들로 시야가 좋지 않아 능선을 타고 조금 더 전진하면 설산이 시원하게 눈에 들어온다. 눈을 뜨면 처처가 아름답고〔處處開眼明〕 눈을 감으면 어둠뿐〔處處閉眼暗〕이라지만 히말라야 주변에서는 눈은 감아도 늘 밝다. 시키 붓다 역시 이 자리를 거닐었을 터라, 등산화와 양말을 벗고 걷는 동안 시키 붓다가 겁의 저편에 남긴 잔향을 발끝으로 섬세하게 받아본다.

그러나 오랜 세월이 지나면서 성소는 이제 힌두교 득세로 의해 힘이 매우 약해져, 주변을 크게 걸으면서 미약하나마 붓다의 도량으로 결계(結界) 정지(淨地)를 한다. 일대는 나무를 조금 옮겨 심은 후 사원을 세우기엔 그만이다. 움막을 올려짓기에도 길지(吉地)다.

불(佛), 보살(菩薩), 신장(神將)이 머물기를 청한다〔三寶天龍降此地〕.

정삼업진언(淨三業眞言)

개단진언(開壇眞言)

건단진언(建壇眞言)

정법계진언(淨法界眞言)

나는 이제 밝은 풍경 속에 앉아 있다. 더불어 온갖 고요가 하늘에서 내려와 어깨를 묵직하게 누른다. 눈에 보이는 설산 중턱에는 구름이 가로지르며 서서히 피어오르는 연무로 히말라야는 아득해지니 오늘 세상에 처음 태어난, 이제 막 세상을 처음 바라보는 느낌이 든다. 바람이 손등을 스치더니 뒤따르는 또 다른 바람이 이내 이마를 지나가니 시원하다. 바람은 땀에 젖은 자리를 좋아하는가.

사방을 향해 기도를 올린다. 웬일인지 이런 풍경 안에서는 마음 저 깊은 곳에서 사방팔방은 물론, 과거·현재·미래, 말하자면 시방삼세의 모든 유정(有情)·무정(無情) 존재들을 위해 진심 기도를 드리고 싶다.

기도하며 만뜨라를 외운다. 평소의 내가 아님이 분명하지만 이것은 '본래의 내'가 하는 일이라는 확신이 있다. 몸뚱이 하나에 붙잡혀 있던 마음은 감옥을 깨고 탈출하여 눈이 닿는 모든 곳은 물론 우주 끝까지 확장하더니 제망찰해(帝網刹海), 과거·현재·미래의 모든 시간까지 세계전개 무한팽창 된다. 기도를 하면서 애써 나누었던 그것들이 본래 하나였다는 느낌으로 세포막이 터져나간다. 오늘을 위해 길을 나섰던 순간이 기억난다. 옛 생각이 절로 난다.

"왜 사는 것이죠?"

"나는 누구인가요?"

전에 스승에게 물어본 날들이 있었다. 어느 집에 하루 머물러도 떠나는 다음 날, 주인에게 감사 인사를 드려야 하거늘, 수십 년 거주한 이 몸의 주인이 누군지 몰랐다.

사실 왜 사는지, 왜 죽는지, 왜 존재하는지를 알기 위해 삼십 대 중반 집을 나와, 답이 있다는 나라 밖 인도로 향한 날이 꿈같다. 그 후 내가 산을 다닌 일은 오르기보다 찾기 위해서였다. 높이 올라 아래를 내려다보며 세상의 풍경을 찬탄하며 내가 높이 오른 일을 되돌아보기가 아니다. 산을 그렇게 오른 일은 답을 구하고 스승과 더불어 답을 찾기 위해서였고 그런 질문들이 오늘 이 자리까지 나를 데리고 왔다. 한때는 없는 답을 찾아다니는 것이 아닌가, 회의했다.

"나 역시 해답이 없는 질문을 가지고 쳇바퀴 안에서 시간을 소모하는 것은 아닐까?"

• 정상은 의외라 싶을 정도로 소박하다. 힌두교 왕국이 몇 세기를 이어오면서 불교성지의 가치는 현저히 줄어들었다. 그렇다고 모든 사람들의 기억에서 사라진 것이 아니기에 티베트불교의 타르쵸가 걸려 있고 역시 연고를 주장하는 힌두 딸레쥬의 작은 신상이 놓여 있다. 종교의 이름이 중요하지 않은 부드러운 땅심(地力)으로 가부좌로 앉으면 한 시간이 그냥 간다.

칼이 주어졌을 때, 어떤 사람은 사냥용 무기로 생각하고, 다른 이는 조리용 도구로 의미를 해석한다. 의미는 스스로 결정한다. 주어진 삶이라고 다를까. 이제는 왜 사냐고 묻지 않으니 다만 살아감으로 삶의 의미를 스스로 본다. 내가 왜 존재하는지 알기 위해서는 우선 내가 존재해야 한다. 내가 삶을 살아감으로 의미를 나타내기에 내가 의미이며 내가 삶이며 바로 앎이다.

누군가 예전의 나처럼 왜 사냐 묻는다면, 답해 줄 것이 없기에 진흙 소, 살다가 때 되면 물에 들어간다. 나는 특별할 것이 없거늘 뭔가 특별하다고 생각했던 지난날.

청전 스님은 달라이라마에게 15가지의 질문을 드렸고 마지막 이렇게 물었단다.

"달라이라마 스님, 그렇게 답변하고 계시는 당신은 누구인가요?"

잠시 생각에 잠겼던 달라이라마는 빙그레 웃으시며 대답했다.

"제 자신은 공성(空性) 그 자체이지요. 다만 세속에서는 나를 제14대 달라이라마라고 부르고 있을 뿐입니다."

달라이라마, 너무나 존경스러운 분이다. 살아온 길에서 이 분이 없었으면 어땠을까. 생각해보면 캄캄하기 그지없다. 중년의 어두운 길에서 밝은 곳으로 안내해주신 구루, 언젠가 지상에서 이 분과의 인연이 끝이 나겠지만 그래도 오래 머물러 빛이 되어주시기를 간절히 바라는 마음 지극하다.

『시경(詩經)』「소아(小雅)」'천보편(天保篇)'에 나오는 천보구여(天保九如)처럼, 달라이라마께서 웅대한 산처럼〔如山〕, 저 아름다운 언덕처럼〔如阜〕, 드높은 산등성이처럼〔如岡 如陵〕, 차오르는 달처럼〔如月之恆〕, 빛나는 태양처럼〔如日之升〕, 오래 사시기로는 남산과 같이〔如南山之壽〕, 마지막으로 건강하시기로는 소나무와 잣나무의 무성함 같으시기를〔如松柏之茂〕, 매일 두 차례 기도하고 있다.

이렇게 좋은 날, 나는 누구냐 따위의 삶의 질문을 가라앉히고, 선정을 일으키는 저 설산, 풀벌레, 바람, 시키 붓다 등등을 그대로 받아들이면, 받아들인 나는 온통 삼라만상(森羅萬象)이 되고, 그런 삼라만상의 생명의 신비가 이 몸에도 그대로 담겨지니 그것이 바로 공성을 바탕으로 하는 '사는' 신비로운 이유다.

三十年來尋劍客
幾廻落葉幾抽枝
自從一見桃花後
直至如今更不疑
30년 동안 검을 찾던 나그네
(그사이) 몇 차례 잎이 지고 순이 돋았나.
복사꽃을 한차례 보고 난 뒤엔
아직껏 다시는 의심치 않는다.
– 영운지근(靈雲志勤)

'하는 것'과 '연구하는 것'이 다르듯 '사는 일'과 '사는 일을 연구하는 일' 역시 다르다.

그런 자리까지 의식이 도달한다면 '나'를 찾거나 '나'만 위해서 산다는 일이 그리 중요하지 않다는 사실에 도착한다. 나 이외 남을 위해, 남이라 하면 유정무정 모두 포함하여, 사는 일이 결국은 나를 포함하여 우리 모두를 평안케 하기에 그런 행위가 보시라고 부르는 브라흐만 전체를 위한 일이 된다. 이제는 Who 혹은 What보다는 How의 길에서 길을 간다. 그런 길을 산다.

다이나쵸에서는 의도하지 않아도 선정에 쉬이 들어간다. 모두를 축복하는 일은 스스로 나를 축복하는 일과 한 치도 어긋나지 않는다.

옴 다이나쵸 스와바.

## 달이 쉬어가는 봉우리

오르던 길을 따라 진행하면 챤드라기리(Chandragiri)에 이른다. 챤드라기리는 고르카에서 힘을 키워 카트만두 분지 안의 세 나라를 점령한 프리트비 나라얀 샤(Prithvi Narayan Shah)가, 카트만두를 정벌하기 위해 동진(東進)하며 카트만두 전체를 조망하기 위해 처음 올라섰던 봉우리다. 그는 분지 아래에 당시 번성하고 있던 아름다운 세 왕국을 바라본다.

"저 3개 왕국이 나의 것이라면 얼마나 좋겠는가!"

"내가 가진다면 얼마나 좋겠는가!"

1743년 21살에 왕위에 오른 그는 서둘지 않고 카트만두의 산악지대를 점령해나가며 1756년에는 카트만두와 티베트 간 교류의 요충지인 쿠티 파스(Kuti Pass)를 수중에 넣고, 46살이던 1768년 카트만두를 완전히 차지하며 '가지겠다'는 그의 욕망을 기어이 이루어냈다. 그리고 계속 영토를 넓히다가 1753년 53세로 세상을 뜬다. 무엇을 가지고 저 세상으로 떠났을까?

챤드라기리는 세속의 역사로는 프리트비 나라얀 샤와 끈이 닿아 있으나 더

• 다이나쵸를 다녀오는 경우, 키르티푸르를 묶어 둘러 볼 수 있다. 키르티푸르 주민들이 따뜻한 햇볕 아래 카드놀이에 몰두한다. 고르카 왕국은 카트만두 분지 점령을 앞두고 키르티푸르의 격렬한 저항을 받아야 했다. 정복 이후 주민들의 신체 일부를 절단하는 등, 철저하게 복수, 응징을 했기에 이곳 주민들은 수세기 동안 왕가에 반감을 가지고 살아왔다.

불어 '학문 지식을 통한 해탈'을 상징하는 만주스리의 두 번째 부인 우케사리(Upkesari)가 쉬어간 봉우리로 보다 높은 차원의 가치와 연결되어 있기도 하다.

하산은 여러 가지 길이 있다. 반스바리(Bansbari)를 향해 되돌아오는 길은 물론 파르핑으로 빠지는 길, 그 반대 타우다하를 향해 내려가는 길 등등, 여러 길이 있고, 어디로 내려가든지 자신이 택한 길에 만족하게 된다. 파르핑은 빠드마쌈바바의 수행처가 있었던 동굴을 중심으로 사원이 세워진 곳으로 시간을 내어 방문해야할 장소.

시키 붓다를 가슴에 담고 하산하는 발길이 가볍다. 마음으로 절 하나 일으키고 모두에게 축복을 나눈 후라 더욱 그렇다. 아름답고 복되게 보이는 풍경이 하산 내내 함께 한다. 분지의 바닥, 번화가에서 만날 수 없는 선정의 기운이 넓게 스며든 고지대다.

# 5

# 꽃이 만발하는 최고봉 풀초키

종교적 인간은 신화의 재현을 통하여 신들에게 접근할 수 있고 존재에 참여할 수 있다. 실제로 새해를 우주창조의 되풀이로 보고 세계가 재창조가 된다는 모델은 치료의 제의적 수단으로 사용되기까지 하였다. 이러한 종교 축제를 통하여 신들과 반신적인 존재들의 배역이 된다. 축제의 종교적 경험은 인간이 주기적으로 신들의 현존 가운데 삶을 가능케 한다. 신화를 재연함으로 그의 신들에게 접근하고 거룩함에 참여한다.

- 엘리아데

## 웻사부 붓다 다녀가다

시키 붓다가 참배하고 돌아간 후, 때 되어 연꽃이 스스로 피어났고, 연꽃에서 일어난 빛이 낮이고 밤이고 쉼 없이 지침 없이 퍼져나갔다. 호숫가 주변 수행자와 동물들은 이 성스러운 빛을 바라보았다. 이렇게 빛다발로 일어난 연꽃은 히말라야 호수를 꾸준히 밝히면서 연화세상 화장세계로 장엄했으리라.

웻사부 붓다(Vessabhu Buddha)는 힌두 력(曆)으로는 트레타 유가 31겁 전에 태어났다. 시키 붓다에 이어 같은 겁에 세상에 온 3대 붓다로 웻사부는 '태어나면서 사람을 즐겁게 하는 말을 외쳤다' 해서 붙여진 이름이다. 아노마 시의 숩파티타 왕과 야사와티 왕비 사이에서 왕자로 태어나, 다른 붓다처럼 삶에 대한 회의를 마주쳐 출가하였으며, 살라 나무 아래에서 대철대오(大徹大悟) 정각을 얻었고, 대중을 상대로 설법하면서 무지로 가득한 세상을 계속 밝혀나갔다.

웻사부 붓다 역시 어김없이 히말라야의 이 호수로 제자들과 함께 순례를 왔다. 오랜 순례 길에 이제 몸에 걸친 승복도 어지간히 빛이 바랬으리라. 일행은 호수 남쪽에 꽃이 지천으로 흐드러지게 피어난 길을 따라 봉오리 정상까지 걸어

카트만두 북쪽에서 바라본 남쪽의 정경. 12시 방향의 가장 높은 봉우리가 때 되면 온갖 꽃이 피어나 산을 뒤덮는다는 풀초키. 카트만두를 둘러싼 형제 중에 키가 가장 높다. 분지를 에워싸는 봉우리에서 봉우리로 연결하는 길을 만들어 시계방향으로 걷는다면 아름다운 만주스리 서키트가 될 것이다. 훗날, 빛바랜 배낭을 메고 막대기를 움켜 쥔 한국 노인을 만난다면 이름을 물어보라, 바로 늙은 이 사람이 대답하리라.

올랐다.

이렇게 올라선 봉우리는 풀초키(Pholchok). 사철 다채로운 꽃이 사방팔방으로 피어나기에 풀초키, 즉 꽃 봉우리〔花峰〕라는 명칭이 붙었고, 아직까지 다른 이름으로 바뀌지 않았다. 풀초키는 봄이면 네팔의 국화 랄리구라스(Laliguras)가 피어나 장관을 이루고 온갖 종류의 꽃이 다투어 봉우리를 터뜨린다.

웻사부 붓다는 이곳에서 꽃을 따서 손에 모으고 이제 연꽃이 봉긋이 피어오른 스왐부를 향해 뿌자를 올린 후, 풀초키 정상에 앉아 깊은 명상에 잠긴다. 명상에서 깨어난 웻사부 붓다는 흘러가는 미래의 어느 날을 보았을까, 문득 한 가지 예언을 하게 된다.

"앞으로 보디삿뜨바(Bodhisattva) 한 분이 마하친으로부터 찾아와, 이곳 호수의 물을 마르게 한 후, 사람들이 살 수 있도록 만들어낼 것이다."

마하친이란 크다, 넓다는 의미의 마하(maha)와 현재 중국(china)을 의미하는 친이 결합된 단어다. 아주 멀리 떨어진 북방상희세계(北方常喜世界) 마하친의 판차시르사 파르밧에 있던 보디삿뜨바 만주스리(Manjusri)는 깊은 명상 속에서, 풀초키 정상 위에 합장한 웻사부 붓다의 목소리를 겸허하게 듣고 이어 히말라야 산중 호수를 덮고 있는 밝고 아름다운 법계를 보게 된다.

웻사부 붓다는 다시 호숫가로 내려온 후 스왐부를 향해 예경하고 1천 개의 꽃잎을 가진 연꽃을 등지고 본래 왔던 곳으로 되돌아갔다.

가만히 있을 만주스리가 아니다. 히말라야를 넘어가기로 하고 이제 출발을 서두른다. 출발을 결심하는 마음에는 이미 카트만두를 위해 선한 행동을 하려는 마음과 맞닿아 있다. 우리가 흔히 초발심시변정각(初發心時便正覺)이라 말하듯이 어떤 첫걸음이라는 결정 안에는 이미 결과가 내포되어 있는 셈이다.

보디삿뜨바에 대해서는 여러 가지 설이 있다. 그러나 붓다 사후 지리적으로 남쪽의 길을 따라간 상좌부불교에서 추구하는 최고 목표점이 '아라한'이라면, 북쪽 길로 움직이며 뿌리를 내린 불교에서는 '보디삿뜨바'가 목표지점이 된다. 두 길은 자비심의 크고 적음의 차이가 있어, 자신의 해탈을 위해 수행하다가 도달하는 최고자리는 아라한이며, 끝없는 이타심으로 무장하여 자신은 물론 모든 중생까지 구제하기 위해 세상에 오는 것이 보디삿뜨바다. 살피자면 보디삿뜨바가 아라한보다 한 자리 위처럼 보이지만, 아라한이 되기도 하늘의 별따기보다 어렵거늘 보디삿뜨바에 이르는 일이 어디 보통일인가. 그러나 불교도라면 보디삿뜨바가 되도록 서원하면서 살기에, 보디삿뜨바의 길로 들어서고자 한다면 트룽빠 린포체 말이 위안이 된다.

"보디삿뜨바의 길에 올바로 들어서는 것은 당신이 설령 목적지에 도달하는 것을 원치 않더라도 당신을 그리로 데려가도록 예정되어 있는 탈것 안에 들어선 것과 같다."

보디삿뜨바가 되겠다, 맹세하는 순간, 이미 보디삿뜨바 행(行) 기차에 올랐으니, 시간이 흘러가면 보디삿뜨바에 도착한다. 다른 사람의 고통을 덜어주고, 그들의 안식처를 자처하며, 험한 강물 위를 가로지르는 다리 혹은 거친 고해(苦海)의 바다 위의 큰 배[大乘]가 된다. 이 몸이라고 그런 서원이 없었겠는가. 목표를 이미 세웠으며 올라탄 기차는 움직이고 있다.

만주(Manju)는 산스크리트어로 뛰어나고, 묘하고, 달다는 의미이며, 스리(Sri)는 성스럽고, 복이 가득 차고 길상(吉祥)을 뜻한다. 이 둘이 합쳐 만주스리가 되었고 발음에 따라 한역(漢譯)하게 되면 우리 귀에 익숙한 문수보살(文殊菩薩)이 된다. 보살(菩薩)이라는 단어를 부언하자면, 보살은 산스크리트어의 보디삿뜨바의 음역으로, 간단히 풀어내자면 깨달음(bodhi)과 마음 혹은 존재(sattva)가 합쳐져 '깨달은 마음 혹은 존재'를 일컫는다. 즉 깨달음에 도달한 성스러운 존재(Sri)이기에 자연스럽게 보살로 번역되었다.

경전에 문수사리(文殊師利), 문수시리(文殊尸利), 묘덕(妙德), 묘수(妙首), 묘길상(妙吉祥)으로 등장하는 존재 모두가 만주스리를 나타내며, 대지(大智), 즉 커다란 지혜, 깨달음의 상징으로 현현한다. 만주스리는 『다라니집경』에 의하면 몇 가지 특징을 가지고 있다. 우선 몸은 모두 백색이고 머리 뒤에는 빛[光]이 있고, 머리에 다섯 가지 지혜를 상징하는 오발관(五髮冠)을 쓰며, 손에는 청련화(青蓮花)나 칼을 들어 지혜와 위엄 그리고 용맹을 나타낸다. 또한 사자 등에 올라타면 거리를 이동한다.

• 힌두교 여신 중에 깔리는 유달리 피를 좋아한다. 깔리 여신을 모신 사원에서는 동물들이 희생되어 제물로 바쳐진다. 불교에서는 이런 모습을 피하려 꽃으로 대신하며 뿌자라고 일컫는다. 뿌자는 꽃을 의미하는 '풀'에서 단어가 발생했고 풀초키 역시 꽃동산이라는 의미다. 풀초키에 오른 붓다가 꽃을 모아 공양을 올렸다는 이야기 안에는 생명 존중의 의미가 듬뿍 담겨 있다.

붓다는 1. 지혜와 2. 인격의 완성체이다. 붓다의 지혜는 바로 의인화된 만주스리이며, 그런 이유로 만주스리의 근본은 지혜이니 붓다의 지혜가 이제 히말라야를 넘어 카트만두 출렁이는 호수로 향한다.

## 만주스리, 히말라야를 넘다

히말라야를 넘어가는 만주스리에게는 만주스리의 배우자 둘, 제자 하나를 포함한 60여 명의 일행이 있었다.

배우자 하나는 산스크리트어로 사자를 의미하는 케사리(Kesari) 다른 하나는 우케사리(Upkesari)였다. 우케사리에서 '우'라는 단어는, 옆에 있다는 혹은 밀접하다는 의미를 품은 『우파니샤드』의 우(up)를 생각하면 쉽다. 즉 케사리와 우케사리는 둘이지만 하나와 같은 존재이며 더불어 케사리는 부귀영화를 의미하고, 우케사리는 학문 지식을 뜻한다.

만주스리는 신성한 경전 『프라즈냐(Prajna)』를 품고 자신의 탈것인 사자 등에 앉은 후 일행들과 함께 히말라야를 넘는다.

히말라야를 넘어온 일행은 카트만두 분지 동쪽 스리하다 파르밧(Srihada Parvat)에 서서 거대한 호수를 살펴본다. 이어 능선을 따라 시계 방향으로 돌다가 해발 2,762m 꽃 봉우리〔花峰〕, 풀초키 정상에서 이제 오랜 여정 끝에 지치고 힘든 케사리를 내려놓고, 해발 2,247m 달이 머문다는〔月峰〕 아름다운 의미의 찬드라기리(Chandragiri) 봉우리에 역시 피로감을 일으킨 우케사리를 내려놓아 쉬도록 배려한다. 찬드라기리는 바로 하티반에서 다이나쵸를 지나 계속 오르면 만나는 봉우리다.

이렇게 만주스리 일행이 설산을 시계방향으로 걸었던 산길은 지도상 짚어만 보아도 신성한 마음을 불러일으킨다.

훗날 노년에 이르면 만주스리가 걸었던, 조사(祖師)의 뜻이 분명한 봉우리들을 따라〔祖意明明百峰頭〕, '만주스리 서키트'라 명명하고 텐트와 슬리핑백을 넣은 등짐을 지고 걸을 것이다. 봉우리에서 봉우리로 '노약자 산악회' 걸음으로 걷고 자고 또 걷고.

케사리와 우케사리, 두 부인은 각자 봉우리에 앉아 선정에 든다.

『뿌라나』에서 이 대목을 읽으면서 정신이 퍼뜩 들었다. 그리고 참 재미있는 부분이라고 머리를 끄덕였다. 비록 의인화했으나, 만주스리가 거처에서 나올 때 부귀영화(케사리)와 학문 지식(우케사리)에 관한 마음을 품고 떠났다고 풀어내도 좋다. 그리고 풀초키 정상에서는 앞으로 이곳을 중심으로 부귀영화가 서서히 일어나도록 뿌자를 올렸으며, 찬드라기리에서는 학문 지식이 함께 일어나기를 기원했다고 풀어낼 수 있다. 그렇다면 부귀영화를 원한다면 풀초키에서 간절히 만주스리의 감응을 받을 것이며, 학문 지식이 필요하다면 찬드라기리에서 감응을 받을 수 있지 않을까.

이 두 봉우리는 부귀영화, 학문 지식이라는 세속 욕망이 남아 있는 사람에게는 당연히 올라야 할 자리다. 돈을 벌어 집안을 일으켜 세우고 그 돈을 자손에게 물려줄 요량이면 풀초키, 자신이 열심히 공부해서 좋은 결과를 얻고 싶거나 아이들이 좋은 학교에 진학하기를 원한다면 챤드라기리를 찾아가 간절히 뿌자할 일이다. 둘 다 원한다? 무리해서라도 두 봉우리를 오를 필요가 있다.

그러나 카트만두 남쪽에 위치한 카트만두 분지의 최고봉인 풀초키는 오르는 일이 용이하지 않다. 해발 2,762m라는 고도 때문이 아니다. 식물원이 있는 고다바리(Godavari)에서 봄철이면 지천으로 피어난 랄리구라스 꽃밭 사이로 네 시간 혹은 다섯 시간이면 군인이 장악하고 있는 정상에 닿을 수 있다니 상상만으로도 꿈같은 일이다. 그러나 소문에 의하면 산적들이 횡횡한다고 한다.

모든 사람들이 산에 오르는 일을 만류하며, 심지어는 이어지는 길을 정상 아래까지 사륜구동으로 오르는 일조차 위험한 일이라며 반대한다. 빈곤층이 늘어나고 더불어 무장했던 마오이스트(모택동주의자)들의 무장해제가 완벽하게 되지 않은 상태에서 일어난 일로 대도시 뒷산에 산적들이 등장한다는 이야기가 잊을 만하면 한 번씩 신문 지상에 오르내린다.

한편 마오이스트와 대치하던 시절, 정부군이 정상 부위에 지뢰를 설치했다고 한다. 최근 설치 당시 만든 지도를 통해 이것들을 모두 제거했다고 발표했으나, 참 미안한 것이, 다른 것은 믿어도 네팔 정부의 이런 발표는 신뢰할 수가 없다. 그러나 오래 가겠는가, 오래 가는 일이 있기나 하겠는가. 얼마 지나지 않아 도둑이나 무기로부터 자유롭게 벗어나 산 구석구석을 걸을 날이 오리라.

문제는 다음 대목이다.

몇 겁이 흘러 카트만두가 안정되면서 케사리는 바르다(Varda), 우케사리는 목사다(Moksada)로 이름을 바꾼다. 바르다는 행복을 가져다준다는 이야기며, 목사다는 해탈을 뜻한다.

이것은 단순한 개명이 아니다. 『뿌라나』는 역시 『뿌라나』다. 『스왐부 뿌라나』 이 대목에 비록 주석이 없더라도 눈 있는 사람들이라면 다 알아차릴 수 있는 이야기가 숨어 있어 이런 문장에는 밑줄을 치고, 그 위에 다시 형광펜으로 줄을 긋고, 잠시 책을 덮은 후 깊이 참구해야 옳다.

부귀영화(케사리)가 행복을 가져다준다(바르다)로 변화하고, 학문 지식(우케사리)이 해탈(목사다)로 바뀌는 것이 단순한 개명이 아닌 고단수가 펼쳐 놓은 철학적 종교적 은유다. 부귀영화를 가지고 있으면서도 남에게 베풀기는커녕 더 가지려는 다툼으로 불행으로 가는 사람들이 얼마나 많은가. 더 가지려는 근심 아니면 병으로 일생을 보내는[不在愁中卽病中] 우리들의 삶. 그러나 부귀영화가 주어진다면 그것을 무기로, 수단으로, 바탕으로, 가야 할 방향은 단지 '행복'이라는 이야기.

다만 '천만금의 보화를 지닌다 해도 본래가 빈 종이 조각 하나[萬千金寶藏 元是一空紙]'에 불과하지 않다더냐. 만족하지 않으면 천만금 안에도 행복은 없으며, 만족하면 빈 종이, 아니 낙엽조각에도 행복하다.

오랫동안 학문을 쌓아 많은 지식을 얻었다면 그것을 이용하여 남을 갈취하고 자신만을 위해 살아가는 중생이 되지 말고, 그 지식을 지혜로 바꾸어 '해탈'로 향하라는 가르침. 공자도 비슷하게 이야기했다[學而不思則罔 思而不學則殆].

우리 주변에서 많은 책을 읽어 지식을 쌓은 사람이 이상스럽게 선하지 않으며 도리어 요설과 독설을 일삼는 모습을 흔히 본다. 독서 역시 지식을 쌓아 지혜로 가는 과정이기에 읽는 일은 다만 쌓기 위해서가 아니라, 스스로 버리고 덜어내어 쉬기 위한 작업이다. 읽을 때마다 자신의 깊이가 더해진다면 책을 손에 움켜잡지 않을 도리가 있겠냐만 다만 뜻풀이에 멈춘다면, 읽던 책을 닫은 후 신발을 신고 바깥으로 나서는 일이 보다 현명하리라. 쌓기 위해 읽는다면 평생 쌓는 일은 얼마나 엉뚱한가.

거울을 보는 일은 거울을 보기 위해서가 아니라 자신의 모습을 비춰보기 위해서이며, 종이거울이라고 부르는 책을 보는 일이란 종잇조각을 보는 것이 아니라 자신을 바라보는 일에 진정한 목적이기에 세월이 지나면 줄여나간다. 나이 먹고 속 깊은 사람들 서재에 이제 경전만 남겨지는 모습은 바로 그런 반영이다. 책을 읽는 일은 책읽기를 멈추기 위해서고, 생각을 하는 것은 생각이 없는 곳으로 가기 위한 방편이리라.

지학이냐 우학이냐.

牛飮水成乳 蛇飮水成毒

智學成菩提 愚學成生死

소가 물을 마시면 젖이 되듯 뱀이 물을 마시면 독이 되고,

지혜롭게 배우면 보리를 이루되 어리석게 배우면 생사(나고 죽음)를 이룬다.

–『계초심학인문(誡初心學人文)』 중에서

만주스리의 두 부인에 관한 비유란, 숭고한 남성 구루의 목소리가 아니라 자애로운 어머니 같은 혹은 마음 따뜻한 마야 부인 같은 여성의 힘을 빌려 부드럽고 완곡하며 타이르듯 인생의 길을 알려주기 위한 장치인 셈이다. 만주스리가 사자 등에 함께 태워 히말라야를 넘어온 속내 소식은 바로 이것이다. 카트만두를 바라보는 첫 번째 코드가 물이라면 두 번째는 만주스리가 제시한 행복과 해탈이다.

여기까지 알면 기도처의 역할이 바뀐다. 세속의 부귀영화를 원하는 것이 아니라 행복과 만족을 구하고, 지식과 학문이 아니라 탈속의 해탈향(解脫向)을 서원하는 자리가 된다. 반드시 이 봉우리들을 방문해야 하며, 비록 봉우리에 올라가지 못할지언정 봉우리에 눈을 두고 허리를 굽혀가며 마음으로 깊이 서원해야 되지 않을까.

만주스리가 사자를 타고 두 부인과 함께 설산을 넘어온 뜻[菩薩南來意]은?

만족(행복) 속에서 붓다(해탈)의 길을 가리라, 카트만두 봉우리들이 내게 고구정녕하게 일컫는 당부로 결론 내린다.

지심귀명례(至心歸命禮) 대지문수사리보살(大智文殊舍利菩薩)

카트만두를 에워싸는 봉우리들과 일일이 눈을 맞춘 후, 문수대성(文殊大聖)께 머리 숙여 예배하노라.

옴 아라빠짜나디.

● 하늘은 지극한 청명으로 가시거리 70km 이상의 투명도를 자랑한다. 바람은 등 뒤에서 옷깃을 가볍게 밀어주며 앞으로 향하는 산꾼 걸음걸이를 도와준다. 풍광으로 인해 얇은 상의에도 추위를 느끼지 못하는 고지대. 나의 정신에 필수 영양소 가득한 젖을 물려온 히말라야. 나의 마음에 힘찬 동력을 꾸준히 공급해준 발전소. 저 백색철산을 넘어 만주스리가 이 땅으로 왔다.

## 활인검을 뽑다

만주스리는 호수를 덮은 법계를 살피고, 지형을 꼼꼼하게 살펴본 후, 만일에 연못의 물이 모두 빠진다면 드러날 대지가 훗날 뛰어난 길지(吉地)가 되리라 예상하게 된다.

어디로 물을 뺄까? 북쪽은 엄청난 고도를 가진 히말라야 대장벽이 버티고 섰으니 당연히 낮은 땅이 펼쳐지는 남쪽 인도 테라이(평야) 방향이 최선, 호수의 벽 중 남쪽에 자리 잡은 칵차팔 파르밧(Kacchapal Parvat)이 그나마 가장 나지막했기에 머리에는 오관을 쓰고 왼쪽 손에는 책을 든 자세에서, 오른손에 잡은 경이로운 검, 취모검(吹毛劍), 찬다하사(Chandahasa)를 일으켜 세운다. '지혜의 칼이 출현하면 한 물건도 없으며 밝은 빛이 나타나기도 전에 검광에 의해 어둠이 스러진다[智劍出來無一物 明頭未顯暗頭明]'던가, 칼빛에 이미 어둠이 물러간 칵차팔, 이제 밝아진 바로 이곳을 준엄하고 단호하게 쳐낸다. 사람들을 살리기 위한 활인검(活人劍)으로 베어낸다.

당시 칵차팔 혹은 카포탈이라는 이름의 산은 이렇게 사라지고 검에 의해 움푹 패어진 자리는 지금 바그마티 강이 남쪽으로 흘러가는 통로, 바로 초바르 계곡.

산에 균열이 생기고 이어 무너지면서 땅이 흔들렸으리라, 거대한 먼지구름이 피어나고 물에 살던 뭇 중생들은 커다란 진동에 심하게 놀랐으리라. 수십 겁 동안 히말라야 중심부에 자리 잡았던 호수의 물은 이제 힘차게 남쪽을 향해 뿜어져 나갔으리라.

호수 물을 빼는 과정에서 거북이 모양의 카찬드라 산에 물이 가득한 것을 보고 산을 잘라 물이 잘 빠지도록 하고, 수리야가트에 물이 다시 모인 것을 보고 이곳에 있는 돌을 깨서 방류했으며, 그리고 고까르나에도 물이 모인 자리를 발견해서 돌을 깨서 물을 밖으로 나가도록, 이렇게 연이어 잘라내니, 처음 칼을 댄 곳을 포함하여 모두 네 곳을 통해 많은 양의 물을 대거 방류시킨다. 이 네 곳은 지금 모두 크기가 다르지만 협곡으로 남아 있다.

만주스리는 물이 빠져나가며 드러나는 대지를 바라보았으며 두 아내 역시 자리 잡은 봉우리 위에서 이 엄청난 장관을 환희롭게 목도했다.

비스바까르만은 힌두교에서 일명 '세계의 건축가'로 불린다. 그는 신들의 부탁으로 여러 가지 일을 했는데, 심지어 하룻밤 사이에 100평방마일의 바다 위에 마투라 시 전 주민을 이주시킬 거대한 신도시를 건립하기도 했다. 힌두교도들은 만주스리 대신 무소불위(無所不爲)의 비스바까르만이 이 일을 했다고 하며, 혹자는 크리슈나가 아들 프라두만(Pradhuman)과 함께 수다르사나 차크라라는 원반처럼 생긴 무기를 이용하여 물을 빼냈다 주장하기도 하지만 힌두교의 뒤늦은 설(說)일 뿐 만주스리가 정설이다.

과학적으로 살피자면 유라시아 판과 인도 판이 충돌하면서 산의 일부가 주름이 잡히면서 솟아올라 히말라야가 생겨났다. 이 와중에 흐르던 강들은 당연히 산을 넘지 못하고 넓게 퍼지면서 호수를 형성한다. 물이 새어나가지 못하면 호수는 점차 커지고. 지형학적으로 카트만두가 과거에 호수였다는 사실은 이미 과학적으로 증명된 상태로 땅을 파다보면 등장하는 대량의 호수 퇴적물이 바로 그 증거가 된다. 때가 되자 이렇게 모인 물의 압력이 점점 무섭게 증가하면서 약한 지점을 찾아 터져나가야만 하는 바, 물에 취약한 석회암으로 구성되어 있고 많은 동굴이 있는 초바르 지역이 압력에 굴복할 수밖에 없었다.

만주스리의 신화가 있는 현재의 초바르는 불행하게도 피하고 싶은 지역이다. 카트만두 오수(汚水)가 풍겨내는 악취와 함께 그 위를 덮고 있는 거품들 그리고 엄청난 쓰레기가 협곡을 지나오는 바람에 실려 코를 막게 만든다. 만주스리 칼자국이 선명한 계곡을 통과하는 바람은 차갑되 그 바람에 실려 오는 냄새 때문에 건기에는 계곡의 의미나 신성함은 모두 사라져 버린다.

모든 병을 치료한다는 가네쉬 사원이 계곡 근처 강가에 있으나 역시 우기가 되어서야 방문이 적절하며 그 외 시간에는 악취로 견디기 어렵다.

다이나쵸를 방문하는 경우 연계하여 하산 시에 초바르를 경유하는 것이 좋다. 신화시대 대지에 새겨진 만주스리 활인검의 단호한 흔적을 보는 일은 뜻 깊다.

만주스리가 단도직입으로 초바르를 끊어낸 후 많은 물이 남쪽으로 터져나갔겠다. 그런데 어디 물만 나갔을까. 수많이 물고기, 거북이, 양서류, 수생식물 등등이 함께 밀려 떨어져 나갔다. 호수의 물이 빠지는 동안 만주스리는 호수에 거주하던 생명체들에게 신속한 대피를 명하며 줄어드는 수면을 지켜보았다.

대부분의 존재들은 만주스리의 권유에 따라 몸을 피했는데 거대한 괴물 하나가 물밑에서 꿈쩍도 하지 않고 버티는 게 아닌가. 만주스리는 만일 스스로 피하지 않는다면 강제로 끌어내겠노라 단호히 선언한다. 그러나 괴물은 자신의 흉한 모습에 심한 열등감을 가지고 있었기에 물 밖으로 나올 수 없었다. 괴물은 머뭇거리다가 자신이 움직이는 동안 만주스리께서 눈을 감고 있어 준다면 스스로 대피하겠다! 제안하기에 이른다.

그러나 괴물이 물위로 나타나는 순간, 만주스리는 호기심을 참지 못하고 슬며시 눈을 떴고 괴물은 다시 호수 안으로 숨기에 이른다. 둘 사이에 옥신각신하게 되었다. 결국, 만주스리는 이미 보게 된 상체는 그렇다고 치고, 하체는 보지 않겠노라 서약하기에 이른다. 하체는 앞으로 그 누구도 볼 수 없으며, 중요한 사원의 모퉁이를 지키는 임무까지 주겠다고 제안한다. 괴물은 타협하지 않으면 쓸려나가면서 죽게 될 터, 이쯤에서 수락한다. 그 후 아무도 모르는 흉측한 하체를 숨긴 채 신들과 함께 거주하게 되었으니 그의 이름은 체파(Cheppa) 혹은 체프(Cheppu), 우리는 그의 얼굴을 포함한 상체만 볼 수 있다.

다른 설에 의하면 체파는 가루다(Garuda)와 형제로 알 속에서 자라는 동안 성급한 엄마가 기다리지 못하고 항아리를 여는 바람에 하체가 성숙하지 못한 기형이 되었다 한다. 힌두교에서는 바로 아룬이라 칭하는 존재다. 만주스리가 장애로 인하여 매우 소심한 그에게 용기와 함께 악을 물리치는 법을 전수했고.

인도 사원에서는 결코 만날 수 없지만, 카트만두에서는 지나치게 흔하게 만나게 되는 체파. 그 이유는 호수의 방류에 있다.

시간이 흐른다. 물이 줄어들자 웻사부 붓다가 심었다는 천 개의 꽃잎을 가진 연꽃조차 안정적인 자세를 취하지 못하고 흔들리며 한쪽으로 기울어져 고르

싱거 산에 기대게 된다. 물이 빠지기를 기다린 만주스리와 일행은 모두 함께 이제 호수에 피어난 연꽃의 원 뿌리가 어디에 내렸는지 찾기 시작했다. 이 대목은 슬쩍 의문을 던져준다. 뿌리를 찾는다는 무엇을 상징하고 있을까.

연꽃은 불교에서 4가지를 웅변하는 식물이다. 연꽃이란 씨앗은 결코 사라지지 않고 조건이 주어지면 다시 싹트기에 종자불실(種子不失), 더러운 물에 살지만 결코 그 더러움에 물들지 않는다는 처염상정(處染常淨), 꽃이 피어나면서 연밥이 함께 생겨나기에 인과를 표현하는 화과동시(花果同時), 뿌리에서 줄기까지 속이 모두 비어 있기에 진공묘유(眞空妙有)를 나타낸다.

그러나 뿌리는 무슨 일이 일어나도 제자리에서 견고하게 자리 잡는다. 연꽃이 기울어지건 흙탕물이 빠져나가건 그 자리에 그렇게 있었기에 뿌리란 불성(佛性)의 상징으로 사용되었다. 빛을 뿜는 연꽃의 근원. 빛의 근원. 연꽃을 심은 1대 붓다의 의지와 다르지 않다.

만주스리는 위빳시 붓다가 호수에 연꽃을 던진 지 59겁, 불성의 씨앗을 상징하는 원 뿌리를 현재 파슈파티나트 근처 구헤스와리(Guheshwari)에서 기어이 찾아낸다. 그런데 연꽃 뿌리 근처는 단순하지 않았다. 연꽃 뿌리에서는 그대로 둔다면 어느 날 분지에 다시 물이 차오를 정도로 많은 양의 물이 쉬지 않고 뿜어져 나오고 있었다. 만주스리는 물을 방류한 자신의 노력이 수포로 돌아가는 일을 막기 위해, 물을 멈추기 위한 명상에 돌입했다.

여러 신들이 나타나 일심불란(一心不亂) 명상하는 만주스리에게 축복을 주었다. 축복이라 표현되는 이런 이야기는 요즘 식으로 말하자면 용기를 불러일으키는 방문으로 보면 되겠다. 포기하지 않겠지만, 약해지지 않겠지만, 의지를 강하게 하고 돌파하고 말겠다는 힘을 더해주는 가피의 행위로 보면 된다. 힌두교도들은 만주스리가 쉬바 신의 부인 가운데 한 형태인 구헤스와리 여신을 생각하며 명상을 했다고 한다.

물은 멈추었다. 물이 뚝뚝 흐르는 연꽃 뿌리를 손에 잡고 물을 짜낸 후, 이제 바즈라쿠타 파르밧(Vajrakuta Parvat)으로 올라 다시 명상에 들어간다. 현재 스왐부나트는 두 개의 봉우리로 구성되어 있다. 높은 봉우리에는 주탑이 서 있고 마주 보는 낮은 봉우리에는 티베트불교 사원이 하나 있다. 그중 높은 봉우리가 바즈라쿠타 파르밧이다.

이제 만주스리가 원한 대로 물이 뿜어져 나오는 구멍 역시 막히고, 호수 바닥에 물들이 서서히 말라가니 날이 지나면서 사람이 살 수 있는 곳으로 변해간다. 두 부인이 산에서 내려와 함께 자리했으며 『뿌라나』에서는 이 일을 축하하기 위해 '브라흐마, 비슈누, 마하데바, 인드라를 비롯한 모든 신들이 기뻐하며 스왐부에 경배를 올리고 구헤스와리 여신에게 뿌자를 했다'고 한다.

물이 빠졌다는 소문이 돌기 시작했다. 살기 좋은 비옥한 땅이 보디삿뜨바에 의해 만들어졌다는 반가운 소식이 동심원인 양 퍼져나가자 멀리서부터 사람과 가축들이 차차 몰려들었다.

만주스리가 물을 빼냈기에 드러난 이 땅은 자연스럽게 '만주 파탄'이라 불렀고 만주스리와 함께 마하친에서 넘어온 다르마카르(Dharmakar)가 왕위에 올라, 소문을 듣고 찾아온 사람들로 채워지는 이 지역을 감독하고 통치하기 시작했다. 함께 온 60여 명이 통치에 힘을 실어주었으리라. 따라서 네팔이라는 이름 전에 이 땅의 첫 이름은 물을 빼내 대지를 등장시킨 만주스리의 이름을 따랐다.

이 지역은 1대 붓다가 개시했으며 물이 빠진 후 개국의 명칭은 보디삿뜨바의 이름을 좇았다. 시간이 지나면서 이제 모든 신들이 찾아와 다르마카르에게 축복을 내려 나라 이름은 왕이 다스리는 나라라는 의미의 '라즈 파탄'으로 다시 바뀌었으니 주인이 보드삿뜨바에서 사람으로 옮겨가며 현실화된 것이다.

이쯤에서 이야기하자면 호수가 사라지면서 등장한 대지는 현재의 카트만두 분지이며, 물이 줄어들면서 제일 먼저 스스로 나타난 언덕, 또 천 개의 잎을 가진 빛나는 연꽃이 기댄 언덕은 스왐부나트(Swayambuhnath), 그리고 호수의 작은 연꽃들이 저지대로 모여들어 연꽃 궁전이 된 자리는 현재 파슈파티나트(Pashupatinath)가 된다. 또한 뿌리를 찾은 자리는 구헤스와리(Guheshwari).

스왐부나트는 불교 성지, 파슈파티나트는 힌두교 성지. 돌아보자면 분지의 큰 종교인 불교와 힌두교, 모두에게 참 화해롭고 서로를 배려하여 사이좋게 윈윈(win-win)한 신화가 된다.

# 6

# 카트만두
어머니
강의
발원지
쉬바푸리

無端逐步到溪邊 流水冷冷自說禪
遇物遇緣眞體現 何論空劫未生前
무단히 걸음 따라 시냇가에 이르니
물소리 냉랭하게 저절로 선을 설하네.
만나는 사물이나 만나는 일들이 참모습 드러내니
공겁(空劫) 이전 소식과 부모미생전(父母未生前) 소식을 논할 것이 없어라.

– 나옹혜근(懶翁惠勤) 선사

## 원시림의 진면목, 쉬바푸리 국립공원

네팔에는 현재 사가르마타(Sagarmatha), 랑탕(Langtang), 마칼루-바룬(Makalu-Barun), 세이폭순도(Shey Phoksundo), 라라(Rara), 치트완(Chitwan), 반케(Banke), 카프타드(Khaptad) 그리고 쉬바푸리(Shivapuri), 이렇게 9개의 국립공원이 있다. 모두 독특한 개성을 가지고 전 세계를 향해 당당하게 명성을 드날리는 중이다. 해마다 많은 내국인은 물론 외국인들이 자연의 숨김없는 깊은 속살을 체험하기 위해 이들 국립공원을 찾아온다.

쉬바푸리와 나가르준을 합쳐 놓은 159㎢, 여의도 18배 넓이의 '쉬바푸리 나가르준 국립공원'은 2002년 9번째로 국립공원으로 지정되었다. 지리학적으로 아열대와 열대에 걸쳐진 원시림 지역으로 다양한 수종과 헤아리기 어려운 곤충, 곰, 표범 그리고 원숭이 등등은 물론 희귀한 포유류 야생동물들이 거주하는 것으로 알려져 있다.

더구나 쉬바푸리 북쪽으로는 고사인쿤드(Gosainkund), 헬람부(Helambu), 랑탕(Langtang) 히말라야와 곧바로 연결되는지라 인간에게 발견된 종들은 물론 아직 발견되지 않은 종들이 어머니 자연의 은밀한 보호를 받으며, 꽃 피우고 열매를 맺고 잎을 떨어뜨리며, 번식 순환을 영위하고 있을 터다.

이곳은 현재 군인들이 입장을 통제한다. 입장료를 내고 군인이 앉은 움막 같은 사무실에 여권을 제시하고 서명까지 해야 입장이 가능하다. 카트만두 상수원을 보호하기 위해서 필요한 절차란다.

정상으로 가는 두 가지 길 중에 우측으로 향하는 길은 100여 명에 이르는 비구니스님들의 수행처인 나기 곰빠(Nagi Gompa)를 경유하게 되며, 곰빠를 지나면, 길은 동쪽으로 휘었다가 정상을 향해 북쪽 오르막길로 이어진다.

나기 곰빠는 가수로 유명한 아니 최잉 될마 스님의 출신지이자 수행처다. 계단을 통해 올라서면 건물 안에서 어린 비구니스님들의 웃음소리가 흘러나오고 한쪽에서는 자신의 업장을 쓸어버리는 듯 고요한 동작으로 도량을 깨끗하게 비질하는 비구니 모습이 함께 어우러진다. 바깥이 아닌 마음 안의 탐욕, 성냄, 어리석음, 질투, 교만의 먼지를 털어버리는 것처럼 보이는 이유는 후덕한 뒷산으로부터 내려오는 산의 정기가 더해진 탓이리라.

곰빠 앞마당에 서서 남쪽을 바라보면 한눈에 카트만두 시내가 보이며 멀리 남쪽 반대편에는 풀초키가 일어선 모습까지 한번에 조망된다. 독수리 한 마리가 여유롭게 풀초키를 배경으로 하늘을 비행하는 가운데 자연의 신성한 깊이가 움직이는 풍경 속에 녹아 있다.

자연의 모든 존재들과 더불어 살며 서로 협조하는 일은 도(道), 불성(佛性) 그리고 브라흐만의 분화를 안다면 당연하다. 우주와 지상의 모든 것들은 미발(未發)과 미전개(未展開) 브라흐만에서 줄기세포들처럼 분지(分枝)해서 완성되었기에 외모가 다르고, 그 심성이 틀리며, 기능이 같지 않되, 그렇다고 전혀 남이 아니다. 내 몸의 각기 다른 줄기세포에서 머리카락, 뇌, 폐, 심장, 간, 위장 등등이 분화되어 생겨난 것. 세상은 브라흐만이라는 난자로부터 동일한 방식으로 그렇게 탄생된 한 몸이다. 사원에서의 남쪽 풍경, 풍경이라 이야기하는 우리 몸. 참 멋지다.

반면 사원을 경유하지 않는 좌측으로 가는 길은 정상 2,732m까지 계단길

카트만두 분지의 어머니 강은 바로 이곳에서 시작한다. 호랑이 입과 주변의 벽에서 물줄기들이 흘러나와 흐름을 시작한다. 본래면목에 비유되는 근원은 언제나 신성하다. 사람들은 물을 마시고, 머리위에 몇 방울 털고, 이어 떠나는 물길에 합장한다. 내가 물을 축복하자 물이 나를 축복한다. 우리는 근원에서 둘이 아닌 하나의 축복이다. 우측 계단으로 오르면 이제는 물소리는 사라지고 설산 바람소리가 대신한다. 곧 힌두교 수행자의 움막을 지나 황홀한 풍경을 선물하는 쉬바푸리 정상까지 이어진다.

이 쉼 없이 연결된다. 하산 길에 택하는 편이 좋겠다.

정상으로 향하는 우측 길이나 좌측 길은 울창한 원시림 속을 지나면서 거목들이 뿜어내는 예사롭지 않은 기운과, 그들의 호흡이 만들어내는 싱그러운 숲속의 대기를 경험하도록 배려한다. 산조제명(山鳥啼鳴)하고 녹음방초(綠陰芳草)에 더해 곳곳에서 근원을 알 수 없는 향기까지 스며 나와 '감사합니다'를 연발하지 않을 도리가 없다.

티베트불교에서 예불을 하는 경우, 찾아오신 붓다와 보디삿뜨바의 입을 헹굴 물, 발을 닦을 물을 올리고, 아름다운 꽃에 이어, 불을 밝히고, 향을 사르고, 음식을 올린 후에 마지막으로 향기 나는 물을 올리게 된다. 숲에서 풍겨 나오는 향기의 근원을 찾아 모시고와 붓다 발 앞에 놓는다면 더없이 좋을 터다. 향기가 넘쳐나니 향국(香國), 숲은 그야말로 간다르바(Gandharva)의 나라처럼 느껴진다.

마음 안에서 근원에 대한 감사함이 다시 불끈거리며 밖으로 터져 나온다. 감사하지 않으면 사람이 아니다.

> 한 사문이 눈병이 났다. 그는 연못가를 걸으면서 연꽃 향기를 즐기기 시작했다. 연못을 관장하는 신(神)은 그를 경책했다.
>
> "어찌 고요히 앉아 좌선하지 않고, 향기를 훔치는 도둑이 되려고 하는가?"
>
> 사문이 대답하기를.
>
> "무너뜨리지 않고, 빼앗지도 않았는데, 어찌 도둑이라 하는가?"
>
> 신은 답한다.
>
> "구하지도 않고 가졌으니, 어찌 도둑이 아니겠는가!"
>
> 연못을 관장하는 신은 어리둥절한 사문에게 설명했다.
>
> "악인은 검은 옷을 입은 것과 같아, 검은 점이 있어도 눈에 뜨이지 않아, 사람들은 검은 점이 튀었다고 말하지 않는다. 그러나 선(禪)을 닦는 사람은 흰 옷을 입은 것과 같으니, 작은 허물이 있더라도 다른 사람이 보기는 태산과 같다. 그러니 마땅히 그 청정함을 구하라."
>
> –『잡아함경』「향기 도둑경」

청정함을 지향하는 사람에게 붙어 있는 작은 티끌은 타인 눈에는 매우 크게 보이며 특히 출가수행자의 경우 작은 허물이 남들에게는 대들보처럼 커 보이게 마련이다. 저자거리 화투놀이가 뉴스에 나오지는 않지만 수행자들의 화투놀이는 몬순의 사이클론처럼 대형사건이다.

내가 비록 사미(沙彌)는 아닐지언정 사미와 같은 목적지인 청정한 의식으로 가기 위해서는, 저 바다까지 내려서기 위해서는, 눈으로 꽃과 같은 아름다움을 보거나, 코를 통해 풍겨나는 향을 맞이하며 식(識)이 일어나는 순간, 구(求)하지 않고 받았으니 감사함을 알리는 일이 옳지 않겠는가.

"감사합니다."

그렇게 반복하다보면 참으로 고마운 것들이 나를 키워주고 있음을 알아차린다. 사방을 둘러보면 모든 것에 대한 감사함이 물결처럼 몰려온다. 정상으로 향하는 길은 살아 있는 수목에서 일어나는 향내가 코 주변에서 쉬지 않아 산을 오르는 이 사람, 고마운 마음이 끊이지 않는다.

이런 풍경을 관(觀)하며 향기를 놓치지 않고 느끼면 종교적 자연주의자의 감정 안에서 참 기쁨이 솟아오른다. 생명이란 기적과 같다. 사실 기적이란 죽은 것을 살리는 일이라기보다 바로 살아 있는 생명 자체이며, 그런 생명의 비밀을 아는 것은 신비다.

나기 곰빠를 지나면 길이 급하다. 숨이 턱에 닿는다. 그러나 잠시 후 경사도는 완만해지며 세 시간 정도 울창한 원시림 안을 걷게 된다.

그리고 카트만두의 가장 중요한 젖줄, 카트만두 분지의 어머니 강 바그마티(Bagmati)의 근원에 도달한다. 서른 평 남짓한 공터의 북쪽 벽에서 물이 쏟아져 나온다. 물의 흐름이 사라진 자리에 이르니 이제 걸음을 멈춘다. 쉬바푸리 울울한 원시림이 하늘을 가려 다소 어둑하다.

4대 까꾸산다 붓다(Kakusandha Buddha)의 말씀이 서린 성지(聖地)로 물소리를 말씀 삼아 며칠 밤 지새우고 싶은 처소이다. 좌측에는 한동안 결가부좌로 앉기 좋아 보이는 조그마한 동굴이 있다. 오래전부터 누군가 이미 여러 차례 실천에 옮긴 듯, 추위와 맹수를 피하기 위해 밤새 태우다 남아 하얀 재를 뒤집어쓴 커다란 통나무가 중앙에 자리 잡았다.

> 모든 것 두루 환히 비추고
> 온갖 세상을 두루 알아서
> 일체의 법에 집착하지 않으면
> 일체의 욕망을 모두 떠난 것.
> 이리하여 즐거이 사는 사람을
> 혼자서 사는 이라 나는 말하네.
> -『잡아함경』「상좌경」 중에서

하늘을 가리는 시멘트 건물에 더해 별빛을 추방하여 밤새도록 환한 도시가 아니라, 때 되면 스스로 밝아지고 때 되면 자연히 어두워지는 첩첩산중, 그런 자리에서 시작되는 물줄기와 급류, 바로 옆에 자리 잡은 조그마한 동굴, 바로 먼지 밖에서 유하는〔遊乎塵垢之外〕 장소들인지라 마음이 서늘히 맑아진다.

묻는다. 나는 어디에 종속되어 살고 있는가. 하루의 대부분을 보내야 하는 도시와 도시를 이루어 놓은 문명에 종속되어 있거늘, 그런데, 그것이 내게 어울리는가. 나는 내게 알맞은 옷을 입고 살고 있는가. 신발을 벗고 들어가 앉아 동굴대덕으로 가는 길 생각하니 울컥한다.

삶에서 가장 큰 적은 나 자신이지만, 나의 출가를 막아서는, 동굴 입장을 가로막는 부모와 그 외 가족들이 라훌라〔障碍〕다. 부모는 자식으로 남기를, 가족은 다만 남편으로 아버지로 남아 있기를 바랄 뿐 보디삿뜨바를 추구하는 길로 나서는 것을 원치 않는다. 그러나 「상좌경」의 대목처럼 '걱정이나 뉘우침을 버리고, 모든 존재의 욕망을 떠나고 온갖 번뇌를 끊으면' 출가에 버금가는 '혼자 삶이라 하나니 그보다 훌륭한 삶은 없'으리라. 좋은 말씀을 골라 위안을 삼으며 이번 삶이 아닌 다음 생을 기약하는 마음이 서글프다. 장소가 나를 깨우친다.

• 비구니스님들의 수행처, 나기 곰빠. 비록 철근과 시멘트로 급하게 일으킨 흔적이 있지만 남쪽으로 문을 연 이곳은 여간 상서로운 자리가 아니다. 뒤로는 히말라야의 기운이 물결치고 앞으로는 분지가 한눈에 모조리 들어온다. 카트만두 분지를 에워싸는 봉우리들이 거의 조망되어 분지의 뼈대와 근육 그리고 혈맥이 모두 보인다.

## 까꾸산다 붓다, 강을 만들다

29겁이라는 세월이 다시 흐른 후, 즉 현재 겁, 여명의 시기에 까꾸산다 붓다(Kakusandha Buddha), 우리 귀에는 구류손불(拘溜孫佛)이라는 이름으로 익숙한 4대 붓다가 케마와티라는 도시에서 태어난다. 카스트 중의 가장 높은 브라흐민 계급의 악기닷타와 부인 위사카 사이였다. 마차를 타고 출가했으며, 오랜 수행을 거쳐 사리사 나무 아래에서 지고무상(至高無上) 무상정등정각(無上正等正覺)을 증득한다. 훗날, 시대를 빛내는 만인지상 구루가 된 후, 선대 붓다들처럼 이제 제자들과 함께 세상을 주유하며 설법하다가 물이 빠져나간 카트만두 분지까지 순례를 왔다.

현재 스왐부나트 주탑이 자리한 봉우리, 즉 바즈라쿠타 파르밧을 참배하고 이어서 상카 파르밧(Shankha Parvat), 즉 요즘 이름으로 쉬바푸리(Shivapuri) 봉우리 근처에 다르마 만달(사원)을 만들어 머물게 된다. 다르마 만달은 이곳 강의 근원에서 조금 더 오르면 요즘은 힌두교 구루가 작은 움막을 세우고 수행을 하고 있는 유서 깊은 장소다.

그리고 모여든 사부대중에게 설법한다.

"스왐부에 찾아와 경배하고 명상하며, 뿌자를 올린다면, 더 이상 다른 곳을 찾지 않아도 된다. 이곳은 유일무이한 곳으로, 경배하고 명상하며 뿌자 올린다면 누구든 붓다가 될 수 있다."

이때 400명의 브라흐민, 300명의 크샤뜨리아, 많은 바이샤와 수드라 등, 계급을 막론하고 많은 사람들이 출가하여 보디차르야(bodhicharya)가 되기를 원했다.

까꾸산다 붓다는 이들에게 수계를 위해 삭발을 권했으며 이에 따라 이들은 모두 머리와 수염을 잘라내고 손발톱을 단정히 다듬었다. 그리고는 이제 목욕하도록 했는데 아무리 찾아도 주변에서 물이라고는 전혀 보이지 않았다. 이에 까꾸산다 붓다가 '물'이라 이야기하자 산에서 한줄기 물이 내려오기 시작했다.

말로 물이 생기고, 그리하여 물줄기가 출발했기에 물의 출발점을 입(口)이라는 의미를 써서 과거 이렇게 생겨 흘러가는 강 이름은 와커마티였다. 혹은 엄지손가락으로 산기슭에 손을 대어 물의 흐름을 시작했다고도 한다. 바로 이 자리다.

또 다른 이름은 출가한 카스트 4계급들이 모두 공평하게 목욕했기에 케샤바티, 시간이 지나며 마치 호랑이 입에서 물이 흘러나오는 것 같다며 바그마티로 부르며 곧바로 강 이름으로 굳어졌다.

이 강에서 목욕해서 얻는 공덕은, 1. 모든 죄를 사할 수 있고, 2. 재물을 바친다면 원하는 것을 얻을 수 있고, 3. 붓다의 가르침을 실천하여 모든 방면에서 뛰어난 사람이 될 수 있으며, 4. 돌아가신 부모님을 생각하며 목욕한다면 돌아가신 분들에게 좋은 결과를 드릴 수 있단다.

본래 이 산의 이름은 성코드였다가 이렇게 삭발식을 치루고 출가한 이들의 머리카락이 천국에 도착한 이후, 이 사건을 기억하는 의미에서 산 이름은 싯다시카르가 되었다. 싯다란 깨달음을 의미한다. 수계를 받은 모든 사람들이 싯다가 되기를 맹세했다고 지어진 이름이었으나, 중세 어느 시기 힌두교의 힘이 불교를 압도할 무렵, 발음이 비슷한 쉬바 신의 성(城)이라는 의미인 쉬바푸리로 슬며시 바뀐다.

언제부터인지 이곳에는 호랑이 형상을 가져다 놓아 물이 나오도록 만들었다. 호랑이 입에서 맑은 물이 나오고 뒤의 벽에서도 쉬바푸리의 젖줄기가 건강한 소리를 내며 뿜어져 나온다. 주변에는 티베트불교도들이 걸어 놓은 룽따와 카타가 까꾸산다에 의해 시작된 물의 근원에 경건하게 예를 표하고 있다.

호랑이 뒤로는 강의 근원을 축복하는 진언, '옴스리 바가마티 스와하'를 적어 놓은 현판과 함께 여러 힌두신상들이 이끼 속에 서서 이제 멀리 떠나는 물에게 쉼 없이 축복을 한다. 현판에는 인간의 죄를 사해주고, 필요한 물을 제공하고, 더러움을 씻어준다는 글이 함께 적혀 있는 바, 물줄기를 처음 만든 그 분의 뜻이 그러하고, 카트만두를 아끼는 힌두 제신들의 마음 역시 그러하다는 의미리라.

• 살아 있는 사람들이 살아가게 하기 위해 먹었던 물은, 이제 흘러가며 죽은 사람을 해체하여 천상으로 이끈다. 화장터에서 불길로 흩어진 육신은 강에 뿌려져 흐름에 맡겨진다. '재에서 재'로? 그것은 옳은 비유. 양수와 함께 터져 나온 몸은 물길에 흩어지니 '물에서 물로' 간다. 이것도 옳은 비유.

처음에는 이 세상에 아무것도 없었다. 모든 것이 죽음으로만 덮여 있었다. 허기로만 덮여 있었다. 허기는 곧 죽음이라 그는 '내가 내 자신을 가져볼까' 하고 마음으로 생각했다. 그는 이렇게 원하여 예배를 행하였으니, 그 행함으로 인해 '물'이 생겨났다. 그리하여 예배(arcana)로부터 물(ka)이 생겨났다 하여 아르까라는 말이 생겨났다. 이러한 아르까의 의미를 아는 자는 그 의미대로 기쁨 속에 살리라.

'물'은 곧 아르까. 그 '물'의 물질적인 요소들이 모여 땅이 되었고 … (후략)

-『브리하다란야까 우파니샤드』 중에서

물은 생명의 근원이다. 우리가 우주의 구성성분이라 이야기하는 4대 원소 수(水)·풍(風)·지(地)·화(火)에 어김없이 물이 들어가 있으며, 지구에 생명 있는 존재들은 물 성분을 가장 많이 포함하고 있다. 동식물은 물론 사람까지 물 없이 생명을 유지해 나갈 수는 없다. 물이란 바로 생명과 같기에 멀고먼 화성이나 달에서 물을 찾고자 하는 인간 노력은 물은 바로 생명이라는 등식이 형성되기 때문이다. 식물이나 동물처럼 생명을 가진 존재들은 모두 물의 변주곡이다.

물을 공급한다는 이야기는 단순한 이야기로 끝내기 어렵다. 생명과 같은 강줄기는 오늘도 카트만두 분지를 흐르며 물의 근원인 겁의 시절의 까꾸산다 붓다 시절까지 거슬러 올라 시원을 이야기하고 있다.

네팔에는 강을 포함하여 모두 6,000여 개의 지류가 있는 것으로 알려져 있고 이 지류들은 시간이 지나면서 하나도 빠짐없이 모두 세계 최고의 종교적인 강, 인도 갠지스에 합류하게 된다. 갠지스는 인도 가르왈 히말라야는 물론 네팔 히말라야, 카트만두의 이런 작은 샘에서부터 여행을 시작하여, 마지막 바다에 합류하는 지점까지 철저하게 종교적 여정을 거듭한다.

세상 어디에서도 갠지스처럼 성스럽게 열정적으로 대접을 받는 강을 찾아보기 어렵다. 히말라야 곳곳에서 출발하는 강물들은 모두 그 근원에서부터 인간들에게 지극한 존경을 받기에 빗물로 지상에 떨어진다면 이 강 주변으로 떨어지는 일이 바라문의 길이다. 이 강을 제외한 세상의 강은 다만 자원일 뿐이다.

하늘에서 내린 빗물은 산에 떨어져 스며들고, 어디선가 솟아올라 흘러가며 강을 이뤄, 흘러 흘러가 훗날 바다에 이른다. 기원전 6세기 탈레스는 인간 최초로 강물이 흘러 바다로 간다고 기술했고, 만물의 근본이 물이라 주장하며 '식물이나 동물은 응축된 물에 불과'하다며 '죽으면 물에 녹아든다'고 짚어냈다. 이제 구름으로 하늘로 올라가 때가 되면 다시 빗물이 되어 지상으로 돌아오는 흐름을 반복한다.

힌두교에서는 이런 물의 흐름을 바로 인간의 순환과 일치시켰고 그런 의도에서 강물의 근원에 대한 축복은 물론, 강가에서 죽은 사람을 화장하여 천상으로 보내는 배웅을, 강물에 떠내려 보냄으로 이루려 했다. 갠지스 강에 띄우는 소망들 역시 이렇게 흘러가면서 영혼은 기어이 하늘로 오르도록 배려했다.

나도 시원에 서서 먼 길 떠나는 물들에게 축복한다.

네팔에서 최고로 숭앙받고 으뜸 가치로 자리매김하고 있는 강은 바로 카트만두의 바그마티(Bagmati)이기에 힌두교 입장에서 카트만두를 바라본 『네팔 마하뜨야(Nepal Mahatmya)』에서는 이 강 칭송에 여념이 없다. 『스왐부 뿌라나』와는 달리 힌두교에서는 이 강의 시작은 쉬바 신에서 유래한다고 주장한다.

『네팔 마하뜨야』 7장에 의하면, 비슈누의 화신인 나라싱하가 악마를 살해한 후, 악마의 아들이지만 전혀 악마적이지 않고 선함으로 뭉쳐진 프라흐라다는 나라싱하를 뒤따라간다. 그리고 쉬고 있는 비슈누 앞에서 무릎을 꿇고 나서 열정적인 고행에 접어든다. 이를 우연히 지켜본 쉬바 신은 이 모습에 감탄하고 기뻐하며, 쩌렁쩌렁 웃게 되고, 그 웃음소리에 산이 금이 가면서 강물이 솟아올랐다 이야기한다. 쉬바 신 자신의 입에서 시작된 것이라 쉬바 신은 이 강물을 바그마티라 부르라 명했다는데, 불교적 신화에 대응하기 위해서였을까, 스토리가 유기적이지 않고 따로 노는 듯한 작위적 냄새가 나는 어설픈 신화구조다.

강의 근원에서 출발하는 물에 목욕을 하면, 영적으로 육체적으로 그리고 종교적으로 최상이 된다 하여, 물의 근원 바로 앞에는 직사각형의 풀장 모양의 인공 수조를 만들어 놓았다.

# 카타를 알고 가자

물의 흐름 주변에는 카타(Katha, Katag)들이 길게 걸려 히말라야 바람에 흔들린다. 카타는 불교도들의 영역 표시와 같아 이 성소가 불교와 유관한 장소임을 웅변하는 도구로 사용되었다. 불교 중에서 티베트불교는 실크로 만든 카타를 상당히 중요시하고 자주 이용한다. 티베트가 아닌 다른 나라에서 카타를 만나면 티베트불교 문화권에 속한 누군가의 배려라고 믿어도 된다.

이렇게 카타는 종교적인 불상이나 종교적 의미가 있는 곳에 내걸어 붓다의 축복을 구하며, 어떠한 새로운 출발을 할 때 행운을 가져 오도록 장식한다. 먼 여행을 하는 사람에게 무사 여행을 기원하기에 히말라야를 여행할 때 출발 전에 카타를 선물 받고 무사히 마친 후에 돌아오면 또다시 카타를 선물 받는 경우가 자주 있다. 설산을 여행했던 사람들이라면 높은 고개 주변에 무더기로 걸린 타르쵸와 함께 카타가 바람에 흔들리는 소리를 잊지 못할 것이다. 힘든 고개를 무사하게 넘어온 사람들이 이제 다시 먼 길을 가는 동안의 안녕을 비는 깃발의 모습을 기억 속에 꼭꼭 간직하고 있을 터다. 흑백 사진과 같은 히말라야 고지대 풍경에 방점을 찍는 화려한 색색 룽따와 카타.

내 마음 안에는 항상 펄럭이는 카타가 있어 혼자 험한 산길을 걸을 때 장애를 없애주고 안녕을 기원하고 있다. 빙하와 같은 어려운 길을 넘어서거나 절벽에 얹힌 위태로운 길 아닌 길 위에서 마음 속 호법신장에 다름 아닌 타르쵸와 카타가 펄럭이는 소리를 듣는다.

카타의 시작은 교역과 관련이 있다. 실크로드 대상로를 따라 움직이던 상인, 관리들은 자신들이 지나가는 길목에 있는 왕과 관리들에게 금은, 산호, 비취, 터키석을 포함한 보석들은 물론 귀중한 비단을 통행료 혹은 자신들의 안위를 위해 제공하곤 했다. 실크로드의 한 지로였던 티베트의 수도 라싸에도 이렇게 실크들이 들어왔다. 누에로 만들어진 실크는 광택, 축감, 보온, 무게 등등에서 모두들 놀라게 했으리라.

7세기 송쩬깜뽀에 이르러 이렇게 왕궁으로 들어온 실크를 왕이 신하와 귀중한 사람들에게 하사하게 되면서 카타를 주고받는 풍습이 생겼다. 일반인들은 귀중하고 값비싼 실크를 충분히 가지고 있지 못했기에 양팔 길이의 적당한 크기로 짧게 잘라, 스승, 친한 사람 혹은 가족에게 선물하는 관례가 만들어졌다.

송첸깜뽀 시절에 카타는 순결을 뜻하는 하얀 색 혹은 우윳빛 비단으로 선물을 주고받았으나 시간이 지나면서 노란색으로 바뀌었다. 티베트에 불법을 전하러 멀리 인도에서 출발하여 히말라야를 넘어온 산타락시타(Shantarakshita), 파드마쌈바바(Padmasambhava) 그리고 아띠샤(Atisha)와 같은 구루들이 노란색 승복을 입고 찾아왔기 때문이다. 사람들은 구루가 입은 평온함을 뜻하는 가사 빛에 동화되어 본래 실크색 카타를 물들여 노란색으로 만들었다. 이 카타는 훗날 몽골로 퍼져나가 몽골의 평원에서는 푸른색 소텍(So-tag)으로 발전하게 된다. 푸른색은 달라이(바다)를 의미하며 악령을 쫓아내고 악령으로부터 보호할 수 있는 빛으로 알려져 있다.

이렇게까지 알고 카타를 바라보면 카타는 새롭게 눈에 들어온다. 모르고 바라본 후 생각을 일으키면 무지가 초래하는 망상일 따름이다. 저 천 쪼가리, 너저분, 등등의 생각은 진실 앞에 꼬리를 내리노니, 카타 하나하나는 실크 한 필, 백 필보다 귀중한 마음이 담겨 있다.

이런 의미의 카타가 여기저기 걸린 강의 근원에는 나누고자 하는 붓다의 순수한 마음이 있는 성역이다.

높은 산과 양양한 물, 고산유수(高山流水). 이런 고산에서 흐르는 물소리 앞에서는 불수단판공금존(不須檀板共金尊)이라, 노래판과 금 술잔 무슨 소용 있으랴. 카타를 두르고 며칠이고 결가부좌로 앉아 머물고 싶은 자리다.

## 빠니와 잘, 물의 카스트

물이 빠져나간 분지는 도리어 건조하게 보였을까, 까꾸산다 붓다는 분지에 거주할 존재들을 위해서라도 이 분지에 적절한 강이 더 흘러야 한다고 생각했다.

• 물이 흘러내려 온다. 시간이 생긴 이후로 물이라는 존재는 오로지 한 방향, 즉 낮은 자리로 흘러가도록 운명 지워졌음은 철학이다. 과거의 많은 현인, 현자 그리고 은자들은 물 주변에 앉아서 명상했다. 눈이 마주치는 자연 어디든지 가르침이 없는 것은 아니지만, 나날이 새로운 물이 흐르고, 낮은 곳으로 향하는 상징적 공간점유에는 자유로운 도(道)가 깃들어 있다. 지금 이렇게 활달하게 흐르는 물줄기는 차차 안정되고 규범에 들어가다가 바다에 이르러 열반에 닿는다. 말하자면 극락정토로 향하는 생명력 넘치는 끊임없는 행렬이기에 내게는 도이며 붓다의 상징이다. 물가에 이르면 이런저런 생각으로 쉬이 떠나지 못한다.

바그마티(Bagmati) 강을 만든 후, 더불어 충분한 물을 공급하기 위해 케샤와티(Kesawati), 즉 비슈누마티(Vishnumati) 강을 더 만들게 된다.

그러나 비슈누마티는 이름이 그러하듯이 까꾸산다 붓다가 만든 것이 아니라는 것이 힌두교도의 설명이다. 후에 스왐부나트에 탑을 건립할 때 여러 힌두신이 참여한다. 비슈누 역시 참여하는 바, 그가 카트만두 분지에 처음 발을 디딘 장소가 바로 비슈누마티라는 이야기다. 이 강물은 비슈누 발에서 시작되어 흐르며, 강물의 근원은 비슈누록(Vishnulok), 즉 천상의 비슈누 거주지의 지극히 청정한 강으로부터 흘러오는 것이기에 이 강물에 몸을 담가 목욕을 하게 되면 죽고 나서 천상의 비슈누록 근처에서 태어난다고 전한다.

이 두 강을 따라 카트만두의 종교와 문화가 꾸려지며 발전해왔다. 강을 따라 사원이 일어서고, 사람들은 사원을 중심으로 태어나고 살다가 죽어갔다. 결국 사원이 아닌 강물 주변에서 생로병사가 한바탕 벌어졌던 셈이며 여태껏 인간사가 꿈처럼 벌어지는 중이다.

네팔 말로 일반적인 물은 '빠니(pani)'라고 말하며 흐르는 강물은 물론 하늘에서 내리는 비 역시 빠니다. 그러나 물에도 카스트가 있어 브라흐민 급으로 신성하고 좋은 물은 잘(jal 혹은 절)이라고 발음한다. 사용하는 단어가 많지 않은 네팔이라는 나라에서 절과 빠니를 구별할 정도라면 물에 대해 깊이 생각했다는 이야기다. 축복을 구하거나 축복하는 목적으로 사용되는 물은 모두 잘(절)이다.

카트만두 북쪽 댐이 있는 곳의 지명은 단순하게 순다리빠니가 아니라 아름답고 좋다는 의미의 순다리와 보통 이상의 물을 칭하는 잘(절)이 합쳐진 순다리잘로 그 의미가 깊다.

이런 이야기와 걸맞게 카트만두 북쪽 이곳 쉬바푸리 국립공원 안에는 현재 카트만두 일대 상수도원이 자리 잡아 맑은 수돗물을 도시곳곳에 공급한다. 들을 수 있는 귀를 가진 사람들에게는 까꾸산다 절〔水〕, 즉 구류손불(拘溜孫佛) 수(水)가 중생을 위해 흘러 보내는 감로정화수 소리로 들린다.

게스트하우스에서 수도꼭지를 틀고 물을 그냥 흘러 보낼 일이 아니라 손을 닦으면서 까꾸산다를, 몸을 닦아내면서도 까꾸산다를, 물을 마시면서 까꾸산다를 한 번이라도 생각한다면 남쪽에서 카트만두의 사막화를 막기 위해 친히 오신 과거불 마음과 곧바로 만난다. 빠니가 잘(절)이라는 고유명사로 재탄생하는 일은 사연을 아는 사람의 마음에서만 일어난다.

강은 어머니, 강물은 어머니 젖이라 칭송하며 살아오던 카트만두 분지의 사람들은 1960년대 접어들면서 도시화·산업화에 더해 인구가 대거 유입되면서 댐을 만들어 물을 조절하기 시작했다. 이후 강은 강이라 부르기도 어렵게 수량이 줄어들고 대신 쓰레기 투기장으로 변해버렸으니 강에 기대어 노 저으며 평화롭게 살던 카스트는 쓰레기 뒤지는 신세로 전락했고. 카트만두는 지금도 몬순과 몬순 후 몇 달을 제외하고는 심각한 물 부족을 겪는다. 비가 적게 내린다던가, 카트만두 분지 안으로 인구가 더 늘어난다면 카트만두는 급수 문제로 인해 매우 곤혹스러운 상황에 처할 것이다. 카트만두 주변의 나무는 절대 베어서는 안 되고 더욱 많이 심어야만 하며, 어디라고 안 그렇겠냐만, 수(水)·목(木)·금(金)·토(土) 중 인위적으로 무엇 하나 손대어 균형을 무너뜨린다면 중중무진(重重無盡), 서로 연결된 고리가 끊어져 나가면서 피하고 싶은 재앙과 몰락은 어김없이 들이닥치리라.

도시가 성장하는 경우 필요로 하는 에너지는 기하급수로 증가하게 된다. 로마제국 멸망은 에너지원을 찾지 못했던 것이 큰 원인 중에 하나로 꼽힌다. 비단 물만이 아니라 카트만두는 에너지 요구량의 증가와 같은 해결되기 어려운 문제를 시간이 지날수록 점점 더 많이 짊어지고 있어, 이제 인도에 가까운 테라이 쪽으로 수도가 이동해야 할 필요성이 대두된다.

그러나 까꾸산다 붓다의 행적이 서린 바그마티 근원, 정병(淨甁)의 입구는 아직 청정하고 평안한 자리다. 풀벌레 소리, 숲의 짙은 향기, 원시림 사이를 이리저리 배회하는 미풍, 쉼 없이 이어지는 물소리, 무엇 하나 평화를 안겨주지 않는 요소가 없다. 비행기나 버스를 타고 카트만두를 벗어나 멀리 나가지 않더라도 시내 가까운 곳에 이런 장소가 있다는 일이 고맙고 반갑다.

바그마티 강의 근원에서 성스러운 절(물)을 길어 통에 담은 후, 쉬바푸리 정상으로 올라 텐트를 치고, 손에 잡힐 듯한 북쪽 히말라야와 안쪽 분지를 바라보다가 잠들 날이 올 것이다.

사람이 살다보면 다만 한 번으로 스쳐가는 인연이 있는가 하면 여러 번 살을 섞으며 뒹굴어야 하는 운명 역시 있다. 울울한 원시림 사이에서 쉬바푸리와 연결된 미래의 끈을 느낀다.

숲의 향이 깊고도 짙다.

"옴 나마 까꾸산다 스와하."

"옴 나마 쉬바푸리 스와하."

"옴 나마 바그마티 스와하."

7

# 카트만두에서의 만주스리 행적

見與師齊 減師半德

見過於師 方堪傳授

제자의 견해가 스승과 같으면 스승의 덕을 반이나 깎아버리는 일.

제자의 견해가 스승보다 뛰어나야 스승의 법을 전수할 수 있는 것이다.

-『임제어록』 중에서

## 제자가 찾아오다

5대 꼬나가마나 붓다(Konagamana Buddha) 역시 카트만두에 순례를 와 스왐부나트 등등에 경배·참배하고 되돌아간다.

그 시절 카시, 요즘 말로 바라나시에 다르마스리미트라(Dharma Sri Mitra)라는 이름을 가진 수행자가 있었다. 그는 수행자 브라흐민에게는 물론 다른 카스트를 가진 대중에게도 널리 설법하며 올바른 길로 가는 방향을 안내했다.

그러던 어느 날 심각한 일이 일어났다. 어, 아, 이, 우, 에, 어이, 오우, 어. 이런 모음들이 감추고 있는 심오한 의미를 모른다는 사실을 알아차리자 더 이상 설법을 진행할 수 없었다. 다르마스리미트라는 스스로 힘으로는 도저히 해결되지 않을 것을 알고, 무지의 지〔無知之知〕, 주변을 아무리 둘러보았으나 자신의 질문에 대한 해결 능력을 가진 사람이 전혀 없다는 사실에 절망한다.

옴(Aum) 소리 하나에 우주가 열리고 신이 나타나며 구름이 몰려오는 표음문자(表音文字) 문화권에서나 일어날 수 있는 일이다. 옴을 포함한 만뜨라가 표음문자권에서는 위력을 발휘하는 반면, 표의문자권에서는 이런 문제는 크게 대두되지 않는다.

다르마스리미트라는 한밤중에 서둘러 짐을 꾸려 다섯 개의 봉우리가 있다는 만주스리의 거처, 마하친으로 떠난다. 문제 해결의 길은 오로지 지식과 지혜의 대양(大洋)이자 지고자(至高者)인 만주스리에 있지 않은가.

이 대목에서 다르마스리미트라가 보통 인물이 아니라는 사실이 드러난다. 자신의 의문을 해결하기 위해 히말라야를 넘어서 먼 길 가겠다는 결심이 보통인가. 대충하지 뭐, 그냥 아는 것으로 설법하지 뭐, 내 스승이 하신 말씀을 무한 반복하는 앵무새들에게 무슨 의문이 있으며, 설혹 의문이 있다 해도 이미 젖어버린 매너리즘에 험한 산맥을 넘어가는 용기 있는 행동이 수반되겠는가.

그는 북쪽으로 움직인 끝에 일단 네팔 땅 카트만두 분지에 도달한다. 만주스리가 그냥 만주스리인가. 다르마스리미트라가 어떤 고민을 가지고 여행을 하고 있는지 이미 알고 있었다.

때는 바야흐로 농사가 시작되는 3월 달이었으며, 현재 스왐부나트에서 멀지 않은 사와부미에서 늙은 농부 모습으로 바꿔 사자와 양을 부려 밭을 갈며 기다리고 있었다. 다르마스리미트라는 마른 땅을 고르고 있는 노인에게 길을 묻기로 한다.

여기서 네팔에서 구전되어 오는, 쉬바 신이 지상에서 사라진 이야기가 필요하다. 신화시대에 쉬바 신은 인간들 사이에서 마구 돌아다녔다. 현재는 아주 특별한 경우에만 힌두수행자 모습으로 힌두성지에 나타나는 것으로 알려져 있으나 신화시대에는 자주 자신의 존재를 드러낸 채 떳떳하게 등장했단다.

네팔에서는 3월에 맨땅에 무엇인가 심는 경우가 많다. 푸석푸석한 땅에 씨앗을 심는 모습을 보면, 지나가다 저래도 되나, 저렇게 심어도 곡식이 살아날까, 이런 생각이 들 때가 있다.

쉬바 신이 길을 지나가다가 먼지가 풀썩이는 땅에 벼를 심는 농부 하나를 본다. 그리고는 비도 안 오는데 그래 가지고는 모두 죽지 않겠느냐, 핀잔을 준다. 그러나 웬걸, 농부는 구름 하나 없는 하늘을 보는 둥 마는 둥 비가 곧 온다고 주장하니 서로 옥신각신 끝에 내기를 한다.

쉬바 신은 하늘을 다시 바라보고는 틀림없이 자신이 이길 것으로 생각하고 만약의 변수에 대비하기 위해 비를 담당하는 인드라를 찾아가 부탁한다. 이런 저런 일로 내기를 했는데 신 체면에 질 수가 있겠는가. 당신이 내일 아침까지는 절대로 비를 내려서는 안 된다! 다짐 받는다. 인드라가 쉬바 신의 부탁을 거절할 처지인가. 당연히 그렇게 하겠다고 이야기하면서 토를 단다.

"그렇지만 개구리가 울면 저도 어쩔 수 없습니다. 비를 내려야만 합니다. 그것이 저의 힘과 무관한 우주의 질서입니다."

쉬바 신, 이번에는 개구리들을 찾아가서 부탁한다. 너희들, 오늘 밤은 절대로 울어서는 안 된다. 개구리 왈.

"그렇게 하겠습니다만 반딧불이 반짝이면 저희들도 어쩔 수 없습니다. 울어야만 합니다. 그것이 저의 의도와 관계없는 우주의 질서입니다."

쉬바 신, 이기고자 하는 집념으로 이제 반딧불까지 찾아가 너희들, 오늘 밤에는 절대로 바깥으로 나오면 안 된다. 모두 제자리에 죽은 듯이 있어라, 부탁하고, 누구의 부탁인가, 당연히 다짐을 받아낸다. 쉬바 신은 이제 마지막 요소까지 완벽하게 단속했기에 이미 승리했다는 기쁨에 젖어 농부집 앞에 가서 아침까지 기다리기로 했다.

한밤중이 되자 농부는 심어 놓은 씨앗들을 살피기 위해 작은 불을 들고 바깥으로 나왔다. 별이 초롱초롱한 가운데 이미 승리감에 젖어 얼굴에 미소를 가득 띤 쉬바 신은 멀찌감치 이 모습을 바라보았다.

그런데 이게 어쩐 일인가. 깜빡이며 흔들리는 농부의 불빛을 반딧불로 착각한 개구리들이 일시에 울기 시작했고, 개구리들이 일제히 우는 소리에 인드라는 우주질서를 따르기 위해 구름을 소집하니, 얼마 지나지 않아 밭 위에 많은 비를 내리기 시작한다. 요즘 말로 얼굴이 팔린 쉬바 신은 내기고 뭐고 천상으로 튀어버렸다. 이후 체면을 구긴 쉬바 신을 지상에서 찾기는 어려워졌단다.

여기서 흥미로운 이야기는 이어지는 현상, 바로 인과율(因果律)이다. 이것이 있음으로 저것이 연이어 생기는 현상. 아무리 완전무결한 힘, 죽음을 관장하는 쉬바 신 혹은 천상을 좌지우지하는 황제 인드라 신일지라도 세상을 구성하는 이런 현상, 우주를 꾸려가는 힘을 거스를 수 없다는 이야기가 바탕에 깔려 있다. 제아무리 신이라 해도 인과에는 예외 없다.

그러나 불교도에게는 공(空) 혹은 무(無)라는 적멸의 세상이 있어 모든 것이 걸음을 멈추는 세상이 있기에 이것이 있으면 그것을 끊어 저곳으로 가지 않게 한다. 이런 세상에서는 쉬바 신도 어쩔 수 없으며 이 적멸의 세상에는 쉬바 신조차 출입금지다. 모든 욕망이 끊어지고 아뜨만마저 사라지는 자리, 힌두교 쉬바 신이 얼씬거릴 수 없는 세상이 여기 있다.

이제 해가 떨어지고 길은 서서히 어둠에 잠기기 시작했다. 다르마스리미트라는 마침 푸석푸석한 밭을 가는 농부에게 마하친으로 가는 길을 서둘러 묻는다. 늙은 농부가 답한다.

"이 길이 마하친으로 가는 길이지만 거기까지는 너무나 멀고멀다오."

눈에 심지를 밝힌, 구도열에 빠진 학자에게 고난 따위가 어디 있겠는가.

"멀어도 좋습니다. 길만 찾으면 됩니다."

"마하친으로 가는 일은 쉬운 일이 아니외다. 아주 먼 길을 가야 하지요. 그리고 지금은 밤이 되었으니 오늘 우리 집에서 머물고 내일 아침이 밝으면 내가 길을 알려주리다."

다르마스리미트라는 늙은 농부가 마치 아기처럼 부리는 사자에 겁이 나서 적당한 거리를 두고 어스름한 길을 뒤따라간다. 본래 만주스리의 탈것은 사자가 아닌가. 이쯤에서 예사롭지 않은 상대가 누구인지 알아차렸어야 했다. 문수보살을 친견하겠다고 애쓰면 무엇 하겠는가. 바로 눈앞에 있어도 보지 못한다면 진정 장님이거늘 그 역시 자신의 업으로 인해 보지 못한다.

이윽고 완전히 어두워질 무렵에 만주스리 집에 닿게 된다. 식사 대접을 받은 후 자리에 누웠는데 잠이 통 오지 않는다. 그런데 늙은 농부는 함께 사는 젊은 여자 둘과 밤이 깊도록 무슨 이야기를 나지막이 나눈다. 본의 아니게 이야기를 엿듣는다.

"당신과 함께 같이 온 사람이 누구신가요? 그 사람의 집은 어디인가요? 그 사람도 마치 수행자처럼 보이네요."

"케사리, 우케사리여. 그는 카시에서 온 다르마스리미트라라오. 그가 온 이유는 비크람 실라 마하비하르(Vikram Sila Mahavirara)에서 사람들에게 설법하고 있었는데 어느 날 갑자기 12개 글의 의미에서 생각이 콱 막혀버렸다오. 그것을 해결하기 위해 마하친까지 가서 나를 만나겠다며 길을 나섰소. 나는 그의 고생을 덜어주기 위해 이 자리에서 나를 만나도록 했건만 다르마스리미트라는 내가 누구인지 아직 알지 못하고 있구려."

아침이 찾아와 만주스리와 부인들이 문을 열자 그는 방이 아닌 문밖에 있었다. 만주스리가 그의 손을 잡아 일어나는 것을 도왔다. 그는 엎드리며 구루의 발에 자신의 이마를 낮게 대면서 말한다.

"어제 제가 미쳐 당신을 알아보지 못했습니다. 용서해주십시오."

그리고 다짜고짜 청한다.

"구루시여, 당신은 제가 여기에 온 이유를 이미 잘 알고 계십니다. 제발 12개 글의 뜻을 알려주십시오."

"우선 먼저 뿌자를 올리고 나서 뜻을 알도록 하시오."

"저는 뿌자를 올릴 물건이 아무것도 없습니다. 구루에게 드릴 선물 또한 없습니다. 이제 어떻게 하면 좋은지 말씀해주세요."

"다르마스리미트라여, 마음이 있으면, 신을 섬기고 있으면, 선물, 재산 아무것도 필요 없습니다. 가진 것이 많아도 신을 섬기는 마음이 없는 사람들은 아무런 가치가 없습니다. 구루를 진심으로 섬기는 당신의 마음 하나로 족하기에 선물은 필요 없습니다. 구루가 원하는 것은 당신의 진실한 마음입니다. 당신에게는 진실한 마음이 있으며 그 이상 아무것도 필요 없습니다."

즉 그런 진심(眞心)을 내고, 그 마음에 뿌자를 하고, 이제 받아들일 준비를 하라는 것이다. 신심(信心)은 그 무엇보다 앞서는 큰 에너지다. 스승에게 법을 청한다면 물질적인 것보다 절실한 마음을 내야 한다는 당연한 말씀. 그는 진리를 밝히는 스승을 찾아 이미 힘든 길을 마다하지 않았던가.

श्री

• 기도는 귀의에서 출발한다. 상대에 대한 완전한 존경심은 물론 자신의 해체가 있어야 한다. 귀의하면 허리가 굽어지면서 자세가 최대한 낮아진다. 온몸을 땅에 던지는 오체투지 역시 그런 이유로 생겨났다.

결국 12 언어가 품은 내부와 외부의 의미가 스승 대 제자, 일대일, 비밀리에 전수된다. 아무에게나 알리지 말고, 마음이 맑은 제자에게만 전수하라는 당부가 뒤따른다. 단어 하나하나의 의미를 설명하고, 이해하지 못하면 다음 것을 가르치지 않고 깨우칠 때까지 기다리며, 숨은 의미를 모두 전수했으리라. 이런 스승의 청정한 가르침과 제자의 청정한 마음이 하나가 되었으니 밀도(密度) 차이가 전혀 없이 고스란히 법이 전해진다. 만주스리는 모두 전수한 후에 이렇게 말한다.

"다르마스리미트라여, 나는 당신과 같은 제자가 있어 만족합니다. 스승이 원하는 제자는 당신과 같은 제자이며, 당신은 오늘부터 아들과 같은 존재가 되었습니다."

아마 난해한 가르침을 쉽게 받아들인 모양이다.

인도에서 카트만두까지 천 고을 만 리 길〔千鄕萬里〕 걸어오면서, 그냥 무작정 걷기만 했겠는가, 자신의 의문을 씹고 곱씹으며 커다란 의단(疑團)을 만들었으리라. 부풀어 오른 풍선, 작은 바늘을 대기만 해도 터진다.

"다르마스리미트라여! 내가 한 이야기를 듣고 부처님의 가르침을 받아 모든 세상의 만물을 보호하도록 하세요. 이제 당신이 예전에 설법하던 자리로 가서 그런 자세로 12글자의 뜻을 가르치고 있으면, 나도 언제 한번 설법 들으러 가겠소."

구루의 말씀이 끝나자 다르마스리미트라가 이야기한다.

"구루시여 저는 당신을 '보고도 알아차리지 못한' 바보입니다. 다음에 제가 설법을 하고 있을 때도 알지 못할 것 같습니다."

만주스리는 힌트를 준다.

"내가 어떤 모습을 취해도 손에는 파란 연꽃을 들고 있을 터."

서로 예를 갖추고 헤어진다.

## 스승, 제자를 찾아나서다

다르마스리미트라는 카시에 도착하여 그 다음날부터 사람들을 모아서 설법 시작했다. 시간이 흐른다. 만주스리는 약속대로 그를 찾아 나선다. 만주스리의 행적이 마하친에서 히말라야를 넘어 카트만두로, 그리고 카트만두에서 인도까지 넓혀진다.

만주스리는 본래 모습을 버리고 큰 병을 앓고 있는 노인 모습으로 변했다. 아주 더러운 옷을 입고, 콧물은 물론 침까지 질질 흘리며, 고약한 악취를 풍기면서 덜덜 떠는 손에는 약속대로 파란 연꽃을 들고서는 비크람 실라 마하비하르 설법장에 들어선다.

더럽고 냄새나는 늙은이가 들어오자 설법을 듣던 사람들은 동요하기 시작했다. 다르마스리미트라는 파란 연꽃을 보는 순간 바로 구루께서 찾아오셨다는 것을 알았으나 구루에게로 달려가지 않는다. 우리말로 버선발로 뛰어나갔어야 옳다.

그놈의 아상(我相). 대중 앞에서 저렇게 더러운 몰골의 주인공에게 예를 올릴 수는 없었다. 사람들 앞에서 더러운 꼴을 한 노인을 스승이라 예를 올리기 싫었던 게다. 제자 잘못 키웠다.

우리나라 자장 스님도 아상(我相) 때문에 바로 눈앞에서 만주스리를 친견하지 못한 이야기도 있다.

> 그러던 어느 날 남루한 옷차림에 가사를 걸친 스님 한 분이 죽은 개를 삼태기에 메어달고 와서 자장을 찾았다. 이를 본 시자(侍者)가 큰스님의 이름을 함부로 부르는 것이 버릇없이 보여 호통을 치자 늙은 스님은 천연스럽게 '자장에게 내가 왔다고 전하라. 나와서 보면 누구인지 알 것이다. 어서 가서 전하기만 하라.'고 하였다. 시자는 하늘같이 받드는 스승의 이름을 함부로 불러대는 객승의 무례한 짓이 매우 불쾌하였으나 스승에게 사실을 고하였다. 이 사실을 전해들은 자장 스님은 지나가는 객승으로 무심히 생각하고 만나

주지를 않았다. 그러자 거지 스님은 '아상(我相)이 있어 자신이 남보다 우월하다고 생각하고 남을 업신여기는 교만한 자가 어찌 성현을 알아 볼 수 있으리오.' 하며 삼태기 안에 있던 죽은 강아지를 푸른 사자(獅子)로 변화시켜 그 사자를 타고 서기를 방광하며 하늘로 솟구쳐 학처럼 날아가는 것이었다. 이 거지 객승은 다름 아닌 문수보살이었던 것이다. 이야기를 전해들은 자장 스님이 깜짝 놀라 곧바로 그분의 뒤를 쫓았으나, 문수보살은 이미 떠나 가버린 뒤였다.

–『삼국유사』 중에서

만주스리는 이렇게 더러운 모습으로 종종 등장한다.

아상가(Asanga, 無着) 이야기도 같은 주제이지만 더 깊이가 있다. 아상가는 마이뜨레야(彌勒)를 친견하기 위해 동굴에서 정진하다가 3년이 지나도록 진전이 없자 동굴 밖으로 나온다. 아상가는 쇠를 녹여 바늘을 만드는 노인을 만난다. 그런데 쇠를 달구는 불이 다른 대장간처럼 활활 타오르는 불이 아니라 겨우 목화솜으로 지핀 불이 아닌가. 아상가가 그 불로 어느 세월에 바늘을 만들겠냐며 묻다가 도리어 핀잔을 받는다.

"부지런히 하는 자가 성취하지 못하는 예가 없으니 아무리 힘들더라도 포기하지 않으면 큰 산도 먼지로 만들 수 있다네."

아상가, 자신의 수행에 끈기 모자랐음을 반성하고 다시 동굴로 들어와 3년 수행한다. 3년이 지나 역시 무소득으로 동굴을 나오다가, 바위 위에서 떨어지는 물방울이 바닥을 때려 홈을 만든 모습을 보고 다시 동굴로 되돌아간다. 또다시 3년, 이번에도 빈손으로 나오다가 바위 작은 틈에 새들이 들락거리는 부드러운 날갯짓으로 인해 바위에 남겨진 흔적을 보고 다시 동굴 입장. 마부작침(磨斧作針), 우공이산(愚公移山)에, 고심혈성(苦心血誠)이다. 이렇게 12년을 수행한 후에 이제는 아예 포기하고 동굴 밖으로 나온다.

아상가는 길을 가다가 아직 죽지 않은 강아지에게 구더기가 달라붙은 모습을 보며 크게 자비심이 동한다. 구더기를 죽여서 강아지를 살리자니 구더기가 불쌍하고, 강아지를 죽여 구더기를 먹이자니 강아지가 불쌍하다고 생각한 아상가는, 썩어가고 구더기가 우글거리는 더러움 따위는 잊고 자신의 살점을 떼어 놓고 그 위에 구더기들을 옮긴다. 그런데 갑자기 개가 사라지고 그 자리에 마이뜨레야가 나타나는 게 아닌가.

아상가 억울했겠다. 12년이나 동굴에 있었을 때 나타나지 않았으니, 마이뜨레야 당신께서는 자비심이 너무 부족한 것이 아니냐? 따진다. 돌아온 답은.

"처음부터 나는 너와 같이 있었으나, 너의 업장에 스스로 가려져 나를 보지 못했단다. 너는 이제 그 업장이 깨끗해져 큰 연민(자비)을 가졌기에 나를 보게 된 것이다."

믿지 못하는 아상가에게 자신을 업은 채 시장에 가보라고 한다. 아상가, 마이뜨레야를 업고 시장을 아무리 돌아다녀도 등에 업은 마이뜨레야를 아무도 알아보지 못했다.

훗날 구루들은 붓다의 위대한 32호상을 보지 못하는 것도 다 이유가 있고, 법당 안에서 불상을 보지 못하고 촛불만 본 것도 이유가 있으며, 큰스님이 붓다의 말씀을 전하는데도 자신에게는 돈을 올리라는 이야기로 들렸다는 것도, 다 이유가 있다 비유하셨으니, 그 이유란 뭣인가?

친견이란 어떻게 이루어지는가? 사실 이런 관점은 여행에서도 나타나기에 같은 곳을 보고 돌아와도 서로 다른 이야기를 하게 된다. 그러나 중요한 것은 진정한 자신을 보는 일이다.

경봉 선사의 37살 일기에 자신에게 묻고 답하는 게송이 있다.

問

咄咄無情我主公

至今逢着豈多遲

애달프다! 애달프다! 무정한 나의 주인공아,

지금에야 만났으니 어찌 그리 오래도록 늦었는가?

答

呵呵我在君家裡

汝眼未睛如此遲

우습다! 우습다! 내가 그대의 집 속에 있었건만,

네 눈이 밝지 못해 이렇게 늦었다네!

자신을 못 보는 일도 업이기에 맑게 만들어야 하지 않겠는가.

늙고 냄새나는 노인은 설법장을 계속해서 왔다갔다 걸어 다녔다. 다르마스리미트라는 구루에게 눈인사조차 올리지 않고 설법을 계속하다가 급기야는 빨리 마쳐버렸다. 카트만두에서는 무지로 인해 알아보지 못했으나 바라나시에는 '이미 알고도 애써 무시한 것'이니 죄가 무겁고 크다. 사람들이 돌아간 후 그제야 마치 처음 본 것처럼 다르마스리미트라는 구루의 발에 머리를 대고 인사를 올린다.

"구루시여 언제 오셨습니까? 저는 당신을 지금 보았습니다. 손에 든 파란 연꽃으로 당신을 알아보았습니다."

구루를 보고도 인사는커녕 아는 척도 안하는 불경죄에, 보지 않았다는 거짓말까지 한 죄가 더해지자 다르마스리미트라의 두 눈이 구루의 발 위에 뚝 떨어졌다. 만주파탄에서 알아보지 못한 일은 죄가 되지 않으나 이번에는 거짓말이 무겁게 했다. 눈알이 떨어진 다르마스리미트라, 갑자기 닥친 어둠 속에서 깊이 참회하며 실토한다.

"구루시여 저를 용서하소서. 제가 구루를 보고도 아는 척하지 않았고, 구루를 무시하였습니다. 보았으면서 못 봤다, 거짓말을 하였습니다. 용서를 구하오니 제가 다시 눈을 볼 수 있게 해 주십시오."

그러나 이것은 다르마스리미트라의 죄에 의한 화급한 인과이므로 만주스리도 어쩔 수 없는 상태. 구루들은 길을 인도하는 것이지 심판하지 않는다. 만주스리는 이것으로 인해 저것이 생기는 인과에 대해 소상하게 설파하고 다르마스리미트라에게 앞으로 살아나가면서 참고가 될 여러 가지 좋은 말을 남겨주고 돌아온다.

대부분의 사람은 내생에 자신의 능력으로는 원인을 알 수 없는 고통을 받는다. 그럴 바에 차라리 이승에서 이렇게 눈이 멀고, 눈이 먼 이유도 알고 참회를 거듭하며 자신이 저지른 업을 정화할 수 있다면 더욱 좋지 않겠는가. 원인을 알면 자신의 질병에 감사할 수 있다.

그 후 다르마스리미트라라는 이름은 가나스리미트라(Gana Sri Mitra)로 바뀌고, 항로를 제대로 교정하여 이제 깊어진 어둠 속에서 보이지 않는 모든 대상을 향해 차별 없이 설법한다.

상대가 비록 더러운 노인이건 아름다운 여인이건, 이제 눈을 잃고 더불어 지긋지긋한 아상을 잃음으로서 더욱 경건해진 마음을 품고 사자후를 펼쳐, 부처의 길로 제대로 들어섰다. 니르바나를 향해 한 걸음씩 다가선다. 그가 임종을 맞이했을 때는 여한이 없었을 것이니 뛰어난 스승의 덕이 크다.

이 이야기는 무엇을 말하는 것일까. 아상으로 구루를 무시하면 눈이 떨어진다, 즉 눈이 먼 것과 같다. 스승의 외모를 넘어서고 초월해야 지식과 지혜를 받을 수 있으니 스승의 외모에 매달려 얼굴이 이상하고 푸석거리며 추하다고 그가 가진 다르마의 진리를 무시할 수 있겠는가. 지혜를 대변하는 구루는 피안의 세상으로 인도하는 나침판이다. 또한 모든 붓다들은 지혜의 힘에 의해서 탄생하기 때문에 지혜를 상징하는 만주스리는 제불(諸佛)의 어머니라고 이야기한다.

티베트불교에서는 스승을 대할 때 마음에 두지 말아야 할 5가지를 말한다.

1. 스승이 계를 파함
2. 낮은 가문 출신
3. 몸이 불구이거나 옷차림이 남루함
4. 거친 말을 함
5. 감미로운 말을 하지 않고 욕함

물을 아무리 끓여도 불처럼 타오르는 것은 불가능〔如同將水再煎熬 亦不會在

- 불교에서 만주스리는 지혜를 상징한다. 힌두교에서는 브라흐만의 아내 사라스와티가 문학, 음악과 같은 예술 분야와 과학 등을 관장하며 만주스리와 동일한 역을 맡는다. 여신을 기리는 바산타 판차미(Basanta Panchami)라는 축제가 시작되면 학생들은 만주스리 혹은 사라스와티 탑에 자신의 이름을 써 올리며 좋은 성적을 받을 수 있도록 기도한다. 탑에 쓰인 많은 글은 낙서가 아닌 기원이다. 학생들은 아침에 일어나 뿌자하고, 새 옷을 입고 사원을 찾아 훗날 성과를 부탁한다. 부디 원하는 바가 이루어지기를.

火中燃]하다. 스승은 때로는 제자의 근기를 보기 위해, 제자로 받아들이기 위해, 타오를 수 있는 상대인지 아니지 알아보기 위해 괴이한 행동을 내보이기도 한다. 만주스리처럼 뛰어난 스승은 한 차례 통과했다 하더라도 미심쩍으면 다시 한 번 점검하여 올바른 길로 완전히 접어들도록 인도한다. 눈은 멀었으나 다르마스리미트라는 복 받은 제자다.

출리심(出離心), 보리심(菩提心), 공성(空性)의 올바른 견해, 이 세 가지를 바다 속의 여의주로 본다면, 이것을 구하기 위해서는 일단 바다로 나가는 배가 있어야 하고, 그 자리까지 인도하는 선장이 필요하다. 배는 보리도차제(菩提道次第), 선장은 스승, 구루를 상징하며 배나 선장이 없으면 여의주를 구하기는커녕 자칫하면 목숨마저 잃게 된다.

만주스리는 다시 스왐부나트로 돌아온다. 만주스리를 반기는 두 아내가 만주스리 발에 눈 모양이 생겨난 것에 궁금증을 표하자, 만주스리는 그 사이 일을 설명한다. 만주스리가 되돌아오는 길은 편하지는 않았을 것이다. '제자의 견해가 스승과 같으면 스승의 덕을 반이나 깎아버리는 것이며, 제자의 견해가 스승보다 뛰어나야 스승의 법을 전수할 수 있는 것'이라 하거늘, 제자의 두 눈을 가지고 왔다니.

사실 만주스리는 제자에게 비밀리에 가르침을 전수했으나 그의 부족함을 알았을 것이다. 그리하여 까시 설법장까지 찾아가 그의 눈을 어둡게 함으로서 이 삶에서 거친 업을 모두 정화하도록 자비를 베풀었을 것이다.

이 둘이 서로 만난 때는 3월이고, 만주스리가 가르침을 내린 장소는 스왐부나트 앞 인근 작은 언덕이다. 그 후 이 사건을 기념하며 3월이면 이 동산에 뿌자 올리는 사람들이 줄을 선다. 이 자리에서 이 사건을 기억하며 예경을 한다면 다르마스리미트라처럼 원하는 교육을 얻고, 세상 사람들을 보호하고 구제하는 길로 나갈 수 있으며, 훗날 니르바나로 향하는 길이 열린다고 한다.

아주 오래전 신화신대부터 이렇게 스승과 제자의 중요성이 나타난다. 티베트불교에서는 이담이라는 수행이 있어 만주스리를 모시게 되면 자신이 수행을 통해 만주스리가 되는 것이다. 결국 바깥에서 구하면 천년만년 헛되기에 자신이 만주스리가 되어 만주스리의 행을 하게 되면 만주스리와 하나가 된다. 즉 말하면 문수, 행동하면 보현이 되는 경지.

붓다가 되고자 나서지 않고 붓다가 되는, 즉 출발점이 바로 도착지가 되는 불가사의한 행으로, 『육조단경』에서 이르는 '부처의 행(行)이 곧 부처'라는 이야기와 궤를 같이 한다.

어떤 사람이 아궁이에 밥을 지을 불이 없자 등불을 들고 멀리 떨어진 이웃까지 찾아가 불을 구한다. 늦은 밤에 불을 구하러 온 모습을 바라본 이웃은 불씨를 건네주며 등불이 곧 불인 줄 알았으면 밥을 이미 지었을 것(早知燈是火 飯熟已多時)이라 비웃는다. 바깥에서 구하고자 한 불이 바로 그 불이다.

나 역시 내 불을 들고 그렇게 불을 찾으러 바깥으로 내달리지 않았던가. 그 불성이 바로 그 불성인 게다. '왜 신을 숲속에서 찾느냐. 나는 집에서 찾았는데.' 이런 구루의 말씀에서, 신을 만주스리나 붓다로 바꿔 읽으면 묵직한 중량감이 느껴진다.

카트만두 분지에서 5대 붓다 시절 일어난 이야기며 현재 스왐부나트 주변에서 일어났다. 이 사연은 카트만두 분지에 만주스리가 주석했던 스왐부나트가 바로 증인이다.

합장.

그리고 원아조동법성신(願我早同法性身).

# 8

# 본래 주인이었던 뱀들의 반란

뱀은 어느 문화권에서나 거대한 재생의 상징으로 나타난다.
자연의 모든 여신들은 뱀을 그 상징으로 여긴다.
뱀은 여러 비전의식에서 매우 중요한 역할을 담당하고 있다.
그리스와 소아시아의 수없이 많은 강물과 바다와
모든 물의 신은 뱀이다.

- 조르쥬 나타프의 『상징 기호 표지』 중에서

## 쿨리카 나가의 거친 반항

만주스리가 물을 빼자 이 호수에 살던 나가(naga, 龍)들은 속수무책으로 휩쓸려 나가면서 엄청나게 당황했으리라. 그야말로 하루아침에 강제철거민 심정으로 표현하기 어려운 비탄감에 빠져 들었으리라. 커다란 호수의 터줏대감이라는 위치에서 얼마나 오랫동안 이 자리에서 살았는데.

사람이 이런 스트레스를 받는다면 폭음거리가 되지만 뱀들이 뾰족한 방법이 있었겠는가. 일부는 다시는 돌아오지 않겠다며 먼 나라로 발길을 돌렸으며 일부는 물길을 따라 바다로 향해 떠났다. 그러나 대부분 뱀들은 불만스럽지만 고향에 남기로 결정했다.

이런 마음을 아는 만주스리는 초바르를 지나자마자 서쪽 편, 호수를 하나 만들어 뱀들을 대피시킨다. 이렇게 호수에 물이 빠지면서 자신들의 터를 잃고 좁아터진 곳으로 쫓겨난 나가들은 불만이 쌓여간다.

호수가 있던 시절 나가 중에 우두머리급인 쿨리카 나가(Kulika naga)가 다른 나가들을 짜루기리 봉우리로 소집했다. 짜루기리는 현재 카트만두 북동쪽 나가

• 물이 있는 곳에는 반드시 뱀이 있다는 것이 고대인의 생각이었다. 흘러가는 강물의 궤적을 뱀의 모습과 동일시하기도 했다. 고대 카트만두 분지에는 수적으로 많은 뱀이 있어 함께 살았고 때로는 종교적 대상이 되어 신격까지 부여 받았다. 뱀의 위상을 신화는 친절하게 알려준다. 이제 사라진 뱀은 수조, 사원, 왕궁 혹은 일반인들의 거주지에 이런저런 형상으로 남아 있다.

르코트 아래 창구나라얀 사원이 얹혀 있는 나지막한 봉우리다.

"우리가 살았던 살림터를 빼앗겼다. 호수를 본래대로 만들기 전까지 가만히 앉아 침묵만하면 안 된다."

모두들 동조하며 자신들의 터전을 되찾는 작전을 세우게 된다. 나가들은 분지의 물이 빠져나가는 초바르 계곡을 겹겹이 막고, 비를 내릴 수 있는 자신들의 능력을 최대한 발휘하여 하늘에서 지상으로 폭우가 쏟아지게 만들었다. 얼마 지나지 않아 바닥부터 물이 슬슬 차오르더니 수면이 점점 높아지면서 이제 사람들이 살고 있는 집들이 차례차례 물에 잠겨간다.

사람들은 붓다를 찾으며 기도하고, 일부 사람들은 만주스리가 애당초 물을 뺀 일이 잘못되었다고 불평하기도 했다. 어려운 일이 생기면 원인을 찾고 해결을 위한 힘을 얻기 위해 기도하는 사람들 사이에는, 이렇게 남을 탓하며 불평하는 부류들, 어디에나 어느 시절에나 늘 있게 마련인가 보다.

나가들의 작전대로 빗물을 퍼붓고, 새나가는 곳을 그야말로 물샐틈없이 막는 양동작전 끝에 분지 물은 점점 더 불어나 사라졌던 호수가 다시 만들어지기 시작했다. 사람들과 동물들은 카트만두 분지의 높은 지대인 스왐부나트에 몰려가 지금의 어려운 상황을 천상에 알리며 무사히 해결되기를 기도했다.

세상 고통에 눈을 돌리며 고통의 소리를 듣는 아바로키테슈와라(Avalokiteshvara, 관세음보살)가 이런 모습을 눈으로 보고 애타는 기도소리를 귀로 듣는다. 이에 사만타바드라(Samantabhadra, 보현보살)를 불러 도움을 청한다.

아바로키테슈와라(Avalokiteshvara)라는 이름을 가진 보디삿뜨바를 구마라집은 관세음보살(觀世音菩薩)로 그리고 현장은 관자재보살(觀自在菩薩)이라 번역했다. 구마라집의 경우 세상 중생들의 고통소리를 듣는 존재라는 의미에서 어머니와 같은 자비스러운 이미지를 가지고 '관세음'으로 번역했고, 현장은 지혜의 측면을 강조하여 '관자재'라 번역했다.

보디삿뜨바 정신은 세상사람 모두를 남이 아닌 가족친지로 여기며 심지어는 어머니로 간주한다. 샨티데바는 세상 중생을 남이 아닌 신체의 일부로 표현했으니, 내 다리가 아프다고 내 팔이 나 몰라라 고통을 느끼지 못한다던가, 내

가슴이 통증에 시달리는데 내 배는 남의 일이라 태평하게 지내는 일은 있을 수 없다고 이야기했다.

"빨리 네팔 만달에 내려가셔서 사람들을 보호해 주세요. 거기에는 쿨리카 나그 라자가 모든 나가들을 모아서, 물이 빠져나갈 길을 꽉 막고 있습니다. 그리고는 계속해서 비를 내리도록 하고 있습니다. 네팔 만달에 살고 있는 사람들은 죽어가는군요. 당신에 거기에 가서 쿨리카 나그 라자에게 이야기를 잘해 달래 주고, 살아 있는 이들을 보살피고 와주세요."

사만타바드라는 만주스리와 더불어 보디삿뜨바 계의 양대 산맥이다. 만주스리가 지혜를 담당한다면 사만타바드라는 실천의 행동을 보여준다. 보통 붓다의 우측에 자리 잡고 어금니가 6개인 하얀 코끼리를 타고 다니는 모습으로 나타난다. 우리에게 사만타바드라는 보현십원(普賢十願)으로 이미 널리 알려져 있다.

> 첫째는 예경제불원(禮敬諸佛願)이니 항상 부처님을 예배하고 공경하는 것이며, 둘째는 칭찬여래원(稱讚如來願)이니 모든 부처님을 칭찬하고 찬탄하는 것이며, 셋째는 광수공양원(廣修供養願)이니 이웃을 위해 널리 공양을 베푸는 것이며, 넷째는 참회업장원(懺除業障願)이니 스스로 지은 업장을 참회하는 것이며, 다섯째는 수희공덕원(隨喜功德願)이니 남이 짓는 공덕을 함께 기뻐하는 것이며, 여섯째는 청전법륜원(請轉法輪願)이니 훌륭한 설법을 자주 청해서 듣는 것이며, 일곱째는 청불주세원(請佛住世願)이니 부처님 같은 분과 늘 가까이 하는 것이며, 여덟째는 상수불학원(常隨佛學願)이니 항상 부처님을 따라 배우는 것이며, 아홉째는 항순중생원(恒順衆生願)이니 항상 다른 사람의 의견을 존중하는 것이며, 열째는 보개회향원(普皆回向願)이니 모든 좋은 일은 널리 나누겠다는 것이다.
>
> –『화엄경』「보현행원품(普賢行願品)」 중 십종대원(十種大願)

카트만두 분지는 만주스리(문수보살), 아바로키테슈와라(관세음보살), 바즈라다라(금강수보살)는 물론 사만타바드라(보현보살)까지 연이 닿는다.

사만타바드라는 분지의 사람들을 보호하기 위해 하강하며 살피다가, 짜루 기리 위에 자리 잡고 진두지휘하고 있는 쿨리카 나가를 찾아낸다. 접근하여 손에 든 친따마니 도르제를 쿨리카 나가 정수리에 단번에 꽂아버린다.

친따(cinta)는 산스크리트어로 소원, 소망 혹은 사유를 의미하며 마니(mani)는 구슬이다. 이 두 단어가 합쳐져 친따마니는 소원을 들어주는 구슬로, 아바로키테슈와라의 연꽃에 있는 여의주(如意珠)를 말한다. 그리고 도르제(Dorje)는 금강저다. 친따마니 도르제는 여의주로 장식된 금강저로 신통력이 이루 말할 수 없으리라. 그 어마어마한 능력을 가진 영험한 무기가 하늘에 먹장구름을 불러 폭우를 내리게 하는 쿨리카 나가 머리통에 쿡 박혀버렸다!

결과는 이미 끝났다. 권리탈환을 주장하며 독기가 올라 곤두섰던 뱀 머리는 힘없이 주저앉았고 자신들의 우두머리가 한 번에 힘없이 거꾸러지는 모습을 바라본 나가들은 겁에 질려 사방으로 뿔뿔이 흩어졌다. 분지에 고였던 물이 다시 빠져나가기 시작하고 구름이 서서히 사라지며 청명한 하늘이 드러났다.

신화는 엄청난 홍수가 일어나 분지가 물로 가득 차올랐으며 사람들이 모여 기도를 통해 해결이 되었음을 은유한다.

쿨리카 나가가 힘없이 말한다.

"보디삿뜨바시여, 제가 저지른 일을 용서하소서."

"그런데 왜, 땅이 드러난 이곳을 물로 다시 채우려 했소?"

"물이 빠져 우리가 살 곳이 없어지자 다시 원 상태로 되돌리려 한 일입니다. 그런 이유로 모든 나가들이 모여 물을 모으기 시작했습니다. 오늘 제 머리에 친따마니 도르제가 꽂혀 제 강력한 힘은 사라졌습니다. 오늘 당신에게 경배 드리오니, 우리는 이제 어디에 가서 살아야 합니까?"

사만타바드라는 행동하는 보디삿뜨바에 걸맞은 충고를 던진다.

"쿨리카 나가여, (어떤 일에 대해) 화내면 안 되오, 그리고 (어떤 일에 대해) 힘으로 일을 해결하려 하지 마시오. (어떤 일에 대해) 마음을 동요하면 안 되오."

이게 어디 쿨리카 나가에게만 적용되는 이야기인가. 기득권을 가졌던 사람이나 단체가 자신의 힘을 빼앗긴다고 느꼈을 때 표출하는 행동들. 요즘 신문을 펼치면 쏟아지는 흔하디흔한 기사 내용. 분노하고 표출하고 서로 선동하는.

"그대는 만주스리의 업적을 망쳐서는 안 된다오. 성스러운 스왐부나트가 생겨난 이후 많은 사람들과 동물들이 평화롭게 살고 있는 이 다르마의 땅의 평화를 망쳐서는 안 된다오."

그렇다고 이들에게 무조건 떠나라는 통첩을 남기는 것은 아니다. 이주 대책을 세워준다.

"당신을 비롯한 나가들이 이 지역에서 계속해서 살고 싶다면 케샤바티(Keshavati)와 비말라바티(Bimalavati), 두 물줄기가 만나는 곳에서 평안히 살도록 하시오. 원하는 모든 일이 잘 이루어지도록 축복하겠소."

사만타바드라의 이야기를 들은 쿨리카 나가는 예를 갖춘 후에 보디삿뜨바가 지목한 곳으로 떠나갔다. 토카(Tokha)의 강과 강이 만나는, 우리 식으로 말하자면 양수리에 해당하는 마노라트(Manorath)로 이주하며, 마노라트의 다른 이름으로는 쿠신캬(Khusinkhya), 찾기 어렵지 않은 곳으로 해마다 나가 뿌자가 행해지는 자리다.

설법을 마친 사만타바드라는 쿨리카 나가의 이마에서 친따마니를 뽑아내서 짜루기리 산 근처의 호수 앞에 바위에 불을 밝힌 후에 꽂아 넣었다. 친따마니를 못처럼 박아 넣었다가 빼내 대지에 박았기에 이곳은 킬레쉬르(창 모양 혹은 못 모양)의 바이타라그라 부르게 된다. 사람들은 매년 몬순이 세력을 다하는 9월이면 이곳에 가서 사만타바드라의 축복을 구한다.

뱀은 베다 시대부터 인도문화권에서 물을 반영하며 강우를 상징하기도 한다. 나가들이 있던 자리를 떠난다는 사실은 바로 물 부족을 말하는 반증이며, 반면 뱀이 있으면 충분한 식수가 있다는 지표와 같아 기피 대상이 아니었다.

이런 신화에 숨어 있는 코드들은 카트만두를 위기로 몰아넣은 재앙 중에는 기나긴 가뭄만 있었던 것이 아니라 그 반대가 되는 엄청난 홍수 역시 여러 차례 찾아온 반영으로 카트만두가 어떤 자연재해를 겪으며 성장했는지 친절하게 알려준다.

• 인류와 함께 살아온 나가. 인도 문화권에 거주하며 히말라야 문화에 깊숙이 관여한 이들을 보면, 대상을 바라보는 견해가 얼마나 귀중한지, 그런 결과가 어떻게 발현되는지 알게 된다. 대상을 존경하려고 한다면 자신의 마음 안에 존경이 먼저 생겨나고, 상대를 이유 없이 저주한다면 자신의 마음에 저주가 먼저 생겨, 스스로 그 저주로 더럽혀진다. 즉 상대를 저주하는 일은 스스로 자신을 저주하는 일과 똑 같다. 나마쓰떼(내 안의 신이 당신 안의 신에게 인사 올립니다), 눈이 닿는 모든 존재를 경배한다.

## 타우다하에 숨겨진 천상의 보물

또 다른 홍수에 관한 사건은 카르코탁(Karkotak)이라는 나가와 관계된 신화.

만주스리는 물을 빼면서 오갈 곳이 없어진 카르코탁을 위해 연못을 하나 만들어 준다. 현재 카트만두 분지 남쪽 닥친칼리로 가는 길가에 자리 잡은 타우다하(Taudaha)라는 연못이다. 호수를 만드는 동안 파낸 흙은 서남쪽 산기슭에 쌓았는데 현재까지 남아 있다. 다이나쵸에서 하산할 경우, 그 당시 파냈다는 흙더미를 좌측 산기슭에서 볼 수 있다. 정말 연못을 만들면서 파낸 것처럼 산의 다른 부분과는 성분이 달라 보인다. 카르코탁은 본래 비와 관련이 있기에 심한 가뭄이 찾아오면 사람들은 타우다하에 찾아가 뿌자를 하면서 기우제를 지낸다.

한편 네팔의 신화시대에 다나수르 다나바(Danasur Danava)라는 왕이 있었다. 평소 욕심이 많았던 왕은 우여곡절 끝에 인드라 신이 아끼는 보물 몇 개를 훔쳐 카트만두 분지 어디엔가 꼭꼭 숨겨 놓는다.

자신의 보물이 도둑맞은 것을 뒤늦게 알아차린 인드라, 신통력을 발휘하여 숨겨진 자리를 찾고자 했으나 아무리 노력해도 자신의 보물이 눈에 띄지 않았다.

결국 인드라가 선택한 방법은 무지막지한 비였다. 그는 카트만두가 모두 씻겨 내려갈 정도의 어마어마한 비를 내리기 시작했고 이때 비를 내리도록 함께 도와준 존재가 바로 카르코탁이었다. 인드라의 강우 능력에 카르코탁의 능력까지 더해졌기에 카트만두 분지는 다시 호수 모양을 이루었으리라. 역시 큰 홍수가 있었다는 신화를 통한 반증이다.

결국 보물은 둥둥 떠서 드러나고 만주스리가 잘라내었던 초바르를 통해 어마어마한 물과 함께 흘러나갔다. 잃어버린 4개 보물 중에 인드라는 이렇게 해서 귀중한 천상의 보물 셋을 회수했으나 아무리 기다려도 마지막 한 가지가 나오지 않자 포기하게 된다.

전설에 의하면 그 마지막 하나, 사람들에게 재물을 가져다주고 부귀를 만드는 보물은 흘러내려오다가 타우다하(Taudaha) 연못 바닥에 가라앉아 버렸다 한다. 인드라는 결국 이 하나의 보물은 회수하지 않고 포기한 후, 자신을 도와준 카르코탁에게 찾아서 가지라고 선물하게 된다.

사람들은 자신이 가난하여 힘들다고 생각하면 아직 보물이 깊이 가라앉아 있는 이 연못을 찾아와 목욕을 하며 축복을 구했다 한다. 자신이 경제적으로 궁핍하다고 생각한다면 이 호수에 찾아가 진심으로 뿌자 올릴 일이다.

9

# 빛을 가슴에 머금은 주탑 보광사(保光寺)

그때에 일체공덕산수미승운 부처님이 그 도량의 큰 연꽃 속에 홀연히 출현하시니, 그 몸은 두루 퍼짐이 참된 법계와 같아서 온갖 부처님 세계에 모두 출생함을 보이며, 온갖 도량마다 모두 나아가되 끝없는 묘한 빛깔이 구족하게 청정하여 온갖 세계에서 그 빛을 뺏을 이 없으며, 모든 보배 몸매를 갖추어서 낱낱이 분명하여 온갖 궁전에 그 영상을 나타내어 온갖 중생이 모두 눈으로 볼 수 있으며, 끝없는 화신 부처님이 그 몸에서 나오니 가지각색 빛깔이 세계에 가득하였다.

-『화엄경』「비로자나품」 중에서

## 빛은 소멸되어 버렸을까

그렇다면 그토록 미묘하고 광휘로우며 청정한 스왐부나트의 빛은 어디로 갔을까. 여러 붓다들이 찾아와 바라보고 고개 숙여 참배한 스왐부나트의 빛은 이미 스러졌을까. 우리 인간들이 악업을 저질러 빛이 완전하게 사라졌을까. 빛 역시 성주괴공(成住壞空)의 길을 따라 어느 사이 수명을 다하고 소멸했을까?

답은 '아직 있다.'

만일 '우리의 마음속에 있다' 이런 대답을 들으면, 워낙 모범답안이라 수긍하지만 왠지 섭섭하리라. 그런데 우리 마음 안에 있는 것이 아니라 아직 그 자리에 그대로 있다니 기대감을 저버리지 않는 대답이 된다. 그렇지만 스왐부나트 어디를 둘러보아도, 몇 번이나 꼬라(kora, 탑돌이)를 하며 이리저리 모색해도, 빛의 흔적이라고는 추호도 찾을 수 없으니 어찌된 일일까. 찾지 못하다면 당연히 볼 수 없게 숨겨 놓았다는 추측이 가능하다.

세월이 지난 후 과거 7불 중에 여섯 번째에 해당하는 깟사빠(Kassapa)가 태어난다. 고오타마 붓다 바로 전의 붓다로, 깟사빠 붓다의 일생은 고오타마 붓다와 거의 판박이다. 바라나시를 통치하는 키키 왕과 브라흐민의 딸 다나와티 사이에서 태어나, 역시 때 되어 출가했고 니그로다(Nigrodha) 보리수 아래에서 무상정각을 이루고 위대한 각자가 되었다. 이 깟사빠가 시절이 도래하여 카트만두에 순례를 온다.

6대 붓다인 깟사빠가 카트만두에 도착하기 얼마 전, 당시 인간의 몸으로 화현하여 카트만두 분지에서 오래 머물었던 만주스리, 이제 이 땅에서 자신의 역할이 모두 마무리 되었으니 본래 거처로 돌아가기로 결심한다. '존재를 그만 두지 않고는 그 어떤 생명체든 보다 높은 차원의 존재를 획득할 수 없다.' 하지 않았던가. 한동안 인간의 몸에 의탁했던 만주스리, 어차피 생사열반상공화(生死涅槃常共和), 자신이 거주하던 본래 법계로 되돌아가기 위해 육신이라는 옷을 벗기로 했다. 자신의 몸 일부를 재료로 삼아 탑을 하나 만들고 이 자리에서 인간계를 뜨게 되니, 만주스리 챠이티야(Chaitya), 만주 파탄 챠이티야, 우리말로는 문수탑이 현재 자리 잡은 곳이다.

다른 이야기로는 만주스리가 남겨 놓은 육신 일부를 넣고 사람들이 탑을 조성했다고도 하며, 아무것도 남기지 않은 전신탈거(全身脫去) 후 사람들이 기념하며 탑을 일으켰다는 이야기도 있다.

이 스투파는 그 자리에 아직 남아 이곳에서 기도를 올리는 사람에게, 세상에 있는 다양한 지식을 어렵지 않게 획득하고, '붓다의 지혜를 다른 중생들에게 전달할 수 있는 힘(톱텐랍쎌)'을 가질 수 있도록 도와준단다. 중생구제에 뜻을 둔 사람들이 탑의 의미를 안다면 가보지 않을 수 없는 성지 중 성지다.

카트만두에 도착한 깟사빠 붓다는 구헤스와리, 스왐부나트 그리고 이렇게 조성된 만주스리의 탑을 차례차례 방문하여 의미를 되새기며 정성을 다해 예경한 후 인도로 되돌아간다.

인도로 되돌아간 깟사빠는 당시 인도의 왕 프라챤다 데바(Prachanda Deva)에게 세상이 어떻게 구성되어 있는지 설법하고, 이어 바라나시, 히말라야, 스왐부나트와 같은 성스러운 여러 지역에 대해서도 이야기를 전하게 된다. 프라챤다는 이런 지역으로의 순례가 어떤 힘을 소유하게 되는지 장점 역시 소소하게 듣고 나자, 깊은 감명을 받았으며, 이어 언젠가는 히말라야 산속 만주 파탄으로 순례를 가겠다는 굳은 결심을 세운다.

왕은 선정을 베풀다가 때 되어 좋은 날, 좋은 시간을 선택하여 왕자에게 왕위를 물려주고 왕비와 함께 왕궁을 나왔다. 결심에 따라 내내 벼르고 있었던 순례여행을 시작한다.

그림이 멋지다. 왕이 되면 평생 왕권을 놓지 않고, 혹시라도 권력을 빼앗길까 두려워 주변 무고한 인물을 귀양 보내거나 사약을 먹이는 왕들이 역사에 얼마나 많았던가. 심지어는 혈육까지 살해하는 악행으로 얻어낸 권력이 그렇게 귀중했을까. 역사를 살펴보면 이웃한 중국문화권에서는 이런 일들이 꽤나 많았다. 풀잎의 이슬보다〔草上之露〕 못하고 바람 불면 날아가 버리는 버들가지 솜털〔柳絮飄風〕 같은 세상사.

이곳저곳에서 고행을 거듭하던 왕의 발길은 깟사빠의 설법의 대상이었던 카트만두 분지까지 이르러 역시 스왐부, 구헤스와리를 방문하여 기도와 명상을 하고 마지막으로 다시 빛나는 스왐부나트로 되돌아온다. 그는 이 자리에서 명상과 기도를 거듭했다. 그러던 어느 날 이런 생각이 든다.

"언젠가 깔리 유가(말세)가 오면 이것을 훔쳐가는 도둑이 있을지 모른다."

"그것을 막기 위해서는 탑을 만들어 보전하는 것이 좋지 않겠는가!"

## 불가사의한 유가

말세 혹은 겁을 정확히 알기 위해서는 순환에 기인하는 고대 인도에서의 시간개념을 알고 가야 한다. 그리스신화에 금(金)의 시기, 은(銀)의 시기, 동(銅)의 시기 그리고 철(鐵)의 시기가 있듯이, 힌두교에서도 넷으로 나뉜다.

1. 끄르따 유가(Krta Yuga)
2. 뜨레따 유가(Treta Yuga)

• 빛나는 모습이 눈으로 느껴지는 것이 아니라 광합성하는 식물처럼 피부로 느껴지는 경우가 있다. 스왐부나트 주탑이 석양에 빛나는 모습을 바라보면 빛에 의해 피부가 엄청난 감촉을 일으킨다. 눈을 감은 채 피부로 바깥세상의 모든 일을 알아내 보자. 저 빛들이 내 피부에 남김없이 그대로 찾아들어 나는 광휘롭다.

3. 드와빠라 유가(Dvapara Yuga)

4. 깔리 유가(Kali Yuga)

말이 복잡하지만 일어나서, 성장하며 유지하다가, 차차 소멸하는 길로 나간다는 전개과정으로 보면 되고, 처음은 좋았다가 몰락의 과정, 즉 차차 살기 어려워지며 누추해진다고 느끼면 된다.

제1기 끄르따 유가는 가장 살기 좋은 시절로 소위 말하는 낙원의 시기이며, 다르마(dharma)를 암소로 비유해서 다르마가 네 발로 서 있는 흠잡을 곳이 전혀 없는 황금시절이 된다. 인간들 모두 신앙심이 깊고 정의로우며 덕성이 넘쳐났으니 무엇을 상상하던 그 이상인 시절이었다.

제2기 뜨레따 유가는 낙원은 아니지만 낙원의 조건을 가지고 있었으며 다르마가 세 발로 서는 시기가 된다. 인간들에게 욕망이 싹트기 시작하여 개인적 욕망 성취의 길을 추구하게 되며 이에 따라 악이 발생되기 시작한다. 왕들은 악을 멀리하거나 도리어 자신의 욕망을 실현하기 위해 희생제를 주최한다.

제3기 드와빠라 유가는 다르마가 두 발로 걷는 시기로 전의 시기들에 비해서는 질이 낮아 차차 몹쓸 질병이 생겨나며 사람들은 이런저런 시달림을 받게 된다. 욕망 또한 지나치게 팽배하기에, 옳건 그르건 욕망을 충족시키기 위해서 고행을 하게 된다. 그러나 덕성은 살아 있어 전쟁 중 낮에는 서로 거칠게 싸우다가도 밤에는 상대를 공격하지 않아 보초가 없어도 밤새 안심하고 편안하게 휴식을 취할 수 있었다.

제4기는 바로 우리가 살고 있는 현세, 즉 깔리 유가로 다르마가 암소가 한 발로 서는 모습에 비유되는 바로 말세에 해당된다. 다르마 암소는 더 이상 걷지 못하며 앞으로 나갈 수조차 없으며 이제 다가오는 죽음을 기다려야 하는 꼴이다. 전쟁, 다툼, 질병, 경쟁 등등 좋지 않은 모든 것들이 세상에 만연한다.

그럼 말세(末世)는 언제 시작이 되었을까?

『마하바라타』에 의하면 쿠루와 판다의 18군단에 이르는 병사들이 사만따 빤짜가, 즉 다섯 개의 연못이 둘러싸고 있는 지역에서 대치하고 있던 밤에 말세이 문이 열렸다. 인간이 전쟁에서 승리를 얻기 위해 최초로 야간기습을 시작한 순간이었고, 곤히 잠들어 있는 무방비 적들에게 창칼을 들고 달려들어 인정사정 모두 진흙탕에 팽개치고 난전을 벌이던 참담한 순간, 마지막 유가의 문이 열렸다! 더 이상 인간이기를 포기한 시뻘건 눈을 가진 야차의 모습으로 피를 튀기던 그 밤에 말세가 열렸다.

지금은 야밤에 크루즈 미사일을 날리거나, 야간 폭격을 감행하는 일이 당연한 군사작전의 하나로 자리 잡았지만 그 시초를 추적하면 말세가 열린 이 시점의 부도덕에 있다.

송양지인(宋襄之仁)이라는 고사 성어를 사전에서는 '실질적으로 아무런 의미도 없는 어리석은 대의명분을 내세우거나 또는 불필요한 인정이나 동정을 베풀다가 오히려 심한 타격을 받는 것을 비유하는 말'로 설명한다.

춘추전국시대에 송나라 양공(襄公)이 초나라와 전쟁을 치루는 중, 강 건너 유리한 곳에 자리를 잡고 있었다. 당시 초나라 군사가 강을 건너오자 목이(目夷)가 "적이 강을 반 정도 건너왔을 때 공격하면 이길 수 있다."고 건의하나 어질지〔仁〕 않은 일이라 묵살한다.

초나라 군사들이 이제 강을 건너와 진을 치려할 때, "적이 미처 진용(陣容)을 가다듬기 전에 적을 치면 지리멸렬시킬 수 있다."고 권하지만 같은 이유로 받아들여지지 않는다.

즉,

"너는 적을 치는 일시적인 이익만 탐하고 만세(萬世)의 인의는 모르느냐!"

결과는? 송나라는 패하고 말았다. 그 후 송양지인이라는 이야기는 뜻을 모르고 읽으면 좋은 의미로 보이지만 세상 사람들이 송나라 양공을 비웃는 말이 되었다.

이런 행동이 어진 행동이 아니라는 것일까? 세상에 정정당당이란 의미 없는 일일까? 말세이기 때문이다.

그러나 훗날 맹자는 이러한 양공의 자세를 높이 사니 맹자는 오탁(五濁)에 물든 이 시대가 아닌 전 단계 유가 사람의 마음을 가지고 있다. 전 단계 유가의 뜻을 품은 모든 사람들은 이번 유가를 살아가는 사람들의 스승이다.

지금 시기가 어디에 속하는지 신문 한 장 펼치면 확실하다. 투쟁, 분쟁, 불화, 밤낮 없는 전쟁, 전투, 이기적, 맹목적으로 정의되는 내용으로 가득 차 있고, 인간들의 투쟁이 심해지고, 불선을 행하며, 개개인의 번뇌가 폭풍 속 파도인 양 높고 거칠어져 있다. 보리수(菩提樹)는 시들어 사라지고 무명수(無明樹)가 숲을 이룬다. 무엇 하나 이루려 해도 얼마나 많은 장애가 가로막는지 인류는 이제 더 이상 앞으로 나가기 힘겹다.

하늘에 별이 등장하고 해가 동쪽에서 올라오며 낮과 밤이 생기지만, 차차 시간이 흘러 유가의 마지막 단계에는 이것들이 스러지고 사라진다. 계절이 돌아오듯, 때가 되면 음울한 징조들이 나타나 모두 멸망에 이른다. 경전은 '진행과 쇠망은 유사하게, 다시 그리고 또다시 찬란히, 서서히 그리고 가차 없이 교대하는 순환을 되풀이'한다고 표현하고 있으며 이런 일들이 쉼 없이 순환하는 일이 유가의 개념이다

이렇게 4개의 유가가 한 번 진행되는 총합 432만 년을 마하유가(Mahayuga)라고 부른다. 우주의 시간에 비하면 우리는 여몽환포영(如夢幻泡影) 여로역여전(如露亦如電)으로 표현해도 부족하기 짝이 없으니 인생 애착을 두어서 무엇하랴〔如此人生 毋愛着也〕.

티베트불교에서도 같은 이야기를 하지만 비유가 다르다. 즉 깔빠의 초기에는 선법(善法), 재부(財富), 즐거움 그리고 안락이라는 네 가지 수승한 복분을 모두 누리며 살았으나, 시간이 흐르면서 세 가지 복분을 누리고, 이어 두 가지, 마지막에는 한 가지만 누리며 박복한 오탁악세(五濁惡世)의 암흑의 시대를 겪는다고 한다. 각각의 시대 이름은 원만시, 삼분시, 이분시 그리고 투쟁시라고 이야기하고 있다.

마하유가가 71개 모인 것은 만완따라(manvantara). 만완따라는 14개가 이어진다. 각각 만완따라에 14의 인간의 아버지 마누(manu)가 존재하며 인류를 만든다. 만완따라 14개를 합친 것은 브라흐만의 하루, 즉 1주야(晝夜)인 1칼파(kalpa), 즉 겁(劫)이 이루어진다. 그런데 이것이 끝이 아니다. 이런 브라흐만의 하루가 1

세기가 흐르는 단위 1 파라(para)까지 이야기한다.

불가사의(不可思議)란 본래 불교에서 이야기하는 이런 측정하기 어려운 시간단위를 일컬었으나 현재는 '상상하기 어려운 오묘한 것'쯤으로 뜻이 확장되었다. 파라는 정말 불가사의다. 그러나 여기서 하나의 의문을 품게 만드는 일이 있다.

人有古今 法無遐邇
人有愚智 道無盛衰
사람에게는 어제와 오늘이 있지만 법은 멀고 가까움이 없고,
사람에게는 어리석고 지혜로움이 있지만 도에는 성하고 쇠함이 없다

『초발심자경문』에 나오는 대목이다. 법, 즉 다르마는 과거로부터 현재를 지나 미래까지 조금도 변화하지 않으나, 인간만이 변화한다는 이야기.

본디 다르마란 제법부동본래적(諸法不動本來寂)으로 움직이지 않고 그 자리에 그대로 있기에 '건곤이 뒤집어져도 본래의 고요함을 잃지 않으며 대해가 허공까지 파도쳐도 움직이지 않는' 것이다. 그럼에도 불구하고 말세라면 어찌된 일일까.

그것은 바로 인간들의 일이다. 다르마를 따르는 일이 줄어들며, 거짓 종교의 거짓 다르마를 따르는 인간의 수가 늘어나며, 거짓 다르마의 수행자들이 늘어나며 그들에게 휘말리는 탓이니 모두 우리 탓이다.

거칠어지는 날씨, 늘어나는 분쟁, 강도가 높아지는 사건과 사고, 모두 우리 인간의 탐욕 때문이다. 그런 탐욕으로 성공한 사람들은 다른 사람 위에 군림하고, 그런 힘으로 일어난 강대국은 주변국을 쉼 없이 압박한다.

故 世尊 云 我如良醫 知病設藥 服與不服 非醫咎也 又如善導 導人善道 聞而不行 非導過也 自利利人 法皆具足 若我久住 更無所益 自今而後 我諸弟子 展轉行之則 如來法身 常住而不滅也 若知如是理則 但恨自不

修道 何患乎末世

그러므로 세존께서 말씀하시기를 나는 어진 의사와 같으니 병을 알고 약을 주지만 복용하고 복용하지 않는 것은 의사의 허물이 아니고, 길잡이와 같아 좋은 길로 인도하지만 듣고 나서 행하고 행하지 않는 것은 길잡이의 잘못이 아니다. 자기에게 이익이 되고 남에게 이익이 되는 법이 모두 갖추어져 있으니 내가 오래 산다고 해도 무슨 이익이 더 있겠는가? 지금 이후부터 내 제자들이 받들어 행한다면 여래 법신이 항상 머물러 없어지지 않을 것이다. 만약 이와 같은 이치를 알면 자신이 도를 닦지 않는 것을 한탄할지언정 어찌 말세를 걱정하리오.

말세. 깔리 유가를 황금의 끄르따 유가처럼 살아갈 수 있는 힘은 어디서 나오겠는가?

말세를 살아가는 사람들이 곰곰이 살펴보면 해답은 어렵지 않다.

## 합심하여 빛을 숨기다

광휘로운 빛을 말세로부터 보호하기 위해 탑을 세우는 일이 정당한 생각인지 알 도리가 없던 그는 수행자 고나카르 아차르야에 묻는다.

답한다.

"프라챤다여, 스왐부에 죠티(빛)를 숨기는 탑을 만들겠다는 일은 좋은 생각입니다. 그러기 위해서는 정식으로 출가할 필요가 있습니다."

천하의 성지를 주유하며 기도만 올리는 것으로는 뭔가 부족하다는 이야기다. 출가라는 냉엄한 길로 들어가 세속으로 향하는 시선을 완전히 끊어내고 일을 시작하라는 요구다. 아직 자신이 왕이었다는 아상 등등이 남아 있을 경우 대업을 도모하는 길에 도움보다는 장애로 나타나는 경우가 더 많지 않더냐.

군센 기강은 물론 깊은 뜻이 있어 왕위까지 버린 그가 출가의 길을 마다하겠는가. 어렵지만 제일이라는 가사를 입게〔惟有袈裟被最難〕 된다. 프라찬다 데바라는 이름을 버리고 스님으로 출가하여 바깥세상에서 등을 돌려 샨티 스리(Santi Shri)가 되고, 정식 법명은 샨티 카르마차리야.

이제 어떤 방법으로 빛나는 연꽃을 숨겨야 할지 고심하며, 주변 사람들과 계획을 수립하고 동시에 성공을 위한 기도를 올린다. 지성원력이면 감천이라던가, 그의 앞에는 인드라가 나타나 도움을 주겠다는 이야기를 한다. 다른 『뿌라나』는 인드라가 아닌 만주스리가 빛을 보호하라며 샨티 스리에게 권유한 것으로 이야기한다. 그는 용기 내어 다소 당돌하게 인드라에게 부탁한다. 다른 신까지 끌어들인다.

"신이시여, 저는 스왐부를 보석이 있는 돌로 덮어서 그 위에 대탑을 세우렵니다. 그러하니 모든 신들께서 제게 도움을 주십시오."

이제 작업이 시작되었다. 천 개의 연꽃 주변을 사방 물이 가득하게 만들고, 그 위에 돌을 덮었다. 이 현장에는 건축의 신 비스바까르만이 총책으로 나서 지휘하고 인드라, 브라흐마 모두가 참여하여 쉽지 않은 12단계에 걸친 작업을 진행했다. 그리하여 빛나는 3층탑이 완성되어 탑 주변 사방으로 깃발을 내걸었다. 탑의 원구 안에는 지금도 우주법계를 환히 밝히는 청정한 빛이 외부요소로부터 훼손 받지 않고 보존되고 있다는 이야기다. 그리고는 각기 대지, 바람, 불, 허공 그리고 물을 상징하는 바수푸르, 바이유푸르, 아그나푸르, 샨티푸르, 나가푸르 역시 만들어 놓는다.

자신의 돈은 바깥에 있던 금고 안에 있던, 안주머니에 넣었건 존재하고 있다. 눈에 보이지 않는다고 없다 생각하는 사람은 자신의 옷소매에 숨겨진 보석, 불성이 없다고 목소리를 높이는 사람과 같다. 빛은 거기에 그렇게 있기에, 깔리유가, 어려운 시기에 스스로 옷소매 안을 살피면 어렵지 않게 살아갈 자금이 넉넉하다.

탑은 신령한 광채가 샨티 스리가 입혀준 옷을 입고, 옷소매 안에 들어앉아 있는 자리다. 우리말로 풀자면 대광보전(大光寶殿), 대적광전(大寂光殿) 또는 대광명전(大光明殿)인 셈이다.

내용을 알면 어찌 허리가 스스럼없이 꺾이지 않겠는가. 남의 시선 따위는 아랑곳없이 법계체성청정장엄(法界體性淸淨莊嚴) 주탑을 향해 오체투지, 일어서서 다시 오체투지, 그리고 다시 한 번 오체투지. 이마의 땀을 닦으면 탑에서 빛이 스며 나오는 것이 보인다. 그 빛이 내 눈에 닿으면, 나는 반응한다, 고양되며 말세 인간에서 벗어난다.

10

# 불교의 모든 것, 스왐부나트

하나의 빛이 법계를 두르고 서로 모든 것을 잊어
밝고 고요하니 영험하고 허허롭다.
허공은 환하게 밝고 천심은 빛나노니
슬기가 선정에 들어와 둥근 달만 빛난다.

–『혜명경(慧命經)』 중에서

## 카트만두 분지의 결정체

스왐부나트를 일명 몽키 사원이라고 부른다기에 내심 기분이 좋다. 몽키 사원은 비록 몽키들이 워낙 많아 그렇게 부른다 쳐도 인간이 찾아와 돌을 쌓고 치성을 드리기 전에는 원숭이들이 일대의 주인이었을 가능성이 있다. 그들은 떠나지 않았고 인간은 몰아내지 않았다. 아프리카 약육강식 세상 속에 던져진 원숭이보다 아침저녁 예불소리를 듣고 많은 사람들의 만뜨라와 마니차 돌리는 소리를 듣는 원숭이들의 내생 길은 보다 환하다.

그러나 카트만두의 다른 사원들처럼 이곳 원숭이들에게 빈틈을 보이면 사진기, 먹거리 등을 순식간 빼앗긴다. 인간들 사이에 살면서 야성을 잃은 탓이니 그런 일을 당하면 사실 우리 책임이다.

스왐부나트는 카트만두 분지 동쪽으로 치우쳐 솟아올라 있다. 조금 떨어진 곳에서 보면 제법 높게 우뚝하니 일어서 있다. 울창한 숲 위에 황금빛 탑이 카트만두 분지 안에서 가장 오래된 사원의 위용을 뽐낸다. 역사가 기록되기 이전 1대 위빳시 붓다로부터 사연이 흘러내려오는 사원이기에 단연 고불고색 으뜸이다.

스왐부는 '스스로,' 즉 '자재(自在)'를 의미하며 나트는 '성스러운 장소 혹은 사람,' 즉 '성스러운 존재'에 붙는 단어다. '스스로 현현한 성지'라는 의미를 가진 자리에 탑을 세운 데 더해, 예사롭지 않은 기운까지 넘쳐나 민감한 사람이라면 다가설수록 쭈뼛거리기 마련이다.

역사는 사원의 시초를 3세기경이라고 두루뭉술하게 이야기하고, 사원 안에 오래된 비석을 해석하면 네팔의 위대한 업적을 쌓은 마나데바(Manadeva) 왕(464-505)의 할아버지인 브리샤데바(Vrishadeva)에 의해 처음 건립되었다며 5세기 즈음을 이야기하고 있으나, 여러 정황으로 미루어보아 기원전 수 세기 전 리차비(Licchavi) 왕조까지 거슬러 올라가는 일은 의심할 여지가 없다. 인도 아쇼까(Ashoka) 대왕이 성지로 여겨지는 이곳까지 방문하여 참배했다는 이야기가 있을 정도니 사원의 존재는 아쇼까 대왕 재위시절인 기원전 3세기 이전으로 껑충 뛰어넘는다.

앞서 이야기했듯 신화는 깟사빠 붓다 시절 이미 탑을 세워 빛을 숨겼다 한다. 스왐부나트는 이렇게 카트만두 분지에서 가장 오래된 사원이자, 카트만두 분지 어디서나 눈에 들어오며, 카트만두와 신화시대부터 함께 한 곳이기에 카트만두 아이콘이라 말해도 과하지 않다.

이토록 오랜 시간을 지내온 사원이 세월 속에 시련을 겪지 않았을까. 자연재해를 제외하고는 1349년 벵골 만 무슬림 사마수딘(Samasuddhin Illiyad)에 의해 파괴되는 시련을 겪는다. 본디 정복자들은 종교적 건물이 불러일으키는 심성과 중심성 그리고 기억을 파괴하며, 집단무의식과 원형의 기억에 손상을 주어, 자신들의 종교를 감염(순화해서 이야기하자면 전도)시키는 것이 목적이다. 그러나 이들은 탑 내부에 있다는 보물을 찾기 위해 급하게 망치와 정을 들었다.

그들이 카트만두에서 물러간 후 하르샤 발라브(Harsha Ballav)에 의한 재건이 본격적으로 이루어졌으며, 이어지는 다른 통치자들이 조금씩 보수를 더해 라젠드라 비크럼 샤(Rajendra Bikram Shah, 1813-1881) 시절 현재 모습으로 완성이 되었단다. 몇 세기에 걸쳐 조금씩 리모델링을 받았다.

스왐부나트 일대의 옛 이름은 여러 가지다. 연꽃이 피어난 언덕이라는 의미의 파드마기리(Padmagiri), 금강저 형상이라 해서 바즈라쿠타(Vajrakuta) 그리고 초바르 지역에서 바라보면 마치 소의 뿔이나 꼬리처럼 보인다 해서 코푸차하(Gopucchaha) 혹은 고스링가(Gosringa)라고 부른다. 경전에서는 이렇듯 각기 다른 이름으로 등장하지만 모두 스왐부나트를 의미한다.

이름 중 바즈라쿠타는 금강저를 의미하는 바즈라와 불변이라는 뜻의 쿠타(kuta)가 더해진 단어이기에 완벽한 불변을 웅변하고 있다. 단어만으로도 공성의 빛을 품고 있는 이 봉우리가 바로 불에 들어가도 물에 들어가도 늘 변하지 않는〔入火不變 入水不渝 常寂常照〕 카트만두 불변법성의 결정체다.

사원에 들어가는 길은, 첫 번째, 17세기에 프라탑 말라(Pratap Malla)에 의해 만들어진 365개 급경사 계단의 동쪽 통로로 만주스리의 발자국, 여러 불상을 만날 수 있고, 두 번째는 주차장에서 계단 대여섯 개 정도 올라서면 곧바로 입장이 가능한 서쪽 통로가 있다. 어느 곳을 통하든 사원으로 들어가지만 입구와 출구는 다른 곳을 선택해야 사원 전체를 골고루 살피는 일이 가능하다. 첫 번째 길로 입장하는 경우, 마지막 계단을 올라서면 거대한 바즈라쿠타 형상을 만난다.

카트만두에 발을 들여놓은 후, 몇 번이나 이 사원을 방문했는지 숫자를 헤아리기 어렵지만 찾을 때마다 늘 첫 방문처럼 새롭고 설렌다. 내가 바라보는 원숭이들은 전에 보았던 원숭이들의 자식들이며, 손자손녀이며, 또 그들의 자식이리라. 그들의 내생을 축복하며 길을 오른다.

해발 1,370m에 자리 잡은 탑은 가까이에서는 한 번에 모두 보기가 어렵다. 일단 바닥을 살피면 하얀 밥주발을 뒤집어 놓은 듯, 혹은 수박을 반을 잘라 놓은 모습을 갖춘다. 원구를 반을 잘라 놓았으니 그 무엇보다도 안정적인 자세를 갖추고 있는 바, 우주 혹은 자궁을 상징한다.

무덤 혹은 왕릉과 같은 이런 형상은 초기 탑 모습이다. 큰 스승의 유골이나 평소 사용하던 물건을 넣고 두툼하게 흙을 덮었던 원형은, 시간이 지나면서 기단부에 돌로 장식을 하거나 포장하고, 위에 다른 장식 구조물을 올리는 변형이 가미되어 결국 스왐부나트 주탑과 같은 현란한 모습으로 진화했다.

• 탑의 기단부 안에는 말세가 되면 바깥으로 나온다는 엄청난 빛이 숨겨져 있다. 『법화경』「비유품」의 이야기처럼 옷소매 안에 숨겨진 보물인 셈이다. 보석을 보는 일은 불상을 보는 일로 바로 깨달음이다. 아직 감추어져 있다는 이야기를 비틀어 풀면 우리가 아직 불성을 보지 못하고 있다는 것과 동의어이며 따라서 말세의 중생이다.

늘 느끼는 것이지만 이런 주발 모양의 탑을 보면, 내 팔이 충분히 길다면 꼭 껴안아 보고픈 생각이 든다. 보듬고 싶다.

벽돌과 돌로 만든 이 원구, 가르바(Garbha)에는 눈높이 정도에 9개의 감실이 일정한 간격으로 이어진다. 금강저가 놓여 있는 방향을 시계 12시 방향으로 본다면, 시계방향으로 비로자나불, 아촉불, 아미타불, 보생여래, 불공성취불, 금강모보살, 반다라, 따라보살 그리고 노사나불이 연이어 있어, 많은 사람들이 감실 입구에 머리를 대고 기도 올리는 모습을 볼 수 있다.

감실과 감실 사이에는 기도문이 들어 있는 마니차가 자리 잡아 감실에서 다음 감실로 이동하며, 마니차를 돌려 경전을 읽은 것과 동일한 공덕을 쌓도록 배려했다. 불교도들은 시계방향으로 움직이며 옴마니밧메훔을 암송한다.

종교학자 다이아나 엑(Diana Eck)에 의하면 이런 탑돌이와 같은 행위는 '경외감(honoring), 귀속감(centering), 결합감(bonding), 아상의 탈락(setting apart), 성지에 대한 긍정심(reaffirmation of the sacred territorial claim)'을 불러일으킨다. 탑돌이는 중심으로 들어가는 행위가 아니라 주변을 걸으며 중앙에서 나오는 성스러운 에너지를 받아들이고 느끼며 귀의하는 동작이다.

티베트불교에서는 이런 탑돌이 10만 번, 오체투지 10만 번, 불경 암송 10만 번, 엄청난 숫자의 반복을 스승으로부터 요구 받는다. 단순한 반복을 통한 공덕의 저장이 기본적 이유이며 거기에 더해 10만 번 반복하는 동안 늘 정념을 유지할 수는 없을 터, 수없이 많이 반복할수록 맑은 정신의 횟수가 늘어날 수 있다는 단순한 논리도 들어 있다.

우리네 우주 구조는 반복이 핵심이다. 탄생과 죽음은 물론이고 낮과 밤 등등이 연이어 반복되기에 우리말로는 '또다시,' '앙코르(encore)'다. 돌고 또다시 돌고, 절하고 또다시 절한다.

더불어 우측에 탑을 놓고 시계방향으로 회전하는 일은 고대 인도로부터의 관습적인 회전방법으로 자연현상을 그대로 따른 것으로 태양이 동쪽에서 일어나 남쪽으로 가고 다시 서쪽으로 가는 천공에서의 길을 사람이 그대로 따르고 순응한 결과다.

주발 위를 살핀다.

하얀 주발 위에는 황금빛 직육면체 구조물이 얹혀 있고 이곳에는 보다나트 대탑에서와 동일하게 눈이 그려져 있으며, 두 눈 사이, 양미간에는 깨달음의 눈이 자리 잡고 있다. 양쪽의 두 눈조차 의미가 없어진 하나의 정문안(頂門眼). 선악 시비의 경계를 뛰어넘은 일원의 상징. 눈이 아닌 반야의 혜안(慧眼)을 상징한다. 초기에는 없었으니 말라(Malla) 왕조 시절 처음 그려진 것으로 알려져 있다. 그리고 흔히들 코라고 생각하는 모습은 코가 아닌, 네팔 숫자 1이 적혀 있다.

잘 살피면, 이렇게 코가 없고, 입이 없고, 귀까지 없다. 있는 것에 주목하면서 또한 없는 것도 살펴는 것이 관찰 포인트가 된다. 선종 종문제일서(宗門第一書)에 쓰여 있는 현사의 세 가지 병자, 현사삼종병(玄沙三種病)을 생각하게 만드는 형상이 주발 위에 나타나 있는 것을 보고, 더불어 없는 것을 보고, 현사 스님을 뵙고, 운문 선사의 주장자를 지척에서 경험하며, 문자를 세우지 않고, 언어가 아닌 별도의 방법으로 가르침을 받을 수 있다.

눈이 그려진 금빛 육면체 위에는 올라갈수록 크기가 작은 동전을 포개 얹은 모습으로, 차례차례 깨달음에 이르는 과정을 상징하는 13층이 천상으로 솟아오른다. 한 층 한 층 오르는 모습에 가슴 벅차다. 정상에는 타르초들이 만국기처럼 내걸려 하늘빛을 더욱 다채롭게 만든다.

사실 이 주탑 하나만 주도면밀하게 살핀다면 책 한 권 집필이 가능하다. 각각의 조형물의 의미를 찾아 소소하게 풀어낼 수 있다. 불교의 판테온, 불교의 모든 이야기, 불교의 아카이브가 이 탑 하나에 모두 스며 있기에 눈길 한 번 던지고 기념사진 몇 장 찍은 후 사원을 빠져나가는 일은 천부당만부당하다.

대탑은 11월 보름달이면 사람들이 대거 몰려들어 스왐부나트가 완성된 날을 기념하는 바, 경전에 의하면 이때 다섯 가지 곡식의 씨를 뿌리고, 붓다를 찬양하는 만뜨라를 외우며, 대탑에 경배한다면 1. 모든 어려움으로부터 벗어나며, 2. 햇볕과 같은 밝은 몸과 마음을 갖추게 되고, 3. 불법을 다른 사람들에게 전달하는 힘을 얻을 수 있다고 한다.

가능하다면 이 날 이 자리를 찾아 종교적인 열정에 흠뻑 젖어보는 일도 추천할 만하다. 우리가 사원을 찾으면 대웅전을 먼저 찾아 사원의 주인이신 붓다에 절을 올린 후 부속건물을 둘러보듯이 우선 대탑을 중심으로 최소 3차례 이상 탑돌이를 한 후에 주변을 살피는 것이 순서가 된다.

계단을 오른 후, 마니차를 돌리며 옴마니밧메훔을 염송하며 탑돌이하는 사람들. 그들은 꼬라를 통해 우측 뇌에서 기원하는 종교적 열성으로 법열에 젖어들며 스왐부나트 대탑의 의미가 의식 안에 사무치리라. 바라보는 사람조차 마음이 움직이는 바 실제로 행동하는 사람은 오죽하랴.

## 대승의 어머니가 함께 계시다

보다나트를 시계의 원으로 보았을 때 1시 방향에 한 평 남짓한 간이 사원이 있다. 겉보기에는 흉흉하고 우중충하지만 이곳은 하리티(Hariti)를 모신 사당으로 어린아이를 가진 엄마들의 지극한 치성소다. 가끔 이곳에서 여신과 눈을 마주치며 간절한 눈빛을 던지는 젊은 현지인 여자를 본다면, 그 집 어린아이가 지금 질병에 시달리고 있지는 않은지, 혹은 이제 막 질병에서 벗어나지 않았는지, 추측하게 된다.

하리티(Hariti)는 산스크리트어로 '어린 귀신들의 어머니〔鬼子母神〕'쯤 해석할 수 있다. 한역으로 하리제모(訶利帝母)로 표기되는 그녀는, 다른 이름은 아지마(Ajima)로, 악마 남편 사이에서 무려 1,500명의 아이를 두게 된다. 그녀는 천상에 1,000명 그리고 지상에서 500명을 키웠고 이들 가족은 천상은 물론 지상에서 온갖 분탕질에 더해 서슴없는 악행을 저지르며 산다. 어떤 경전은 아이가 단지 다섯이었다, 이야기한다.

아난다가 라자그리하(Rajagriha)에서 탁발을 나갔을 때, 마을 아이들이 실종되고 있다는 소식을 듣는다. 과거는 물론 현재 그리고 미래에 이르기까지 자신의 아이가 사라지는 사건은 이루 말할 수 없는 큰 슬픔이며 견디기 어려운 고통이다. 마을사람들은 이 집 저 집에서 감쪽같이 사라진 아이들 때문에 넋을 놓고 깊은 비탄에 잠겨 있었다.

아난다가 처소에 돌아와 붓다에게 이런 사정을 전했다. 붓다는 말한다.

"아이들이 실종된 사건들은 단순히 사람의 일이 아니다. 하리티의 짓이다. 그녀가 좋아하는 음식이 바로 어린아이고, 매일 라자그리하에 와서 아이들을 납치해간다."

말하자면 어린아이를 끌고 가서 잡아먹는다는 이야기다. 아난다는 스님들과 함께 하리티의 집을 찾아갔다. 하리티는 마침 또 다른 어린아이 납치하기 위해 집을 비우고 있는 중이었다. 아난다와 스님들은 도력을 이용해서 하리티 아이들 모두를 자신들 처소로 빼돌렸다. 혹자는 하리티가 금이야 옥이야 가장 사랑하는 막내 하나만 빼돌렸다고도 이야기한다.

집으로 돌아온 하리티, 아이들이 통째로, 혹은 눈에 넣어도 아프지 않은 막내아들이 사라지자 눈이 확 돌아갔겠다. 불길한 예감에 사로잡혀 천상의 신은 물론 죽음의 신에게 제발 자신의 아이들이 해를 당하지 않도록 기도하기에 이르니, 남의 아이들은 별 가치가 없어도 자신의 아이들은 끔찍하게 소중했던 모양이다. 아무리 기다려도 아이들이 나타나지 않자 애가 바짝 탄 그녀는 미친 듯이 찾아다니다 끝내 라자그리하 거리에서 엉엉 대성통곡을 하며 헤맨다. 때맞춰 기다리던 아난다, 그녀에게 다가선다.

"무엇 때문에 그리 슬피 우시나요?"

"아이들이 모두 없어졌어요! 아이들이 모두 어디로 갔는지 모르겠어요!"

둘은 결국 붓다 앞에 가서 자초지종을 아뢴다. 하리티, 눈물을 뿌리며 호소한다.

"제가 밖에 나간 사이에 아이들이 모두 없어졌어요…."

붓다가 천천히 하나하나 묻는다.

"왜 아이들을 돌보지 않았는가?"

"…."

"밖에는 무슨 일 때문에 나갔는가?"

"…."

● 하리티 바 사당은 단순한 사당이 아니라 대승의 어머니를 모신 지극한 성소이다. 자식을 향한 어머니의 무조건적인 사랑을, 비단 나의 아이뿐 아니라 일체의 유정무정을 대상으로 모두 베풀라는 의미를 내포한 곳이다. 음식이라는 이름으로 생명체에 가하는 폭력에서 멀어지고, 자신의 성공을 위해 타인의 행복을 짓밟은 행위를 여의고, 그동안 스스로 어떻게 살아왔는지 바라볼 수 있는 거울. 부디 세상 만물의 어머니가 되시라. 고구정녕하게 일컫는 자리다.

"밖에 나가서는 무슨 일을 했는가?"

"…."

하리티, 대답이 가능한가?

여기서 막내아들 하나만 사라졌다는 버전에서는 질문과 답변이 조금 다르지만 뜻은 같다. 자신이 자리를 비운 사이에 아이 하나 없어졌다고 슬퍼하자, 그렇게 많은 아이 중에 단 하나가 없어졌다고 그렇게 슬퍼할 이유가 무엇인지 되묻는다. 말하자면 너는 그렇게 많은 아이 중에 단 한 명이 없어졌다고 난리인데 아이가 하나 혹은 둘인 사람에게 아이가 사라지는 충격은 얼마나 큰지 되새기라는 말씀이겠다. 자신의 아이들을 배불리 먹이려고 남의 아이를 잡으러 나갔다는 사실이 가당키는 한가?

사실 이 사건 전에는 그렇게 저지른 일들을 진지하게 생각하지 못했을 수도 있다. 그러나 질문을 받으면서 자신의 잘못된 행동이 여지없이 자신에게 거울처럼 되비춰질 수도 있었겠다. 내가 무엇을 얻었다고 하지만, 그것은 혹시 상대의 소중한 것을 빼앗은 것은 아닌지. 내가 기쁠 때 빼앗긴 사람의 슬픔을 헤아려 보았는지.

티베트불교 수행에서 '닥센남제'라는 것이 있어 우리말로 쉽게 바꾸자면 입장 바꾸기, 다른 입장이 되어보기가 된다. 나와 나의 것을 아끼고 보호하기 위해서 그토록 열심이지만 정작 그로 인해 남이 당하는 고통은 헤아리지 못하니 입장을 바꾸어 신중하게 살펴보는 수행이다.

세상의 모든 존재는 고통을 여의고 행복하기를 원한다. 자신의 행복만을 위해 상대를 파괴하는 일이 과연 옳은 일인가? 생각하라는 의미다. 자기와 타인을 평등하게 사유하라는 이야기가 핵심인데, 문제는 타인이 아니라 외연을 넓혀 이기심을 버리고 세상의 모든 유정무정까지 이타심의 범위를 넓히라는 이야기가 된다. 생각의 폭을 넓히면 자신의 취미를 위해 사냥이나 낚시로 생명을 앗는 일이 옳은지? 동식물에 대한 폭력이 과연 정당한지? 인간이 그들보다 뛰어난 가치를 가지고 있는지.

메를로 퐁티는 '우리는 순수함과 폭력 중 하나를 선택하는 것이 아니다. 다양한 종류의 폭력 중에서 어느 하나를 택하는 것이다.' 말한다. 이유는 우리가 몸을 가지고 있기 때문이다. 무엇을 어떻게 먹어야 하는가? 비단 동물만이 아니다. 산채정식이라는 이름으로 몇 가지가 아닌 수십 가지 나물을 먹는 일 역시 폭력이다.

많은 생명을 담보로 하는 우리 지역사회 축제라는 것이 가당키나 한 것인지? 소위 축제라는 자리에 아이들을 데리고 살아 있는 체험이라는 명색 하에 낚싯바늘로 생명에 고통을 주며 즐기고 있지는 않은지? 그것이 정말 부모가 해야 할 일인지? 무외시(無畏施)를 멀리하고 행하는 그것을 방관하는 종교를 과연 따라야 하는지?

붓다는 다시 묻는다.

"왜, 아이들을 돌보지 않았는가? 밖에는 무슨 일 때문에 나갔는가? 밖에 나가서는 무슨 일을 했는가?"

그녀는 고개를 떨어뜨리고 결국 낱낱이 고했다. 붓다는 묻는다.

"무엇이라고? 아이들을 먹었다고?"

붓다는 자애롭게 묻는다.

"너는 너의 아이들을 사랑하는가?

"그럼요, 저는 저의 아이들을 너무나 사랑합니다."

잠시 침묵이 흘렀겠다.

"네가 너의 아이를 사랑한다면서 어찌 남의 아이를 음식으로 삼을 수 있는가. 그들 부모가 너의 지금 모습처럼 비통해하리라 생각은 해보았는가. 그런 일이 네게 나쁜 까르마를 만든다는 것을 아는가. 그로 인해 지옥에서 야마를 만난다면 무엇이라 변명하겠는가?"

그녀는 무서움에 떨며 어찌하면 자신의 아이들이 되돌아오고 어찌하면 자신의 까르마가 정화되겠는지 물었다.

"그리고 지옥의 형벌을 피할 방법이 있습니까?"

"만약에 네가 나의 가르침을 따르고 미래에 선행을 하게 된다면 자식들이 안전하게 너의 품으로 돌아가리라. 그리고 지옥에서 야마를 만날 일도 없을 것이다."

붓다는 4성제, 8정도와 5계를 알려준다. 붓다는 하리티의 뛰어난 능력을 활용하여 아이들의 수호자로 거듭나기를 권유하고, 하리티는 받아들인다. 이후 하리티는 그야말로 환골탈태, 세상의 어린아이의 보호자, 세상으로 막 찾아오는 아이들을 보호하는, 즉 순산을 도와주는 여신으로 바뀐다. 이제는 엄마를 의미하는 마(Ma)라는 언어가 뒤따라 '하리티 마'라고 부르게 된다. 타인의 고통을 함께 겪어내며 아파하고, 그것을 해소할 책임의식을 느끼는 대자비(大慈悲), 즉 연민을 바탕으로 하는 대비(大悲)를 품게 된다. 물론 붓다를 등장시킨 신화적 이야기다.

달라이라마는 이런 마음을 어머니 마음과 같은 '우주적 책임감'으로 표현했다. 사람에만 해당되는 일이 아니라 동식물까지 어머니 마음을 확장시킨다.

생명에 대한 자비라면 지상에서 최고 종교인 자이나교의 경전 『우타라드이야나 수뜨라(Uttaradhyayana Sutra)』는 반복되는 삶에서, 폭력으로 인해 받는 고통을, 입장 바꾸기를 통해 노래한다.

곤봉과 칼날들, 말뚝과 갈고리 달린 철퇴로부터 (두들겨 맞아), 부서진 사지로 인해 나는 가엽게도 수도 없이 많은 경우의 고통을 받았지.
날카로운 면도칼, 칼, 창에 의해 나는 수많이 끌려가고, 갇히고, 살가죽이 벗겨졌다네.
덫과 함정에 갇힌 가여운 사슴처럼 나는 여러 번 갇히고, 묶이고 심지어 죽임조차 당했네.
불쌍한 물고기로서 나는 낚시와 그물에 잡혀 비늘이 벗겨지고, 문질러서 벗겨지고, 쪼개지고, 내장을 뽑혀 수백만 번 죽임을 당했네.

이런 고통을 가하지 않고, 이런 고통 받는 존재 편에 서서 고통을 어루만지는 존재가 어머니다.

고대에는 어느 사회나 출산 중에 많은 아이들이 죽었고, 무사히 태어났다 해도 위생 상태 등등 사람들의 무지로 인해 영아들이 죽음을 흔하게 맞이했다. 고대인도 역시 이런 일이 다반사였기에 하리티가 탄생하게 되었고, 한때 인도 전역에서 대단한 세력을 가지고 있었다. 후에 불교로 습합되어 개과천선, 자비의 어머니가 되었으며, 그 과정에서 핵심 코드는 단연코 닥센남제다.

하리티 마 사당은 스왐부나트와 보다나트 대탑에 함께 자리 잡고 있다. 보다나트에는 9시 방향, 대탑 안으로 들어가는 문 입구에 있다. 사원 안에는 멀리 무스탕에서 깔리간다키를 건너 가지고 온 검은 화석 살리그람(Shaligram)으로 만들어진, 다섯 아이를 안고 있는 하리티 마 신상이 모셔져 있다. 살리그람은 비슈누를 상징하기도 한다.

처음 만들어진 시기를 알 수 없는 하리티 마 조상은 라나 바하두르 샤(Rana Bahadur Shah, 1777-1799) 시절에 왕비 셋 중에 가장 사랑하는 왕비가 천연두로 죽자, 거리로 질질 끌려나와 인간의 똥오줌이 뿌려진 채 태우고 파괴되었다. 젊고 혈기 찬 왕이 끔찍하게 사랑하는 이를 잃지 않기 위해 엄청나게 기도했으나 결과가 죽음으로 나타나자, 상실감이 보복으로 표출되었으리라. 네팔 역사상 보기 드문 신성모독이었다. 그 후 지난 세기에 원형과 비슷하게 지금의 모습으로 만들어졌다.

이 사당 앞에서는 이렇게 기도하는 일이 옳다.

"내 아이들을 건강하게 해주소서."

"세상의 모든 아이들을 건강하고 행복하게 해주소서."

멈추면 안 된다, 한 발 더 나간다.

"시방삼세 모든 존재들이 고통을 여의고 행복하기를 기원합니다."

거대한 대탑 옆에 하리티 마 사당이 존재하는 이유가 선연하다. 말세를 위한 빛을 머금은 탑 옆에 대자비의 상징이 있다. 우리가 하리티 마와 같은 자비롭고 빛나는 마음을 서로 나누고 확장한다면 말세에 대탑은 구태여 열리지 않아도 된다.

모르면 버터 램프를 들고, 쌀, 향, 꽃, 과자를 쟁반에 담고 애타는 눈빛을 가진 이교도들의 흉흉한 사당이지만 알고 나면, 내가 보디삿뜨바의 심정으로 세상의 존재의 안온을 위해 기도하는 사당이 된다.

쟁반에 꽃과 공양물을 담은 사람들의 행렬이 멈추지 않는다. 딸과 아들, 혹은 손녀와 손자에 대한 사랑과 관심이 끝없는 행렬로 이어진다. 신에게 아이들을 부탁하는 눈빛들이 간절하다. 남은 삶을 어떻게 살 것인가. 하리티 마는 사당 안에서 따뜻한 가슴으로 차별 없이 세상 중생과 다르지 않은 아이들을 꼭 껴안고 있다. 눈을 맞추며 기원한다.

"다른 사람들의 모든 고통이 온전히 제게 있게 하시고, 내게 있는 행복과 공덕은 모두 다른 이에게 갈 수 있도록 하소서."

## 샨티푸르에서 귀 기울이다

언덕에 빛이 줄어들 기미조차 없는 날들이 가고 이제 한 영민한 왕이 이 자리에 나타났다. 그는 언젠가 찾아올 깔리 유가(암흑시대)를 대비해서 스왐부나트의 빛을 보관하기로 한 후, 주위의 충고에 따라 왕위를 버리고 출가하여 일을 시작한다. 그리고 진귀한 돌로 덮은 후, 이 위에 탑을 쌓게 되니 바로 스왐부나트 스투파(탑). 이 사연은 앞 장에서 이미 이야기를 마쳤다.

모든 대사를 마친 샨티카르 아차르야(Santikar Acharya)는 1. 대지를 의미하는 바수푸르, 2. 바람을 뜻하는 바유푸르, 3. 불을 상징하는 아그니푸르, 4. 물의 나타내는 나가푸르, 마지막으로 5. 공(空)을 의미하는 샨티푸르의 상징물을 사연에 따라 만든 후, 샨티푸르에서 남은 나날을 보낸다.

스왐부나트에서 가벼운 비중을 가진 것이 어디 있겠냐만, 이렇게 우주를 구성하는 다섯 가지 요소를 숨은 그림처럼 찾아보는 일도 가볍지 않은 일이다. 탑돌이를 마치고 하나하나 찾아 더듬어본다.

이 중 나가푸르에는 카트만두의 한발에 대한 사연이 숨겨져 있다.

시간이 흐른 훗날, 구나까마데바(Gunakamadeva)는 환락에 젖어 방탕한 생활로 이어가며 국정을 전혀 돌보지 않았다. 구나까마데바의 방종을 지켜보던 하늘의 신들은 크게 분노한다. 그리하여 카트만두 분지에 단 한 방울의 빗물도 허락하지 않게 되니 사람들은 인내심을 버리고 왕의 부도덕을 마구 성토하기 시작했다.

이런 현상이 비단 네팔뿐이랴. 군주가 있던 곳이면 어디든 자연재해는 통치자의 책임이었다. 왕은 목욕하고 몸을 정갈하게 한 후, 궁궐을 버리고 허름한 집을 찾아 기거하며, 하늘에 제를 지내며 반성하는 일을 해야 했다. 때로는 옥에 갇힌 죄인을 풀어가며 신들의 마음을 움직이려 했다. 기다리던 비가 내리지 않는다면 통치력에 커다란 장애가 나타나지 않겠는가.

왕은 대신들을 불러 회의를 거듭했으나 분지가 워낙 메마른 탓에 뾰족한 대책이 있을 수 없었다. 왕은 스왐부나트에 신비로운 마법의 힘을 가진 위대한 성자가 있으며 그에게 부탁하면 비가 내릴 수 있다는 이야기를 듣게 된다. 구나까마데바 왕은 샨티스리와 시대가 전혀 맞지 않으나 신화인 점을 생각하면 그냥 넘어가도 된다. 왕은 성자 앞에 꿇고 도움을 청했겠다. 성자는 왕에게 분지에 있는 나가들이 참여하는 고대의식을 제시하고 왕은 의식을 준비한다. 분지에 있는 나가들은 성자와 왕의 부름에 호응하며 모여들었으나 가장 중요한 나가들의 왕 중 왕에 해당하는 카르코탁은 불참을 결정한다.

몇 번 거절하던 카르코탁은 결국 성자와 왕에 의해 강제로 끌려와 고대 베다 의식인 야갸(Yagya)에 참석하고, 성자가 주도한 자리에서 성자는 손수 비를 부르는 만달라를 그리게 된다. 그러나 성자는 만달라를 그릴 때 나가들의 피로 그려야 하는 점을 빼놓았기에 실패했으니, 비 내리기가 쉽지 않았다는 반증이겠다. 다시 의식은 열렸고 나가들의 피로 만달라를 그리고 기나긴 만뜨라를 외우자 하늘이 어두워지면서 분지에 흡족한 비가 내리기 시작했다.

이후 왕은 가뭄이 반복되면 왕국의 존립 자체가 위태로워질 것을 걱정하며 성자에게 대책을 묻는다. 성자는 지하세계로 들어가는 능력이 있는 카르코탁과 함께 지하세계에 이르는 우물을 팔 것을 권유하고, 카르코탁과 사람들은 무려 12년에 걸쳐 깊은 우물을 완성시킨다. 성자와 왕은 뱀에 감사하는 찬송을 하자, 뱀의 왕은 훗날 비가 내리지 않는다면 같은 찬송을 하면 돕겠다며 흡족해 한다. 훗날 카르코탁의 변심으로 비가 내리지 않고 우물이 막히는 사태가 생겼으나 성자는 최고성지인 스왐부나트 북쪽에 그를 기념하는 나가 푸르(Naga Pur)를 만들어 그간 그의 공로를 위로치하하며 달랬다 한다.

샨티푸르는 스왐부나트의 북서쪽 계단 끝에 위치하는 작은 박스형 사당이다. 자그마한 사원 아래에는 여러 문양이 아름답게 장식하고 있어 아무리 시선이 가벼운 사람도 첫눈에 묵직한 느낌을 받게 되는 건축물이다. 여기는 그냥 지나칠 수 없는 곳, 혹시 사원 안에서 어떤 호흡소리가 들리는지 합장하고 귀 기울여본다.

이 사원의 아래에서 샨티스리가 용맹정진했다. 그는 사원의 지하에 자신의 몸을 결박한 후, 카트만두의 중생들이 자신이 필요로 할 때까지 그 자리에 남겠다, 스스로 맹세했단다. 하리티 마와 같은 대보살 대승의 궤를 그린다.

1658년 또다시 한발의 엄습이 있었다. 당시 통치자 프라탑 말라는 카트만두 일대에 찾아든 극심한 한발로 고민한다. 그러다가 과거 가뭄을 해결한 적이 있고, 카트만두를 위해 남아 있다는 샨티스리에 대한 풍문의 진위를 확인하고, 구한을 부탁하고자 절실한 마음을 품고 사당 밑으로 홀로 내려선다.

박쥐와 매와 같은 조류들이 서식하는 첫 번째 방을 지나, 배고픔에 눈이 뒤집힌 아귀가 거처하는 두 번째 방을 지나고, 역시 배고픔에 시달리는 뱀으로 가득한 세 번째 방을 통과한다. 그리고 마지막 방에서 앙상하게 마른 그러나 빛나는 모습으로 아직 수행 중인 성자 샨티스리를 뵙고 그간 세간에서 흘러오던 이야기가 신화가 아닌 실화였음을 안다. 무릎을 꿇고 큰절을 올렸으리라.

낮은 목소리로 카트만두 분지에 들이닥친 절박한 어려움을 말씀드리고 도움을 청했으리라. 성자는 왕에게 비를 부르는 만달라를 주고 잘 새겨들은 왕은 바깥으로 나와 사람들에게 성자 알현을 선언하게 된다.

지금의 카트만두는 더 이상 성자의 도움을 구하지 않는다. 원하지 않는 마음을 가진 그 누가 다만 호기심으로 사당에 들어선들, 성자는커녕 아래로 내려가는 길은 물론 방조차 찾아 볼 수 없으리라.

사당 턱에 앉아 심호흡을 하며 귀를 기울인다. 푸드덕 걸리는 날갯소리가 사원 안의 매의 날갯짓인지 바깥에 날아다니는 새들 소리인지 구별되지 않는다. 실낱 같은 성자의 호흡소리라도 귀하게 듣고 싶지만 관광객들의 소란함에 모든 것은, 다만 묻힌다.

처음 스왐부나트를 찾은 이후 샨티푸르 앞에서 서성이는 시간이 늘어나고 있다. 큰 한발이나 홍수 혹은 지진과 같은 재해에서 카트만두가 보호되기를 성자에게 합장으로 부탁드리는 일을 잊지 않는다. 물이 가득한 호수에서 출발한 카트만두는 물이 지나치거나 부족함으로 꾸준히 고통을 받아왔으니 부디 그런 현상에서 이 분지가 자유롭기를 부탁 올린다.

옴 나마 스리스리 샨티스리 스와하.

## 만주스리가 오가던 자리를 걷다

주차장 매표소에서 우측으로 올라가면 스왐부나트 본탑이 있고 좌측, 서쪽에 놓인 완만한 계단을 따라 오르면 넓은 운동장이 이어진다. 사실 이 운동장이 명당이다. 하늘에서 햇살이 남김없이 쏟아져 내리고 청명한 기운을 가진 바람이 슬며시 머물다가는 양명한 장소다. 바쁘지 않은 여행자라면 이 넓은 터에서 천천히 여러 번 오갈 일이다. 이 일대가 신화시대 만주스리의 거처였다.

요즘 젊은 티베트 스님들이 승복을 입은 채 축구를 즐긴다. 지혜를 맡은 위대한 보살이 오가던 운동장에서 마음껏 뛰노는 붉은 나비 같은 어린 스님들을 보니 마음 짠하다. 복이 많아 출가했고, 복이 넘쳐 붓다의 말씀을 공부하며, 복을 쌓아 저렇게 마음 놓고 뛰논다.

이어 끝까지 걸음을 진행하면 나지막한 건물 앞으로 크지도 작지도 않은 수수한 탑을 만난다. 바로 만주스리가 몸을 벗은 자리에 세운 탑으로 아무리 날씨가 험한 날일지라도 스승의 따스한 기운이 남아 온화한 분위기가 넘쳐난다.

불교와 힌두교의 경계가 흐릿한 네팔에서 학문과 지혜를 담당하는 만주스리 신전은 대부분 학문과 지혜를 내려주는 브라흐마의 아내 사라스와티와 동일시하여, 불교와 힌두교 신도들이 함께 치성을 올린다. 특히 학업성적에 시달리는 학생들과 부모들이 즐겨 찾아 성적향상을 기원하며 등불을 올리기도 한다.

기원전 4세기 무렵. 이 자리에서 주다 비구니가 오로지 과일만 먹으며 고행을 했다. 어느 날 주다 앞에 붓다의 형상이 나타나 그런 고행보다는 설법의 길을 걷기를 권유한다.

불법의 길은 다양하여 근기에 적합한 길이 있는 바, 고행을 통해 상구보리(上求菩提) 자기완성으로 향하는 방법도 있고, 어느 정도에 이르면 하화중생(下化衆生)으로 동반성장이라는 방법이 동원된다. 구태여 중생수기득이익이라 말하지 않아도 노새에 실을 수 있는 짐과 말에 실을 수 있는 짐 그리고 야크에 얹을 수 있는 무게가 모두 다르기에 주다 비구니 근기에 맞는 방법을 알려준 셈이다. 더구나 고행을 통해 자신의 내부를 모두 비워냈으니 파블로 네루다의 '어느 날 시가 내게로 왔다.'처럼 경전이 찾아들어 남들에게 전하기만 하면 되었다.

주다 비구니는 붓다의 충고를 받아들여 이곳에 살면서 구전되어 오던 스왐부나트에 대한 숨은 이야기, 스왐부나트의 속 깊은 교훈을 다른 사람들에게 설법하기 시작한다. 이 이야기는 구전이 구전으로 이어지며 훗날 우파굽타 스님

• 카트만두와의 깊은 인연으로 분지의 물을 빼어 사람들이 제대로 살도록 만들어 낸 만주스리. 법계로 돌아가기 위해 이 자리에서 히말라야를 넘어온 육신을 벗었고 그의 육신 일부가 이 탑에 모셔져 있다. 본래 노천에 방치되어 있던 탑에 지붕을 씌워 보호하기 시작했다. 지혜를 구하려는 방방곡곡 수도자들의 발걸음이 끊어지지 않으며 예찬 받았던 곳. 요즘은 특별한 날이 아니면 적막하기 그지없어 지혜의 큰 스승을 조용하게 그리고 은밀하게 기리기에 그만이다.

에게 전해지고 우파굽타는 아쇼까 대왕에게 이런 이야기를 전하게 된다. 이야기를 들은 아쇼까는 이곳까지 먼 길을 마다하지 않게 된다.

이 일대는 역대 붓다들의 눈길과 발길, 만주스리, 우파굽타, 아쇼까와 그의 권속들의 발길은 물론, 수많은 구루와 신도들의 발길과 치성이 스며들어 땅심〔地力〕으로 깊이 서려 있는 곳이다. 거기에 이 몸이 한 발을 더할 수 있다니 내가 가진 복 역시 크기만 하다.

천천히 운동장을 가로질러 스투파에 참배한다. 탑돌이한 후 깊은 사연이 서린 운동장에 서면, 설산을 넘어오는 만주스리의 사자의 울음소리가 귓가에 들린다. 이어 고요하게 내뱉고 들이쉬는 만주스리의 호흡소리가 들린다.

# 바수반두의 그림자가 이 자리까지

바수반두(Vasubandhu, 世親)는 불교 역사상 매우 중요한 인물이다. 형은 바로 아상가(Asanga, 無着)로, 앞 장의 동굴수행에서 이야기가 나왔다. 불교 집안에 몸담고 있는 사람이라면 두 사람 이름을 듣는 순간 정신이 번쩍 들리라.

바수반두는 현재 불교유적이 즐비한 간다라 지방의 페샤와르, 당시 지명 푸루샤푸르에서 브라흐민 계급의 국사(國師)인 카우시카(Kausika)의 둘째 아들로 태어난다. 정확한 생몰연대는 밝혀지지 않았으나 후세학자들은 그들의 행적을 비추어 형 아상가는 310?-390?년 경, 동생 바수반두는 320?-400?년으로 추정하고 있다.

쉽게 보자면, 붓다의 반열반 이후 100년 지나 1. 상좌부와 대중부로 나뉜 후, 대승불교는 2. 나가르주나(150?-250?)에 의해 중관사상(中觀思想)의 꽃이 피었고, 3. 바수반두에 의해 재차 유식사상(唯識思想) 꽃들이 일어났다. 후에 4. 여래장사상(如來藏思想)과 이어서 중국에서는 5. 선사상(禪思想)으로 전개된다.

나가르주나는 공(空, shunya) 사상으로 고정된 실체가 없음을 말했다. 팔불중도(八不中道), 즉 '낳는 일 없고 죽는 일 없으며[不生不滅], 상주(常住)하는 일 없고 단멸(斷滅)하는 일 없으며[不常不斷], 동일한 것이 아니고 다른 것도 아니며[不一不二] 오는 것이 아니고 가는 것도 아니다[不來不去]'라고 이야기했다. 후세에 나가르주나의 이런 학설은 마디아마카(Madhyamaka, 中觀思想)로 부르게 된다.

마이뜨레야(Maitreya, 彌勒, 270?~350?)에서 출발하여 형 아상가를 지나 동생 바수반두에서 완성된 유식사상은 '오로지[唯] 식(識)'이 있을 따름이라는 이야기로 깊이 들어갈수록 옳은 말씀이지만 일반인들에게는 은산철벽 첩첩산중이다.

바수반두의 전기를 쓴 진제(眞諦)에 의하면 '학문이 지극히 넓어 실로 많은 것을 들어 알고 있었으며, 고서(古書), 성전(聖典)에 두루 통달해 있었다[博學多聞]. 그 재능은 신기(神技)에 가까울 정도로 뛰어나 그를 필적할 만한 이가 없었다[神才俊朗]. 그는 덕(德)으로 충만한 바른 행실로 청아하고 고결한 기품을 드러내 누구도 그와 어깨를 견주기가 어려웠다[戒行淸高]'니, 그야말로 천재 급이었다.

처음에는 유부(有部)에 몸을 담고 있었으며 아라한과를 성취한 후, 형 아상가가 정진하고 있는 대승불교에 대한 비판을 아끼지 않았다고 한다. 형 아상가는 사람을 시켜 굽타왕조의 수도 아요디아에 머물던 동생을 푸루샤푸르로 불러들인 후, 대승에 대해 몇 가지를 설하자 바수반두는 대승이 보다 뛰어남을 알아차리고 그 순간부터 정진, 형 아상가가 알고 있는 모든 것들을 통달했다. 논서를 쓰고 경전의 주석을 달며 후학을 지도하다가 입적한다. 그가 남긴 글들은 불교권의 모든 수행자들이 기본적으로 읽어야 할 목록이었기에 그의 생전은 물론 지금껏 여기저기에서 두루두루 읽히고 있다.

바수반두의 삶은 진제(眞諦)의 『바수반두법사전(婆藪槃豆法師傳)』을 참고하면 어느 정도 유추가 가능하며, 진제의 이 책이 나온 지 100여 년이 지난 후 현장(玄奘)의 『대당서역기(大唐西域記)』에서 벌수반도(伐藪畔度)로 표기하며 바수반두에 대하여 서술하고 있는 점을 비춰본다면, 1세기가 지났음에도 바수반두의 비중이 조금도 퇴색하지 않았음을 알 수 있다. 그런 위치에 있는 존재라면 많은 제자들이 곳곳에 있었을 터, 그가 입멸했다는 소식은 타오르는 불길보다 빠르게 사방으로 퍼져나갔으리라. 나가르주나는 물론 바수반두 역시 카트만두에 연하나를 두고 있다. 유식학이라는 불교의 꽃이 카트만두 분지까지 날아와 이미 꽃을 화려하게 피워 군락을 이룬 흔적이다.

사실 카트만두 불교의 최고성지에 탑 하나 세우는 일은 쉽지 않다. 이 탑이 입멸에 즈음한 것인지, 그 훗날 유식학이 넓게 퍼지면서 세워졌는지 알 만한 문헌을 찾지 못했다. 그러나 이런 조형물을 하나 만들기 위해서는 카트만두 분지 내에 추종세력이 정치적 종교적 실력을 마음대로 행사할 수 있어야 가능하다.

바수반두의 입멸 소식을 들은 제자들이 정성을 다해 세웠다는 바수반두 탑은 만주스리 탑에서 주탑을 향해 동쪽으로 내려오면 만난다. 인간의 표층부터 깊은 의식을 탐구하는 유식학 수행자들에게는 그냥 지나칠 수 없는 곳. 허리를 깊게 꺾어 위대한 스승에게 예를 표한다.

탑을 관리하고, 탑을 지키고, 탑 안에서 장사하는 사람들 대부분은 힌두교도라 불교성지인 이곳에 놓인 이런저런 탑이 누구의 탑인지, 무슨 이유로 조탑을 했는지 잘 알지 못한다. 안내문도 당연히 없다. 비수반두에 관심이 있다면 미리 사진을 통해 눈에 익힌 후, 스스로 찾아가 인간의식의 깊은 흐름을 낱낱이 밝힌 마하구루에게 예를 올릴 수밖에 없다.

스왐부나트는 볼거리 느낄 거리로 넘쳐난다. 마구 섞여 있어 구분이 어렵지만 알고 본다면 잉불잡란격별성(仍不雜亂隔別成)이라, 아침 일찍 사원으로 올라 하나하나 바라보고 뜻을 새기다 보면 해가 서쪽으로 재빠르게 떨어진다.

## 킴돌 비하르, 병자들의 쉼터

스왐부나트에 인접한 킴돌 비하르를 찾아가기는 쉽지 않다. 스왐부나트 주차장에서 내려가다가 첫 번째 거리에서부터 골목을 잘 찾아 이리저리 들어가다, 아무런 표시조차 없는 문을 열고 들어서야 만나는 절이다. 익숙한 안내자가 없다면 길을 가는 행인들에게 묻고 다시 물으면서 골목길을 더듬어 찾아가야 한다.

현재는 네팔의 수도 카트만두이지만, 한때 카트만두 분지 내에는 크게 3개의 왕국이 있었으며, 그 이전에는 수십 개의 작은 왕국들로 나뉘어져 있어 이 일대가 킴돌 왕이 통치하던 왕국이었단다. 인구가 점차 밀집되어가는 카트만두 사정으로 작은 건물들이 늘어나며 닥지닥지 붙어 있어 마을의 기본적 골격을 파악하는 데 어려움이 크다. 그러나 오밀조밀 붙은 건물을 거두어내고 본다면 스왐부나트 봉우리의 기운이 내려온 후 다시 솟구치는 경사면에 사원이 자리 잡았다. 독수리가 많이 살았는지, 과거에 이렇게 솟구친 이 일대를 영취봉, 독수리봉으로 불렀다 한다.

킴돌 비하르는 별다른 특징이 없는 본당과 요사채, 두 개의 건물이 달랑 놓여 있다. 다른 유적지에 비해 초라하고 볼품없다. 현재 붓다 가계인 샤캬(Shakya)족의 비구니들이 이 절에서 수행하고 있다. 비구니 스님은 샤캬 족에 대한 자부심이 대단했다. 마당에서는 곡식을 말리고 몇몇은 담장에 드리워진 잔가지를 쳐내느라 분주하다. 시멘트로 되세운 지 얼마 되지 않는 대웅전에는 붓다의 열

• 이렇게 단정한 이역(異域)의 붓다를 만나기도 쉬운 일이 아니다. 바라보다가 눈을 감고 다시 눈을 떠서 바라보다가 눈을 감는다. 가지고 갈 수 없는 아름다운 불상을 마음에 모시기 위해서 노력한다. 감았다가 시선을 일으켜 초점을 맞추는 일을 반복하는 사이에 붓다는 서서히 내 마음 안으로 옮겨온다. 지금껏 눈을 감으면 저 붓다가 내 마음 안 신전에서 항마촉지인을 하신 채 조용히 주석하고 있다.

반상이 정면에 자리 잡았고 그 뒤로는 붓다의 여러 설법을 상징하는 각기 다른 수인(手印, 무드라)을 짓고 있는 24개 불상들이 벽면 높은 곳을 일렬로 장식한다.

인도문화권에서 만나는 발바닥 상, 즉 족적은 그 대상의 과거행적을 표현한다. 얼마나 위대한 인물이고 얼마나 큰 걸음을 걸었는지 낱낱이 그림 혹은 상징적인 문양으로 표현한다. 반면 수인은 지금 그러하고 미래에 어떻게 하라는 언어가 된다.

측면에는 인도 보드가야의 마하보디사원의 붓다 상을 복사한 불상이 온화한 얼굴로 주석하고 있다. 반대편으로는 이 절의 역대 비구니 주지스님들의 사진이 큼직하게 걸려 있다.

이 절의 중요성은 대충 3가지다.

첫 번째는 이곳에서는 질병 치료가 잘 된다고 한다. 사실 이런 이야기는 믿거나 말거나 일 터다. 그러나 풍수의 문외한이라도 고개를 끄떡일 수밖에 없는 병환구제의 길지로 보인다. 킴돌 왕의 자제가 그 어디서도 고치지 못한 8년 동안의 질병을 이 자리에서 기도를 하며 쉽게 고쳤다는 이야기가 전해져 내려온다. 긴 이야기는 오해를 불러일으킬 터, 개인적으로 지치고 힘든 상태라면 병구를 이끌고 찾아오고픈 마음이 드는 일대다. 이층 한 곳에 방부를 들여 한 보름 정도 푹 쉬면 툭툭 털고 일어날 느낌이 드는 밝은 비하르다. 그것이 불가하다면 절집 주변의 낡은 건물 방 한 칸도 좋겠다.

두 번째는 이 자리에서 『스왐부 뿌라나』가 집필되었다고 한다. 스왐부나트가 올려다 보이는 이 자리라면 신들의 이야기를 경전으로 받아쓰기는 그만이 아닌가.

세 번째는 독수리 봉으로 불렀던 이 일대를 티베트 사람들 일부에서는 프라즈나파라미타 수트라, 즉 『반야경』을 설한 장소로 믿고 있다는 점이다. 사실 『반야경』은 붓다가 영취봉에서 설법한 것으로 알려져 있으나 인도까지의 거리가 멀어 갈 수 없는 티베트 사람들은 독수리가 많이 모이는 이곳을 제2의 영취산으로 여기며 예경을 올리지 않았을까 추측할 따름이다.

사원 문을 열고 바깥으로 나와 골목에 접어들면 더 좋다. 스왐부나트가 상당히 높은 봉우리로 여겨질 정도로 급하게 경사진 봉우리 위에 놓여 있다. 그 위로는 어디로도 기울어지지 않고 균형 잡힌 모습의 주탑이 황금빛으로 빛나니 시대를 뛰어넘어가며 신앙적 흠모를 받아온 모습이다.

킴돌 비하르를 나오면서 두 손이 모아진다.

"허공계가 다하고 중생 다하고 업과 번뇌 다하면 모르거니와 이와 같은 모든 것이 다함없을 새, 나의 원도 마침내 다함없으리."

안식년이 있다면 킴돌 비하르 근처에 방 하나 얻어 봉우리에 아침이 오는 모습을 보며 주탑을 향해 오르고, 탑돌이 후 명상하며, 저녁이면 되돌아와 경전을 읽고 싶은 자리다.

스왐부나트의 순례는 주탑 주변과 만주스리 동산 그리고 마지막으로 킴돌 비하르가 있는 마을까지 산책을 마친 후, 스암부나트를 중심으로 크게 한 바퀴 꼬라로 마감한다면 더할 나위가 없다.

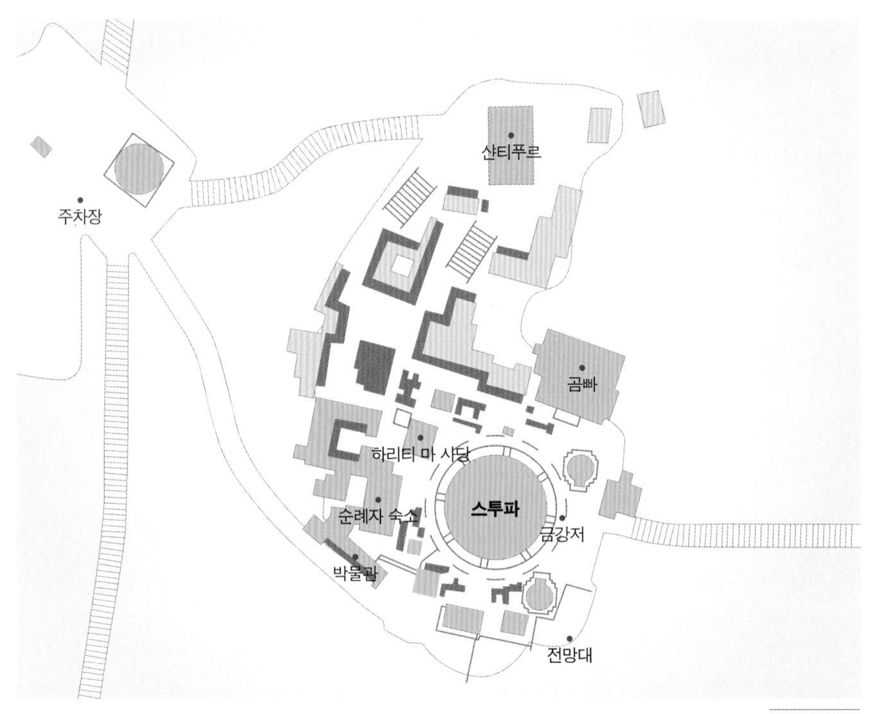


스왐부나트

# 11

# 경이로운 천연사원 나가르코트

한번은 경을 보고 있는데 물었다.

"무슨 경을 보느냐?"

"『금강경』입니다."

"『금강경』에서는 이 법은 평등하여 높고 낮음이 없다고 하였는데 어찌하여 운거산은 높고 보봉산은 낮은가?"

"이 법은 평등하여 높고 낮음이 없기 때문입니다."

"너는 좌주(座主: 강사)의 심부름꾼이 되겠구나."

–『종문무고(宗門武庫)』 중에서

## 마음으로 읽는 경전

카트만두 분지를 둘러싸는 2,000m 급 봉우리 중, 유달리 신화 혹은 신성과 거리를 두고 있는 곳이 바로 나가르코트이다. 불교 혹은 힌두신과 관련이 있는 어떤 단서를 잡으려 해도 작은 이야기조차 걸려들지 않는다. 해발 2,175m의 이 봉우리에 대해서는 『스왐부 뿌라나』를 샅샅이 뒤진다 해도 어떤 언급조차 찾을 수 없다. 그렇다고 아무런 가치가 없을까?

나가르코트 북쪽에는 동서로 길게 가로지르는 히말라야 연봉들이 자리 잡고 있다. 일출과 일몰시간에 햇살에 반응하여 평생 잊을 수 없는 풍광을 연출하기에, 종교적으로 의미심장한 다른 설산고봉들 젖혀 놓고 도리어 명성이 자자하다.

카트만두를 안다는 사람들에게 물어보면 이런 반응이다.

풀초키? 모른다.

참파데비? 당연히 모른다.

쉬바푸리? 나가르준? 어디선가 들은 것 같다.

나가르코트? 안다!

나가르코트는 카트만두 외곽 2,000m 급에서 최고 관광여행지라는 유명세를 얻고 있다.

깊고 높은 산에 배낭을 메고 들어가면 히말라야의 부분을 보게 되고 나가르코트 이곳은 히말라야 전체를 조망할 수 있는 색다른 명소로, 히말라야와 지리산을 비교하는 일 자체는 조금 쑥스럽지만, 정령치 혹은 만복대에서 바라보는 지리산처럼 히말라야 파노라마가 두 팔 가득 가슴에 안기는 곳이다. 다가서면 첨예하게 일어난 히말라야 봉우리들이 이곳에서는 높고 낮음의 큰 차이 없이 이어진다.

카트만두 시내는 날이 갈수록 피부로 느낄 정도로 혼잡해진다. 자동차와 모터사이클 숫자가 급증하면서 매연과 먼지는 분지 밖으로 빠져나가지 못하고 가득 채운다. 도로 사정 역시 좋지 않아 차들이 제 속도를 내고 편히 달릴 수 있는 길은 거의 없다고 보면 크게 틀리지 않는다. 다만 1975년에 일본 자본으로 만들어진 카트만두 박타푸르 사이를 오가는 고속도로는 한적함에 더해 다른 지역보다 공기까지 맑아 운전기사와 승객들이 정말 신난다.

나가르코트로 향하는 길은 일단 이렇게 넓고 여유로운 도로를 달리다가 좌측으로 빠지면서 지그재그 길을 타고 한동안 숨 가쁜 언덕을 오르게 된다. 오를수록 기온이 뚝뚝 떨어지며 맑은 공기와 더불어 점차로 강해지는 햇살을 느낄 수 있어, 고산이 좋은 사람들에게는 고향으로 가는 길처럼 쾌적하게 느껴지는 구간이다. 차가 능선에 완전히 올라서는 순간 감탄사가 저절로 튀어나오게 마련이다. 버스 지붕 위에 올라타고 여행하는 경우 누구나 저잣거리에서 천상으로 바뀌어가는 분위기를 순간순간 느끼리라.

새벽이면 투숙한 방에서 커튼을 걷고 북쪽에 자리 잡은 히말라야에 아침이 찾아오는 모습을 볼 수 있는 명품호텔에서부터, 각자 뒷산에 걸어 올라가 일출을 보게 되는 저렴한 게스트하우스까지 다양한 숙소들이 나가르코트 능선을 장악하고 있다. 사가르마타(초모랑마)에서 안나푸르나까지 황홀하게 펼쳐지는 선경을 만날 수 있기에, 네가 지금까지 아름다웠다고 주장했던 풍경들이 고작 그

• "만약 내가 어떤 주장을 한다면, 나는 그 주장에 의해 논리적 모순에 빠지게 될 것이다. 그러나 나는 아무런 주장을 하지 않는다. 그러므로 나에게는 오류가 없다." 나가르주나의 이야기다. 주장하지 않고 침묵하는 자연을 바라볼 때마다 오류란 티끌조차 없는 무결점의 세상을 만난다. 만일 결점을 찾는다면 그것은 자연의 결점이 아니라 찾으려는 자 스스로의 결점일 뿐.

것이었느냐고 도리어 되묻는 자리다. 이런 나가르코트에서 짐을 풀면 방에 처박힐 수 있을까, 만사를 젖혀두고 산책이 필수다. 어디를 둘러봐도 선경이라 발걸음 무게를 느끼지 못한다.

변화는 정체성의 소실과 관계가 있다. 산을 가만히 바라보면 스카이라인이 이렇게 저렇게 예각, 둔각, 곡선으로 변화하는 모습 안에서 어떤 고유됨이라는 성질의 상실이 일어난다. 가령 수평선이나 지평선은 직선으로 쭉 뻗어나가는 일관적 정체성을 표현하되, 산들의 모습에서는 전체를 보지 않는 한, 쉼 없는 변화로 일관하며 가히 더 버릴 것이 없는 곳〔無可捨處〕으로 가는 모습을 실선으로 보여준다.

사람의 경우에는 이런 변화가 어떻게 작용할까. 변화를 겪는 일은, 타력에 의해 과거의 것을 내려놓는, 즉 정체성을 잃어버리는 경우가 있겠고, 반대로 자발적으로 시도되는 변화를 통해 정체성을 내려놓는 경우도 있겠다. 어떤 고유함이란 때로는 집착의 근원이 되어 자신 스스로에게 고정된 관념, 선입관을 안겨주며, 머리 안의 신경망에 일정한 고착의 패턴을 안겨줄 가능성이 높다.

더불어 산을 응시하는 내 감각 역시 신비롭다. 망막의 신경들은 쉼 없이 그림을 영상으로 받아들이되 도무지 남기지 않는다. 만일 순간순간 조금이라도 남긴다면, 만일 순간순간 완벽하게 비워주지 않는다면, 잔상으로 인해 다음 영상이 맺힐 자리가 없으니 더 이상 볼 수가 없다. 이런 감각을 어떻게 만들어냈을까. 변화하되 변하지 않으니 생각할수록 신비롭기 그지없다.

창조건 진화이건 이렇게 된 것은 우주의 기본적인 성향이며, 더불어 우주의 기초적인 재료의 성질이 그러하기에 나 역시 이렇게 만들어졌다. 나라는 색(色)이 외부세상과 소통하는 말단부에는 대부분 무엇이든 남기지 않는 시스템으로 만들어져 있기에 받아들이면서 전의 것은 남기지 않는다. 45년을 설법하고도 한마디도 이르지 않았다 말씀하신, 내가 진정으로 모시는 구루지의 뜻이 여기에도 있으리라.

능선에서 히말라야로 향하는 시선을 거두어 반대쪽으로 놓으면 인간들이 만들어 놓은 바타푸르라는 중세풍의 아름다운 도시와 도시에서 이어져 나오는 계단식 논밭들이 풍광을 만든다. 낮은 봉우리들이 물결치며 나가르코트까지 이어져 올라온다.

낮은 자리에서는 높은 봉우리들이 제각기 다른 봉우리였으나 높은 자리에 오르면 눈 아래 봉우리들이 서로 손을 잡고 어깨를 맞대고 있는 하나라는, 모두가 이미 하나였다는 대통합의 시선이 높은 자리에 서 있는 가슴에 담긴다. 바로 대간(大幹)이다.

혜시(惠施)의 역물 10사(歷物十事) 중 3번째에는 '하늘과 땅은 높이가 똑같고 산과 연못은 똑같이 평평하다〔天與地卑 山與澤平〕'는 이야기가 나온다. 아래에서 본다면 하늘은 높고 산 역시 솟아 있지만 조금만 올라 차원을 달리하면 하늘은 땅과 닿아 높이가 같으며 산 역시 납작하니 호수와 같은 높이에 위치한다.

경험이 없으면 오류를 범하기 십상이라 산은 당연히 높고 연못은 필히 낮다는 고정관념을 가진 사람에게 불이 차고 얼음이 뜨겁다 하면 이상하다고 생각할 터이며, 한 발 더 나가면 선문답을 말장난이라 폄하하며 전혀 이해할 수 없는 부류가 된다. 역설이라 이야기하는 속에는 범인들이 경험하지 못한 경험이 바탕이 된다.

혜시 역물 10사의 마지막은 '만물을 사랑하라. 온 세상이 한 몸이다〔汎愛萬物 天地一體也〕'로 끝마치고 있다. 혜시의 글을 읽다가 범애만물(汎愛萬物)에 온몸이 후끈했던 경험이 엊그제 같다. 높은 고도에 서면 낮은 고도의 모든 존재들을 사랑(pan-philia)할 브라흐만의 힘이 들어온다.

어디, 인간이 만든 문자를 엿보는 간경(看經)만이 수행이고, 인간이 만든 언어로 화두를 잡아야만 진짜 수행이며, 지난 문화가 던져준 말씀을 떠받들어 앉아야 정진인가. 능선에서 아무도 손대지 않은 무구의 원본(原本)을 돌아가며 읽는 일도 가람을 걷는 수행이다. 쵸감 트룽파가 "때가 되면 바라보아야 할 것은 글보다는 자연"이라고 말한 이유를 알게 된다.

지난 해, 내가 읽었던 경전은

화엄경
열반경
혹은
법구경 유마경.

해 바뀌어
최근 100일 동안
정진하며 읽은 경전은

일출경 일몰경
반월경 만월경
혹은
이즈음 안개경.
오늘은 설산경.

모든 것은
마하 마음경
안팎 없는 유식경.
– 임현담의 『경전』 전문

나가르코트는 마음으로 읽는 경전이며 천연사원이다.

나가르는 도시를 의미하며 코트는 성, 성곽, 요새로 나가르코트는 전략적은 물론 통상에도 중요한 위치였다. 나가르코트는 과거 통상로의 중요한 혈맥 중 한 마을이었기에 많은 상인들, 짐꾼, 가축 장사들은 물론 숙소, 술집 그리고 동물농장이 자리 잡아 활기로 넘쳐났다. 티베트로 향하는 상인들은 보다나트 혹은 박타푸르를 지나 이곳에 오른 후, 두리켈을 경유, 코다리(Kodari)를 통해 티베트로 들어갔다.

야크는 해발 3,000m 이상이어야 제대로 서식이 가능하기에 야크 무리가 내려오기는 고도가 낮아 이 일대 운송수단은 사람과 노새였다 한다. 기록에 의하면 지금과는 달리 산세가 험해 사람과 노새의 추락이 잦았다 하여 과거 나가르코트라 하면 위험을 내포한 지명이었다. 나가르코트 일대는 혈맥이기에 이곳을 막아버리면 인도와 티베트 사이의 교역은 단절이 되며, 교역을 통해 물자를 공급받고 이익을 창출하는 카트만두 분지의 왕국들은 자연스럽게 고사한다.

카트만두 점령을 용의주도하게 시도한 프리트비 나라얀 샤가 이것을 몰랐을까. 그는 나가르코트에 위치한 날둠(Naldum) 요새를 우선 함락시켜 전략적 급소를 꽉 움켜잡아 버리며 승리의 발판을 만든다.

그러나 가장 좋지 않은 사건은 중국이 야만스럽게 티베트를 무력으로 점령하고 티베트와 네팔 사이의 국경을 닫아버린 후, 이런 흐름이 완전히 끊어져버린 것. 인도와 티베트 사이를 이어주던 유서 깊은 교역로 하나는 그렇게 순식간에 사라졌다.

이제 나가르코트에는 히말라야를 넘어간다는 상인은 흔적조차 없으며, 다만 관광객이 오가고 그것도 그렇게 끊어버린 중국인 후손들이 단체로 버스 타고 올라왔다가 아침이면 요란하게 사진을 찍고 소란스럽게 내려가는 자리가 되어버렸다. 그들은 이런 역사의 흐름을 알기는 아는 것일까? 집단으로 몰려와서 달러를 풀어놓고 가는 일이 그나마 다행스럽다고나 할까. 어쩔 수 있나. 세상은 변하지 않는 것이란 없다.

나가르코트 일대에는 네팔 어디에서나 흔한 만날 수 있는 사원조차 제대로 눈에 뜨이지 않는다. 카트만두 도심에서는 채 몇 걸음 떼기도 전에 만날 수 있는 붉은 띠까를 칠한 신상들은 볼 수 없고, 다만 일출의 뷰 포인트로 사용되는 붉은 색을 칠한 한 평 남짓한 마하깔리데비 사원(Mahakali Devi temple)이 하나 있을 따름.

다른 고지대 정상에 위치한 사원들이라면 신이 내려오고 성자가 고행해서 신에게 무엇인가 요구했다는 사연이 숨어 있을 터, 도리어 이 사원은 2005년 12월 14일, 주민과 군인 사이에 충돌로, 종교집회를 위해 모인 주민에 대한 무차

• 나가르코트에 거의 유일한 사원인 마하깔리에 헌정된 사원. 크기도 작고 위엄이 없으나 산빛이 특출한 자리에 제대로 자리 잡았다. 이른 아침 히말라야의 일출을 보기 위해 많은 사람들이 모여드는 유명한 뷰 포인트. 사원이 구태여 필요하지 않음을 증명하는 풍경의 꼭짓점에 위치한다.

별 발포가 일어나 11명의 사망자, 19명의 부상자가 생겨난 참사의 현장으로 기억된다. 사원 내부 벽에는 인간희생에 대한, 인간생명의 존귀함에 대한 낙서가 있어 그날을 기억하는 사람들의 마음을 아프게 한다.

그러나 이 사원은 풍경을 조망하는 최고의 명당으로 새벽이면 일출을 보러 오는 사람들이 모여드는 곳, 인간의 참사와는 무관한 히말라야를 넘어온 햇살이 사원을 더욱 붉게 물들인다. 동서로 달리는 히말라야에 해가 동쪽에서 뜨니 밤은 서쪽으로 떨어지는〔日出東方夜落西〕 모습에는 사치스러운 백가(百家)의 운어(韻語) 따위는 필요치 않다.

히말라야 연봉에 장엄하게 아침이 오는 모습을 보기 위해 많은 사람들이 새벽부터 잠을 설친다. 투숙하면 숙박계를 작성하는 동안 게스트하우스 주인은 다음날 아침 해 뜨는 시간을 기계적으로 알려주게 마련이라 이 시간에 맞추어 해맞이 하는 일이 아침 태양과 히말라야에 대한 예의다.

해가 올라오면서 설산의 빛과 하늘의 태양으로 눈이 부시다. 산스크리트어로 침묵은 무카바바(Mukabhava). 우리가 상상하는 침묵이란 아무것도 존재하지 않는 어둠 안에서의 고요다. 그렇지만 무카바바란 밝은 침묵으로, 아무 말 없이 빛나는 태양을 의미하는 어원에서 출발한다. 스승이 침묵에 들었을 때, 그 분은 지금 어둠에 들어가 있는 것이 아니라 태양과 같은 밝은 진리, 즉 광휘로운 다르마를 표현하는 중이시다. 이해하지 못하면 질문에 대한 침묵이란 하나의 어두운 기피수단으로 읽힐 따름이다.

자, 산이 침묵한다.

자, 구루가 침묵한다.

나가르코트의 장점, 이런 침묵을 가까이에서 온몸으로 시시각각 또렷하게 바라볼 수 있다.

나가르코트에서 바라보는 빛나는 북쪽 풍경 안에서 평소 보지 않았고 생각하지 못했던 많은 것들을 마음 내부와 함께 바라볼 수 있다. 천지는 저렇게 큰 아름다움을 가지고 있지만 말하지 않는다〔天地有大美而不言〕.

히말라야는 본래의 고요함을 잃지 않고 거친 바람에도 움직이지 않는 여여한 모습으로 일관한다. 일체를 초월하여 초연하고 두려움 없는 자세로 주석하는 외관에는 큰 스승을 뵙는 기분까지 든다. '변화를 타지만 쉬이 변화하지 않'는 살림살이, 히말라야. 도리어 일대가 모두 큰 사원이기에 두 손이 모아지고 허리가 굽혀진다.

이런 풍경은 오늘을 위해 나를 기다려주었으니 감사한 마음이 없을 수 있겠는가.

나가르코트는 비록 번듯한 사원이 없더라도 경치만으로 순례지로 꼽기에 손색이 없다는 사실을 상기시킨다. 그러나 무엇보다 중요한 사실은 자연에서 감탄하고 자연과 하나 되는 일은, 마음의 안정을 추구하고 평화롭게 만들지언정, 고(苦)의 종식은 아니다. 이 풍경에서 떠나면 다시 중생의 고통에 시달리니 더욱 깊게 가야 한다. 그 고통을 해소하는 방법은?

## 밤하늘 보기를 빼놓을 수 있을까

나가르코트에서 빼놓을 수 없는 또 다른 구경거리는 밤하늘이다. 도심과는 고도차가 현저히 달라 온갖 별들을 쉬이 바라볼 수 있다. 하늘빛이 망고 빛으로 변하는 시간, 즉 잘 익은 노란빛에서 주홍빛 중간 단계의 오묘한 빛이 하늘에 번지는 시간에 이르면 밖으로 나온다. 이어 언덕에 위치한 주점에서 현지 술을 마시면서 히말라야 위로 떠오르는 별을 보는 일은 평생 기억할 만한 아름다운 사건으로 각인되어 버린다.

나가르코트 토속주 뚱바가 카트만두 시내보다 월등한 맛을 가진 이유는 샌님들이 모이는 장소보다 짐꾼들이 모이는 선술집의 술맛이 당연히 맛있고 진하며 향기 깊은 것과 같다. 과거 대상로의 마을에서 술 빚는 솜씨가 어디 갈까.

술 한 잔 마시며 바라보는 우주는 대단하다. 반 고흐가 누이에게 설명한 '그냥 짙은 남색 표면 위에 하얀 점들'이 아닌 '레몬 빛의 노란색, 분홍색, 녹색. 파란색, 물망초색'들을 모조리 찾을 수 있다. 체력이 약해 히말라야 높은 고도까지 걸어 들어가기 어려운 노년에게는 두툼한 외투를 입고 나와 히말라야 밤하늘을 바라보며 반 고흐의 이야기 의미를 살피는 일은 몹시 그럴 듯하며, 그럴 경우 우리 땅에서는 결코 볼 수 없는 형언하기 어려운 다채로운 색색 빛들을 만나게 된다. 그런 빛들이 뇌 속으로 툭툭 떨어져 들어온다.

사실 바라보는 빛들은 모두 과거에 출발한 빛들이다. 천 광년 만 광년 그 이상의 과거의 빛들이 현재 내 망막에 포착되고 있으니 현재라는 시제는 과거에 뒤덮여 있는 셈이다. '과거는 죽지 않았다. 과거는 아직 지나지도 않았다'는 윌리엄 포크너의 선문답 같은 이야기는 도심에서는 이해하지 못한다. 우리가 기억이라고 말하는 현상이, 뇌 위에 떨어지는 과거라고 일컫는 영상들이, 대지에 떨어지는 빛과 무엇이 다르다는 건가?

지하철 안에서 나의 시선이란 과연 어느 정도의 거리를 가지고 있었을까. 책을 볼 때는 30~50cm, 반대편에 앉은 사람을 바라보는 경우 간신히 몇 미터의 간격을 가질 뿐이다. 그러나 이곳에서의 시선 확장은 지하철에서의 거리 따위와는 비교가 불가할 정도, 상상을 훨씬 뛰어넘는다. 며칠 밤낮으로 걸어가야 만날 수 있는 저 산들은 물론 고개를 뒤로 젖히면 하늘을 통해 우주 끝까지 시선은 펼쳐지기에 내 장(場)은 이제 돌아눕다가 별과 쨍그랑 부딪칠 정도에 이른다.

자신이 세상은 어디까지 넓어지는지, 자아가 고작 자기 집이나 자신의 마을까지, 혹은 한반도 남쪽 넓이 정도의 스케일인지? 밤하늘을 바라보는 순간 심산고처(深山高處) 히말라야가 펼쳐진 이 자리 네팔을 넘어서 저 우주 끝까지 성큼성큼 확장하는 것이 느껴진다. 도시에 살수록 '위'를 보는 일이 드물기에 우리는 겨우 전후좌우 동서남북 2차원 평면에 사로잡혀 물속의 물고기처럼 살아왔다.

나와 나가 아닌 것을 가르는 아상(我相), 사람과 사람 아닌 것을 나누는 인상(人相), 중생들과 그렇지 않음을 가르는 중생상(衆生相) 그리고 수명이 있는 것과 그렇지 않음을 나누는 수자상(壽者相)이라는 나누기들은 얼마나 유치한 수준인가. 히말라야 밤하늘이 주는 호연지기(浩然之氣)다. 그리하여 밤에 능선으로 나서야 한다.

하늘에는 오랜만에 별들이 총총하다. 20대와 30대 중반까진, 하늘을 보고 살지 못했다. 내가 누구인지 어디서 왔는지를 궁금해 하면서 이렇게 밤하늘을 보는 일이 잦아졌고 더불어 하늘은 그만큼 가까워졌다. 소년 시절, 별과 친근했음을 생각한다면 가까워진 것이 아니라 다지 제자리로 돌아간 것이리라.

이제는 안다. 오늘 이 자리의 설산과 물, 그 사이를 달려 나가는 바람 모두 붓다의 도리를 전하는 것이며 하늘 가득한 별은 세존의 청량법음이며 오도성〔滿天那個星 世尊悟道星〕이다. 신은 어느 자리에 주재한 것이 아니라 모두에게 내재하여 있다.

광대무변한 우주적 현상이 나와 분리되어 있지 않으며 나의 모든 행위는 우주적인 일이기에 행동 하나하나 신중하며 걸음 하나하나 우주의 관계성을 반영한다.

술 한 잔하고 저기 멀리 랭보의 주막이 있었다는 큰곰자리로 시선을 내보낸다. 그러나 프톨레마이오스가 만든 48개 별자리가 무슨 소용이 있을까, 가만히 과거에서 달려온 광자를 환영한다. 하늘에는 온통 생로병사를 겪는 별들. 우리의 생명과 닮은 꼴.

나가르코트는 아침, 한낮 그리고 밤에 이르기까지 우리 모두 하나라는 또 다른 선물을 준다. 별, 언젠가 스러지는 그들 또한 티끌이지만 그 먼지들이 이토록 아름답다는 사실을 알려주는 처소이며, 설산, 언젠가는 무너지겠지만 그렇게 허물어지는 것들이 어떻게 드러나는지 알려주는 무개(無蓋)사원이다.

# 12

# 산쿠, 이런저런 신화의 고향

우리가 우리 자신의 문제를 진정으로 참구한다면, 진정으로 자기를 보존할 방법을 생각한다면, 우리는 이미 의식의 영웅적 변모의 과정에 든 거나 다름없습니다. 결국 모든 신화가 다루고 있는 것은 의식의 변모입니다. 의식은 어떻게 변모합니까? 스스로 부여하는 시련이나 계시를 통해서 변모하겠지요. 시련과 계시, 이것이 바로 변모의 열쇠인 겁니다.

– 빌 모이어스

## 히말라야 걷기란 황홀한 행위

나가르코트의 백미는 일출이며 그다음은 야간에 별 맞이하기, 이어 세 번째 핵심은 난이도가 낮은, 계속 고도를 낮추어가는 내리막 걷기에 있다. 나가르코트를 기점으로 삼는 반나절 혹은 한나절 트래킹 코스가 여럿 있어, 나가르코트에서 창구나라얀(Changu Narayan)까지 4시간 반, 산쿠(Sankhu)까지 5시간, 바네파(Banepa)까지 6시간, 치소빠니(Chisopani)까지는 거의 종일 걸리는, 넋이 사라지도록 아름다운 길들이 손가락처럼 펼쳐져 있다. 만일 이 시간보다 빠르게 도착한다면 분명히 잘못 걸은 것이다.

그동안 '빨리빨리'로 살아오면서 '아무 일도 하지 않을 때, 아무것도 하고 있지 않다는 생각'을 하면서 살아왔다. 빨리 가지 않으면 게으르다는 생각처럼 천부당만부당이다. 소위 남들이 느리고 게으르다고 평가하는 그 순간, 또 다른 의식이 튀어 올라오며 바쁨 속에 포획되었던 정신의 정수가 빠져나온다. 서두른다면 어찌 천지와 수명을 함께하며, 해와 달과 더불어 쉬겠는가〔與天地同壽 與日月同休〕.

산에서 내려오는 순간이 가장 섭섭하다. 어쩐지 내가 머물 곳이 아닌 장소로 떠나가는 쓸쓸함도 있다. 그동안 설산에 둘러싸여 살다가 이제 사람들이 득실거리는 지역으로 하산해야 하는 기분.

나가르코트에서 산쿠로 내려오는 길은 신화시대로 진입이 가능하다. 설산이 더 이상 보이지 않는 지점을 지나면 구불거리는 산길을 따라 완만하게 이어지는 길을 만난다. 시간이 지나면서 좌측으로 능선 하나가 나타나 길게 이어지다가 뚝 떨어지는 위치에 창구나라얀 사원이 보인다.

왕자가 태어났다. 왕궁 전체는 갑자기 대낮처럼 구석구석 환히 빛났다. 왕자의 머리에는 다른 사람에게는 볼 수 없는 눈부신 보석이 하나 달려 나왔기에 일어난 현상이었다. 왕자는 보석과 같은 외모처럼 아름답고 선한 행동을 하며 성장해나간다. 부왕에게 부탁하여 무료 빈민구제소를 차려 집을 나온 수행자는 물론 힘없고 가난한 사람들을 손수 아낌없이 돌보았고, 사람뿐 아니라 짐승들에게도 극진한 애정을 표했다. 시간이 흐르자 파드마바티라는 이름의 정숙한 여인과 결혼하니 부모는 잘 성장한 믿음직한 아들에게 왕권을 물려주고 히말라야 속으로 고행 길에 오른다. 빛나는 왕자는 왕위에 오른 후 대가를 바라지 않는 보시를 꾸준히 지속했다. 보시란 자신이 준 것들을 돌려받겠다거나, 집착이나 기대감을 모두 배제한 채 오로지 순수한 마음으로 베푸는 일을 말한다.

그러던 어느 날 하늘의 신 인드라는 거대한 축제를 열어 지상의 수행자들을 초청한다. 그런데 기대와는 달리 참석자는 겨우 몇몇이 아닌가. 실망스러워하는 인드라는 한 브라흐민으로부터 지상의 마니추드(Manicud) 왕이 수행자들을 위한 잔치를 21일간 진행 중이라는 이야기를 전해 듣는다. 수행자들은 천상의 신이 아닌 지상의 마니추드 왕이 주최하는 잔치를 택했으니, 인드라는 자신의 입지를 생각하며 깊은 근심에 빠진다. 20일이 되는 날, 지상의 잔치판에 무시무시한 외모를 가진 야차가 나타난다. 야차는 왕에게 이야기를 한다.

"왕이시여, 나는 배가 많이 고픕니다. 먹지 못한 지도 오래 되었습니다. 당신은 원하는 것을 준다고 들었기 때문에 제가 이렇게 먹을 것을 찾으러 왔습니다."

왕은 신하들을 시켜 먹을 것을 가지고 오도록 했으나, 사람고기만 먹는단다. 하여 싸움터에서 죽거나, 강에 버린 시신을 구해 오라 했으나, 웬걸, 눈이 붉은 이 야차는 살아 있는 사람 살과 피를 먹는다며 거절한다. 야차는 이제 이글거리는 눈빛으로 왕의 살을 요구했고 왕은 기꺼이 자신의 몸을 잘라내기로 한다. 이를 바라보는 사람들은 분노하며 한편으로 슬퍼하는 가운데 왕은 아무 말 없이 자신의 살점을 떼어내 야차에게 주고, 다시 도려내어 넘겨주다가 결국 의식을 잃는다. 의식이 돌아온 왕, 흐느끼는 사람들을 둘러보며 말한다.

"당신들은 울지 마시오. 이 세상에 아무도 평생 동안 살지 못합니다. 누구라도 세상을 떠나야 합니다."

그리고 다시 살을 잘라 야차에게 주었다. 야차는 죽어가면서도 배고픈 존재에게 자신의 살을 떼어내어 먹이는 왕의 행동에 감동한다.

"왕이여, 내게 고기와 피를 주어 이제 배가 불렀소. 나는 이제 당신을 축복합니다. 스스로 몸을 잘라줄 만큼, 그리고 마음껏 피를 마실 수 있도록 하는 일을 어느 누가 할 수 있으리오. 이제 당신은 천국의 왕 인드라와 같은 존재가 되시오."

"야차여! 당신은 제 친구입니다. 제 몸을 잘라 살을 주고, 피를 준 것은 천국의 왕 인드라가 되기 위해서는 아닙니다. 원하는 것을 구하러 온 이에게 그것을 주기 위해서 한 행동입니다."

왕의 이야기를 들으며 야차는 서서히 모습을 바꾸니 바로 인드라가 아닌가. 인드라는 왕 몸에, 모든 상처를 치료한다는 히말라야 약초로 제조된 산지빠니를 발라주자 왕은 전보다 더욱 아름다운 모습으로 바뀌어 버린다. 인드라는 왕이 지상에서 이런 큰 축제를 열 자격이 있음을 선포하고 천국으로 올라간다.

이제 마지막 날, 21일째 잔치를 모두 원만하게 마친다. 왕은 참가한 사람들에게 원하는 만큼의 선물을 하사했으나 제일 큰 선물은 자신의 목숨 따위는 아랑곳없이 자신의 피와 살을 제공한 왕의 마음과 행동이었다. 마치 '남의 물건을 내 집에 둔 듯이' 행동하는 왕을 향해 모두들 침이 마르도록 칭송했다. 마치 『본생담』에 나올 듯한 스토리는 조금 더 지속되며 카트만두 이 지역과 연관을 갖는다.

복잡한 배경은 제쳐 두고 얼마 후, 이 나라는 전쟁에 휩싸인다. 왕은 상대에게 응전할 경우 많은 생명 희생이 우려되어 모든 것을 적에게 양보하기로 한 후, 왕비 그리고 브라흐민 네 사람과 왕궁을 빠져나왔다.

어디로 향했을까? 행선지는 바로 청정지역이라는 의미의 숫다 부미, 다르마의 지역이라는 다르마 부미(다르마의 땅), 그리고 신이 축복을 내린 곳이라는 뿐여〔純粹〕 부미, 바로 지금 네팔 카트만두에 도착한다. 그리고 바로 마니실이라는 산에 올라가서 자리를 잡은 후 '답을 하지 않아도 되는 지식'을 받기 위해 깊은 명상에 들어간다. 마니실은 바로 지금의 산쿠의 주변 산으로 나가르코트에서 산쿠로 가는 경우 좌측 능선에 보이는 나지막한 봉우리다. 나가르코트에서 하산하면서 보시의 끝판 왕이 거주했던 보시봉 이곳을 볼 수 있다.

나가르코트에서 하산하는 경우, 초반부에는 아름다운 풍경에 시선을 두지만 평지로 내려서면서 이런 신화가 적셔진 장소를 볼 수 있다.

어느 날 이곳에서 다섯 수행자들의 방문을 받는다. 그들은 왕의 나라를 침략했던 나라에 괴질이 돌아 많은 사람들이 죽어가고 있기에 도움을 청하러 온 것으로, 왕의 머리에 있는 시로마니(머리의 빛나는 보석)가 치료제이기에 청하고자 먼 길을 찾아왔다.

일단 마니추드라는 왕자의 이름에 주목하는 일이 중요하다. 인도의 수행자들은 자신의 머리카락을 길게 기른 후에 둘둘 말아서 머리에 얹는다. 일종의 터번 형태로 보이는 이런 모양은 인도대륙의 뜨거운 태양 혹은 히말라야 냉기와 유관하다. 평지에서는 일사병을 막기 위해서, 히말라야 수행지에서는 추위를 막기 위해 만들어진 이런 두발 형태를 우스니샤(usnisa)라고 부른다. 쉬바 신 역시 이런 모습을 갖추고 있기에 우스니신, '우스니샤를 가진 자'라는 이명(異名)을 가지고 있기도 하다.

그러나 인도에서는 머리카락뿐 아니라, 왕관, 머리끈, 의례용 머리 싸개와 같은 부속품이나 머리에서 가장 높이 솟아오른 신체 부분, 그리고 탑과 같은 건축물에서 가장 높은 부분을 우스니샤라 한다.

불교에서 우스니샤는 전생에 쌓은 선행과 공덕으로 인한 32호상에 포함이 된다. 『삼십이상경(三十二相經)』에서는 '다시 비구들이여, 대인에게는 정수리에 육계가 솟았다. 비구들이여, 대인은 정수리에 육계가 솟았다는 이것 역시 대인에게 있는 대인상이다.' 이야기하며, 그런 모습을 갖추게 된 것을 이렇게 설명한다. 머리에 솟은 부분에 종교적인 신성을 부여한다.

> 비구들이여, 여래는 이전의 삶과 이전의 존재와 이전의 거주처에서 인간으로 태어나서 (열 가지) 유익한 법들에 대해서 많은 사람들의 앞에 서서 가는 사람이었다. 그는 몸의 선행과 말의 선행과 마음의 선행과 보시를 베풂과 계를 호지함과 포살을 준수함과 어머니를 공경하고 아버지를 공경하고 사문을 공경하고 바라문을 공경하고 집에서 연장자를 공경하는 것과 다른 여러 높은 유익한 법들에 관해서 많은 사람들의 우두머리였다. 그는 그런 업을 지었고 쌓았고 넘치게 하였고 풍부하게 하였기 때문에 몸이 무너져 죽은 뒤 좋은 곳[善處]이나 천상에 태어났다.
>
> 그는 거기서 다른 신들보다 열 배나 더 많이 하늘의 수명과 하늘의 용모와 하늘의 행복과 하늘의 명성과 하늘의 권위와 하늘의 형상과 하늘의 소리와 하늘의 냄새와 하늘의 맛과 하늘의 감촉을 누렸다.
>
> 그는 거기서 죽어 여기에 와서는 정수리에 육계가 솟은 이런 대인상을 얻었다.

그런데 불교에서는 힌두교와는 달리 이렇게 솟은 부분을 우스니샤라 부르는 대신 추다마니(cudamani)라고 차별을 두고 칭한다. 후에 주라마니(周羅摩尼), 주잡마니(周匝摩尼)로 한역되며, 쉬운 용어로는 계주(髻珠)로 상투를 말하는 계(髻)와 구슬, 보석을 뜻하는 주(珠)가 더해졌다. 왕의 이름은 마니-추드로 추다-마니를 뒤집은 것이다. 그러니 그의 선행은 『삼십이상경』에 나온 그대로 생각하면 된다.

마니추드 왕은 비록 자신에게 전쟁을 걸어오고 자신의 영토를 점령한 적국에서 벌어진 역병이지만 다른 사람들을 도울 수 있다는 사실에 크게 기뻐하며 흔쾌하게 수락한다. 왕은 자신의 머리에 달린 것을 떼어달라는 그들에게 도리

- 사원 앞은 인산인해. 특히 신화를 기념하는 날에는 모든 사람들이 일을 제쳐 놓고 사원으로 몰려든다. 사원 앞은 사람들과 장사꾼들이 어울려 혼잡하다. 네팔 사람들은 이런 사람들 중에 신이 섞여 있다고 믿었으니 비록 구걸하는 거지라도 소홀히 여길 일이 아니다. 허리가 구부러져 겨우 걸어가는 노파라고 가볍게 보아서는 안 된다. 인간의 형상을 한 신이 함께 오가니 부디 모든 사람들을 신을 대하듯 귀히 여길 일이다.

어 감사함을 전하는데.

"당신들에게 감사 인사를 올립니다. 제가 오늘 이 시로마니를 드리는 것은 이 대지의 왕이 되고자 한 것은 아닙니다. 그리고 천국의 주인 인드라가 되려는 것 또한 아닙니다. 바이쿤다에 있는 비슈누의 자리를 위해서도 아니며, 카일라스 산에 계신 쉬바 신이 되기 위해서도 아닙니다. 4개의 머리를 가진 브라흐마가 되기 위해서도 아닙니다. 제가 오늘 이 시로마니를 드리는 것은 이 우주의 모든 만물을 보호하기 위해 보디삿뜨바가 되어야 한다는 생각일 뿐입니다. 보디삿뜨바가가 되어 어려움에 처해 있는 인간, 동물 더불어 식물들을 어려움에서 보호하기 위해서입니다. 병이 걸린 이들의 병을 치료해주고 싶으며, 죄인들을 죄로부터 해방시키고 싶습니다. 제가 가지고 있는 시로마니를 많은 이들의 병 치료를 하기 위해서 기꺼이 드립니다."

왕은 아주 보시의 결정판을 보여준다. 보디삿뜨바의 자비를 아낌없이 나타낸다. 힌두교 제신보다 위대한 보디삿뜨바. 내가 바로 그가 되어야 이룰 수 있는 일, 내가 바로 병든 사람이 되어야 행할 수 있는 선행이다.

그 다음은 말로 못한다. 살에 박혀 있는 보석을 떼어내기 위해 피가 튄다. 지진이 일어나고 천상의 신들이 슬퍼한다. 여의치 않자 왕은 아예 자신의 목을 친 후에 보석을 빼어가라 말하는 중, 피가 흘러내려 산쿠 앞의 강까지 붉은 빛으로 변해 흘러갔다. 인도에서 마니추드 왕이 인드라에게 살을 잘라 준 것은 비교가 되지 않는 일을 카트만두 언덕에서 해낸 것이다. 결국 머리에 깊이 박혀 있던 보석은 뽑혀 왕의 손에 놓였고 왕은 그것은 공손히 전해준 후 다시 실신한다. 그리고 죽어가면서 그대로 굳어 돌덩어리(shila)로 변한 채 아직까지 남아 후세에게 자비의 뜻을 남기고 있다.

이제 뽑힌 머리의 보석은 근처에 있는 마니추드 단다(Manicud danda)라는 작은 연못에 깨끗하게 씻긴 후, 호수의 물은 사람들의 두려움을 없애주고 병든 사람을 치료하는 신비한 능력이 생겨났다고 신화는 전한다. 신화는 마치 『백유경』, 『본생경』, 『인과경』 등등에서 좋은 내용만 추려 뽑은 것처럼 보인다. 아무렴 어떤가, 선행의 끝을 보여주는데.

우리는 안녕하세요? 건강하시죠? 이렇게 인사한다. 그러나 아띠샤는 '셈 상뽀 중외?' 즉 선한 마음이 생겼습니까? 물어보았다 한다. 이런 인사말을 던지고 받으며, 자비심이라는 마음점검이 필요한 장소를 지나가기에 멈추어 합장한다.

산쿠 일대는 바로 무주상보시(無住相布施)의 원형이 일어난 장소다. '거지가 와서 무엇을 구하든 마치 선지식이 찾아오신 듯이 원하는 것을 모두 드리라'는 구절이 절절한 곳이다. 꽃이 대가를 바라고 피어나 향을 선물하겠는가, 태양이 무엇을 바라고 저 하늘에서 묵묵히 온기를 지상에 보내고 있겠는가. 산쿠의 강물은 더 이상 핏빛은 아니다.

나가르코트에서 산쿠로 내려오면 힌두사원들이 차차 늘어난다. 산쿠는 티베트와 인접했다는 의미로 한때 대상로의 한 부분이었다. 외곽에는 새롭게 복층건물이 올라가고 오래된 광장에는 당장이라도 허물어질 듯한 옛 건물들이 골목 안에 어깨동무로 이어진다. 지금 대상들이 휘파람을 불며 노새를 다독이며 길을 간다 해도 전혀 어색하지 않은 분위기로 주름 가득한 촌로들이 대청마루에 앉아 담소를 나눈다. 거리에서는 작은 치성소들이 촘촘하게 이어진다. 과거 고려시대에는 도심 안에 많은 사원이 있었으나 조선시대에 들어서는 배불정책으로 인해 모두 산속으로 밀려들어 갔다. 나가르코트 산길에서 도시로 들어오는 길은 마치 조선시대에서 고려시대로 되돌아가는 기분이다. 사원이 많아질수록 든든해지는 뱃심, 천상 나는 고려인인가 보다.

## 쇼스타니를 알면 네팔사람

산쿠는 신화가 뭉쳐진 곳으로 중요한 이야기가 하나둘이 아니다. 마니추드 왕이 불교적 시선이라면 쇼스타니(Swasthani) 여신에 관한 힌두교 이야기 역시 이 지역에 있다. 쇼스타니에 대한 이야기는 인도사람들은 거의 대부분 모르는, 네팔만의 독특한 여신이다. 쇼스타니 여신은 팔이 네 개인데, 각각 차크라, 삼지창, 검 그리고 연꽃을 들고, 여덟 여신, 즉 마하깔리(Mahakali), 바이사나비

(Baishanavi), 브라흐미(Brahmi), 마헤스와리(Maheswari), 까우메스와리(Kaumeshwari), 바라히(Barahi), 인드라야니(Indrayani)와 차문다(Chamunda)가 그녀를 에워싸며 보호하는 형상으로 표현된다.

『쇼스타니 브라타 카타(Swasthani Brata Katha)』라는 이야기책은 총 31장으로 구성되어 위로는 쇼스타니와 쉬바 신을 중심으로 아래로는 인간세상 일들까지 버무리며 세세하게 펼쳐놓았다. 『쇼스타니 브라타 카타』는 이렇게 이야기를 시작한다.

"거지와 다름없는 수행자 부부가 있었다. 그들은 전생에 자신들의 죄가 깊어 찢어지게 가난하다 생각하여, 온갖 부귀를 가져다주는 가네쉬에게 열심히 기도를 올리기로 했다."

가네쉬는 참깨로 빚은 떡(라뚜)을 좋아해서, 없는 살림에 라뚜를 만들어 사원으로 찾아가 기도에 정성을 다했다. 지성에 감천이다. 오랜 기도에 감동한 가네쉬는 자신을 위해 만든 라뚜를 집으로 가지고 가서 선반 위에 올려놓으라고 말한 후 사라진다. 일주일이 지나자 선반 위의 라뚜는 눈부신 황금으로 변한다. 더구나 하나를 꺼내 쓰고 돌아서보면 또 다른 하나가 저절로 생겨나는 것이 아닌가. 이제 부부는 가난에서 벗어나 풍족하게 살아간다.

이 부부, 이제는 자식이 안 생겨 안달이다. 많은 재산을 물려줄 자식이 없으니 또다시 가네쉬에게 매달려 재산을 보호해주고 때가 되면 모든 재산을 넘겨받을 자식을 달라 조른다. 인간사 욕망, 이렇게 하나에서 다른 하나로 목마른 사슴 질주하듯이 쉼 없이 이어진다. 때에 이르러 다시 나타난 가네쉬, 그대들은 전생의 까르마로 인해 자식을 낳을 수 없노라, 알려준다. 그러나 가네쉬는 간절한 애청에 마지못해 다음 주, 이 기도처에 암소가 나타나고, 조금 기다리면 배설을 할 터, 배설물이 땅에 떨어지기 전에 양손으로 받아 집으로 가지고 가 선반 위에 올려놓으면 된다, 해결책을 알려준다. 그렇게 하자 거기에서 어여쁜 여자 아이가 태어났다. 이름은 소 배설물(고)에서 태어난 여자(마)이기에 고마로 이름을 짓게 되니, 쉽게 이야기하자면 소똥녀[牛糞女]다. 소를 거두어 키우는 유목민이 아니라면 만들어질 수 없는 이야기다.

고대인도 문화권에서 소는 각별한 의미는 가진다. 소란, 어머니 대지이며 바로 부를 상징한다. 가네쉬가 선물한 소똥이란 어머니 대지가 주는 풍족한 재산. 그러나 재산의 속성을 살핀다면 물질을 받은 것이지 영적인 선물은 아니다. 행운과 행복은 전혀 다른 성질의 것으로, 물질적 재산을 소유하게 되는 행운이라는 녀석은 지속적인 행복과는 여간해서 연결되지 않는다. 이 본성을 알지 못하면 행운도 행복도 평생 얻지 못한 채 1등 로또 복권집 앞에 어제도 그러했듯이, 오늘도 그리고 내일도 줄을 서게 된다. 그래서 구했다 치자. 행운이라고 들여놓은 무엇은 바로 치명적인 트로이목마일 수 있다.

이 집은 이제 모든 것을 갖추어 남부러운 게 없었다. 세월이 흐르며 수행자 부부에게 재산이 엄청나게 늘어나자, 하늘에서 바라본 시샘 많은 인드라, 자신보다 잘살아 자신의 위치가 흔들릴까 두렵고, 자신보다 행복할까 두려워, 쉬바 신에게 찾아가 불평한다.

신화에서 인드라는 본래 전사(戰士)로서 술 마시기를 즐겨하며 비를 내리는 일을 맡지만, 가끔 이렇게 인간이 지나치게 잘되면 가만히 두고 보지 못하고 파괴하는 일을 한다. 부자가 되고 일이 잘되는 것은 집안에 비슈누의 아내 락쉬미가 찾아온 때문이기에 락쉬미에게 감사기도를 올리고, 잘나가다가 갑자기 덜컥 제동이 걸린다면 격정적인 질투의 신 인드라가 개입했기에 인드라를 달래야 한다.

인드라 부탁을 받은 쉬바 신은 내키지는 않지만 들어주기로 한다.

그 사이 많은 이야기가 있으나 생략하고, 우여곡절 끝에 쉬바 신의 다른 분신인 늙은 수행자 쉬바사르마 브라흐민은 고마와 결혼하고 적당한 날을 골라 이제 처갓집을 나와 숲으로 떠난다. 고마 부모는 정말 섭섭했다. 금이야 옥이야 키운 아이를 늙고 병들고 가난한 수행자에게 출가시키다니. 그들이 할 수 있는 것은 실컷 슬퍼하는 일과, 고마가 고생하지 않도록 많은 보물을 지참하여 일꾼들에게 딸려 보내는 일. 그들은 멀리 떠나는 딸을 바라보며 점점 높이 올라가다가 나무 꼭대기까지 올라 기어이 떨어져 죽고야 만다. 그간 기도의 힘으로 두 사람은 이제 천국이 위치한 카일라스로 향한다. 신화에서 죽음이란 슬픈 일이 아니라 고단한 지상에의 일과를 마치는 현상이거나 그동안 삶의 결과물이다.

고마는 결혼 이후 잘 풀리지 않는다. 그것이 인간을 질투하는 신이 원하는 일이며, 혹은 태어나지 않아야 할 아이가 부모라는 존재의 소망으로 태어났을 경우에 겪어야 하는 운명이다. 깊은 숲에서 한밤중에 산적 습격으로 그 많은 보물을 모두 털려 빈털터리가 되고 결국 빈손으로 두 사람만 남게 된다. 두 사람은 이제 산쿠의 살리(Salinadi) 강가에 풀을 이어 움막을 짓고 산다. 살리 강은 나가르코트에서 산쿠를 향해 걸어내려 오면 내리막이 끝나고 평야 지대가 시작될 무렵, 좌측으로 흘러가는 모습이 보인다. 넓지 않은 폭, 마니추드의 핏물이 흐른 곳이기도 하다. 그러나 현재 강물은 푸르다.

먹고 살 길 막막한 고마는 기도할 때 사용하는 불붙이는 심지를 만들어 내다 파는 일을 시작했으나 부잣집 딸로 태어나 큰 고생을 몰랐으니 궁핍한 하루하루 참으로 막막했으리라. 몇 번의 계절이 지나면서 고마가 태기를 느낀다. 수행자 모습의 쉬바사르마는 자식을 낳고 키우려면 돈을 벌어야 한다며 집을 나가 높은 과일나무에 올라갔다가 떨어져, 이제 지상에서의 일을 마감하며 인간의 몸을 벗어버리고 카일라스로 가버린다. 인드라의 부탁대로 고마 집안을 회복 불가능하게 아주 쑥대밭을 만들어 놓았다.

고마의 아들 나바라즈(Navaraj)는 무럭무럭 성장한다. 쉬바 신의 피가 흐르니 얼마나 장하겠는가. 결국 바룬이라는 나라의 거부의 딸, 아름다운 찬드라바티(Chandravati)와 결혼에 이르고, 생활이 어느 정도 자리 잡히자 어렸을 때부터 아버지가 없다고 왕따 당한 자신의 지난 처지를 생각하며 아버지를 찾아 나서기로 결심, 어머니 고마의 결사적 반대를 무릅쓰고 집을 나선다. 온갖 고생을 치루고 그는 강가에서 수행자들을 만나, 자신의 아버지가 신에게 뿌자할 과일을 따다가 떨어져 죽었다는 이야기를 듣고, 나무 밑에 남아 있던 아버지의 뼈를 수습하여 제례를 지낸다. 나마라즈는 귀향길에 오르면서 빈손으로 돌아갈 수 없기에 돈을 벌 목적으로 주변 왕국에서 돈벌이에 나선다.

네팔인들은 오랫동안 용병으로 살아왔다. 산과 계곡에 갇힌 그들은 산을 넘어 외지로 나간 역사가 『마하바라타』에 나올 정도로 매우 유서 깊다. 신화 역시 네팔인들의 행동반경을 이야기하고 있다. 멀리 나가서 재화를 구하는 일이 네팔 신화에 종종 등장한다.

기다려도 돌아오지 않는 아들, 아침이면 아침마다 오늘은 돌아올까 기다리는 아내, 고부, 두 사람 사이에 심각한 불화가 싹트자 각자 등 돌려 자신의 본래 집으로 돌아간다.

사실 별다른 이야기가 없는 것이 『쇼스타니』다. 가족사에 일어나는 탄생, 성장, 결혼, 시련, 집을 떠남, 기다림, 이런 일상이 펼쳐지고 터닝 포인트에는 신들이 자리 잡고 있다. 외부인이 듣기에는 지루한 이야기인데 네팔 사람들은 구절구절 심각하다. 그러나 신들에 비견되는 존재들이 겪는 고통을 자신들도 똑같이 경험한다는 사실과 그들이 극복해 나가는 과정을 통해 고생스러운 삶에 위안을 받는다는 점이 중요하다. 시련이란 영혼의 담금질로 해석하게 된다.

본래 엉성한 것이 신화다. 소똥에서 사람이 나왔다느니, 갑자기 위험한 곳으로 가서 산적에게 털린다느니, 상식을 벗어나는 일이 이어져나간다. 그러나 신화는 어떻게 그런 일이 일어날 수 있느냐? 묻는 일을 용인하지 않는다. 그냥 믿어야 한다. 합리적인 종교의 경전은 의심해도 죄가 되지 않는다. 무엇이 잘못되었는지 묻거나 지적이 가능하며 심지어 살불살조(殺佛殺祖)까지 나간다. 그러나 신화를 바탕으로 두는 경전에서는 한 치도 허용되지 않는다.

쉬바 신의 아내 파르바티(Parvati)는 처음부터 이 모든 일의 진행을 지켜보고 있었다. 아무리 인드라가 우려하는 신의 영역을 위협하는 행복과 부귀일지라도 고마의 측은한 삶의 모습에 마음이 편치 않았다. 더구나 고마는 자신의 아들 가네쉬가 수행자 부부에게 선물했으니 그녀가 겪는 운명이 예사롭지는 않았겠다.

파르바티 간곡한 부탁으로 쉬바 신은 일곱 리쉬(고귀한 수행자)들을 시켜 고마를 찾아가도록 한다. 평소에는 하늘의 북두칠성으로 자리 잡고 있는 일곱 리쉬는 쉬바 신의 명령으로 지상에 내려와, 마을에서 멀리 떨어진 강가에서 구차하게 살고 있는 고마를 찾아간다. 이어 쇼스타니 신에게 기도하며 불행을 없애나가는 방법을 친절하게 일일이 알려준다. 감사한 고마, 그들에게 대접할 물건

마을로 들어서면서 신상들이 하나씩 나타난다. 거리에 신상들이 등장하면서 마음이 편해지는 이유를 모르겠다. 신성한 에너지가 저잣거리의 혼란함과 어우러지며 균형감을 갖춘다. 고달픈 이를 배려하는 따뜻한 마음의 신상들이 멀지 않게 이어지며 위안을 준다.

을 사러니기는 동안 일곱 리쉬들은 각자 방석 밑에 고마에게 줄 금덩어리를 하나씩 놓고 사라져 버리고.

일곱 개의 황금덩어리로 생활이 나아진 그녀는 이제 손톱을 깎고 개울에서 목욕, 마음을 맑게 한 후, 한 달 동안 쇼스타니 신을 위한 기도와 명상을 시작했다. 가끔 자신의 지나온 날을 노래로 덧붙였다. 이상스럽게 그녀가 노래 부르고 신을 찬양하는 곳에는 풀들이 잘 자라나 소들이 몰려들어 풀을 뜯었다. 소를 키우는 목동들은 모두 소가 풀을 뜯는 동안 아무런 방해 없이 그녀의 기도와 노랫소리를 들을 수 있었다.

고마는 기도 중간중간 멀리 떠난 그리운 아들의 귀환을 기도한다. 고마가 한 달의 기도를 마칠 무렵 기도에 화답이나 하듯 이제 아들이 돌아왔다. 그는 어머니 고마의 이야기를 듣고 이제 한 달 간 어머니의 기도문을 강에 흘려보내기 위해 살라 강으로 나서자 비슈누가 나타난다.

"너의 어머니는 리쉬를 위해 좋은 일을 했다. 그리고 기도문으로 신을 기쁘게 했구나."

이 이야기에는 모든 신들이 다 나온다. 가네쉬, 인드라, 쉬바, 파르바티에 이어 이제 비슈누까지 등장한다.

이 부분은 외국에 아들딸을 보낸 부모와 형제들에게 감동을 주는 대목이다. 이들은 아들이 귀환하는 대목을 읽으면서 집안을 일으키기 위해 인도, 아라비아, 유럽, 한국, 일본 등으로 떠난 혈육을 그리워한다. 상봉의 그 날을 꿈꾼다.

비슈누는 나바라즈에게 강의 남쪽에 있는 라번여에서 왕을 찾으니 그곳으로 가서 왕이 되라고 알려준다. 나마라즈는 왕의 후보에 나선다. 왕을 뽑는 것은 사람이 아니라 화환을 들고 있는 코끼리로, 코끼리는 다른 사람은 모두 거들떠보지 않고 나바라즈 목에 화환을 걸어주고, 등에 싣고는 왕국으로 들어갔다. 나바라즈는 왕국에서 전의 왕의 딸인 라반야파티와 결혼까지 하게 되어 황금 옷을 입고 어머니 고마를 왕궁에 불러들인다. 왕위에 오르고, 어머니를 모신 나바라즈는 수행자들을 모시고 잔치를 벌이기 위해 본래 혼인했던 찬드라바티 역시 불러오도록 한다.

이렇게 진행되는 『쇼스타니』는 우리네 『춘향전』, 『홍길동』처럼 네팔 사회에 넓게 퍼져 있고, 한때 교과서에까지 실렸다. 혹시 주변에 네팔 사람이 있다면, 『쇼스타니』, 고마, 나바라즈 등등, 등장인물 몇 사람만 이야기하면 순식간에 무장해제시키며 십년지기가 된다. 외국인 누군가 『춘향전』의 이 도령, 월매, 나가서 변 사또를 이야기한다면 그 사람 다시 보게 되지 않는가.

어느 마을에 가서 그 지역의 유래를 듣는다 하자. 나이 지긋한 영감님이 자신의 조부의 조부의 조부 때부터 전해오는 말씀을 전할 때, 만일 듣는 사람이 부정적인 마음을 일으킨다면 옳은 자세가 아니리라. 한 종교의 오래된 이야기를 들을 때 자신의 교조적인 생각을 앞세워 비웃거나 상대의 말을 끊고, 혹은 마음으로 그런 이야기를 차단하며 다른 생각을 하고 있다면, 그것 역시 바른 일으로 보이지 않는다.

한 지방, 나아가, 한 나라의 오래된 이야기 안에는 그 지역의 종교, 철학, 문화, 역사, 기후 등등 모든 것이 녹아들어 있기에 가슴을 열고 들어야 하며 어떤 지역을 찾아갈 때, 그런 역할을 담당하는 문헌이 있다면 구해 읽는 일이 정답. 경직된 의식의 지평을 넓히고 마음의 부피를 말랑하게 만들어 확장시키는 기술이다. 여행지의 문화가 바로 내 나라의 문화라고 생각한다.

오래 전 한반도를 알기 위해서는 우리의 『삼국사기』 그리고 『삼국유사』를 들춰야 하듯, 카트만두를 면밀하게 알고 이해하기 위해서는 네팔의 오래된 세 가지 문헌이 필수다.

1. 『스왐부나트 뿌라나』
2. 『네팔 마하뜨야』
3. 『쇼스타니』

앞의 책은 불교 입장에서 바라본 카트만두 탄생사를 기록한 경전이고 뒤의 책은 네팔의 메이저 종교인 힌두교 입장이다.

여기에 『쇼스타니』는 삶의 교훈을 담은 세미 경전으로 네팔 사람들 마음에 폭넓고 깊게 아로새겨져 있어 무시할 수 없는 텍스트다. 비록 할리우드 블록버스터의 손에 땀을 쥐는 스토리 전개가 아니라 보다가 화장실을 다녀와도 무방한 선댄스 저예산 인디펜던트 급일지언정 한번 알고 지나가는 게 좋다.

외모가 아름다운 첫 번째 부인 찬드라바티는 성격이 좋지 않았나 보다. 시어머니와 갈등은 물론 다른 사람들과도 불화가 깊었다. 남편이 부른다고 가마에 오르더니 이내 가마꾼들에게 늦게 간다고 화를 내고 신경질을 부린다. 그녀를 태운 가마는 바로 여기, 살리나디(Salinadi) 강, 즉 살라 강가에 도착한다. 거의 모든 사건들은 산쿠 살라 강을 중심으로 일어난다.

찬드라바티에게 시달림을 당한 가마꾼들은 기진맥진. 이제 강을 건너려면 뭔가 요기라도 해야 하는데 마침 강가에서 천상의 요정 압쌀라들이 쇼스타니 신에게 뿌자를 하는 중이라 끝나기를 기다린다. 뿌자가 끝나면 프라사드, 즉 공물이 나오게 마련이라 그들은 조금 오래 참고 함께 기도하며 기다린 후, 프라사드 음식을 손에 얻었다. 가마꾼들은 찬드라바티에게 프라사드를 가져다 주었다. 그녀는 성질을 낸다.

"너희들은 가마에 나를 혼자 두었다! 그리고 나는 쇼스타니 따위가 누군지 모른다!"

그러고는 지상으로 내려온 천상의 압쌀라들이 신에게 올렸던 성스러운 공물, 프라사드를 땅에 던지고 밟은 후 침을 마구 뱉는다. 이어 강을 빨리 건너자며 악을 쓰며 윽박지른다.

요즘 도처에서 유행하는, 권력을 가진 갑이 힘없는 을에게 가하는 부당한 폭력이다. 이런 행위들은 인간이 멸종하지 않는 한 사라지기 어렵다. 신화 구조에서는 신에 대한 악한 행동, 힘없는 자들에게 폭력적인 행위가 나오면 반드시 응징을 당하게 되어 있다.

어쩔 수 있나. 가마는 강에 놓인 다리를 힘겹게 오르고 가마꾼들이 용을 쓰는 가운데 갑자기 바람이 엄청나게 불더니, 어디선가 먹구름이 몰려오며, 비가 억수로 내린다. 그 어마어마한 위세에 다리가 순간 뚝 끊어져 버리는 게 아닌가. 먹기라도 잘 먹었으면 가마꾼들이 합심하여 위기를 벗어났을 터지만 탈진한 그들, 가마와 함께 모두 강물에 빠져버린다. 애타는 기도문을 외우며 신에게 자비를 구하는 가마꾼들. 쇼스타니 신의 배려로 천상으로 오른다.

그 후에 이상한 일이 생겼다. 살라 강이 흐름을 멈춘 것이다. 사람들이 이유를 찾기 위해 강으로 몰려들었으나 강바닥에 잠긴 나무토막 하나를 건져냈을 뿐 이유를 알 수가 없었다. 이에 쉬바 신의 핏줄인 나바라즈 왕은 신에게 간절한 기도를 올려 멈추었던 강물을 다시 소리 내어 흐르도록 만들었다.

그 나무토막은 사실 천국으로 가지 못하고 아귀가 된 찬드라바티였다. 그녀는 프라사드를 거절하고 욕되게 한 대가로 이제 더 이상 아무 것도 먹을 수가 없었으니, 꽉 찬 곳간에 안내하여 얼마든지 먹으라 하면 곳간에 들어가는 순간 텅 비어버리고, 누군가 자비롭게 밥을 제공하여 밥을 먹으려 하면 밥알이 재로 변하고, 재라도 입에 넣으려면 갑작스러운 바람이 불어 모두 사방으로 흩어버렸다. 채워도 만족스럽게 채울 수 없고, 먹으려 해도 먹을 수 없는 것. 바로 아귀가 된 것이다.

아귀란 본래 팔다리가 유달리 길거나 짧으며 머리는 크고 무거우며, 얼굴은 검고 주름살이 가득 차 있고, 몸은 산처럼 크게 묘사되고 있다. 먹고 마시려 해도 뜻대로 되지 않아 배고프고 목마른 고통 속에서 살아가며, 생각은 비정상으로 변해 달빛이 태양처럼 뜨겁다 생각하여 몸이 타오르는 통증을 느낀다. 한여름 태양이 얼음장처럼 춥다고 생각하여 추위에 떤다. '아귀, 짐승, 사람 그리고 신들이 각자에 맞게, 대상은 하나지만 인식이 다르기'에 겪는 고통이다. 무엇보다 먹을 것을 보지 못하며, 설혹 본다고 해도 누군가가 아귀를 위해 기도를 해주고 권해야 먹을 수 있다. 인간들이 음식을 차려 놓고 신에게 기도하며 때로는 아귀를 위한 '고수레'가 필요한 이유다.

모든 결과는 눈에 보이지만, 사실 이것은 현재 눈에 보이지 않는 원인을 포함하고 있게 마련이라 지금 아귀의 모습은 바로 지난 시간에 원인이 있으니, 인중유과(因中有果), 이제 다가올 시간에 나타날 모습을 바꾸기 위해서는 지금부터

• 축제에서 여자들은 붉은 옷을 입는다. 결혼식에도 하얀 웨딩드레스가 아니라 붉은 사리를 입는다. 사원을 찾는 경우라고 다를까. 당연히 붉은 사리를 준비해서 입는다. 백의민족이라는 교육으로 거부감이 있었으나, 히말라야 문화권에 발을 들여놓은 지 도대체 몇 년인가. 이제는 정의하기 모호한 하얀 드레스에 도리어 슬며시 의문을 품는다.

다른 원인을 심어야 한다.

배고픔이라는 처절한 징벌을 받는 그녀는 어느 날 살라 강으로 내려온 천국의 압쌀라들을 만난다. 압쌀라들은 먹을 것을 구걸하는 찬드라바티에게 쇼스타니 신에게 기도할 것을 권한다. 다른 원인을 심으라는 권고다.

"재산이 없어 기도를 못합니다."

누구든지 하는 변명이다.

"마음으로 해라, 강변의 모래를 황금가루로 생각하고 정성을 드려 기도를 해라."

그녀는 지푸라기 잡는 심정으로 기도를 올린다. 신에게 올렸던 공물을 거부함으로써 신에 대한 크나큰 모욕을 저질렀음을 반성하고, 이제 새롭게 태어나기 위해 살라 강가에서 정성을 다했다.

그리고 1개월의 기도가 진행되면서 나무토막 아귀의 모습에서 차차 사람 모습으로 돌아왔다. 마지막 날, 8개의 공물을 만들어 강에 띄워 보냈다. 마침 강 밑에서 거주하던, 너무 가난하여 생계가 어려웠던 나가 부부는 공물 덕분에 생활이 피게 되었으니 나가 부부는 프라사드를 강물에 던진 찬드라바티를 축복한다. 이런저런 힘으로 시련을 겪은 후, 아름다운 제 모습을 찾은 그녀 앞에 소식을 들은 남편이 나타나 왕궁으로 이끌었다.

구도자들의 시선으로 보자면 그저 남가일몽(南柯一夢) 범주로 넣을 수 있는 『쇼스타니』 경전의 내용들은, 하나하나 세세히 분석해보면 네팔에서 만들어진 신화임을 단박에 알아차릴 수 있다. 시어머니, 며느리, 아들, 아내 사이에서 일어나는 사건들에 신들이 함께하고, 결국은 고생 끝에 화목을 되찾는다는 내용으로 인도 신화들과는 분위기가 완연히 다르다.

인도는 이렇게 오밀조밀한 가정사보다는 세속의 인연을 끊어내는 냉엄한 출가에 의한 해탈이 주를 이룬다. 산속 마을에서 긴긴밤 서로 이마를 맞대고 모여 오순도순 살아가는 네팔 사람들에게는 가족사에 신들이 참여하는 『쇼스타니』가 몸에 딱 맞는 옷이다. 겨울에서 봄으로 넘어가는 한 달 동안 각각 가정에서는 모여 앉아 이 경전을 한 장씩 읽어나간다.

쇼스타니는 여신이다. 쉬바 신의 첫째 아내 사티가 죽은 후 파르바티로 환생한다. 쇼스타니는 파르바티가 쉬바 신의 아내로 다시 돌아갈 수 있도록 도와준 여신으로, 파르바티가 쇼스타니 신을 찬양하며 『쇼스타니』를 1개월 동안 읽은 후에 쉬바 신을 만났다는 이야기가 있다.

쉬바 신이라면 모든 여성들이 원하는 최고의 남성형이기에, 쇼스타니 축제는 집안의 가장이 잘되기를 바라는 기혼여성, 좋은 남편을 만나기를 원하는 미혼여성들의 기원축제 성격이 강하다. 축제가 시작되면 여성들 대부분은 행운을 상징하는 붉은 색 옷을 입고 예쁜 팔찌를 차게 된다. 마지막 날 기혼여성들은 남편에게 꽃을 전한다. 남편이 없으면 아들에게, 아들이 없다면 아들의 친구에게, 그마저 없다면 흐르는 강물에 꽃을 선물한다. 흐르는 물에는 나가가 있기 때문이다.

『쇼스타니』를 읽고 축제에 참여하는 이점을 정리하자면.

1. 미혼여성은 좋은 배우자를 만나고,
2. 결혼한 여자는 남편이 건강해지고,
3. 헤어진 사람이 있다면 다시 만날 수 있고,
4. 자신이 가진 저주를 풀어주며(까르마를 정화하며),
5. 주위 사람들에게 행복을 가져다준다.

이 모든 사건은 나가르코트에서 걸어 내려오면 만나는 산쿠에서 벌어진 일들이다. 목욕하고 기원하며, 빠지고 죽어가며, 신들이 다투어 나타난 곳이 바로 산쿠다. 리쉬의 축복, 그 이전의 쉬바 신의 권능, 그 전의 파르바티의 배려를 기억하는 사람들은 요즘도 1개월 동안 쇼스타니 신에게 정성을 다해 기도를 하고 이곳 산쿠로 몰려든다.

여행자들이 여간해서 찾지 않는 곳이지만 쇼스타니 여신의 최고 성지이기에 나가르코트를 찾는 경우 이쪽으로 발길을 돌려 내려오는 일은 뛰어난 선택이 된다. 강물과 눈을 마주치고, 사원을 향해 허리를 굽혀 네팔 사람들의 성지 중에 하나인 이 일대를 성지로 삼은 네팔리 가족들이 모두 화평하기를 기원하는 일이 정석이다.

산쿠의 외곽 강변에 이런 사연을 담은 마하데브, 즉 쉬바 신과 나라얀, 즉 비슈누를 모신 사원이 강가 계단 위에 자리 잡고 있다. 사원은 누추하고 작지만 가치는 빛나며 무겁다. 평소에는 한적하기에 축제일을 맞추어 방문하는 일이 좋겠다.

# 13

# 네팔이라는 말의 의미

네팔라국은 주위 4천여 리로 설산 안에 있다. 나라의 대도성은 주위 20여 리이다. 산과 내가 연이어져 있고 농업에 알맞으며 꽃과 과일이 많다. 붉은 구리, 얼룩소, 명명조(命命鳥)가 나온다. 화폐로는 적동전을 사용하고 있다. 기후는 춥고 풍속은 비굴하며 성격은 강직하고 용맹스럽고 신의는 경박하다. 용모는 추악하며 사교 정법을 겸하여 믿고 있다. 가람과 천사는 담장을 잇대고 처마 끝을 이웃하여 빽빽이 들어찼다. 승도는 2천여 명 대소이승(大小二敎)을 겸하여 학습하고 있다. 외도의 이학(異學)을 공부하는 자는 그 수를 알 수 없을 만큼 많다.

– 현장의 『대당서역기(大唐西域記)』 중에서

## 네팔이라는 이름의 의미

여행자들은 여행에 따른 허가서를 발급받고, 산길을 안내할 가이드를 만나, 필요한 장비 혹은 식품을 구입한 후, 이제 원하는 장소로 이동하기 전까지 카트만두에서 대기하게 된다. 그리고 설산에서 모든 일정을 마치면 다시 카트만두로 되돌아온다. 국제공항이 있는 카트만두에서 항공편을 통해 귀향길에 오르기에 카트만두는 히말라야를 경험하기 위해서는 이래저래 피할 수 없는 도시다.

카트만두는 1996년, 안나푸르나 북쪽 지역에 자리 잡은 무스탕 왕국을 가기 위해 처음 방문했다. 우리나라 지방도시 공항과 비교하여 도리어 작고 아담한 규모였으나 트랩을 내려 공항청사로 걸어가는 동안, 활주로 위로 달려오던 특유의 바람 기운을 잊지 못한다. 공항을 빠져나온 시내는 먼지구덩이, 소음, 메케한 매연, 일정한 직업이 없이 이리저리 배회하는 사람들, 사람과 함께 경계 없이 오가는 짐승들. 혼란한 외견으로 당황스러웠던 기억도 있다.

그러나 1996년 당시, 이미 몇 해에 걸쳐 엉망으로 치자면 지상에서 최고급 엉망진창인 인도에 익숙하게 길들여져 있던 상태라 당혹감은 잠시, 곧이어 인도 어느 깔끔한 휴양도시에 도착한 느낌이랄까, 도리어 깊은 호감을 느꼈다. 모든 것이 화려하고 극단적인 인도보다 숨이 조금 죽은, 과(過)하지 않고 융통성 있는, 개성 있는 모습으로 다가왔다.

'인도에 지친 여행자들이 카트만두 혹은 포카라에서 쉰다'는 인도 배낭여행자 사이의 금언이 한낮이 채 지나가기도 전에 손쉽게 이해되며 모든 긴장은 홀연 무장해제 되었다. 그 반나절 이후 나는 카트만두 찬탄일색으로 돌아선다.

당시 카트만두에서 준비물을 챙긴 후 신속하게 히말라야 산중마을 좀솜으로 날아가, 카라반을 꾸린 후, 산속 굽이굽이 길을 걸어 무스탕 왕국의 수도 로망탕에 도착하는 일이 목표인지라, 카트만두의 가치와 매력을 전혀 눈치채지 못했다.

사실 큰 산을 찾아다니는 사람들에게는 자신의 마음 편해지는 산길을 몇 개 가지고 있게 마련이다. 마음 안에 자신이 아끼는 산길이 단 하나도 없다면 그 사람, 진정 산꾼은 아니다. 누군가가 자신이 좋아하는 산길을 이야기한다면 눈길과 소리길이 그쪽으로 슬며시 기울어지게 마련이다.

같은 방식으로, 히말라야를 다닌 사람이라면 마음 각별한 정든 지역이 생겨나 자다가도 지명을 들으면 부스스 일어나는 인연이 만들어진다. 바로 카트만두와 스카르두(Skardu), 이렇게 두 곳이, 설산병이 심히 깊고, 고산에 빙의되고, 히말라야 신들린 사람들에게는, 아무리 소란한 자리에서라도 소리 나는 방향으로 고개를 돌려 발설 주인공을 눈여겨보며 자신도 모르게 연민의 눈빛을 흘리게 만드는 이름이다.

스카르두는 파키스탄 북쪽의 도시로 K2, 낭가파르밧 등등의 카라콜람과 히말라야 서쪽 끝 험한 고봉들을 가기 위한 전진기지 역을 맡고, 카트만두는 나머지 광활한 히말라야 중앙부를 떠맡는 역시 전진기지로 고산등반이 아닌 일반 트래커들조차 두 도시 이름은 고향마을만큼 정겹기까지 하다. 그러나 스카르두는 막막한 변방의 느낌이 강하며 종교적 색채 역시 고독하여 단순한 회색이다. 반면 카트만두는 체급으로는 슈퍼헤비급으로 스카르두에 비해 한 수 위의 화려한 품계를 가지고 은근히 강하게 끌어당긴다.

카트만두는 훗날 꽤나 여러 번 방문했으니 얼마나 다행인지 모른다. 카트만두를 단 한 번으로 그쳤다면 내 인생이 얼마나 단조로웠을까. 카트만두는 이번 삶에서 인도 델리와 함께 한반도 밖에서 가장 많은 날을 보낸 도시로, 책으로 치자면 몇 번이고 반복해서 읽은 셈. 한 번 두 번 세 번 네 번, 시간이 지날수록 카트만두는 토란(土卵), 즉 히말라야라는 땅덩어리〔土〕가 만든 핵심적인 달걀〔卵〕, 그중에서도 노른자에 해당하는 곳이라는 평가를 내릴 수밖에 없었다.

네팔이 차지한 지리적 위치를 보면 남쪽 인도와 북쪽 티베트 사이로, 인도와 티베트 사이에는 히말라야 장벽이 펜스처럼 쳐 있고, 그 펜스에 붙은 남쪽 경사면이 바로 네팔이 된다.

댐 위의 수면은 티베트 고원지대고, 댐 위에 차와 사람이 오가는 곳은 히말라야 능선이 만드는 스카이라인, 물이 내려가는 경사면이 바로 네팔, 그리고 물이 다 내려온 평편한 대지는 네팔과 인도 테라이(평지)라 생각하면 쉽다. 네팔 저지대는 해발 200m, 최고지대는 거의 수직 상승하여 사가르마타(에베레스트) 8,848m까지 이르기에, 그 사이는 고도에 따라 비옥한 곡창지대와 원시림을 품은 열대정글, 계단식 논밭으로 이어지는 준 산악지대, 목축을 하며 감자와 밀을 키우는 고산지대, 마지막으로 신들의 거처, 1년 내내 백색으로 얼어 있는 영구동토층까지 지구상 가능한 모든 생태계를 품는다.

인간은 도구를 이용하고, 의복을 사용하며, 신기할 정도로 자연에 적응하여 어디든지 간다, 혹은 산다. 인간이란 아무리 거친 환경 속에서도 적응해나가는 생명체이기에 히말라야 거대장벽이 있다고 살지 않거나, 힘들다고 넘지 않겠는가. 세월이 지나면서 험한 산의 경사면을 따라 옥수수와 소금을 물물교환하는 상인, 다르마를 구하거나 전하고자 소명을 받은 성자, 보다 많은 재화를 단숨에 움켜쥐고자 창칼 든 군인들이 목숨 걸고 열대우림을 헤쳐 나가고 영구동토층 사이를 지나 험준한 히말라야를 넘나들었다. 서로 산 너머 반대편에 있는 것들에 대해 호기심을 일으키고 현혹되면서 교류하여 필요한 것을 나누었다.

무엇 하나만 가지고 전체가 되는 일은 없으며, 무엇 단 한 가지 개체가 고유하게 생명으로 작용하는 일은 우주에는 없다. 개체들이 협동하고 경쟁하면서 상호 에너지를 주고받으며 시절인연을 거쳐 생명을 유지하고 진화해나간다. 저 아래 아메바부터 저 위의 우주 단위에서 일어나는 일이며, 그 안에 몸을 담고 있는 인간이 만들어낸 문화 역시 그런 혁혁한 생명현상에서 벗어나지 않는다.

네팔의 특징은 이런 다중의 세상, 특히 두 세상이 만나 이루어 놓은 것들이다. 인도와 티베트, 저지대와 고지대, 남쪽과 북쪽, 동쪽과 서쪽, 불교와 힌두교라는 두 방향의 문물이 상인, 성자, 예술가 그리고 군인 등등에 의해 적절하게 겹쳐지며, 기어이 나름대로의 특징은 물론 뒤섞임의 미학을 품은 화려한 스펙트럼을 만들어냈다. 도시를 보는 일은, 도시를 이루는 개체들의 면면을 확인하는 일과 이런 개체들이 어우러져 생명현상을 이루는 과정 전체를 더듬어 느낌이 깊어진다.

그런 생명현상 와중에 사람들에게 알려지며 편의성을 위해 이름을 얻는다. 국가와 도시 이름 역시 이런 방식으로 태어나 성장한 결과로 얻어졌기에 이름의 의미를 짚고 나가면 이해가 심히 깊어진다. 사실 이해란 바른 지식, 정견(正見)을 바탕으로 이루어져야 한다. 처음 네팔을 찾을 때는 나라 이름이나 도시 이름의 의미 따위는 안중에 아예 없었다. 이제는 네팔이나 카트만두라는 단어가 가볍지 않고 늘 의미심장하다.

일단 카트만두가 네팔이라는 한 국가의 수도인지라 네팔이라는 이름에 대해 알아 볼 필요가 있다. 네팔이라는 이름에 대해, 네팔의 패설 다할(Peshal Dahal) 박사의 『네팔코 이띠하스(네팔의 역사)』를 참고한다. 네팔에 대한 이야기는 문서상 『마하바라타』에 처음 등장하는 바, 『마하바라타』 바느 파르바(숲 전쟁)에 네팔을 비서여(District) 도시라 설명하고 있다. 스스로 '모든 왕의 정복자'라고 호언한 인도 사무드라 굽타(Samudra Gupta) 왕의 알라하바드 석비 기록에는 네팔을 '주변국가'라고 기록하고 있으며 정복을 이야기하는 바, 인도대륙에 이미 네팔이라는 나라의 존재감이 알려져 있었다. 기원전 569년 티스퉁(Tistung) 어비레크의 실라레크(udans, 銘文)에 네팔이라는 글자가 기록되어 있는 점으로 보아 네팔이라는 이름은 아주 오랜 역사를 가지고 있다.

1. 이름의 의미는?
   ㄱ. 언어학적.
   ㄴ. 인종학적.
2. 언제부터?

패설 다할 박사의 복잡한 문장을 거둬내면 이런 분류를 통해 이해할 수 있다. 박사의 언어학적인 설명을 보자. 이 지역의 주인인 키라티, 네왈리 그리고 인접한 곳의 티베트, 고대 인도의 산스크리트 순으로 네팔이라는 단어의 뜻을 살피자면.

1. 키라티어로는 네팔을 네그프따(Negpta)라고 부른다. 성스러운(구파), 즉 성스러운 국가라는 의미를 가진다.
   키라티는 인종학적으로는 몽골로이드로, 사자를 의미하는 키라(kira), 사람을 뜻하는 티(ti)가 맞붙었다. 고대 인도사람들은 북동쪽 히말라야에 거주하는 사람들의 외모가 마치 사자와 같아 키라티(Kirati), 키라타(Kirata)라고 불렀다. 수염과 머리를 잘 다듬지 않는 야생의 모습이었단다.
2. 네와리 언어로는 네팔을 '네파'라고 부른다. 중앙이라는 '네'와 국가, 집단이라는 의미의 '파'가 합쳐졌다. 히말라야에 둘러싸여 그 중앙에 위치했다고 붙여진 이름이다.
3. 티베트어로 '네'는 집, '팔'은 양털이라는 의미로 네팔지역에서 많은 양을 키워, 많은 양털을 생산했기에 이런 이름이 붙었다. 세실 벤달(Sesil Bendal)이라는 학자의 주장이다.
4. 산스크리트어로는 '닢'은 분지, '알'은 집이다. 여기서 네팔이라는 이름이 만들어졌다. 산스크리트어로 네팔의 정의는 네팔 전체가 아니라 카트만두에 제한적인 설명처럼 보인다. 이런 이름이 붙여진 시기에 네팔이라는 나라의 모든 것이 카트만두 분지에 대부분 집중되어 있었던 당시 상황을 감안한다면 충분히 인정받을 수 있다.

설이 많다는 것은 분명하지 않음을 의미하며, 더불어 이 지역에 여러 가지 언어와 부족이 혼합되어 함께 오늘날까지 꾸려왔다는 이야기다. 이런 모호함이 모두 관여하여 현재 네팔이라는 이름을 가졌기에, '언어학적'으로 보면 '히말라야에 둘러싸인 중심지역에, 양을 많이 키워 양털을 생산하는 성스러운 나라' 정도로 두루뭉술 뭉쳐서 생각하면 더할 나위 없겠다.

패설 다할 박사의 '인종학적' 관점에서 네팔의 어원을 살피면, 많은 사람들이 현재 카트만두 일대에 가장 많이 포진하고 있는 네와르 족에서 네팔 이름이 생겼다는 주장을 한다. '너르와'에서 네팔이 생겼다는 이야기다.

그러나 인종학적으로 가장 설득력을 얻고 있는 주장은 패설 다할 박사보다는 네팔 역사학자 갼마니(Gyanmani)에 의한 것으로 초기에 네팔로 이주, 정착한 '닆' 족으로부터 네팔이라는 이름이 발생했다는 것. 소와 양을 키우며 생활하는 닆 족은 산스크리트어로 기록된 고대서적에 고팔(Gopal) 족이 바로 닆 족이라고 쓰여 있다. 인도의 고팔 족이 북쪽 히말라야 방향으로 이동하면서 '닆'이라는 이름을 얻었고, 닆 족은 유목하면서 안나푸르나와 다울라기리 사이의 간다키(Gandaki) 지역에 머물다가, 시간이 흐르면서 서서히 카트만두 쪽으로 이동했다. 그러면 뒤에 붙는 알은 뭘까? 간단하다. 오래전에는 어느 지역 및 민족 이름 뒤에 '알'을 붙여 불리는 경우가 있었단다. 이 '닆'과 '넾'에 '알'을 붙여 '네팔'이라는 이름이 생겼다는 주장이다. 이 설이 현재 가장 설득력 있게 광범위한 층에서 받아들여진다.

네팔 역시 세상의 조류를 따라 변화하는 나라다. 이 거대한 흐름은 깊은 히말라야 산속에도 청바지, 코카콜라, MTV, 나이키가 스며들도록 했다. 그러나 하루아침이면 새로운 것이 쏟아져 나왔다가 언제 그랬냐는 듯이 사라지는, 마치 이 땅의 주가처럼 하루에도 몇 번이나 곤두박질과 상승을 거듭하는 널뛰기 경박함을 네팔에서는 찾아보기 어렵다. 오래된 것들이 여전히 주류를 이루면서 천천히 변화하는 면면을 살펴보자면 네팔이라는 이름은 과거부터 오늘까지 유효하다.

"동서로 내달리는 백색 철벽 히말라야 산기슭에서는 사람들이 여전히 양을 키우고 양털을 만들고, 테라이에서는 소를 키우고 농사를 지으며, 힌두교와 불교의 교리를 중히 따르고, 때가 되면 축제를 통해 성스러운 신들과 교감하는 나라."

이 문장을 줄여 한 단어로 이야기하라면 바로 '네팔'이다. 다른 곳에서는 찾을 수 없는 개성적인 면모를 지닌 곳으로 이렇게까지 알고 나면, 네팔이라는 단어를 듣는 순간 의미보다 눈앞에 풍경이 먼저 펼쳐진다.

현재 네팔의 공식명칭은 '네팔 연방 민주공화국.' 2008년 5월 28일 왕정이 무너지면서 새롭게 얻은 이름이다. 그전은 왕이 통치하고 있었기에 '네팔 왕국'이었다. 국호에 왕국(kingdom)이 들어가는 네덜란드(Kingdom of the Netherlands), 노르웨이(Kingdom of Norway), 덴마크(Kingdom of Denmark), 태국(The Kingdom of Thailand), 부탄(Kingdom of Bhutan) 등등 지구상 15개 나라에서, 마오이스트(모택동주의자)들의 끈질긴 힘을 통해 왕으로부터 국민에게로 권력이 이동하며 왕국 계열에서 발을 뺐다.

네팔 면적은 147,181㎢, 한반도는 222,480㎢(남한 99,720㎢, 북한 122,762㎢)임을 감안하면 한반도 2/3 넓이로 대충 감이 잡힌다. 그러나 네팔은 히말라야라는 세계 최고의 고산준령을 품고 있어 최고봉 사가르마타(에베레스트)를 비롯하여 8,000m 급 봉우리를 무려 10개나 짊어진 산악국가다. 한반도 크기에서 태백산맥 대신 히말라야 산맥으로 바꿔 놓고 본다면 어마어마한 모습이 상상 불가할 정도다.

더구나 네팔은 해발고도가 거의 해수면에 가까운 곳부터 시작하여 해발 8,848m까지 이르기에, 우스갯소리로 커다란 밀대로 네팔을 쿡쿡 누르고 밀어 마치 오징어포처럼 넓게 펼쳐 놓는다면 그 면적이 북미대륙 넓이와 같다는 이야기까지 하게 된다.

이런 네팔의 중심지에 산사람들의 제1의, 혹은 제2의 고향 카트만두가 있다. 한반도에서 벗어나 나와 가장 인연이 깊은 도시 두세 곳을 이야기하라던가,

• 맹인 아내는 노래하고 남편은 사랑기를 연주하며 구걸한다. 다양한 부족들이 네팔이라는 국경선에 묶여 히말라야 언저리와 남쪽 평원에 모여 살고 있다. 동과 서, 남과 북의 여러 부족들이 한데 모여 어울려 살아나가는 네팔. 이들 부부는 물론 천편일률과는 담을 쌓은 다양한 구경꾼들 면면을 바라보는 일 역시 네팔 역사서를 보는 일과 같다.

말년에 어디에서 지냈으면 좋겠냐, 묻는다면, 사람들이 찬탄일색을 늘어놓는 유럽의 이런저런 도시, 지중해 연안 등등은 아예 안중에도 없으니 이제 다른 지역 이름을 입에 올리는 일이 불가능하다.

## 오래된 나라의 시시콜콜한 역사

다른 나라 역사만큼 재미없는 것이 있을까만, 문화를 이해하기 위해서는 대충이나마 큰 뼈대를 알아보는 일은 피해 갈 수 없다. 카트만두의 어떤 문화재가 언제쯤 어떤 사연으로 생기고, 그때 우리 한반도에서는 무슨 일이 있었을 시기인가 서로 견주어보면 이해가 쉽다. 학자들은 네팔의 역사는 보통 이렇게 분류한다.

1. 고팔 족(Gopala) 통치시대 : 기원전 700년 이전
2. 키라타(Kirata) 왕조 : 기원전 700년 – 78년
3. 리차비(Licchavi) 왕조 : 78년 – 879년
4. 암흑기(Thakuri) : 879년 – 1200년
5. 초기 말라(Malla) 왕조 : 1200년 – 1482년
6. 후기 말라(Malla) 왕조
   a. 박타푸르(Bhaktapur or Bhadgaun) 왕국 : 1482년 – 1769년
   b. 카트만두(Kathmandu or Kantipur) 왕국 : 1482년 – 1768년
   c. 랄릿푸르(Lalitpur or Patan) 왕국 : 1482년 – 1768년
7. 통일 샤(Shah) 왕조 : 1769년 – 2008년
8. 네팔 연방 민주공화국(The Federal Democratic Republic of Nepal) : 2008년부터

네팔 연대기는 문헌상 완벽하게 일치하지 않는다. 과거로 거슬러 올라갈수록 문헌마다 연대가 어긋나는 경우가 많지만 가장 빈도가 높은 연도를 골랐기에 숫자에 매달리지 않은 채 흐름을 대충 살피면 된다.

### ⊙ 고팔

네팔이라는 국가가 오랜 역사를 가지고 있다는 사실은 많은 힌두교 경전, 불교 경전, 석문 및 여러 『뿌라나』 등등을 통해 알 수 있다.

역사학자들에 따라 사람이 최초로 거주하기 시작한 시기가 언제인지는 서로 주장이 엇갈려도 길게는 3,500년 전부터 카트만두 분지에 이미 사람들이 살기 시작했다는 점에는 서로 이견이 없다. 네팔의 역사는 카트만두 역사와 같기에 까마득한 저 세월에 이미 사람들이 발을 들여놓았다는 이야기다.

카트만두 분지의 중요한 역사 흐름을 살피자면 우선 유목민족인 고팔(Gopal), 마히팔(Mahipal) 족이 세운 고팔라(Gopala) 시대를 먼저 살펴봐야 한다. 이때는 역사와 신화가 혼융되어 있는 시기로, 고팔이라는 이름이 의미하듯이 소를 키우는 인도 유목민들이 주인공이다. 그들은 인도에서 출발하여 북쪽 히말라야 깔리간다키 강변에서 유목하다가 동쪽으로 서서히 이동하여 카트만두 분지로 들어왔다. 기록에 의하면 인도의 고팔 족은 소를 키웠지만 지형적인 탓인지 카트만두 분지로 들어온 고팔들은 소보다는 주로 양을 키운 것으로 알려져 있다.

유목민들은 생각보다는 많은 시간을 보내면서 천천히 움직이는 특징이 있다. 현재 카트만두는 거대한 도시로 변했으나 고팔 족들이 언덕을 넘어 카트만두 분지를 처음 보았을 당시, 분지 안에 가득 찬 엄청난 규모의 푸르른 초지를 바라보며 세상에 이런 곳이 또 어디 있나! 천국이 어디 따로 있나! 환호와 탄복을 거듭했을 터다. 어렵지 않은 상상이다.

이들은 분지에 정착한 후, 현재 카트만두의 남서쪽 마타티르타(Matatirtha)를 수도로 삼아 521년 동안 이어가며 통치했고 초대 왕의 이름은 북타만(Bhuktaman)이었다 한다.

### ⊙ 키라타

기원전 700년 경 중국의 춘추전국 시대 무렵 이제 이곳에 몽골계 키라트족(Kiratis) 야람버(Yalambar) 일행이 밀려들어 온다. 키라트는 산스크리트어로 산사람을 의미하며 특히 히말라야와 인도 북동쪽에 거주하던 사람을 일컫는 단어로 앞서 이야기한 것처럼 키라는 사자, 그리고 티 혹은 타는 사람을 의미하는 바, 사자처럼 덥수룩한 모습의 사람들을 총칭하는 단어다.

『마하바라타』에서는 비마(Bhima)의 아들 가토카차(Ghatotkach)가 태어난 가르왈 히말라야 비데하(Videha) 동쪽에 거주하는 사람들을 이야기한다.

다른 몽골족 계열이 그러하듯이 막강한 궁술 실력을 가졌던 이들은 단거리 접근전에서 기껏해야 창칼을 휘두르는 고팔 유목민을 상대로 원거리에서 쉬이 제압했을 것이다. 멀리서 바람을 타고 조용히 날아와 원주민을 낙화유수처럼 떨어뜨리는 기술. 고팔 족은 속수무책이었으리라. 무릇 농경인은 유목민을 당할 수 없고 유목하는 사람들은 사냥하는 사람을 이길 재간이 없어, 이 둘의 비교는 초식동물과 육식동물의 차이처럼 확연하다. 식물성 사유가 동물성도 아닌 화살촉 금속성 사유에 제압당했다.

학자들은 경제 활동을 생산 경제와 약탈 경제로 나누어 이야기한다. 농경사회에서는 아침 일찍 일어나 쉼 없이 땅이나 가축에 공을 들여가면서 생산 활동을 한다. 이 과정은 많은 노동력과 꾸준한 시간을 투자하는 생산경제다. 그러나 군대를 일으켜 힘을 키운 후, 단번에 이것을 빼앗아 자신의 것으로 만드는 일은 약탈 경제에 해당한다.

과거, 소위 대왕이라 칭하며 군사강국으로 성장하여 주변국을 분주하게 정복했던 역사적 사건 바탕에는 어김없이 약탈경제의 그림자가 배후에 버티고 있다. 사실 인간들이 대지를 밟고 서면서부터 많은 살육이 있었다. 인간의 머리가 좋아지고 그토록 많은 종교지도자들이 등장하며 말씀의 말씀을 생산에 재생산을 해도, 지구상 어디선가 끊임없이 살육이 이루어진다. '칼을 쳐서 보습을 만들고, 창을 쳐서 쟁기를 만드'는 세상은 육도윤회를 뼈대로 삼은 이 지구상에는 어렵다고 보이지 않는가.

말씀들은 그 강도를 약하게 만들 뿐 막아낼 수는 없다. 이런 역사를 바라보면 모든 전쟁에는 피아구별이라는 이분법적 마음이 개입되어, 옳고 그름 판단이 발생하지만, 진정한 옳음이 존재하는지 궁금하다. 기독교도로 상징되는 미국이 테러를 받으면 무슬림계는 환호하며 신의 승리를 말하고, 반대로 미국이 테러리스트라 정의하는 사람들을 무인기로 응징하게 되면 미국에서 서로 후련하다면서 기쁨을 나누는 일은, 자신의 기준에 따라 선악을 구별하기 때문이다. 역사에서 인간의 싸움이란 옳고 그름을 논하는 문제가 아니라 누가 살아남느냐, 누가 우월적으로 생존하느냐의 문제며 키라타의 고팔 족 제압 역시 같은 범주에 속한다.

이제 시대가 바뀐다. 우두머리 야람버가 이들을 제압한 후 이제 키라타(Kirata) 왕국 태조가 되었다. 인도의 대서사시 『마하바라타』에는 이 왕국의 이름과 초대 왕인 야람버의 이름이 등장한다.

야람버는 인도대륙에서 벌어진 전쟁에 참전을 권유하기 위해 인간의 모습으로 카트만두에 찾아온 인드라 부탁으로 군인을 이끌고 전쟁터로 나간다. 와중에 지는 편에 서겠다며 외교적으로 양쪽으로부터 실리를 챙기려 하자, 여차하면 야람버가 적군에게 합류하여, 전쟁이 지연될까 두려운 크리슈나, 자신의 칼로 야람버의 목을 쳐버린다는 내용이 있다. 사실 여부를 떠나 건국 초기부터 남쪽 대국 인도의 힘으로부터 자유롭지 못했음을 알 수 있는 대목이지만 반면 인도의 전쟁에 군대를 끌고 참전할 정도로 군사력이 강했으며 그가 어느 편에 서느냐 고민할 정도로 전투수행 능력도 뛰어났다는 의미도 있다.

이들은 차차 동쪽으로 티스타(Tista) 강, 서쪽은 트리슐리(Trishuli)까지 영토를 넓혀 장악했으며, 그 후 29명의 왕이 바통을 이어가며 왕국을 다스렸다. 키라타 왕국은 기원전 700년경에 세워져 기원후 78년, 약 800년 동안 지속된다.

7대 지테다스티(Jitedasti) 왕 재위 시 또다시 인도대륙 전투에 참전한다. 같은 왕 시절, 북인도에 거주하던 붓다가 제자들과 더불어 카트만두를 방문했다는 이야기가 전해져 내려온다. 이렇게 붓다가 카트만두에 다녀갔다는 이야기는 모두 인정하는 정설은 아니지만 네팔불교에서는 도리어 정설로 통하며 카트만두 일대에 붓다의 그럴 듯한 행적이 전해온다.

네팔불교 전승에 의하면, 붓다는 제자들과 함께 카필바스투(Kapilavastu)를 떠나 카트만두에 도착한 후, 스왐부나트와 만주스리 탑을 참배하고 스왐부 동산의 고푸차 파르밧(Gopuccha Parvat)의 푸차그라(Puchhagra) 탑 주변에 한동안 머물게 된다. 이 자리에서 붓다는 아난다, 마하가섭, 목련 존자, 다양한 계급 출신 1,350명의 수행자들과 더불어, 범천은 물론 미륵보살에게 스왐부나트의 신성함에 대해 설법했으며, 이어 만주스리가 연꽃의 뿌리를 찾아낸 구헤스와리를 참배하고, 현재 둘리켈에서 고개 하나 넘으면 만나는 나모붓다(Namo Buddha)까지 여정을 계속한다.

나모붓다에서는 붓다는 자신의 과거 생, 판차바(Panchaba)의 국왕 마하라트(Maharath)의 아들, 마하삿뜨바(Mahasattva) 왕자로 살다가 굶어가는 호랑이 가족에게 자신의 몸을 잘라내 보시했던 과거사를 대중들에게 이야기한다.

이런 행적 이후로부터 네팔에서 불교가 공고하게 정착했다고 하니 붓다에 의해 직접 불교가 시작되었다는 주장이다. 붓다의 제자 중 한 명은 카트만두에서 인도로 귀환 도중 발에 동상이 걸렸기에 그 후 붓다가 승단에서 신발을 허용했다는 구체적인 이야기까지 네팔불교에 뒤따라 나온다.

사실 여부를 젖혀두고 깊숙한 오지에 자리 잡은 고대왕국이 밖으로는 파병하여 자신의 위용을 슬며시 내비추고, 안으로는 성자들이 찾아와 손수 설법을 했다는 주장 속에는, 이제 그야말로 문무를 겸비한 왕이 등장했다는 이야기다. 더불어 불교 이전에 무속, 자연 정령 위주의 저차원적 신앙에서 지테다스티 왕을 시작점으로 바야흐로 보다 높은 차원의 종교로 진입했음을 시사한다.

기원전 250년 전, 14대 스툰코(Sthunko) 통치 시절에는 멀리 남쪽 룸비니에 인도의 절대군주 아쇼까가 순례를 왔다. 마야 부인이 붓다를 출산한 룸비니에 명문을 새긴 돌기둥을 세우고 이어서 산을 넘어 그의 딸 차루마티(Charumati)와 함께 카트만두 분지를 방문했다. 그리고 딸을 남겨두고 귀환한다.

### ⊙ 리차비 왕조

기원후 78년 – 879년은 우리나라 삼국시대와 통일신라시대와 유사하다고 보면 된다. 카트만두를 통치한 리챠비의 어원은 산스크리트어. Rkshvavati에서 Rikshavi로 진행된 것으로 학자들은 이야기하며, Riksha 혹은 Ṛksha는 별(星)을 의미하기에 리차비 왕국은 별나라, 이런 아름다운 의미다.

인도 파트나 부근에 위치했던 베나레스(Beares) 족의 아자트사트루(Ajatsatru)는 강력한 마가다(Magadha) 왕조에 밀려 북진하여, 카트만두 분지로 들어온다. 비교되지 않는 전력으로 키라타를 제압하고 새로운 힌두교왕조를 건립했다. 한동안 지배층이던 키라티 족은 이제 히말라야 산속로 피신하여 비주류로 전락하며, 현재 고산지대에 사는 라이(Rai) 족과 림브(Limbu) 족의 시원이 된다. 고팔을 점령했던 그들도 이제는 변방으로 밀려나 오늘까지 산사람으로 살고 있다.

리차비 시대는 카트만두 여명의 시대로 간주되며, 이들은 인도에 뿌리를 두었기에 카트만두에 인도 문명을 대거 이식시킨다.

이제 남쪽의 거대한 대륙 인도와 히말라야 너머 티베트까지 이어지는 교역로가 탄생하여 카트만두는 히말라야 경제와 문화의 중심지로 떠오르기 시작했으며, 7세기경에는 육로를 통해 중국과도 교류가 일어난다. 티베트와 중국에서 넘어온 문명들이 카트만두 분지에서 서서히 뒤섞이며 반죽되는 시기라 보아도 좋다.

왕조는 24대를 이어나간다. 이 흐름 중에 브리사 데브(Brisha Dev) 시절에는 무력으로 영토를 넓혀 인도까지 압박하니 당시 인도의 찬드라 굽타 1세는 브리사 데브의 딸 쿠마라 데비(Kumara Devi)와 정략결혼까지 치르게 된다. 브리사 데브 왕은 외적으로는 강한 힘을 자랑했으며 내적으로는 힌두교도가 아닌 불교신자로 매우 종교심이 깊은 인물이었단다. 자신이 식사를 하기 전에 반드시 바즈라 요기니에게 먼저 공양을 올릴 정도로 독실했으며, 당연히 많은 불교사원을 새롭게 세웠고, 지금은 이름만 알려진 다르마 데바 사원을 증축했다 한다.

왕은 어느 날 자신이 지은 탑 중에 하나를 돌아보다가 급사하게 되어 저승사자에게 이끌려 지옥으로 잡혀간다. 지옥을 관장하는 야마(염라대왕)는 이토록 종교적이고 붓다를 제대로 따르는 위인을 어찌하여 일찍 끌고 왔냐며 자신의 일꾼들을 꾸짖는다. 다시 깨어난 후, 직접 보았던 지옥이 자신이 세운 사원의 지옥도와 똑같았기에 크게 만족을 표했다는 이야기가 전해진다. 현재 카트만두 분지 남쪽 고다바리의 반디야가온(Bandyagaon)에 브리사 데브 왕이 조성한 오불상이 아직까지 존재한다.

또한 하리두타(Haridutta) 재위 시에는 힌두교의 부흥, 그중에서도 비슈누의 적극적인 신봉으로 창구나라얀(Changunarayan), 비산쿠나라얀(Vishankhunarayan), 시카나라얀(Sikhanarayan), 이창구나라얀(Ichankhunarayan) 등, 비슈누를 모시는 사원을 지었고 부다닐칸타(Budhanilkantha) 역시 건립했다. 비슈누를 신봉하는 바이슈나비즘(Vaishnavism)을 정착시키기 위해 노력했으며 그 흔적은 아직까지 남아 종교적 명소가 되어 있다.

카트만두 분지 문화는 왕을 포함한 통치계급의 종교가 불교 혹은 힌두교로 엎치락뒤치락 바뀌어 나가면서 때로는 불교, 때로는 힌두교 위주로 각자 특징을 품은 아름다운 건축물과 조상이 하나둘 늘어나며 요소요소 채우게 된다. 두 종교 사이의 커다란 불화 없이 서로 뒤섞였다.

현장 스님이 『대당서역기』에 '승도는 2,000여 명 대소이승(大小二敎)을 겸하여 학습하고 있다. 외도의 이학(異學)을 공부하는 자는 그 수를 알 수 없을 만큼 많다.' 기록한 부분이 시대는 정확히 일치하지 않지만 네팔의 정체된 시간을 본다면 정확한 표현이다.

리차비 왕조의 또 다른 걸출한 왕인 마나데브(Mana Dev)에 관한 기록은 창구나라얀 사원에 자리 잡은 명문에 있다. 41년 동안 예술을 권장하고, 사원을 세우고, 영토를 확장하고, 구리로 주화를 만들었으며, 종교에 대해서도 넓은 배려를 아끼지 않았다고 기록되어 있다. 쉬바데바(Shivadeva)가 이 왕조의 마침표를 찍는다. 그는 왕위를 넘기고 혹은 빼앗기고 탁발비구승이 되어 현재 보다나트 부근에서 정진했다고 전한다. 보다나트 탑을 만들었다는 설이 있을 정도로 보다나트 일대를 사랑했다.

### ⊙ 타꾸리 왕조와 암흑시기

서기 602년 장인의 왕권을 빼앗은 암수바르마(Amsubarma)는 네팔의 왕 중에 최초로 마하라자로 불리기 시작했다. 마하는 위대하는 뜻이고, 라자는 왕이니 대왕(大王)이라는 의미겠다. 다른 어떤 왕국의 왕보다도 자기가 위대하다고 주장했다.

"나는 위대하다 그러므로 어느 누구에게도 먼저 인사를 하지 못한다."

예술을 사랑했던 왕이 통치한 이 시기의 문화 예술이 많이 발전한 것으로 알려져 있으며 당시 문화의 총결정체라 할 수 있는 카일라스쿠트 버번이라는 명칭의 왕궁을 건립했으나 어디에 지었는지 알려지지 않고 있다.

또한 쏭쩬깜뽀에게 자신의 딸 브리쿠티(Bhrikuti)를 보내 혼사를 성사시키고, 이때 불상과 불교경전을 보내 어두운 티베트에 불을 밝혔다. 이 시기를 기점으로 티베트의 많은 사람들이 히말라야를 넘어와 네팔에서 불교 공부를 하기 시작했고, 네팔 사람들 역시 경전을 가지고 히말라야를 넘어가 티베트에 불교의 씨를 적극적으로 파종했다. 실처럼 가늘었던 북쪽 길을 크게 확장시킨 인물이다.

이후에는 암흑시기로 뚜렷하게 알려진 정설 없이 여러 이야기들이 남겨져 있다. 이 시기에는 무슬림들이 인도대륙을 침범하면서 북인도에 거주하던 많은 종족들이 자신의 터전에서 밀려나며 카트만두는 물론 히말라야 여러 곳으로 대거 이동하던 시간대였다. 카트만두 분지 안에는 이렇게 이주한 부족을 포함해서 기존 세력들이 군웅할거(群雄割據)하기에 이르며, 이런 능력 있던 귀족들 하나하나를 타꾸리(Thakuri)라 불렀기에 타쿠리 시대, 혹은 절대강자가 없는 혼란기이므로 암흑기라 불렀다. 그중 10세기 무렵 구나까마데바(Gunakamadeva)가 현재 칸티푸르를 세운다.

### ⊙ 말라 왕조, 분열의 시대

말라(Malla) 왕조라고 할 때 말라는 산스크리트 말라(Malla)에서 온 것으로 레슬링을 이야기한다. 그러나 단순히 레슬링만을 뜻하는 것이 아니라 기본적인 힘〔力〕까지 포함한다. 레슬링은 무기가 변변치 않은 시절이나, 무기가 제대로 손에 쥐어져도 최후 백병전을 치룰 경우, 상대를 제압하는 필수적인 무기가 되어, 맨손으로 치루는 씨름이나 태권도보다는 상위 격투기가 된다.

고대 인도에서는 전투를 의미하는 유다(yuddha, ridaha)를 붙여 말라유다라는 단어가 문헌에 종종 나타나는 바 단순히 건강을 위한 스포츠 레슬링이 아니라 전투 시에 상대를 맨손 맨몸으로 쓸어버리는 기술을 일컫는다.

고대 인도는 물론 주변국가에서는 이 말라가 널리 퍼져 있었고 특히 여차하면 전쟁터로 직접 나가야 하는 왕족을 포함한 크샤트리아 계급에게는 이 기술이 궁술, 검술과 함께 평소 수련해야 할 필수과목이었다.

1200년을 즈음하여 말라 족이 카트만두에 실세로 등장한다. 설에 의하면, 어느 날 아리데바 왕은 열심히 레슬링을 수련한다. 땀을 뻘뻘 흘리고 있을 때 아들이 태어났다는 전갈이 왔다. 그는 그 아이의 이름을 말라로 짓기로 했다. 모르기는 해도 연습경기에서 몸이 유연하게 움직여 상대를 계속 제압했기에 기분 좋은 상태에서 그런 이름을 주었으리라. 그 이름을 받은 이가 바로 말라 왕조를 열었다 한다.

자야스티티 말라(Jayasthithi Malla) 시절에는 힘으로 카트만두 분지를 평정하고 말라 가문의 전성기를 맞이한다. 민중을 지배하고 통치하기 위해 카스트 제도를 공고하게 다지게 된다.

왕조의 후반부에는 지방의 분립이 생긴다. 카트만두 내의 말라 왕조는 카트만두를 통일한 자야스티티의 손자 야크샤 말라(Yaksha Malla) 사망 이후 박타푸르, 칸티푸르, 그리고 파탄(랄릿푸르) 셋으로 나뉘어져 경쟁적으로 번창하니 카트만두 작은 분지에 고구려, 신라, 백제가 있었다고 보면 된다.

겉으로는 분열이지만 서로 경쟁하면서 저쪽에서 무엇을 만들었다면 뒤질세라, 자신들은 더욱 멋진 것을 만들기 위해 최선을 다하는 등, 경쟁을 통한 문화가 본격적으로 꽃 피워 건축물들이 일어나고 전통공예가 무르익어 갔으니 본격적으로 카트만두 분지의 황금시대에 접어들었다. 더구나 인도와 티베트 사이에 위치하여 교역을 통한 수입이 넉넉하여 무엇을 일으켜 세우던 자금조달에는 문제가 없었다.

### ⊙ 고르카 왕조

말라 왕조가 카트만두 분지에서 넘쳐나는 재화를 바탕으로 화려하게 일어나는 동안 네팔 전역에는 46개의 크고 작은 왕국들이 자리 잡았다. 그중 하나가 고르카 왕조로, 무슬림들이 인도를 침략하면서 인도 라자스탄의 체트리(chetris)들이 현재 카트만두-포카라 중간지점인 고르카(Gorkha)로 피난, 정착하며 세운 왕국이다. 현재 네팔이라는 나라의 중요한 기둥을 세운 프리트비 나라얀 샤(Prithvi Narayan Shah, 1723-1775)가 이 왕국의 출신이다. 그의 연대사의 핵심 중의 핵심은 동진하여 100여 킬로미터 떨어진 카트만두 분지를 점령한 거사이다.

1743년 나라 부팔(Nara Bhupal)에 이어 고르카 샤 왕조 9대 왕위로 즉위.
1744년 선친 나라 부팔이 실패했던 대상로의 핵심지 누와코트(Nuwakot) 정복.
1768년 카트만두 분지 정복 후 네팔왕국을 세움. 그 후 14대를 이어나감.
1775년 누와코트에서 52세 나이로 사망.

그는 카트만두 분지 내에 입성하기로 마음을 먹고 동진하여 공격을 시작한다. 카트만두 분지의 서남쪽에 자리 잡은 키르티푸르는 승리의 도시라는 뜻으로 서쪽에서 들어오는 경우 만나게 되는 요지. 카트만두 분지보다 약 100m 고도가 높은 전략적 요새로 이곳을 점령하지 않으면 카트만두 분지를 차지할 수 없었다.

1764년 고르카들은 이곳의 공격을 시작했으나 3년 동안 공방전만 벌였다. 그 와중에 칸티푸르의 왕은 당시 인도를 지배하던 영국군에게 도움을 청했고 이에 북쪽으로 올라온 영국군은 1767년 고르카와 맞붙었으나 패배하고 인도 평지로 다시 물러난다.

1767년 12월 결국 카트만두 분지의 요지 키르티푸르를 점령하고, 1768년 9월 25일 인드라 축제를 틈타 분열된 카트만두 분지를 침략한다. 이어 파탄(랄릿푸르)은 물론 다음 해에는 박타푸르의 항복을 받아내며 분지 전체를 통일하며, 고르카 수도는 자연스럽게 카트만두로 이동한다.

1846년부터 라나 가문에 의한 수상정치, 샤 왕정의 복권이 이어져 내려오다가, 1951년 의회 정치가 도입된다. 모두 알고 있는, 왕자에 의한 총기난사, 즉 '왕가의 학살 사건' 이후 2008년, 240년 이어오던 샤 왕조는 문을 닫고 왕정제도에서 이제 공화제도로 노선을 바꾼다.

• 키르티푸르는 카트만두 분지에서 고지대에 속한다. 이곳을 점령하기 위해 나라얀 샤가 수년 간 많은 애를 먹었다. 카트만두 도심이 그대로 보이는 요충지로 이 지역을 장악하면 카트만두를 지배할 수 있다. 커다란 반석 위에 도시가 건설되었기에 지진에도 피해가 미미했단다.

역사는 대충 이렇게 알고, 문화재를 접할 때 표를 참고하여 가늠하면 된다.

기원을 알 수 없는 원주민이 있고, 이 원주민을 중심으로 시간차를 두고, 동쪽과 남쪽에서 이동해 온 민족들이 함께 어울려 살아가는 카트만두.

즉 히말라야는 유라시안 판과 인도 판이 부딪히며 형성되었고, 네팔은 몽골리언과 아리안들이 조우하며 국가를 이어왔다. 시간이 지나면서 북쪽 설역고원 티베트에서 난민이 들어와 함께 섞였으며 왕가의 자멸, 모택동주의를 추종하는 마오이스트의 득세로 오늘에 이르렀다.

네팔의 역사는 책마다 조금씩 다르다. 남의 나라 역사는 사실 큰 재미가 없다. 연도가 조금 다르다고 이 책 저 책을 찾으며 방황할 필요가 없다. '꽃을 보되 향을 취하라'를 가르침이 있는 바, 봄날 꽃구경을 가서 나뭇가지가 어떻고, 잎새가 어떻고, 뿌리가 어떻다 따지면서 핵심인 꽃을 놓치고 향기를 놓치는 일을 피하자는 이야기가 된다.

싸요우퉁가 풀까하미 에우떠이 말라 네팔라. 사르바밤바이 파일리헤까 메찌-마하깔리. 쁘러끄리띠까 꼬띠-꼬띠 삼빠다꺼 아쩔러. 비르허루까 라거더레 쉬떤뜨러러 어쩔러 갸너부미 싼띠 부미 떠라이 빠하드 히말러. 아칸댜요 빠로 함로 마뜨리부미 네팔러. 버훌 쟈띠 바샤 다르마 싼스끄리천 비쌀러. 어그러가미 러스뜨러 함로 저여 저여 네팔러!

수백 송이 꽃으로 (꿰어) 만든 하나의 목걸이인 우리는 네팔인이다. 독립국가로서 영토는 동쪽 메찌(주)부터 서쪽 마하깔리(주). 자연이 주신 귀한 자원이 끝없이 펼쳐져 있다. 훌륭한 조상들의 땀과 피로 우리는 확고한 자주독립을 이루었다. 지혜의 땅 평화의 땅 떼라이(평야) 언덕 그리고 히말(설산)(으로 이루어진) 마음을 다해 사랑하는 우리의 조국 네팔이여. 다양한 민족, 언어, 종교, 문화를 가지고 더욱 강해지고 진보하는 나라, 우리의 네팔이여, 만세 만만세!

– 바쿨 마이라 작사, 암바르 구룽 작곡 〈네팔 국가〉

# 14

# 분지 안의 가장 오래된 도시 파탄(랄릿푸르)

아쇼까 왕은 왕사성으로 가서, 아사세(阿斤世) 왕이 묻어 놓았던 네 되의 사리를 꺼내어 그 일부로 스투파[塔]를 세웠다. 또 제2, 제3, 나아가 제7의 사리가 묻힌 곳에 가서 사리를 모두 취했다.
왕은 8만 4천 개의 보배함을 만들어 금 · 은 · 유리로 장식하고, 보배함마다 한 개의 사리를 넣었다. 그 사리함 하나씩을 야차(夜叉)에게 주어 염부제에 두루 펴져 1억의 인구가 있는 곳마다 하나의 스투파를 조성하게 했다.
스투파가 일시에 조성되자 백성들은 그를 '정법의 아쇼까'라 불렀다. 널리 안온하고 세간을 요익하게 하고자 나라 안에 두루 스투파를 세운 것이다. 천하가 모두 그를 '정법의 왕'이라 칭했다.

-『아육왕전(阿育王傳)』 중에서

## 아쇼까, 카트만두 분지를 찾아오다

파탄은 현재 랄릿푸르(Lalitpur)라고도 부르는 유서 깊은 지역으로 바그마티 강 남쪽에 자리 잡고 있다. 카트만두 분지 3곳 도시 중에 역사적으로 단연 최고(最古)로 기원전 7세기, 키라타 왕조까지 기원이 거슬러 올라간다. 사람이 거주한 지 무려 2,700년, 한반도에서는 남쪽에 진국(辰國)이 세워지고 인도에서는 붓다가 태어나기 전 시간대에 속한다.

이 일대 거주지에 관한 이런저런 이야기가 문자, 즉 비문으로 남겨진 것은 훨씬 훗날인 기원후 7세기경, 그러나 역사서, 출토된 이런저런 증거와 정황으로 미루어 기원전 7세기 전부터 사람들이 모여 살았다는 데 의심할 여지가 없다.

키라타 왕조 시대, 스툰코(Sthunko) 왕이 재위 중인 기원전 265년, 인도대륙을 좌지우지하는 아쇼까(Asoka) 대왕이, 변방 중에 변방에 해당하는 산속의 은둔 도시 카트만두를 찾아온다. 아쇼까가 궁벽한 분지를 찾아온 것은 이유가 있었다. 칼링카 전투에서 적군 100,000명을 살육한 후, 정복을 위한 살상이라는 죄에 대해 깊이 통찰한 후 불교에 귀의한 아쇼까. 자신이 모시는 스승 우빠굽타로부터 카트만두 일대의 붓다 성지에 대해 이야기를 들은 후, 자신의 죄업을 가볍게 하는 순례를 위해 카투만두의 스왐부나트, 구헤스와리 등등을 참배하기로 결심한다.

붓다 입멸 후 2세기 반쯤 지나 마우리아 왕조의 3대 왕으로 인도를 통치한 아쇼까 대왕의 재임기간은 기원전 269년부터 기원전 233년까지였다. 불교에 대한 업적은 전무(前無) 그리고 후무(後無)할 정도로 극진한 것으로 후세사람들이 평가하고 있다. 아쇼까라는 말은 근심이나 걱정 따위가 없다는 의미로 한역하자면 무우(無憂)가 된다. 그는 치적에 따라 피야다시 등등 많은 이름을 가졌고 그중 하나가 정법왕(正法王), 다르마라자다.

아쇼까는 할아버지 찬드라굽타 시절부터 지속된 영토 확장정책을 대를 이어 추진하기 위해 집권 초반에 격렬한 전쟁을 전개했다. 그의 명령에 따라 자신의 군인들은 물론 적국의 군인들과 백성들이 죽음으로 사라지거나 불구가 되었다. 정복을 통한 통일의 일정이 어느 정도 마무리 된 재임 8년차부터 자비로운 왕으로 바뀌면서 심할 정도로 불교를 향해 급하게 기울기 시작했다.

일설에 의하면 아쇼까는 전쟁 막바지부터 변화했다고 한다. 그는 많은 적을 죽이고 피가 강이 되어 흐르는 길을 되돌아오는 가운데 잠시 쉬었다 한다. 눈앞에는 이리저리 나둥그러진 시신들, 부러진 창과 칼, 까마귀와 독수리 떼들, 시신을 물어뜯는 굶주린 개의 무리들, 아직 간간이 들려오는, 겨우 살아남은 자들의 낮은 신음소리.

그런데 아쇼까는 그 사이를 지나가며 죽은 자들을 위해 만뜨라를 외우는 스님 하나를 보게 된다. 아쇼까는 수행자의 평안한 얼굴에 슬며시 놀랐단다. 셀 수 없는 군사를 수하에 둔 막강 권력, 어제와 다르게 오늘도 늘어나는 제국의 영토, 궁전을 가득 채운 금은보화, 더불어 자신을 위해 온몸을 마다않는 많은 아리따운 여자들. 이토록 모자람이 없는 자신은 여전히 불안한데 아무것도 없이 낡은 승복 하나 걸치고 염불을 외는 수행자는 왜 저토록 평화스러운 것일까. 죽은 자들 사이를 거닐면 어찌 저토록 평안한 것일까. 아쇼까는 그 스님을 불러들이면서 설법을 청한 후 이제와는 다른 새로운 길을 가기 시작했다고 한다.

• 아쇼까의 북쪽 스투파는 카트만두 분지에 심어 있는 인도 DNA를 확인하는 곳이다. 세월을 넘어서 아직까지 굳건히 남아, 당시 위대한 대왕의 입성 순간 함성을 들려주는 듯하다. 아쇼까와 오늘 사이에는 무려 2,300년이라는 간극이 있어 도무지 좁혀질 수 없을 듯하지만, 스투파 앞마당은 시간과 관계없이 당시 분위기를 가감 없이 그대로 전달한다.

전쟁을 마친 아쇼까는 3차 불전결집은 물론 붓다 입멸 후에 세워진 여덟 개의 탑 중에 일곱을 허물어 안에 모셔져 있던 붓다 사리를 수습해서 전국에 탑을 일으켰다. 다르마가 마가다를 중심으로 민들레 꽃씨처럼 사방팔방으로 퍼져나가도록 조치한 셈이다. 심지어는 먼 외국까지 자신의 아들은 물론 사신을 파견하여 불교가 세계종교로 뻗어나가기 시작하는 초석을 놓았다. 칼과 창에 의한 정복이 아니라 '다르마에 의한 지배와 정복'의 길로 노선을 갈아탔으니 국내는 물론 다르마 국외원정까지 꾀했다고나 할까.

그로 인해 퍼져나간 사리들은 세월을 따라 한반도 이 땅에도 들어와 적멸보궁이라 부르는 자리에 불법을 심으며 사리서래의(舍利西來意)를 묻는 중이기에, 아쇼까는 반드시 알고 지나가야 하는 인물이다.

왕의 행차란 여러 가지 목적으로 여러 가지 방향으로 나가며 더불어 그 거리 역시 근거리 원거리 다양하다. 침략이나 자신의 국토를 돌아보는 일정이 아닌, 종교적 심성을 품은 순례의 행렬을 시도했던 왕은 역사상 얼마나 있었던가. 왕의 위대성은 이런 종교적 심정에도 있으니 대왕이라 칭해도 모자란다. 강력한 힘을 가지고 스스로 확실한 종교관을 가지고 있으면서도 자신의 종교를 강하게 주장하지 않고 이교도를 탄압하는 추태조차 거부하며 다른 종교에 관대하다면 최고의 제왕이 아닌가.

카트만두와 룸비니 사이를 여행한 사람들은 비록 버스 여행이라 할지라도 녹록치 않다는 생각을 품게 된다. 높낮이와 좌우 경사면에서 단순한 길이 아니다. 대왕은 추리아 가띠 또는 고라마 산을 통과하는 험한 길을 경유하여, 당시에는 만주 파탄으로 알려지던, 지금 카트만두 분지에 아내를 포함한 가족과 권속들을 데리고 당당하게 입성한다. 만주는 만주스리, 즉 문수보살을 이야기하고 파탄은 영원함을 뜻하고 있기에 카트만두는 만주스리에 의해 만들어진 신성한 장소. 이미 불교가 잘 자리 잡은 이곳을 지극한 불교도 아쇼까는 정복이 아닌 순례자의 입장으로 들어왔다.

당시 키라타 왕국 스툰코(Sthunko) 왕의 반응에 대해서는 세간에 남겨진 이야기가 서로 엇갈린다. 아쇼까의 방문을 기꺼이 맞아들였다는 설과 현재 고카르나트(Gokarnath) 사원이 있는 뒷산에 숨어버려 아쇼까 대왕이 사람을 보내 설득시킨 후 간신히 다시 불러들였다는 두 가지 이야기가 있다. 둘 다 가능한 이야기다. 상대를 거의 싹쓸이하며 학살을 마다하지 않았던 제국의 대왕이 찾아왔으니 의도를 알 수 없었던 키라타 왕국은 숨을 죽이며 납작하게 엎드렸으리라. 자칫하면 한 번에 멸망당할 처지였다.

아쇼까는 불교성지인 이 자리에 새로운 도시를 세워 제대로 틀을 잡아주고, 웅장한 기념물을 세움으로써 자신의 방문을 기념하기로 결정했다. 새로운 수도를 위해 선택된 장소는 카트만두의 남동쪽 3km 정도 떨어진 약간 언덕진 곳이었으며, 바로 오늘날 랄릿 파탄(랄릿푸르) 또는 파탄으로 알려진 지역이 도시의 기초가 된다.

정확히 그 중심에 아쇼까는 사원을 세웠는데, 왕궁 또는 더바르의 남쪽 편에 여전히 남아 있으며, 이어 도시의 동서남북 네 곳 대형 불탑, 스투파를 함께 조성했다. 당시 만주 파탄에 거주하던 국민은 물론 아쇼까 군단의 군인들은 창칼을 내려놓고 불탑을 함께 일으켜 세운다.

이들이 협동하여 세운 탑들은 세월 속에 여러 번 보수를 통하며 꿋꿋하게 남아 역사를 아는 사람들은 반가운 마음을 낸다. 그 탑을 찾아 바라보는 가운데 2,400년이라는 세월의 넓은 간격은 즉일념(卽一念)이다.

스투파를 세운 일보다 더 의미심장한 사건은 자신과 함께 순례 길에 오른 딸 차루마티(Charumati)를 키라타 왕국의 데바팔라(Devapala) 왕자와 결혼시킨 일. 때가 되자 아쇼까는 이제 결혼한 딸을 만주 파탄에 남겨두고 떠난다. 모든 것을 끝내고 돌아가는 아버지 아쇼까와 남은 딸 차루마티의 마음은 어떠했을까. 그들이 이별하는 모습의 상상만으로도 가슴 저리다, 코끝 찡하다. 그러나 그 혼사 이후, 인도대륙과 만주 파탄은 혈연으로 엮이며 카트만두 분지에 불교가 더욱 깊게 뿌리를 내리기 시작했으니 다르마를 위한 사소한 정이란, 혈육의 정일지라도 라훌라[障碍]이며, 불필(不必)이라고 역사는 설한다.

부부는 현재 바그마티 강이 흐르는 파슈파티나트 사원 근처에서 거주하며, 차루마티는 이 일대를 남편 데바팔라를 위한 도시로 개발 건설하기로 한다. 아버지 아쇼까는 딸에게 어마어마한 자금을 남겼으며 그 후 자신이 찾아왔던 길을 따라 넉넉한 재화를 딸에게 보내어 도시 건설에 불편함이 없게 만들었으리라.

이렇게 남편을 위해 건립한 도시 이름은 데바 파탄(데오 파탄)으로 부르게 되고 많은 사람들이 거주한다. 말이 도시이지 당시 사정을 살핀다면 커다란 광장 몇 개와 그 사이를 연결하는 잘 정비된 도로 정도의 규모가 될 것이다. 이들 부부는 데바 파탄에서 여러 자손들을 보며 매우 행복한 삶을 영위한 것으로 알려졌다.

두 사람은 지극히 종교적이었나 보다. 그들은 말년에 각기 사원을 세워 그곳에 은거하며 종교적인 삶을 살고 수행하다가 세상을 뜨기로 서로 서원했다 한다. 남편 데바팔라는 수행처를 만들지 못하고 서원을 현실로 이루지 못해 슬픔

• 아쇼까의 딸 짜루마티가 만든 탑으로 보다나트와 파슈파티나트 사이에 있다. 아버지를 고향으로 보낸 후, 이별의 정표로 세운 탑에는, 비록 고향으로 되돌아가지 못해도, 이제 다시는 귀향하지 못해도, 이 땅에 불교를 널리 알리겠다는 결연한 의지가 내포되어 있다. 현재 나날이 혼잡해지는 도로 옆에서 공원 역을 맡고 있지만 10년 전만 해도 꽤나 분위기 있는 자리였다. 기원전부터 인도와 네팔, 두 나라의 혈연의 기념물이다.

속에 죽은 것으로 구전되어 온다. 반면 차루마티는 서원대로 데바 파탄 북쪽의 차발리(Chabali) 마을에 자신의 이름을 딴 차루마티 비하르(Charumati Vihar)를 건립하고 그곳에서 수행자로 지내다가 수행처에서 삶을 마감했다. 다르마를 귀중히 여긴 대왕의 딸다운 면모가 아닌가.

불교는 이제 카트만두 분지에 넘쳐나게 된다. 당시 인도대륙에서 불교와 경쟁적으로 성장하던 자이나교가 자신들의 종교 전법을 위해 왕을 찾아와 자신들의 교리를 설명했으나, 왜 아니겠는가, 냉정하게 거절당했다는 기록이 남아 있다.

파탄(랄릿푸르)을 이해하는 첫 번째는 아쇼까라는 키워드를 이해하는 일이다. 작은 초석이 시간이 지나면서 다른 거석들에게 가려지거나 잊히기에 애써 들춰보지 않는다면 소외되기 마련이다.

그러나 꾼들은 어디 그런가. 지도 한 장 들고 파탄(랄릿푸르)에 흩어진 옛 대왕의 흔적, 스투파를 찾아 인파 속으로 들어간다. 파탄(랄릿푸르)이라는 생명체의 DNA를 찾아 걸어가기는 셈이다.

## 카트만두로 이동한 석가족들

역사에서 한 민족의 이동에는 가난과 궁핍이 기초한다. 지진, 태풍 그리고 가뭄과 같은 자연재해, 건잡을 수 없는 질병이나 전쟁으로 인한 이동이 있으나 그 바탕에는 항상 가난과 빈곤이 자리 잡고 있었다. 풍성하고 나날이 번창하는 가운데 먼 이동을 꿈꾸는 일은 결코 없었다.

> 샤캬의 명칭이나 어원에 관해서 불교 문헌은 '능력 있는'을 뜻하는 산스크리트어 '샤크(shak)'에서 유래한다거나 '사카 나무(떡갈나무나 티이크의 일종) 숲에 사는 사람'이라는 뜻이라는 등, 여러 가지 설을 소개하고 있다. 샤캬 족의 거주 범위가 히말라야 남쪽 기슭에 퍼져 있고, 당시는 오늘날의 이 지방보다 수목이 울창했으리라고 추정하는 것과 또 인접한 콜랴 족의 이름이 '콜랴 나무 숲에 사는 사람'이라는 뜻으로 유래한다는 전설로 미루어 볼 때, 샤캬 족의 명칭이 수목과 관련이 있을 것으로 생각하는 것도 전혀 불가능하지는 않은 것 같다.
>
> – 나까무라 하지메, 나라 야스아끼, 샤또오 료오준의 『불타의 세계』 중에서

우리가 흔히 부르는 석가모니는 샤캬에 무니를 더한 것이다. 샤캬는 석가족이라고 이야기하며 나무 이름이고, 무니는 수행자 혹은 성자다. 문자 그대로 풀자면 석가족 출신의 성자라는 의미이며 여기에 깨달음을 상징하는 붓다를 더해 정식으로 이야기하면 석가모니 부처가 된다.

붓다는 나무 밑에서 태어나 나무 밑에서 깨닫고 나무 밑에서 지상을 떠났

다. 완전한 식물성인 붓다의 일생을 돌이키면 샤카라는 이름만 들어도 싱그러운 나무 냄새가 어디선가 몰려든다.

이런 석가족은 이웃 위타투바의 침략에 의해 어린아이를 포함하여 대부분 절멸한다. 위타투바는 앞서 3번을 출정하였으나 석가족 출신인 붓다를 만나는 바람에 회군을 했다. 그러나 붓다는 석가족에 닥친 업을 더 이상 막을 수 없다고 판단하여 네 번째 침략에는 나타나지 않았다.

살생하지 않는 계를 지키는 석가족은 거짓으로 화살을 쏘아 접근을 막았으나 적들은 가차 없이 진군했다. 이때 위타투바가 말한다.

"여봐라, 자신이 석가족이라고 말하는 자는 모두 몰살하라. 그러나 내 할아버지인 마하나마와 그와 함께 있는 사람들은 생포하여 잡아오너라!"

명령을 하달되면서 군대가 돌진하며 살육을 시작했다. 군인들은 사람들에게 물었다.

"석가족이냐?"

그렇다고 이야기하면 어김없이 창칼이 날아와 어린아이까지 목숨을 끊었다. 석가족은 살생을 하지 않으며, 더구나 거짓말조차 하지 않았다. 석가족이라 물어보면 '아니오' 하면 살 수 있었으나 그들은 거짓말을 하지 못하고 차례차례 숨져갔다. 왕이 죽이지 말라고 명령을 내렸기에 그 당시 할아버지 마하나마와 함께 있던 사람들은 살아남았다. 또한 살아남은 사람들이 더 있었으니 이들은 벌판에서 기지를 발휘한 덕분이었다. 어떤 사람은 갈대를 손으로 잡고 있었다.

"석가족이냐?"

이렇게 물었을 때 손에 잡은 갈대를 보며 말했다.

"이것은 풀이 아닌 갈대요."

일부는 손에 잡은 풀덤불을 보며 말했다.

"이것은 갈대가 아닌 풀이요."

말하자면 거짓말을 하지 않은 채, 석가족이냐? 묻는 질문을 동문서답으로 잘 피해나간 것이다. 살육하던 군인들도 인지상정, 거짓말은 아니고, 석가족이라 이야기하지도 않았으니, 질끈 눈감았으리라. 이때 이렇게 풀덤불을 잡고 살아남은 석가족은 '풀 석가족,' 갈대를 잡고 있었던 석가족은 '갈대 석가족'으로 알려지게 된다. 살아남은 남은 석가족이 어떻게 되었는지 역사를 명확하게 밝히지 않고 있다. 그들이 자신의 왕국 근처에 머물기는 어려웠으리라. 비록 살아남았어도 발각되는 경우 죽음의 길로 들어서야 했다. 극소수로 남았던 풀 석가족과 갈대 석가족에 대해서는 그 어디에서도 언급이 없으나 이들은 살 길을 찾아 어디론가 이동해야만 했다.

그런데 훗날 붓다가 반열반에 들어 화장을 하게 된다. 주변 국가에서는 한 위대한 성인 세상을 떠난 것을 비통해하며 화장 후에 사리를 얻기 위해 각축을 벌이며 특히 화장한 나라에서 사리를 내놓지 않을 경우 전쟁도 불사하기 위해 '4가지 군대,' 즉 코끼리와 말, 전차와 보병으로 된 군대까지 움직이게 된다.

경전은 웨타디파의 브라흐민, 파와에 있는 말라 족 왕자들 등, 사리를 요구하는 행렬에 대해 이야기가 계속된다. 결국은 모두 거의 동시에 쿠시나라에 도착하여 에워싸기에 이른다.

여기서 '카필라왓투의 석가족'이라는 단어가 눈길을 끈다! 석가족은 멸망하지 않았다! 그들은 비록 군대를 끌고 오지는 않았으나 당당하게 자신의 부족 출신인 붓다의 유골을 요구했고, 결국 사리를 얻어서 카릴라왓투까지 사리를 모시고 가 탑을 세운다.

그러나 나라와 지도자를 잃은 많은 샤캬 족은 자신의 고향을 떠나 피팔리바나(Pipalivana), 라자그리하(Rajagriha), 바이샬리(Vaishali), 비데하(Videha) 등은 물론 멀리 카트만두까지 이주하게 되었다 한다.

인도대륙 내부의 다른 지역으로 이동한 석가족은 인도라는 거대한 용광로에 용해되었고 카트만두로 들어온 이들은, 훗날 인도에서 발전하는 불법승 삼보 귀의라는 불교의 양식을 가지고와 계승함으로서 사리탑, 기념비 그리고 사원 등의 양식을 카트만두에 이식하고, 카트만두 내에서 불법승을 재생산했다.

이들의 자손들이 모여 있는 곳이 바로 파탄(랄릿푸르)이며 현재도 이 자리에서 네팔 내에서 자신들의 조상인 붓다의 모습, 더불어 보디삿뜨바와 불교 형상의 모습을 제작하는 장인의 가계를 이어가고 있다.

비록 역사서에서 흔적을 찾기는 어려워도 아쇼까의 만주 파탄(랄릿푸르) 방문에는 불교의 성지 순례가 우선이며 더불어 수백 년 전에 이주하여 만주 파탄에 자리 잡은 석가족과의 만남 역시 염두에 두었으리라. 붓다의 탄생지 룸비니 주민들에게 세금 탕감이라는 선물을 듬뿍 안겨주었던 대왕이 카트만두 분지에 살고 있는 붓다의 혈통을 그대로 지나갔을 리 없다. 더불어 추측하건데 샤캬 족이 정성껏 만든 불상 몇 개를 아쇼까는 인도의 자신의 왕궁으로 소중하게 모셔갔지 않았을까, 상상도 해본다.

훗날 1768년 구르카(Gurkha) 족 프리트비 나라얀 샤가 카트만두 분지를 점령한 후, 샤캬 족 일부의 동쪽과 서쪽으로 이주가 있었다. 힌두교 승자에 의한 불교 기득권 세력에 대한 약탈이 요인이었으리라. 그러나 이들은 해마다 삭발하며 불법승 귀의를 재확인하는 종교적인 제례인 추다까르마(Chudakarma)에 참가하기 위해서, 그리고 자신들의 직업인 무역에 필요한 물건을 구입하기 위해 수개월을 투자하면서 카트만두로 들어왔다가 되돌아갔다.

또한 라나 바하두르 샤(Rana Bahadur Shah) 시절에 파탄(랄릿푸르)에서 천연두가 돌자, 질병에 걸린 샤캬 족들을 타마코시(Tamakoshi)로 추방했고 그렇게 떠나간 이들의 현재 정황은 파악되지 않는다. 파탄(랄릿푸르)의 뒷골목에서 만나는 샤캬 족에는 아직도 붓다의 유전자가 흐르고 있다. 승천하지 않고, 신이 되지 않았기에 인간으로 계보를 이어온 식물성 샤캬 족을 만나면 가슴 뜨겁다[熱心].

아쇼까의 마음은 이런 내 마음보다 더욱 열렬했으리라. 아쇼까와 파탄의 석가족의 시선이 처음 마주치는 순간이 눈에 보인다.

## 아름다움이 도시를 일으키다

이 도시가 랄릿푸르로 개명된 것은 사연이 있다. 아름다움과 반대편에 있는 추함이 이야기의 시작이다. 정말이지 똑바로 쳐다보기 어려울 정도로 추한 모습을 가진 사내가 있었단다. 그는 자신이 거둔 잡목과 풀을 팔기 위해서 사람들이 많이 모이는 마니 요기니(Mani Jogini) 신전 근처에 자주 나타났단다. 얼굴이 흉하기에 사람들의 동정과 함께 시선을 마구 잡아끌었으리라.

어느 날 그는, 내다 팔 풀을 베기 위해 조금 멀리 간다. 풀베기 끝에 더위에 심한 목마름을 느끼고 물을 찾아 이리저리 나섰으나 주변에서는 단 한 방울도 찾을 수 없었다. 결국 고생 끝에 멀리 떨어진 곳에서 물웅덩이를 찾아내 갈증을 해소하고는 내친김에 시원하게 목욕까지 마쳤겠다. 그런데 물을 마신 후 목욕까지 끝내고 밖으로 나오는 모습은 이미 과거 외모가 아니었다. 신비롭게도 너무나 환하고 잘난 모습으로 뒤바뀌어버렸다! 거울이라고 있을 턱이 없었으니, 이 남자, 변모한 자신의 모습을 스스로 알아차리지 못한 채 이제 풀지게를 들고 다시 마니 요기니 자리로 돌아와 잡목과 나무를 팔기 시작했다.

마침 앞을 지나가던 왕은 평소와는 달리 아름답게 변화한 모습을 보고 심하게 놀란다. 왕조차 그의 엉망진창인 모습을 기억하고 있었던 게다. 왕은 그를 보며 탄식한다.

"오! 랄릿(Lalit)!"

랄릿이라 아름답다는 의미다. 왕은 어찌된 영문인가 묻고, 전후좌우 상황을 모르는 남자는 자초지종을 왕에게 말씀 올린다. 이런 사건이 보통 일인가. 순식간 환골탈태가 있을 수 있다는 말인가. 우리가 이렇게 돈오(頓悟)스럽게 모습이 바뀔 수 있을까. 물론 의학이 발달하여 깎고 다듬고 덜어내고 붙여가며 새로운 모습으로 변할 수는 있겠다만 그것도 흉터가 아무는 시간이 필요하다. 왕은 반드시 신께서 관여했을 것으로 여기고 이 사건을 기념하기 위해 그 자리에 기념물을 세우기로 한다.

마땅한 이름을 요리저리 궁리했으나 도무지 막막하던 어느 날 밤. 꿈속에서 이런 기적이 일어난 곳을 중심으로 도시를 일으키고, 랄릿 파탄으로 이름하라는 거룩한 소리를 듣는다. 아침이 오기를 기다렸던 왕, 신이 역사한 아름다운 미남 랄릿을 불러 충분한 자금을 하사하며 사건이 일어난 자리에 새로운 도시 만드는 일을 맡겼고, 새롭게 일어날 도시 이름은 랄릿푸르라 부를 것이라고 정식으로 선언했다.

물론 이름과 관련된 신화이지만 파탄, 즉 랄릿푸르의 키워드는 '아쇼까'에 이어 '아름다움'이다. 1979년에 세계문화유산에 등재된 일은 당연하다. 세계문화유산이라고 부르는 이유는 그 정체성 변화의 속도를 조절하여 보호하겠다는 의미다.

파탄(랄릿푸르)의 코스는 어떻게 잡아야 할까. 카트만두에 머물면서 다만 반나절 돌아본다면 파탄(랄릿푸르)을 이해 못한다.

첫날은 계획 없이 막 돌아다닌다. 중간중간 찻집에 들어 차를 마신다. 그냥 느끼는 것이다. 두 번째는 가이드북에 의거해서 더바르 광장 건물을 하나하나 짚어나간다. 건물을 짚어나가는 것은 그냥 건물만 바라보는 것이 아니라, 건물 계단을 타고 올라 기둥에 등 기대고 양지바른 곳에 앉아서 거리를 바라보는 시간이 포함된다. 셋째 날은 파탄(랄릿푸르)의 사원, 비하르를 꼼꼼히 살피고 아쇼까가 세운 네 개의 스투파를 도보로 찾아본다. 아쇼까 스투파를 목표 삼아 그 사이를 오가며 다른 사원들을 보는 일도 좋다. 혹은 더바르 광장을 살피고, 북쪽과 남쪽을 나누어 살피면 무난하다.

1. 더바르 광장
2. 더바르 광장 북쪽
3. 더바르 광장 남쪽

## 더바르 북쪽에서 시작된 이야기

1. 쿰베슈하르 사원
2. 황금 사원

쿰브(kumb)라는 단어를 들으면 인도통들은 어? 단어가 귀에 익숙한데? 이런 느낌이 바로 온다. 12년마다 한 번씩 인도 전역을 들었다 내려놓는 쿰브멜라라는

● 당당 히말라야에 자리 잡은 해발 4,380m 고사인쿤드는 쉬바 신의 절대성지다. 카트만두의 여러 왕과 수행자들은 은퇴한 후 성스러운 호수 주변에서 수행하다가 삶을 마감한 것으로 기록되어 있다. 절대성지에서 지하로 스며든 물은 부다닐칸타에서 솟아오르고, 이어 이 자리에서 용솟음쳤다고 한다. 머나먼 히말라야 호수를 신화를 통해 쿰베슈와르 사원 앞마당으로 초대하여 끌어들였다.

축제 때문이다. 쿰브는 물 항아리를 의미한다. 그러나 이 항아리가 보통 항아리가 아니라 신들과 악마가 협동하여 만들어낸 불사약이 담긴 항아리며, 신화의 마하 프랄라야(Maha Pralaya), 즉 대홍수 시절에는, 이 안에 창조물의 씨들을 함께 실어 보호했다는 이야기가 있을 정도로 의미심장한 항아리다.

쿰베슈와르(Kumbeshwar)는 쿰브가 앞에 들어가서 '물 항아리 신'이라는 의미로, 불사약을 다루고, 세상의 생명을 좌지우지할 수 있는 신이란, 힌두교 우주에서는 쉬바 신 이외는 어느 누구도 없다. 쿰베슈와르는 바로 쉬바 신의 수많은 이름 중 하나며, 더바르 광장 북쪽에 위치한 쿰베슈와르 사원은 쉬바 신에게 봉헌된 사원이다.

자야스티티 말라(Jayasthiti Malla) 통치시절 1392년에 지어졌다. 초기에는 단순하고 단출하게 2층으로 올렸으나, 250년 후에 지붕 3층을 더 얹어 현재 모습처럼 우아한 날아갈 듯한 5층 지붕을 가진 목조구조물로 완성되어, 파탄(랄릿푸르)에서 가장 높은 사원으로 명성을 날려 왔다. 카트만두 분지를 통틀어 5층 사원은 바로 이 건물 그리고 박타푸르의 냐따뽈라(Nyatapola) 사원 단 두 곳뿐이다.

사원 주변에는 리차비 왕조에서부터 말라 왕조에 이르기까지 여러 연대를 거쳐 온 석상들이 즐비하다. 사원을 짓기 이전부터 일대는 이미 성스러운 장소였다. 파탄(랄릿푸르)에서 가장 오래되고 가장 높다는 두 가지를 자랑하는 사원이기에 반드시 방문해야 하는 명소.

입구를 들어서면 순종적인 자세로 사원 안을 응시하는 제법 커다란 소 난디를 만난다. 1735년 자야 비슈누(Jaya Vishunu) 왕이 만들어 기증했으나 현재는 진품은 사라지고 모조품이 자리 잡고 있다. 사원의 좌측에는 내벽을 따라서 뱀 모양의 구조물이 장식된 커다란 수조가 있으며 바닥까지 내려가는 계단이 준비되어 있고 사방에는 돌사자를 놓아 잡귀의 접근을 막도록 했다. 이 자리가 바로 마니 요기니 사원이 있던 랄릿의 탄생지로 더러운 얼굴의 한 남자가 완전히 새로운 미남으로 바뀐 기적의 장소다. 신화에는 악마 쿰부아수라(Kumbasura)를 물리친 자리로 등장한다.

또 다른 보다 작은 수조는 고사인쿤드의 물이 땅속으로 스며들어 흘러내리다가 솟아오르는 곳으로 7-8월 사이에 벌어지는 자나이 뿌루니마 축제(Janai Purnima festival) 때 이곳에서 목욕을 한다면 멀리 고사인쿤드(Gosainkund)까지 순례를 다녀온 것과 마찬가지 효력이 있다고 이야기한다.

네팔의 수도, 카트만두 분지 북쪽 쉬바푸리에 부다닐칸타 사원이 있다. 이곳은 힌두의 브라흐마, 쉬바, 비슈누 삼신(三神) 중에 하나인 비슈누 신을 모신 사원, 사각형 연못 안에 길이 5m에 달하는 거대한 비슈누 신상이 길게 누워 있다.

부다닐칸타라는 말 중에 닐칸타(Nilkantha)는 쉬바 신의 또 다른 이름, 닐칸타 앞에 붙은 부다(Budha)는 물(water) 혹은 옛(old)을 의미한다. 그런데 이곳은 이름과는 달리 쉬바 신이 아니라 비슈누 신을 모시고 있으니 혼란스럽다.

그 질문에 대한 해답은 쿰베슈와르 사원에서 솟아나는 물의 근원이라는 카트만두의 북쪽 히말라야에 자리한 고사인쿤드에 있다. 카트만두의 순다리잘이라는 마을에서 출발해서, 북쪽으로 펼쳐진 능선을 따라 치플링, 쿠툼상 그리고 곱테를 오르면, 대략 3-4일 지나 해발 4,610m의 라우레비나 고개(Laurebina La)를 넘어서게 된다. 이 고개에서 내려다보면 하늘을 바라보는 푸른 눈동자와 같은 하나의 거대한 호수가 보이는데 바로 고사인쿤드다.

혹은 반대로 카트만두에서 버스로 하루거리 떨어진 둔체에서 출발하는 경우, 보통 걸음으로 언덕을 올라 싱 곰파에서 일박하면, 그 다음날 라우레비나를 거쳐 고사인쿤드에 도착할 수 있다. 최근에는 랑탕, 헬람부를 한데 묶어 15-20일 여정의 랑탕 - 고사인쿤드 - 헬람부 상품이 카트만두 현지 여행사에 많이 나오고 있어 고사인쿤드는 이제 친숙한 이름이다. 이 아름다운 호수를 무심히 지나칠 것이 아니라 신화를 생각하며 하루쯤 머문다면 여행의 흥미를 배가시킨다.

고사인쿤드에 연관된 이야기를 시작하자면 힌두 신화의 가장 처음으로 돌아가야 한다. 힌두 신화에 의하면 태초의 신들은 인드라의 실수로 인해 수명을 가질 위기에 처하게 되었다. 성자의 정성 가득한 선물을 인드라가 부주의하게 다루는 바람에 내동댕이쳐지자, 분개한 성자 두르와사스가 저주를 퍼부은 것이다.

"신들의 부귀영화는 끝났다. 신들에게도 늙음과 죽음이 찾아오리라!"

힌두에서는 오랜 고행을 거듭한 성자의 능력은 때로는 신을 뛰어넘을 수 있기에, 놀란 인드라가 황급하게 저주를 거두어 주십사 애걸복걸해야 했다.

"난 그리 마음씨가 곱지를 못하오. 남을 쉽게 용서하는 성미도 아니오. 다른 성자라면 혹시 모르겠소. 그러나 난 두르와사스라는 것을 잊지 마시오!"

성자는 막무가내. 몇 마디를 퍼붓더니 뒤를 돌아다보지도 않고 사라져 버렸다. 그날부터 신들은 때가 되면 찾아오는 백발백중의 저격수 죽음 앞에서 속수무책이 되었다. 신들의 영예는 쇠락의 길을 걷기 시작하니 죽음의 공포가 천상을 맴돌고 이 틈을 놓치지 않은 아수라들이 천상세계를 엿보며 침략을 일삼았다. 죽음 앞에는 절대강자는 없는 법. 신화에서는 신들의 혼란과 불안에 관한 장황한 서술이 이어진다.

이것을 뛰어넘으면 이야기는 이렇게 진행된다. 죽음의 공포를 겪자 신들은 당연히 영원히 사는 법에 눈을 돌리게 되니 죽음의 불사약, 불로주 암리따를 만들기로 결정했다. 신화의 내용을 과학적으로 말하자면 열역학법칙 엔트로피 증가에 대한 저항이다.

신들은 불사약을 만들기 위해 메루 산을 뽑아 바다를 휘저어야 한다는 사실을 알게 되었다. 그러나 그들의 힘을 모두 합쳐도 턱없이 모자라자, 역시 죽음을 원치 않는 악마 아수라들과 협동하기로 한다. 메루 산으로 휘저은 바다에선 우레와 같은 소리가 터져 나왔다. 수백 수천 수만의 헤아릴 수 없이 많은 물짐승들이 큰 산에 깔려 바다 속에서 가루가 되었고, 지하와 물밑 세계에 사는 많은 생명들 또한 목숨을 잃었다. 산에 있던 나무들은 서로 부딪쳐가며 불꽃을 튀었고, 나무에 깃들여 살고 있던 새들은 갈팡질팡 어쩔 줄 몰라 했다. 나무들이 부딪혀 난 불꽃으로 인해 산은 불길에 휩싸이더니 모든 산짐승들을 태워버렸다.

이때 바다에서는 이런 죽음과 불순물로 인해 무시무시한 죽음의 독약, 즉 깔라꾸타가 솟아나오자 모든 신들은 기겁하여 뿔뿔이 도망쳤다. 그러나 쉬바 신만은 세상을 구하려는 일념으로 그 독을 얼른 입에 머금는다. 이에 놀란 쉬바 신의 아내 파르바티는 독약이 뱃속으로 들어가 남편을 죽이지 못하도록 목을 붙잡았으며, 비슈누 신은 독이 밖으로 튀어나와 온 세상을 파괴하지 못하도록 쉬바 신의 입을 틀어막았다.

순간, 목의 뜨거운 기운을 참지 못한 쉬바 신은 자신의 삼지창을 들고 히말라야 한 곳을 내리찍었다. 삼지창이 꽂히자마자 맑고 차가운 3개의 샘물이 콸콸 솟아나기 시작하며 곧바로 커다란 호수가 만들어졌다. 그중에 가장 큰 호수 안으로 쉬바 신은 황급히 뛰어들어 물을 마시며 불타는 목을 식혔으니 훗날 사람들은 이곳을 바로 고사인쿤드라 부르게 된다.

독은 목에서 녹아내리면서 독을 머금었던 쉬바 신의 목은 검푸른 색이 되어 그 후 쉬바 신은 푸른 목을 가진 자라는 의미의 닐칸타(부다닐칸타와 연관성이 여기서 나온다)가 되고, 손이 독에 감염되어 검게 변한 파르바티는 검은 자라는 깔리, 입을 틀어막아 역시 독이 묻은 비슈누는 검은 빛을 가진 자, 닐라와르나로 불리게 되었다.

힌두교도들은 쉬바 신의 갈증을 해결할 수 있는 성스러운 고사인쿤드의 물이 땅 밑으로 가라앉아 카트만두에 자리한 쉬바 신의 사원과 비슈누 신의 사원인 부다닐칸타에서 솟아오른다고 이야기한다.

다시 상기하자면 부다닐칸타라는 이름만 보자면 당연히 쉬바 신의 사원이다. 그러나 가공할 독을 삼켜 세상을 구원한 쉬바 신과 더불어, 입을 틀어막아 독이 밖으로 퍼져나가지 못하도록 조치한 비슈누 신 역시 세상을 구하는 데 한몫했기에 고사인쿤드에서 스며든 물이 솟아오르는 카트만두 쉬바 신 사원에 비슈누 신상을 조성하여 신 사이의 협동을 상징하게 되었다.

이어지는 신화에서는 결국 쉬바, 비슈누, 파르바티의 삼중주를 통해 위기를 넘긴 신들이 바다에서 수천 개의 빛을 가진 달, 부의 여신 락쉬미, 술의 여신 수라, 새하얀 말 우차이쉬라, 천상의 보석 까우스뚜바, 불사약 암리따를 얻게 되었다. 신들이 우여곡절 끝에 불사약을 나누어 먹음으로 신화는 일단락된다.

이 모든 이야기는 고사인쿤드와 별개의 것이 아니기에 매년 8월 대보름이 되면 카트만두의 이 쿰베슈와르 사원은 물론 히말라야 고사인쿤드 주변에 쉬바 신과 비슈누 신을 따르는 신도들이 모여 쿰베스와르 멜라라는 이름의 축제를 벌인다.

본래 아들을 잃어 깊은 상심에 빠진 왕비 바 락쉬미(Bha Laxmi)를 위해 프라탑 말라(Pratap Malla) 왕이 가장 먼저 축제를 열었던 것으로 알려져 있으나 세상의 흐름에 따라 지금은 아들의 상실감에 대한 위로는 사라지고, 쉬바 신에 대한 열렬한 축복 갈구만 남게 되었다.

신화의 세계를 생각하며 산을 걷는 일은 얼마나 재미있는지 모른다. 그리고 쉬바 신과 비슈누 신은 이 일을 알고 명상하는 사람들에게는 히말라야 산길 여정을 안전하게 보호해준다고 한다. 고사인쿤드에 오르고 내려가는 일은 바로 신성의 확인이다.

• 부다닐칸타는 '오래된 닐칸타'라는 의미로 비슈누가 쉐샤 위에 누워 편안하게 잠들어 있다. 우주의 순환 중, 우주가 잠재적 형태로 존재하는 태아적 시기를 상징한다. 비슈누가 깨어나면 연꽃이 피고 브라흐마가 등장하여 우주 창조가 시작된다. 잠자는 비슈누, 바로 부모미생전, 원초의 상징이다. 불교로 비유하자면 내가 너이고, 내가 신이었던 시기를 지나, 그 이전까지 거슬러간다[萬法歸一 一歸何處].

8월 대보름 축제에 참석하면 참가자 모두는 신화시대로 거슬러 올라갈 수 있다. 사실 축제란 인간이 평소에 떨어져 있는 신들과 가까워지는 기간을 말하며 사람들은 신화시대로 되돌아가서 신들이 했던 일을 인간이 다시 반복하며 평소 잊었던 신성 재현을 꾀한다. 많은 사람들이 축제에 참여하여 신성의 징후를 경험한다.

카트만두의 부다닐칸타에서 시작해서 산중 호수 고사인쿤드를 방문한 후, 다시 부다닐칸타로 돌아와 마감하는 여정은 신화와 함께 하는 히말라야 트래킹의 정석이다.

고사인쿤드에서의 목욕은 스스로의 정의로움을 회복시키고 신성함을 회복시킨다는 의미가 있다. 역사서에 의하면 카트만두 분지의 제법 많은 왕들은 즉위하여 1년 혹은 2년 안에 고사인쿤드에 올라 목욕하며 왕국과 자신을 위해 뿌자한 것으로 기록되어 있다.

비단 즉위식 이후만이 아니라, 훗날 왕위를 넘기고 모든 권리를 포기하고 이 자리에서 수행을 하다가 남은 여생을 마감한 권력자들은 물론, 고사인쿤드에서 낡은 육신을 벗어버린 카트만두 분지 출신의 성자들 이름 역시 역사서는 나열하고 있다. 그리하여 산스크리트어로 고사인(Gosain)은 성자가 머무는, 쿤드(kund)는 호수라는 이름을 공고히 해나간다.

카트만두를 공략하던 고르카 왕, 나라얀 샤는 카트만두의 숨통이었던 누와코트를 두고 벌인 전투에서 승리한 후, 1801년 이미 즉위를 마친 카트만두의 황제인 양 고사인쿤드로 향했으니 신들에게 카트만두가 자신의 수중에 있다고 선언한 셈으로 배포가 든든하다.

쉬바 신은 강린포체(카일라스)를 비롯하여 히말라야 곳곳에서 거주한다. 그 많은 성소 중에 특히 겨울 동안 쿰베슈하르 사원에서 머문다는 이야기가 있어 여름뿐 아니라 겨울에도 때에 맞춰 쉬바 신을 따르는 쉬바파들이 대거 순례를 온다.

## 자신의 그릇만큼 빗물을 받다

> 세간 중생은 아뢰야를 사랑하고, 아뢰야를 즐기며, 아뢰야를 기뻐하고, 아뢰야를 좋아한다.
>
> -『증일아함경』 중에서

신화시대에 이제 카트만두에 몇 개의 강이 자리 잡았다. 그런데 강이 하나 더 생겼으니 쿰버 강이다. 이 강은 바로 쿰베슈와르 사원에서 시작했다고 알려져 왔으나 현재는 사라진 강이다. 이 강의 시초는 힌두교가 아닌 불교적 신화가 연관이 있기에 불교도에게는 쿰베슈와르는 외도들만의 사원은 아니다.

불교적인 시선에서 사원의 연관성을 본다.

강의 기원은 아유르베다에 기초하는 네팔의 전통적인 의원 한 사람과 관련이 있다. 신화시대에 사르파팔 이름을 가진 의원은 매우 탐욕스러운 사람으로, 여러 가지 질병에 대한 치료에 능했고, 반면 자신이 원하는 만큼의 대가를 주지 않으면 환자의 병을 더욱더 악화시키는 능력도 가지고 있었단다. 본인이 좋아하지 않는 사람에게는 주문과 독약을 써서 목숨을 빼앗기도 했으니 혀를 찰 일이다. 악행을 마음먹고 행하고자 한다면 팔을 여덟 개 가진 신장(神將)도 가로막지 못한다.

우리가 스스로 품은 욕망만큼 소유하는 것은 불가능하다. 욕망이 자라는 속도는 소유보다 늘 빠르기에 욕망과 소유가 일치하기는 정말 어렵다. 이런 불일치가 번뇌를 만들고 나쁜 업을 생산하지 않는가. 의원은 옳지 않은 방법을 동원하면서 소유를 늘렸으나 끝내 괴물만큼 커진 욕망을 이기지는 못했으리라. 오늘도 도처에서 만나는 위험한 인생과 판박이다.

이런 일이 오래 지속될 수 있을까. 바지에 숨긴 송곳이 드러나지 않을 수 있을까. 입에서 귀로, 다시 입에서 귀로 전해지는 소문은 기어이 왕궁까지 도착하여 분노한 왕은 그에게 벌을 주기 위해 체포를 명했다. 눈치 빠른 사르파팔은 한발 앞서 한밤중에 모든 재산을 내버리고, 물통 하나만 들고 재빠르게 도망친다.

밤새 거친 수풀을 헤치고 도망을 치다가 현재 바그마티 강기슭까지 도달하여 커다란 바위 밑에 몸을 숨겼다.

그동안 탐욕스럽게 살았던 이 의원. 이제 소리 내어 흘러가는 강물을 바라보면서 자신을 천천히 돌아본다. 어쩌다가 이렇게 되었을까. 자신이 얼마나 악행을 저질렀으며, 얼마나 남에게 고통을 주었는가, 장탄식 속에서 되씹는다, 자기성찰이다. 멈추고, 홀로 되어, 되돌아보지 않았으면 그날이 그날인 것처럼 죽는 순간까지 똑같이 살아나갔으리라.

사실 업을 바꾼다는 일은 이런 것을 말한다. 사람들에게 너의 운명을 바꾸라고 충고를 받으면 어떻게 바꾸어야 할지 모른다. 걸음을 '멈추고 돌아보아' 자신이 무엇을 잘못했는지 찾아보는 일이 운명을 바꾸는 첫 번째 일이다. 멈춘 곳이 바로 새로운 출발점이다〔至至發處〕.

악행은 악행을 먹고 큰다. 악행은 악행의 에너지를 끌어 모아야 악행 자신이 살아남는다. 악행이 무엇인지 면민하게 살펴보지 않으면 그대로 끌려 다니기 마련이라, 멈추고 살핀 후, 그간의 주인이었던 '악행을 멈추'고 노예와 주인을 구별하지 못했던〔奴郎不辯〕 순간들과 결별하는 것이 운명을 변화시키는 두 번째 일이다, 그러고 나면 운명이, 까르마가, 팔자(八字)가 이제 서서히 바뀐다.

사르파팔, 그러나, 이제는 늦었다. 아침이면 왕의 군사들이 나를 찾아 나설 것이고 내 목이 떨어져 나가거나, 아니면 끌려들어가 왕이 주는 독약을 먹어야 할 것이다. 두려움에 벌벌 떤다.

그는 숨어서 참회한다. 어차피 죽을 것, 죽을 때까지 자신의 악업을 조금이라도 씻기 위해서는 신의 위대한 사랑을 생각하며 고행하는 방법이 최선이라는 생각에 도달하자, 의원은 자신이 가지고 온 물통에 물을 담고 자신이 아는 만뜨라를 하나하나 또박또박 귀가 소리를 듣도록 외우며, 죽을 때 죽더라도, 죽자 살자 참회의 고행에 몰두하고.

자신을 잊고 밖의 사물을 따라다녔으나 이제는 방향을 바꾸며 성찰을 통해 악행을 멈추자 지즉득(知卽得)이라, 그의 팔자가 서서히 바뀌지 않겠는가.

때로는 비가 퍼부었다. 강물이 범람하여 그의 목숨을 위협하고, 모진 바람이 불어 걸친 옷이 변변치 않은 그의 몸을 추위 속으로 내몰았다. 고행은 어느덧 12년에 접어들어 이제 피골은 상접하여 누가 보아도 나쁜 짓을 골라하던 바로 그 의원이었다는 사실을 알 수 없을 정도로 외모는 변했다. 이제 귓가에 추격의 발자국소리 같은 환청 따위는 모두 깡그리 떨어져 나갔으리라. 지성이니 감천이 일어난다.

천상의 아바로키테슈와라가 바즈라파니를 부른다.바즈라파니(Vajrapani) 혹은 바즈라다라(Vajradhara)는 쉽게 이야기하자면, 의지의 표상으로 무관심을 멀리하고 기도의 열정을 일으키는 에너지를 말한다. 손에 바즈라(Vajra), 즉 금강(金剛)을 들고 있음(dhara)을 말하며, 티베트에서는 창나 도르제라 부르며 우리에게는 금강수(金剛手) 혹은 지금강불(持金剛佛)로 번역이 된다.

밀교에서는 힌두교처럼 많은 고귀한 존들이 등장하는 바, 연화부, 여래부 그리고 금강부로 분류하고 있다. 연화부의 으뜸은 아바로키테슈와라이듯이 금강부 주존은 바즈라파니로 생각하면 된다.

인드라의 무기 중에 하나는 천둥번개를 일으키는 바지람이다. 힌두 신화에서 악마들과 몇 번의 엎치락뒤치락 끝에 궁지에 몰린 신들은 푸루사오타마(Purusaottama)의 충고에 따라 성자 다디치(Dhadichi)를 찾는다. 성자 다디치는 이미 나라야나, 즉 비슈누의 만뜨라로 인해 몸이 어떤 무기로도 부서지지 않는 금강석(金剛石)이 된 상태였기에, 신들은 그에게 가서 무기로 사용할 수 있도록 그의 몸을 달라고 조른다. 다디치가 말한다.

"지구상에 모든 존재들에게 육체는 가장 친근하고 가깝지 않은가? 자비를 내세우면서 육체를 달라고 한다면, 어느 누가 선뜻 내주며 무기로 만들라 하겠는가? 과거에 그런 예가 단 한 번이라도 있었는가? 아무리 힘센 자가 와서 육체를 달라 해도 거절당하지 않겠는가?"

신들은 다시 간청한다. 지금껏 이렇게 단단한 물질을 보지 못했기 때문이며 이 몸을 이용한다면 제 아무리 강한 악마도 파괴시킬 수 있으리라 예상한 탓이다.

"아량이 넓은 영혼의 소유자라면, 자신의 육신을 내주어도 고통은 없을 겁니다. 남을 위해 자신의 것을 내놓지 않는 사람은 이기적으로 자기만을 소중히 여기는 사람입니다. 그들이라면 피조물을 위해 한 치의 주저함도 없이 제공할 것입니다. 남을 위해 베푸는 일은 고귀한 일이기에 거절할 수는 없다고 봅니다."

성자는 뭐가 달라도 다른 법. 대승의 길을 걷는다.

"맞는 말이다. 육체란 오늘 아니면 다른 날 나를 떠난다. 다른 피조물은 물론 친구를 위해 바쳐야 할 것은 바로 다르마다. 그렇지 않다면 인생은 낭비가 아니겠는가."

다디치는 수긍했다. 결코 무엇으로도 부서지지 않는 금강석 같은 몸을 남기고 자신의 아뜨만을 최고의 신 브라흐마와 합일시키며 떠나갔다.

천상의 대장장이에 해당하는 비스바까르만은 그의 뼈를 추려 강력한 무기를 만들어 인드라에게 넘겨주었으니 바로 천둥번개. 불교에서는 금강저, 바즈라(Vajra)라고 하며 티베트불교 문화권에서는 바로 도르제(Dorje)라 이야기하는 것이다.

티베트불교에서 도르제(바즈라)는 결코 깨지지 않는 금강(金剛)을 일컫는다. 본래 이렇게 힌두교 인드라 신의 무기였으나 티베트불교 안으로 들어와, 세상에서 가장 강력한 힘, 결코 깨지 못하는 힘으로 바뀌었으니 신화의 다디치의 몸이 이제는 불교에 들어와 가장 강한 상징으로 변환되었다. 즉 힌두교에서는 전투를 위한 상대를 굴복시키는 강력한 무기, 티베트 시선으로 정확히 풀어보자면 '견고하고, 견실하고, 분할할 수 없고, 꿰뚫을 수 없고, 타버릴 수 없으며, 불멸 그 자체'이다. 제우스의 번개와는 비교조차 되지 않는다.

그렇다면 이런 어마어마한 것이 도대체 무엇인가? 바로 공성(空性)이며, 그런 공성을 금강(金剛)이라고 부른다. 사실 공성보다 강한 것이 우주에는 없다. 세상을 모두 삼켜버리는 겁화(劫火), 쉬바 신이 우주의 모든 것을 파괴해버린다는 불조차 공성을 파괴할 수는 없으며, 모든 것을 집어 삼키는 대홍수는 공성을 털끝 하나 건드리지 못한다.

불에 의한 겁화 종말이나 대홍수에 의한 심판이 무섭다고 전전긍긍하는 일은 상위 개념인 공성이라는 것을 모르는 중생들의 두려움이다. '황금 소가 어제 용광로 불속으로 들어갔는데 지금껏 그 자취를 볼 수 없다〔金牛昨夜遭塗炭 直至如今不見蹤〕'는 이야기를 이들은 결코 해결하지 못한다.

"옴 바즈라삿뜨바 훔."

아바로키테슈와라가 바즈라파니에게 부탁하게 된다.

"네팔 만달에 가주세요. 바그마티 강 옆, 커다란 돌 밑에 12년 동안 선한 마음을 품고 뿌자를 하며 명상을 거듭했던 한 사람을 축복해주세요. 그는 과거, 많은 사람들에게 독을 섞은 약을 주고 죽인 죄를 참회하면서 그렇게 바그마티 강 옆에서 고행을 해왔습니다. 그러하니 당신이 가셔서 그의 죄를 면해주고 선행의 길을 알려주고 오시면 좋겠군요."

왜 직접가지 않았을까? 아이가 울면 어머니가 움직인다. 심하게 오래 울면 울수록 어머니의 반응이 집중된다. 신들도 마찬가지이기에 어떠한 목적을 가지고 심하게 우는 아이를 거절하기 어렵고 역시 고행이 오래되면 신들이 몸을 움직인다.

그러나 어머니는 아이가 우는 경우, 저 아이가 배고파 우는 것인지, 소변을 보아 불편하여 우는 일인지, 질병에 걸려 우는 것인지, 외부에 알 수 없는 무엇이 나타나 불안해 우는 것이지 알아차릴 수 있다. 이때 어머니는 아이에게 달려가게 되어 문제를 해결해주지만, 단지 배고파 우는 경우가 아니라면 젖을 가진 어머니가 가지 않아도 된다. 기저귀 가는 일, 외부의 불편한 요소를 해결하는 일은 능력 있는 할머니 같은 다른 존재를 보내기도 한다. 기도는 아바로키테슈와라가 듣고 바즈라파니가 달려가는 이유가 된다. 관세음보살에게 간절하게 천일기도를 한 노파 꿈에 만일 문수보살이 나타났다면, 이상한 것이 아니다, 바로 그런 이치가 된다.

아바로키테슈와라의 부탁을 받은 바즈라파니는 지상으로 내려와 의원의 물통 안에 숨어들어갔다. 성스러운 그가 들어간 후 잠시 시간이 지나가자 물통에서 물이 넘쳐 흘러나오기 시작했다. 이어 물통이 깨져버리면서 손에는 칼, 삼지창, 악기를 들고, 호랑이 가죽으로 만든 의복을 입은 바즈라파니가 등장한다.

사르파팔은 환희로운 마음으로 양손을 모아 경배한 후 경건하게 뿌자를 올렸다. 의원이 경탄 찬양한다.

"신이시여 당신은 참으로 아름답습니다. 여러 보석처럼 빛나고 있습니다. 그리고 금으로 만든 무쿠트(왕관)까지 쓰고 계십니다. 당신의 몸에서 나온 빛을 제가 감당하기가 어렵습니다. 악기(금강저)를 다루면 붓다께서 기뻐하시는 당신이 제 앞에 와주신 것에 크게 감사드립니다."

바즈라파니는 답한다.

"(당신이 말한 그런) 내용으로 신에게 경배를 드린 사람은 다음 생에는 깨달음의 지식을 가지고 태어납니다. 사르파팔 의원, 당신이 가지고 있는 쿰버(물통)가 깨져서 (시작된 물은 강이 되고) 강은 이제 쿰버띠르터 이름으로 불릴 것입니다. 이 강에는 나중에 왕들이 찾아와서 뿌자를 할 것이며, 이 지역은 랄릿푸르라는 이름의 나라가 일어날 것입니다. 그리고 당신의 물통의 물로부터 시작된 이 강은 훗날 쿰버 성지로 알려질 것입니다."

바즈라파니 말이 이어진다.

"당신의 죄를 면해주기 위해 여기까지 찾아왔습니다. 그러니 당신은 앞으로 좋은 마음을 품고 살도록 하시오."

이어 바즈라파니는 그곳에 있는 돌 하나에 빛을 비추고 사라진다. 이때부터 쿰버 강, 혹은 쿰버 수원이 시작되는 이곳 성지는 쿰베슈와르 이름으로 알려졌다. 사르파팔 의원은 이 자리, 쿰베슈와르에 계속 남아 있으면서 이제 바즈라파니를 명상하고 뿌자하면서 여생을 정진하다가 삶을 마감했다.

의상 대사의 법성게(法性偈)에 우보익생만허공(雨寶益生滿虛空) 중생수기득이익(衆生隨器得利益)이라는 대목이 있어 '보배의 비, 중생을 이익되게 하려 허공 가득 내려오니, 중생들이 제 그릇 따라 이익을 얻는다' 이렇게 풀이한다. 하늘에서 비가 내리는데 큰 그릇을 가진 사람에게는 많은 양의 빗물이, 작은 간장종지만한 크기를 가진 사람에게는 그만한 물이 담긴다는 내용이다.

정성을 다해 참회한 사르파팔의 그릇에는 신이 담겼다. 이보다 큰 그릇이 어디 있을까. 그리고 그 그릇이 깨져버린다. 그릇이 깨지며 신이 나왔다는 사실은 대단한 비유가 아닐 수 없다. 무엇인가 담으려던 그릇에 공성이 드러나는 순간이다.

미라래빠는 이 동굴에서 저 동굴로 수행처를 옮겨가며 고행하던 동굴의 대덕이다. 어느 날 평소 쐐기풀을 끓이던 질그릇과 남은 것들을 이것저것 챙겨 등에 메고 작까따쏘 동굴을 떠나 랍치 츄와르의 은둔처를 찾아가는 중, 돌부리에 걸려 그만 넘어진다.

질그릇 냄비가 돌에 부딪혀 손잡이가 떨어지면서 데구루루 굴러가면서 냄비 안에서 냄비와 똑같은 물건이 떨어져 나왔다. 자세히 보니 그것은 쐐기풀의 찌꺼기가 눌러 붙어 만들어진 것. 미라래빠는 노래한다.

유일한 재산 질그릇 냄비 이미 깨어져
세상 재물 나의 소유 전혀 없다네.

몸과 마음 질그릇인 양 언젠가는 깨어지나니
미라래빠 명상 수행 한결같다네.

질그릇 냄비 유일 재산 스승이라서
무상(無常) 세계 진리 말씀 들려준다네.

이 그릇, 저 그릇, 모두 깨어져야 할 것들이다. 아뢰야는 훗날 의미가 조금 더 깊어지지만 초기경전에서 아뢰야는 집착과 집착의 대상을 의미한다. 『구사론』은 '욕망을 일으키고, 친함을 일으키며, 집착을 일으키고, 애욕을 일으키며, 아뢰야를 일으키고, 집착을 일으키며, 탐착을 일으킨다'며 아뢰야의 집착작용을 설명한다. 과거의 인생이 담긴 그릇이, 과거의 습기를 저장했던 그릇, 아뢰야가 깨지는 순간이다.

불교에서는 쿰버 강과 랄릿푸르는 그렇게 한 의원으로부터 시작되었다 설명하며, 깨져야 할 것들, 깨버려야 할 대상들을 이야기한다.

杯子撲落地 響聲明瀝瀝 虛空粉碎也 狂心當下息
잔이 바닥에 탁 떨어져
깨지는 소리 분명하고 뚜렷하구나.
허공은 산산이 부서지고
허황된 마음 그 자리에서 고요히 쉬누나.
- 허운(虛雲) 대사

쿰버 강의 수원은 공성의 의미를 잃은 현재 사람들을 반영이나 한 듯 사라져버렸다. 그러나 강의 근원에 아름다움과 공성의 지혜가 시작한 사원이 있으니 비단 힌두교의 유래뿐 아니라 불교도들이 이야기하는 신화에도 귀를 기울이고, 이런저런 건물이 빼곡한 랄릿푸르를 걷는다면 그 여행, 더할 나위 없겠다.

## 비하르가 숲을 이루는 파탄(랄릿푸르)

산스크리트어 비하르(Vihar)의 어원은 비하라티(viharati). 비하라티는 평화롭게 걷고 평화롭게 앉는다는 의미를 품고 있으며, 본래 수행자를 위한 공간을 뜻한다. 사원을 의미하는 비하르는 네왈리 언어로는 바할(Bahal) 혹은 바하(baha)라 부르거나 짧게는 그냥 바(Ba)라 한다. 고대로부터 불교의 세례를 받아온 파탄(랄릿푸르)에는 명망 있는 바할들이 곳곳에 있으며 현재 16개 정도가 유명하다. 대부분 겉으로 보면 작은 문이 있을 뿐 일반적인 집처럼 보이지만 작은 문을 통해 들어서면 그 안에 사원이 들어서 있는 형식을 취한다. 앞은 현지인들이 부르는 이름이며 뒤는 사원의 정식명칭이다.

1. 빈체 바하(Bhinche Baha), Shankerdev Samskarita Mayurvarna Mahavihara
2. 수 바하 (Su Baha), Indradev SamskaritaJay Manohar Varma Mahavoihara
3. 야추 바할(Yachhu Bahal), Baladhar Gupta SamskaritaBaladhar Gupta

Mahavihara

4. 구지 바하(Guji Baha), Divya diwakar SamskaritaShree Vaisyavarna Mahavihara

5. 우카 바할(Uku Bahal), Shivadev Samskarita Rudravarna Mahavihara

6. 탕가 바할(Tanga Bahal), Balarcana Dev Samskarita Jyesthavarna Mahavihara

7. 쿠카 바할(Cuka Bahal), Mandeva Samskarita Chakravarna Mahavihara

8. 타 바하(Ta Baha), Bhuvanakar Samskarita Dharmakirti Mahavihara

9. 하 바할(Ha Bahal), Laxmi Kalyan Varma SamskaritaRatnakar Mahavihara

10. 부 바할(Bu Bahal), Bidhyadharsarma Samskarita Yashodharvarma Mahabihara

11. 시 바하(Si Baha), Sri Vaccha Mahavihara

12. 다우 바하(Dau Baha), Rudradev Gargagotra Varma Samskarita Dattanama Mahavihara

13. 과 바할(Kwa Bahal, The Golden Temple), Bhaskerdev Samskarita Hiranyabarna Mahavihara

14. 둠 바하(Dhum Baha), Guna Laxmi Varma Samskarita Guna Laxmi Mahavihara

15. 왐 바하(Wam Baha), Surya Varma Samskarita Vajrakirti Mahavihara

16. 조 바하(Jyo Baha), Rudradev Nangapala Samskarita Jyotivarna Mahavihara

시간이 넉넉한 여행자라면 사원 하나하나 찾아 들어가 예리하게 구석구석을 살펴보라. 그러면 그 사람은 얼마 지나지 않아 파탄(랄릿푸르) 폐인이 될 것이다. 한발 더 나가 몇 년간 모든 사원 구조를 연구하고 구전을 모아서 사원에 관한 두툼한 논문을 쓴다면 두고두고 만족하리라.

사원을 모두 둘러본 이 몸, 그리하고 싶어도 바짓가랑이를 잡고 있는 질긴 인연들이 있어 1번에서 16번까지 번호를 나열하고 소개하는 일로 마쳐야 하니

• 빛난다. 마구 빛난다. 엄청나게 요동치며 빛나 눈이 부시다. 황금사원이라는 이름이 한 치도 어긋나지 않는다. 사원이 크고 웅장하다고 반드시 뛰어난 것이 아니며, 귀하고 알차고 아름다운 보석들은 모두 부피가 작다. 파탄의 골목 안에 빛나는 대승의 보석, 과 바할.

다시 섭섭하다. 노년에 이르러 이제 가파른 설산을 오를 힘이 더 이상 남아 있지 않을 때, 산악용 스틱 대신 지팡이를 들고, 등산화 대신 슬리퍼를 끌고, 위의 사원들을 찾아 만뜨라를 입에 넣고 불을 밝혀 예불을 올리면서 남은 생을 보낸다면, 나날이 얼마나 흐뭇하겠는가. 이 소망 또한 이루어지리라.

이들 사원 중에 13번째 과 바할(Kwa Bahal) 혹은 히란야바르나 마하비하르(Hiranyavarna Mahavihar)라 부르는 황금사원은 1045년 바스카라 데바 바르마(Bhaskara Deva Varma) 시절에 건립되었다. 네팔 불교사원 중에 선두자리를 지킬 정도로 단연 아름답고 정교한 모습을 갖추고 으뜸을 뽐낸다.

커다란 사자 두 마리가 문 양쪽에서 위엄 있게 출입문을 지킨다. 좁고 낮은 통로를 지나 사원 내부로 들어서게 되면 구석구석 금속으로 만든 뛰어난 조각상이 자리 잡아 방문객의 감탄을 자아낸다. 오전에 방문하는 경우, 어두컴컴한 작은 출입구를 지나 내부로 들어서는, 순간 황금빛으로 빛나는 사원 모습에 눈이 부시다. 황금사원이라 부르는 이유의 설명은 필요 없으니 사원 자체가 스스로 자신의 이름을 말한다.

이 절은 15세기부터 많은 기부금이 모여지며 리모델링을 거듭했다. 그러다가 지난 세기, 티베트와의 교역으로 많은 돈을 거머쥔 두 가문 간의 경쟁적인 기부로 인해 현재처럼 바닥에서부터 지붕까지 아름다운 장식으로 뒤덮인 사원이 되었다. 교역으로 번 돈을 흥청망청 쓰거나, 자식들에게 물려주었다면 사원은 지금 같은 모습을 갖추지는 못했을 것이다. 한 집안이 일 층 지붕에 금박을 올리면 다른 집안은 그 위층을 장식하는 데 기부금을 내는 방식이었다.

파탄(랄릿푸르) 시민들은 이 두 집안의 기부에 대해 흥미진진했을 것이다. 그러나 두 가문 간의 지나친 자존심 경쟁을 보다 못한 당시 정부는 '이 사원에 지붕은 이제 충분하다. 사원은 충분한 기부를 받아들였다'고 선언하고 다른 곳에 관심을 돌리도록 강하게 주문했다.

더바르에서 불과 몇 분 거리지만 뒷골목에 자리 잡아 지도를 보고 찾아가야 한다.

사원의 외모만큼 유명한 것은 소장하고 있는 산스크리트어 경전들. 바즈라차르야(Bhajracharya), 즉 급이 높은 재가신자들이 모여 앉아 검은 바탕에 글씨마저 금빛으로 쓰인 400년 이상 된 보물급 산스크리트어 경전을 읽는다. 황금사원을 갈 때마다 이들의 모습을 보았으니 꽤나 자주 모여 독경하는 모양이다.

파탄(랄릿푸르)이 금속공예의 중심지임을 증명이나 하듯 사원 내부 곳곳에 불상, 보살상 등등 금속공예의 정수를 보여주는 작품이 빼곡하다. 재벌가의 경쟁으로 인한 결과가 훗날 사원을 찾는 사람들의 눈을 즐겁게 하고 신앙심을 고취시키니, 왜 아니겠는가, 진정으로 고마운 일이 된다.

## 더바르 광장은 보물 중의 보물

프리트비 나라얀 샤에 의해 정복당한 후 파탄(랄릿푸르)은 중심 위치에서 벗어나 카트만두 분지 내의 한 구역으로 전락했으되 한 시절 왕가에 의해 통치되며 위용을 자랑하던 왕국 심장부였다. 유심히 살펴보아야 할 장소들이 있다.

1. 빔센 사원
2. 비슈와나트 사원
3. 망가히티
4. 크리슈나 사원
5. 자가나라얀 사원
6. 요가넨드라 말라 왕의 기둥
7. 하리 산카르 사원
8. 탈레주 종
9. 왕궁
10. 파탄(랄릿푸르) 박물관
11. 물 초크
12. 순다리 초크
13. 치아싱 데발

## 빔센 사원은 상인들의 치성소

택시를 타고 파탄(랄릿푸르)에 가는 경우, 더바르 남쪽 치아싱 데발(Chyasing Deval)이 랜드마크가 된다. 치아싱은 8면이라는 의미를 갖는 바, 팔각정이다. 회색으로 일어선 3층 건물로 다른 건물과는 달리 끝이 뾰족하게 일어선 시카라(Shikhara) 스타일로 지어졌다. 인도를 자주 찾는 사람이라면 한눈에 인도풍을 느낄 수 있으리라. 시카라는 산스크리트어로 산 정상을 의미하며 힌두교 성산 카일라스를 뜻한다. 우뚝 봉우리 주변에 작은 봉우리들이 여러 개 솟아올라 있듯, 메인 첨탑 주변에 작은 첨탑들이 올망졸망 에워싸고 있다. 이 스타일은 6세기에 인도에서 시작되었고 이어 네팔을 포함한 주변 국가로 건축양식이 전해진다.

싯디 나르싱하 말라(Siddhi Narsimha Malla) 왕의 손녀이자 요가나렌드라 말라(Yoganarendra Malla)의 딸 요가마티(Yogamati)에 의해 크리슈나의 탄생지 인도 마투라의 크리슈나 사원을 모방하여 건축되었다. 왕의 딸은 아버지가 사망한 후, 힌두교 풍습에 따라 아버지 화장터 불길에 뛰어든 왕비들과 후궁들을 위해 이 탑을 세웠다.

힌두교에서 남편이 죽으면 과부들은 남편을 화장하는 장작 위에 올라서거나 불길 속으로 뛰어들었다. 이런 일을 사티(Sati)라 부르며 '육체적 생명을 더 높은 실재에 바친 사람'으로 추앙받았다. 교리에 의하면 천상에서 남편과의 기쁨을 약속한다기에 이 길을 택했다. 반대로 살아남으면 과부로 남겨진 여인의 삶은 고단하니, 천상의 영혼과 중재하기 위해서 평생 모든 생활이 제한되며 매우 천하게 취급받았다.

8각으로 이루어진 석조사원은 불길에 들어간 왕의 여자들의 면면이다. 잘못된 제도를 최상의 제도로 알고 살았던 무지의 세월이 남겨 놓은 기념물이 파탄(랄릿푸르)의 입구에 서 있다. 왕비와 후궁으로 살며 호화로운 일상을 보냈던 아름다운 여인들의 짧은 삶. 왕에게 간택되어 기뻐하던 가족들은 딸이 불길 앞에 서 있을 때 어떤 생각이 들었을까. 역사서에 올라온 4명의 왕비와 21명의 후궁들의 이름을 읽다보니 가슴 저민다.

크리슈나슈타미(Krishnashtami), 즉 크리슈나의 생일에는 사원에 아름다운 등불이 내걸린다.

이곳에서 멀리 떨어지지 않은 곳에는 기둥 위에 탈레주 사원을 향해 합장하고 있는 요가넨드라(Yoganendra) 왕의 동상이 있다. 왕의 뒤에는 거대한 나가가 일산처럼 펼쳐져 왕을 보호하며 나가의 머리 위에는 새 한 마리가 앉아 방점을 찍는다. 잘 살피지 않으면 여간해서는 볼 수 없는 작은 크기의 왕비 한 명이 왕

• 아버지가 죽자, 아버지가 거느린 많은 왕비와 후궁들이 화장터 불길 안으로 뛰어 들었다. 사티라는 힌두교 전통 때문이었다. 이 광경을 바라본 어린 공주의 충격은 엄청났을 것이다. 공주는 훗날 왕비가 된 후 시카라 형태의 팔각정을 세운다. 팔각으로 세운 이유는 불길에 뛰어든 왕비들과 후궁들의 숫자가 8이었다는 이야기로 그들의 영혼을 추모하기 위해서란다. 현재 그 의미는 사라지고 크리슈나 축제가 시작되면 사원에 밝은 불이 환히 밝혀진다.

• 요가넨드라 왕은 자신이 불멸이라고 믿고 그 기원을 담아 파탄 탈레주 사원 앞에 자신의 형상을 얹은 기둥을 세운다. 그리고 훗날 은둔한다. 인간 중에 은둔에 성공한 사람은 있어도 불멸은 단 한 사람도 없었다. 은둔하겠다는 결심은 성공하는 반면 불멸은 허황되다. 불멸이 있다면 그것은 참이 아니다.

의 우측에 함께 앉아 있다.

왕은 사랑하는 아들이 죽은 후에 깊은 실망과 함께 모든 의욕을 상실했다 한다. 이제 그는 모든 권력을 내려놓고 은둔생활에 들어간다. 그동안 선정을 베풀고 파탄(랄릿푸르)에 아름다운 건축물을 올리던 왕이 사라지자 국민들은 깊은 슬픔에 빠져, 왕에게 다시 돌아와 달라고 은둔지까지 사절을 보내기에 이른다. 왕은 자신이 당장 돌아가는 대신, 자신의 조각상 위에 새가 있는 한, 언젠가는 되돌아오겠다는 희망의 메시지를 보낸다. 그리고 다시 멀리 은둔했다.

그리하여 사람들은 나가 위에 새 한 마리를 만들어 얹고, 왕의 기둥 맞은편 왕궁의 창문은 늘 열어 놓았으며, 그곳에는 왕이 사용하던 소지품을 그대로 준비하고 밤에도 불을 끄지 않고 왕의 귀환을 기다렸다. 그는 언제 돌아올 것인가. 환생의 통로를 따라 되돌아올 것인가. 이미 다른 모습으로 살아가고 있을까. 선정을 베풀던 왕의 복귀에 대한 기대감은 아직도 현재진행형이다.

그러나 파탄(랄릿푸르)을 크게 키운 사람은 1641년에서부터 1674년까지 통치한 프라탑 말라(Pratap Malla)로 음악, 시, 춤 그리고 그 외 예술 분야에 조예가 매우 깊었단다. 하누만 상 기단부에는 '왕 중의 왕, 네팔의 우두머리, 최고 현명함의 소유자, 모든 왕의 우두머리, 걸출한 대왕'이라는 소개가 적혀 있다.

이곳에서 시작하여 광장은 쭉 이어져 나간다. 광장의 마지막 부분은 빔센(Bhimsen) 사원이 위용을 자랑한다.

『마하바라타』에 의하면 '창백한 사람'이라는 의미의 판두에게는 자랑스러운 다섯 아들이 있었다. 첫째 부인 쿤티(Kunti) 소생은 순서대로, 유디스티라(Yudhishtira), 비마(Bhima), 아르주나(Arjuna)였고, 둘째 부인 마드리(Madri) 소생은 쌍둥이 나쿨라(Nakula) 그리고 사하데바(Sahadeva)였다. 유디스트라는 덕행이 있고, 비마에게는 용맹이, 아르주나는 인내심, 그리고 나머지 두 쌍둥이에게는 웃어른에 대한 존경과 봉사의 마음이라는 장점이 있었단다.

사실 『마하바라타』를 모르면 인도문화권 문화를 이해하기 어렵다. 세상의 모든 것이 『마하바라타』 안에 있고 『마하바라타』에 없는 것은 세상 어디에도 없다고 말할 정도로 책의 내용은 방대하며 세밀하다.

형제 중에서 유디스트라는 분명히 판두 – 쿤티 사이의 소생임에도 불구하고 아버지가 다르마의 신이라 하며, 비마는 바람의 신 바이유의 아들이라고 이야기한다. 같은 식으로 아르주나는 인드라의 아들이란다.

여기에는 깊은 사연이 있다. 아버지 판두는 어느 날 자신이 통치하는 하스티나푸라 왕국의 왕권을 동생에게 의탁하고 히말라야 산기슭에 들어간다. 동생은 히말라야 숲에 거주하는 주민들에게 형을 모시고 보살피라 명을 내렸으나 판두는 거절한 채 검소하게 지낸다.

어느 날 그는 자신의 식량을 구하기 위해 히말라야 숲으로 들어갔다가 교미하는 사슴 한 쌍을 본다. 판두는 주저하지 않고 화살을 날려 그 자리에 쓰러트린다. 사실 사슴은 숲속의 현자 킨다마(Kindama)였다. 아내와 숲에서 단출하게 살았기에 집이란 것이 아예 없었다. 만일 집이 아닌 숲에서 부부관계를 하다가 다른 사람들에 눈에 뜨인다면 비난이 쏟아질 것, 사슴으로 몸을 바꾸었던 터였다. 죽어가면서 그는 판두에게 말한다.

"그 어떤 피조물도 사랑의 순간에는 공격하지 않는 법이거늘, 너는 너무 잔인한 짓을 저질렀다. (보통 사람이라면) 당장 지옥에 떨어져야 할 일이지만, (더구나) 너는 (신분이 높은) 왕이 아닌가? (왕이란) 죄를 징벌하고 신앙의 교의를 보호해야 할 의무가 있으니 (이런 죄를 지은 너는) 더더욱 비난받아야 한다."

지금 당장 지옥으로 들어가 죗값을 받아야 한다는 것이 아니다. 알 만한 녀석이 죄를 지었으니 보다 더 심한 죗값을 치러야 한다고 이야기를 이어나간다. 판두는 공포에 사로잡혔다. 킨다마의 저주가 떨어진다. 사실 저주라기보다는 죗값에 대한 선포이며, 다음 생까지 이번의 행위에 대한 결과를 질질 끌고 갈 것이 아니라, 그 대가를 이번 삶에서 받으라는 이야기다.

"브라흐민을 죽인 죄를 두려워마라. 그대는 내가 누군지 몰랐지 않은가. 그러나 그대는 내가 쾌락을 탐닉하는 순간 나를 죽였으므로, 그대 또한 쾌락의 순간 죽음을 맞으리라."

브라흐민을 죽인 죄는 위중하다. 더구나 도력이 깊은 브라흐민은 우리말로 바꾸자면 조사(祖師), 선사(禪師)를 죽인 셈이 된다. 그러나 사슴으로 변해 판두가 몰라보았으므로 그 항목은 무죄. 교미 중에 죽인 일은 유죄. 너도 똑같은 일을 한다면 그 순간 사형집행, 이런 이야기다.

최종판결.

"그대가 아내에게 욕망을 품고 다가가는 순간, 그대는 죽음을 맞이하리라. 왕이여, 내가 행복의 순간에 갑작스럽게 슬픔에 빠졌듯 그대 또한 행복의 순간에 슬픔과 대면하리라."

이야기를 마친 사슴은 죽었다.

남자들 목에 칼을 들이대고, 여자를 버리고 오래 살래, 아니면, 여자를 가까이하고 일찍 죽을래, 물어본다면 한두 명 예외를 제외하고는 거의 백이면 백, 만이면 만, 모두 여자를 버리고 길게 사는 길을 택할 터, 이제 남은 방법은 오로지 하나, 고행자가 되어 여색을 끊는 일뿐이다. 판두가 부인 둘에게 이런 사정을 이야기해도 찰거머리처럼 떨어지지 않고, 부인들은 죽어도 함께 붙어 있겠다고 선언한다. 이런 것이 업이다.

이들은 숲에서 함께 산다. 그러나 아들이 없으면 제사를 지낼 수 없고, 더구나 조상에 대한 빚은 아들을 낳아야만 갚는다 했으니, 차차 무자식에 대한 비탄에 빠져든다.

그러나 한 가지 방법이 있었다. 첫 번째 부인 쿤티가 결혼하기 전에 자신의 집을 찾아온 성자 두르바사(Durbasa)를 끔찍하게 정성을 들여 모신 후, 어려운 일이 있을 때 천상의 신을 불러 도움을 청할 수 있는 만뜨라를 선물 받은 적이 있다. 그리하여 그녀는 다르마, 바이유 그리고 인드라, 각각의 신을 불러 그들의 정기를 그대로 받은 3명의 아이를 낳았고, 이어 두 번째 부인 마드리도 이 만뜨라를 배워 아들 쌍둥이를 낳게 된다. 비마를 바람의 신, 즉 바이유의 아들이라 칭하는 것이 바로 그런 이유다.

왕이었던 판두는 세월이 흐른 후, 욕정을 참지 못하고 두 번째 부인 마드리에게 접근했다가 저주대로 죽고 말았으며, 죄책감으로 둘째 부인, 화장터에서 역시 남편의 길을 따라 사티, 불 속으로 들어갔다.

왕이었던 아버지가 이렇게 죽자 이제 왕위를 큰삼촌인 장님 드리타라스트라가 이어받았다. 다섯 형제들은 실세로 등장한 사촌들과의 갈등으로 숲으로 도망가야 하니, 어머니 쿤티는 함께 숲으로 들어가, 다섯 아들들을 보호하고 양육했다.

둘째 아들 비마는 천 마리 코끼리에 견줄 수 있는 힘을 가진 용사였다. 태어나면서부터 아버지 바이유의 지칠 줄 모르는 바람의 힘을 받아서인지 힘이 남달리 강했기에 운동을 하건, 맨손으로 싸우건, 무기를 들건 형제 중에 제일이었다.

그렇지 않아도 강한 비마가 더욱 막강하게 된 배경이 있다. 비마의 뛰어난 자질에 위협을 느낀 사촌은 비마에게 독을 먹여 정신을 잃게 한 후, 사지를 밧줄로 꽁꽁 묶은 채 갠지스 강에 던졌다. 비마는 의식을 잃은 채 흘러가다가 나가들이 사는 통로로 흘러들어가 깨어난다. 비마가 눈을 떠보니 사방에 나가, 즉 뱀들이 아닌가. 영문을 모르는 비마가 닥치는 대로 뱀을 잡아 이리저리 패대기치기 시작하자, 나가들은 급한 나머지 그들의 왕 바수키에게 몰려가 구원을 청한다.

바수키와 아르카(Arka)는 사람으로 모습을 바꿔 비마에게 다가간다. 아르카는 한때 인간 세상에서 비마의 어머니인 쿤티의 증조할아버지로 살았던 적이 있었기에 서로 자신의 핏줄을 단번에 알아보았다. 그들은 서로 깊게 포옹했다. 둘 사이의 포옹을 지켜본 바수키가 다정하게 물었다.

"그래 아가야, 무엇을 선물해줄까? 그래, 그래, 보석과 황금을 주는 것이 좋겠구나."

그러나 아르카는 나가들이 마시는 특별한 음료 라사(rasa)를 주는 것이 좋겠다고 건의한다. 바수키로부터 라사 항아리를 받아든 비마는 동쪽을 바라보며 신들에게 감사기도를 올린 후, 평소 자신의 식탐을 증명이나 하듯 무려 여덟 항아리를 벌컥벌컥 마셔버린다. 천상의 약초로 만든 라사는 한 항아리만 마셔도 코끼리 1,000마리의 힘이 생기는 신비한 영약으로 무려 여덟 항아리를 퍼마셨으니…….

보통 전쟁터에 나가는 탱크가 1,500마력임을 감안한다면 요즘 말로 8,000마력이 아니라, 8,000상력(象力)으로 가공할 만한 파워다. 사촌의 간악한 계략 덕분에 그는 이제 지상에서는 비교할 수 없을 정도의 강한 힘의 소유자가 되었다.

비마는 숲에서 여자 악마 히딤비(Hidimbi)와 사랑에 빠지고 훗날 전쟁에서 혁혁한 공을 세우는 가톨가자(Ghatolgaja)를 낳아 키운다. 또한 그는 바카아수라(Bakasura)라는 악마를 죽여 바카아수라가 통치하던 도시 전체를 구해내기도 했다.

이 정도를 알면 파탄(랄릿푸르) 더바르 가장 끝에 있는 아름다운 건축물, 빔센 사원을 이해하는 기초가 된다.

빔센은 비마를 모신 사원인데 정식 명칭은 비마 사원이 아니라 빔센 사원으로 불리며 네팔의 다른 곳 역시 거의 모두 비마 사원을 빔센 사원이라는 이름으로 통일되어 있다. 알고 보면 재미있는 것이, 뒤에 붙은 센이라는 말은 우리말과 비슷하여 '쎄다'는 뜻이다. 즉 빔센은 '무지하게 쎈 비마'라는 의미다.

1681년에 스리 니 바스 말라 왕이 3층 빔센 사원을 세우고 1934년 지진으로 완전히 손상되었으나 그대로 복구되었다.

빔센 사원의 좁고 어두운 나무계단을 타고 매캐한 향냄새와 그을음 냄새가 가득 밴 2층으로 오르면, 중앙에 모신 빔센 상을 만난다. 누군가 나에게 카트만두 분지에서 신상을 단 하나만 가져도 좋다고 한다면 주저 없이 빔센 상을 선택할 터다. 불행하게도 사진촬영을 절대금지하고 있어 파탄(랄릿푸르)의 이 사원을 방문해보지 못한 다른 사람들에게 신상을 보여줄 수 없어 안타깝기만 하다.

빔센 상은 길을 가다가 특히 숲에서 이런 모습 만나면 깜짝 놀랄 정도로 험악한 표정을 가졌으면서도 힘이 마구 넘쳐 난다. 금강역사와 야차를 뒤섞어 놓은 듯한 모습에 바라보는 사람, 도리어 온몸의 근육이 부푼다. 시뻘겋게 달아오른 얼굴, 금방이라도 튀어 나올 주먹만 한 부리부리 눈망울, 손에는 말 한 마리를 공깃돌처럼 가볍게 들어올리고, 무릎 아래에는 코끼리를 숨도 못 쉬게 깔아 짓뭉긴 가운데, 바로 앞에서 커다란 코브라가 존경하는 눈빛을 던지며 얼어붙은 채로 빔센을 바라보고 있다. 걸작이다.

광장을 내려다보는 창문 역시 명품이다. 나무로 만든 창틀이 만드는 기하학적 그림자를 바라보면 과거 이 자리에서 살았던 장인들의 심미안에 고개가 숙여지다.

숲에서 길을 잃으면 이렇게 부탁했다.

"위대한 바이유 신의 아들아, 우리를 다시 한 번 안고 무시무시한 숲속으로 들어가 주어야겠다. 다른 방법이 없구나."

그러면 그는 어머니와 형제들을 들어 올리고 공중으로 솟구쳐 길을 만들면서 앞으로 나갔다. 무려 8,000마리 코끼리 힘을 가진 그의 발길이 닿는 자리는, 맹렬한 바람이 몰아치듯 나무가 뚝뚝 부러지거나 뿌리째 뽑혔으며 꽃잎들이 마

• 빔센의 얼굴 정도는 알고 가자. 빔센 사원 2층에는 분쇄할 적을 앞에 둔, 성질이 일어날 대로 일어난 빔센 모습이 적나라하게 모셔져 있다. 평소에는 헝겊에 덮여 있으므로 뿌자가 진행되는 시간에 찾아가면 놀라울 정도의 역동적인 모습을 만날 수 있다. 반면 사원의 바깥 광장에 자리한 맞은편 기둥에는 단정한 대상의 모습을 갖춘 빔센 석상이 서 있다. 대상을 이끌고 먼 길을 출발하는 순간, 사모관대까지 갖춰 쓰고 그답지 않게 차분한 자세를 갖추고 있다. 도시만 빠져나가면 의관은 흩어지고 곧 헐크가 된다.

구 흩어져 날리고, 산짐승들은 물론 맹수조차 사방으로 도망쳤다.

파탄(랄릿푸르)의 사람들은 이런 빔센을 상인들과 대상들의 후원자이며 수호신이라고 믿는다. 상인들에게는 빔센이 가네쉬보다 상위의 신이며 히말라야를 넘나드는 힌두교 짐꾼들도 빔센의 추종자.

또한 그토록 험준한 히말라야를 넘어 티베트 수도 라싸까지의 교역로를 최초로 연 사람이 바로 빔센이라 이야기한다. 통상로의 개척자이니 당연 상인들이 따르고, 네팔의 공주 브리쿠티(Bhrikuti)가 티베트 라사로 결혼을 위해 갈 때 빔센이 수행원으로 모습을 바꾸어 안내했기에 거친 히말라야를 무사히 넘었다는 이야기까지 남겨질 정도다.

이렇게 네팔에서 미쿄 도르제 불상을 가지고 티베트로 시집간 브리쿠티 공주는 티베트에서는 티쮠이라고 부르며 그녀로 인해 네팔의 고승 실라만주가 티베트로 들어갔고 역시 인도불교가 광범위하게 소개되며 티송데쩬 시대에 티베트에서 불교가 제자리를 잡는다. 이 일을 빔센이 도왔다는 이야기니 불교전파에 힌두교의 에너지가 개입했다는 구조로, 빔센이란 힘든 산길과 설산을 넘어가는 거침없는 에너지이며, 그 결과 대상들에게는 부귀영화를 안겨주는 에너지 형태이기도 하다.

파탄(랄릿푸르)의 빔센 사원은 규모가 매우 커 당시 파탄의 무역의 규모를 가늠할 수 있다.

## 1,400년 역사의 우물

역사학자들에 의하면 기원전 5 - 6세기부터 카트만두 분지 안에 많은 샘, 호수 그리고 우물과 같은 수원을 만들었다고 한다. 사람들이 분지 안으로 모여들면서 먹고 씻으며 동물을 먹일 물들이 필요해서였다. 그렇게 생긴 수원들은 사람과 동물들이 함께 사용하기에 이제 위생적으로 보존하기 위해 나름 적당한 신성한 이야깃거리가 만들어졌다. 워낙 사람들이 자주 모여드는 자리라 수원 주변에서 여러 일들이 벌어지기도 했으리라.

빔센 사원의 건너편 계단을 내려가면 벽에서 맑은 물이 나오는 공동급수처가 있다. 이 구조물은 파탄(랄릿푸르)에서 가장 오래된 인공물로 여겨진다. 많은 사람들이 양동이를 들고 와 물을 받아가며 이야기를 나눈다. 그리고는 물을 길어 다시 집으로 되돌아간다.

이런 것은 바로 동(洞)의 개념이다. 우리는 이제 양재동, 서초동 등등의 개념에서 거리를 의미하는 로(路), 즉 거리의 개념으로 바꾸려 하고 있다. 동이라는 행정구역을 의미하는 글자를 파자하여 보면 물을 뜻하는 삼수변(三水邊) 수〔氵〕에, 같다는 의미의 동(同)이 드러난다. 즉 같은 물을 먹는다는 의미다. 같은 우물에서 받은 물로 밥을 하고 빨래를 하고 얼굴을 닦는다. 동(洞)은 수원을 중심으로 형성된 집단으로 원형(圓形)이며 뭉쳐지는 구심력이 느껴지지만, 로(路)는 오갈 뿐이기에 직선적이라 통하되 삭막하다.

카트만두 분지에서 식용수 공급은 여러 가지가 있었다. 그중 가장 흔한 형태는 이런 공동우물이다. 카트만두 분지에서 가장 오래되었고, 현재까지 잘 사용되고 있는 바로 이 공동급수원은 무려 1,400년 전, 리차비 왕조 때 이르러 보수하여 지금 형태로 만들어졌다. 이런저런 업적으로 유명한, 6세기 마나데브의 손자인 바르비(Bharbhi)에 의해 파탄(랄릿푸르)에 건립된 석간수 형태의 마니 다라, 즉 망가 히티(Manga hiti)로, 세월이 지나면서 약간의 구조적 보수와 화려한 장식만 더해졌을 뿐 건립 당시 최초의 원형을 대부분 유지하고 있으니 역사의 현장이다. 얼마나 많은 사람들과 가축들이 이 물의 혜택을 보았을까.

이렇게 바위 사이로 물이 나오는 석간수는 북인도에서 흔히 사용하던 급수 방법으로 네팔에 이식되었다고 학자들은 말한다. 리차비 시대에는 이런 석간수를 프라나리(Pranali)라 불렀으며 여름에는 시원한 물을 제공하고 겨울이면 따뜻한 물이 흘러나와 사람들에게 맑은 물을 공급하기에 카트만두 분지 내에 널리 확산되었다. 리차비 시대에 프라나리(Pranali)는 다음 말라 시대에는 이티(yiti 혹은 iti)라고 부르다가 차차 히티(hiti)라는 명칭으로 정착되었다.

말라 시대는 그야말로 히티 건설의 전성시대로 말라 가문이 셋으로 나뉘며

• 네팔에서 물이란 신성과 거의 동격이다. 어떤 일이든지 물로 시작한다. 우물, 연못 등등은 신성함의 대변이며 집 앞 물통을 채워 놓는 일은 신성을 자신의 집으로 모시는 일이다. 거기에 더해 분지를 통치하는 지도자들은 주민의 편의를 위해 곳곳에 물웅덩이와 수로 등, 급수시설을 만들어 왔기에 사람들이 분지 안에서 멀리 이동할 때 물통을 휴대할 필요가 없었다. 고대로부터 내려오던 급수시설은 현재 대부분 파괴되었고 수로가 차단되었기에 물이 남아 있지 않아 물소리조차 들을 수 없다. 망가 히티와 같은 이런 문화재를 통해 과거의 모습을 겨우 반추해볼 뿐이다.

카트만두 분지의 삼국시대를 이루면서 각국은 경쟁이나 하듯이 히디를 만들었다. 즉 하누만 도카 안쪽의 모한칼리 촉 히티(Mohankali chowk hiti), 파탄(랄릿푸르)의 순다리 촉의 투사 히티(Tusa hiti), 박타푸르의 탄투 더바르 히티(Thantu Dubar hiti)가 경쟁의 결과로 생겨났다. 여기서 촉(chowk)은 사원과 뜰이 합쳐진 공간을 이야기한다.

사실 사람들이 강가까지 나가 물을 구하는 일은 엄청난 노력이 필요했다. 강이란, 집안에 누군가 죽었거나, 목욕제가 아니면 다녀오기 용이하지 않았기에 나라를 통치하는 왕은 거주지 근처에 히티를 많이 만들도록 정책을 수립했고 실천했다.

석간수들은 단지 물을 공급하는 역할뿐이 아니라 종교적으로도 대접을 받았다. 물이 뿜어져 나오는 곳은 힌두교 강가 여신의 타고 다니는 악어 모양의 마카르(Makar) 장식을 했다. 바로 이 자리에서 흘러나오는 물이 성스러운 어머니 강인 갠지스 강물과의 유관성을 강조하며 물의 신성함을 나타내기 위한 시도였다. 마카르 대신 소, 백조, 코끼리, 호랑이를 대신한 곳이 있지만 지극히 소수다. 시간이 흐르면서 많은 사람이 머물다 가는 히티 주변으로 사원들이 세워졌다.

이런 석간수들은 대체로 도로보다 낮은 곳에 자리하여 도로에서 계단을 통해 내려가는 형식을 취하고 있다. 카트만두 분지에서 가장 유서 깊은 망가 히티를 방문하는 경우 계단을 내려가서 물이 나오는 구조물을 바라보고 손바닥으로 물을 받아 마시고 이마에 털어보면서, 이 우물을 지나간 많은 현지인들의 선조를 더듬어보는 일이 필요하다. 물 한 모금 마시고 고개를 들면, 고대로부터 쉼 없이 흘러온 물을 마시던 그대들, 지금은 어디서 평안하신가, 마음에서 묻게 된다.

망가 히티로 내려가는 길목에는 광장을 향하는 정자가 있다. 이 정자에서는 파탄(랄릿푸르)의 왕들이 즉위식을 비롯하여 기념행사를 치렀고, 당시 왕이 앉았던 돌 의자가 세월을 이겨내며 남아 있다.

## 카트만두의 몇몇 연못

리차비, 말라 시대를 지나면서 이런 공동급수 시설을 포함하여 많은 샘과 호수가 만들어지고 이어서 사라졌다.

현재 카트만두 시내 중앙에서 만날 수 있는 라니 포카리(Rani Pokhari)는 프라탑 말라(Pratap Malla) 왕 시절에 공사가 시작되었다. 요즈음 시도 때도 없이 녹조가 찾아들어 탁하기 짝이 없는 호수는 건립 당시 이미 호수 중앙에는 쉬바 신을 모시는 사당이 있어 주요한 기도처였다. 신성한 호수를 기초로 하여 5년 간 리모델링했다.

기존의 연못물에 더해, 인도의 갠지스 강물, 사라스와티 강물, 야무나 강물, 고다바리 강물, 간단키 강물, 카베리 강물, 카우시키 강물 그리고 멀리 바다에서 가지고 온 물들을 합쳤으니, 힌두교의 성스러운 물을 모두 한 자리에 모시겠다는 시도였으리라.

참고로 카트만두 시내 낙살(Naxal)의 나그 포카리(Nag Pokhari)는 라니 포카리 다음가는 무게를 가진 호수다. 1730년에 스리 판차 라나 바하두르(Sri Panch Rana Bahadur)의 부인이었던 수바르나 프라다(Suvarna Pradha)에 의해서 만들어졌다.

그리고 크기는 작지만 한디가옹(Handigaon)의 가하나 포카리(Gahana Pokhari) 역시 카트만두 사람들에게는 중요하다. 과거 바트바테니(Bhatbhateni)가 이 연못에서 자신의 옷을 빨래하던 중에 엄청나게 값비싼 장신구를 잃어버렸단다. 일 년에 한 번 벌어지는 차이트라 푸니마(Chaitra Punima) 축제에서는 이 사건을 기억하며 잃어버린 보석을 찾기 위해 수많은 사람들이 연못으로 몰려든다.

우리 경주의 안압지처럼 이렇게 꽤나 많은 연못이 카트만두 왕권에 의해 세워졌다가, 이번 세대에 들어 연못은 하나둘 메워지고 사라지면서 그 위에 주택가와 관공서들이 형성되기 시작했다. 석간수가 나오는 카트만두의 많은 물 공급원도 이제는 거의 사라졌다. 그 위에 코카콜라 공장으로, 병원으로 그리고 공장지대가 올라섰으니 세월 속에 변하지 않는 것이 무엇이냐? 물으며 섭섭함을 달랠 수밖에 없다.

모든 것은 때가 되면 사라지고 마는 속성이 있는 바, 호수의 운명이라고 다르겠는가. 나가 포카리 근처에 있던 다라하라(Dharahara) 역시 새로운 집을 세우기 위해 지상에서 소멸되었다. 신두왈 포카리(Sinduwal Pokhari)에는 경찰청이 세워지고, 에카 포카리(Ekha Pokhari) 위에는 학교, 그뿐인가, 밀로 포카리(Milo Pokhari), 카이타히티마니 포카리(Kaitahitimani Pokhari) 등등, 10년 전 여행객들이 지나가며 시선을 놓았던 연못들은 이제 종적을 감추고 사진 속에서만 남아 있다.

더바르 광장 남쪽.

1. 비스바까르만 사원
2. 아이 바하 바히
3. 민나트 사원
4. 라또 마첸드라 사원
5. 마하붓다 사원
7. 우꾸 바할

## 귀한 비스바까르만 사원

다른 곳에서는 여간해서 찾아보기 어려운 비스바까르만(Visvakarman) 사원이 파탄(랄릿푸르)에 있다. 비스바까르만은 건축의 신으로 우주에서 가장 으리으리한 인드라의 궁전을 짓는가 하면, 신들의 손에 들려 있는 막강한 무기들과 그들이 타고 다니는 마차를 만들어낸 장본인으로 예술가, 건축가면서 대장장이다.

비스바까르만이란 본래 신들의 이름 앞에 붙는 수식어로, 모든 것을 만들어낸다 또는 모든 것을 성취한다는 의미로 비슈누, 쉬바 그리고 인드라 이름 앞에 붙여서, 비스바까르만 비슈누, 비스바까르만 쉬바, 비스바까르만 인드라, 이런 식으로 신들의 무진장한 능력을 강조해왔다. 그러나 신화의 발전 시대에 접어들며 따로 떨어져 나와 창조의 역을 떠맡는다.

행동하는 상인들이 극진하게 모시는 자리에 빔센 사원이 있다면 그런 상인들에게 물건을 만들어 제공하는 붙박이 장인들에게는 비스바까르만 사원이 있다. 인도와 같은 힌두교 종주국에서도 이렇게 단독 사원을 지어 모시는 큰 대접을 받지 못했다.

파탄(랄릿푸르)은 예로부터 예술가와 장인들의 도시다. 비스바까르만은 바로 이런 사람들의 수호신으로 많은 예술가와 장인들은 영감을 얻고 작품을 만들기 위해 신에게 뿌자하고 기도를 올렸다. 이렇게 사원이 존재한다는 사실은 그만큼 비중이 높았고, 비중이 높다는 것은 그만큼 그를 따르는 사람들의 숫자가 많았다는 반증이다. 이 사원에 서면 멀지 않은 곳에서 장인들이 금속을 두드리는 소리가 오늘도 들린다. 예술, 건축 그리고 어떤 제작과 관계되는 사람이라면 마음의 에너지를 점검하기 위해서라도 파탄(랄릿푸르) 방문 시에 들려보는 일도 권할 만하다.

## 라또 마첸드라 사원, 뜻 깊다

파탄 남쪽에는 아름다운 라또 마첸드라 사원이 있다. 신심이 깊은 세 사람이 비가 흔한 인도 동부 히말라야 언저리 아삼 지방에서 카트만두 계곡으로 불상을 모셔왔다. 풍성한 비를 불러주는 그리고 홍수를 막아주는 보디삿뜨바를 중심에 놓고 사원을 올렸다.

나가 하나는 외모도 출중하며 종교적인 믿음까지 대단했다. 그는 위험을 무릅쓰고라도 라또 마첸드라의 의식을 보기를 원했다. 보디삿뜨바의 목욕의식에 참여하고 대중들과 함께 본다면 더욱 깊은 통찰을 얻을 수 있으리라 기대하며 인간으로 변신하여 목욕의식에 참석한다.

그런데 나가의 천적인 눈 밝은 가루다가 이상한 낌새를 느꼈다. 그는 잘생긴 나가의 집을 찾아가 남편이 어디로 갔는지 물었다. 순순히 답하겠는가? 그러나 결국 가루다의 위협에 못 이겨 남편이 인간 형상으로 바꾼 후 의식에 참가하

• 라또 마첸드라 사원은 내부에 모신 보디삿뜨바 모습 못지않게 사원 자체가 아름답고 기품 있다. 지붕 받침목들은 힌두교사원에 흔한 성적인 주제 대신 보디삿뜨바의 자애로운 모습을 새겼다. 바라보는 사람 이교도적 긴장감은 사라지고 마음이 따뜻하다. 하얀 옷을 입은 사람은 상주다. 네팔에서 부모가 돌아가시면 큰아들은 1년 동안 하얀 옷을 입는다. 저렇게 부모의 극락왕생을 위해 사원을 찾아왔다면, 이 사원은 자비가 넘치는 곳이리니, 나는 잘 찾아왔다.

러 갔음을 실토하고, 가루다는 얼마 지나지 않아 라간 스투파(Lagan Stupa) 근처에서 키 크고 잘생긴 청년을 찾아낸다. 그는 청년을 낚아채며 이제 나의 밥이 되어야 한다고 윽박지른다. 나가는 두려움 없이 말했다.

"내 목숨을 주겠소. 내가 깊이 존경하는 라또 마첸드라의 의식을 보게 해준다면 끝나는 즉시 당신을 찾아가, 당신의 먹이가 되겠소."

당당하다. 다르마를 위해서는 목숨 따위는 버릴 수 있다. 다르마를 위해서는 고행도 마다하지 않는 터, 독수리 부리에 쪼이면서 살점이 피와 함께 툭툭 떨어져 나간다고 대수겠는가.

나가는 끝까지 의식을 바라본다. 그리고 집으로 돌아가 자초지종을 이야기한 후 아내에게 작별인사를 한다. 슬퍼하는 아내를 뒤로 하고 나가는 가루다를 찾아가 이제 죽을 준비를 한다. 그런데 가루다, 도망가지 않고 찾아온 나가에게 크나큰 감동을 받는다. 당연하지 않겠는가. 거기다가 그는 눈빛이 달라져 있었을 것이다. 죽음을 앞에 두고 백척간두 의식에서 정진을 했을 터, 이미 진일보하여 경지에 닿았을 수도 있었겠다. 가루다는 슬며시 두려운 생각이 일면서 환희에 가득 찬 표정을 품은 나가를 이제 도리어 라또 마첸드라의 화신으로 느끼게 된다.

지금껏 라또 마첸드라의 목에 걸려 있는 사트야 나가(Satya Naga) 목걸이는 다르마를 위해 몸을 피하지 않고 생명을 던진 한 구도자를 상징한다. 설산 동자 이야기와 코드를 같이한다.

오래전 히말라야에 수행하던 동자가 있었다. 어느 날 야차가 게송을 읊는다.

"이 세상의 모든 존재는 항상하지 않고 무상하다. 이것이 바로 생하고 멸하는 우주의 법칙[諸行無常 是生滅法]."

수행자는 말한다.

"그대는 어디서 그 게송을 들었는가? 나에게 그 나머지 반도 들려주기 바란다. 만일 나를 위해서 게송의 전부를 들려준다면 평생 그대의 제자가 되리라."

"그대 수행자여 그렇게 물어 봐도 아무 소용이 없다. 나는 벌써 며칠이나 굶어 허기에 지쳐서 말할 기력조차 없다."

"그렇다면 그대가 먹는 것은 무엇인가?"

"내가 먹는 것은 오직 사람의 살이고, 마시는 것은 사람의 피다."

설산 동자는 생각 후에 조용히 입을 열었다.

"좋다. 그렇다면 그 뒤의 나머지 게송을 마저 들려다오. 그 반을 듣기만 한다면 나는 이 몸뚱이를 기꺼이 그대의 먹이로 바치리라."

"어리석도다. 그대는 겨우 여덟 글자의 게송을 위해서 목숨을 바치려 하는가?"

"참으로 그대는 무지하구나. 옹기그릇을 깨고 금 그릇을 얻는다면 누구라도 기꺼이 옹기그릇을 깰 것이다. 무상한 이 몸을 버리고 금강산을 얻으려는 것이니 게송의 나머지 반을 들어서 깨달음을 얻는다면 아무런 후회도 미련도 없다. 어서 나머지 게송이나 들려다오."

나찰은 지그시 눈을 감고 목소리를 가다듬어 나머지 게송을 읊었다. 뒷이야기를 들은 설산 동자는 환희에 젖어 높은 곳으로 올라가 몸을 던진다. 순간 야차는 인드라로 변해 설산 동자를 가뿐하게 받아낸다.

라또 마첸드라 신상을 바라보면 여러 생각이 오간다.

"그러나 생하고 멸하는 것마저 멸한다면 고요하고 진정한 열반락을 얻으리라(生滅滅已 寂滅爲樂)."

목숨을 걸 만한가? 시시껄렁한 것에 목숨 걸고 살아오지는 않았는가? 하루를 살더라도 깨닫고 살겠다는 의미(朝聞道 夕死可矣)를 무겁게 받아들인다. 비록 카트만두 분지에 적절한 비를 기원하는 사원이지만, 그뿐이랴, 『무문관』 간두진일보(竿頭進一步), 다시 들춰보는 사원이다.

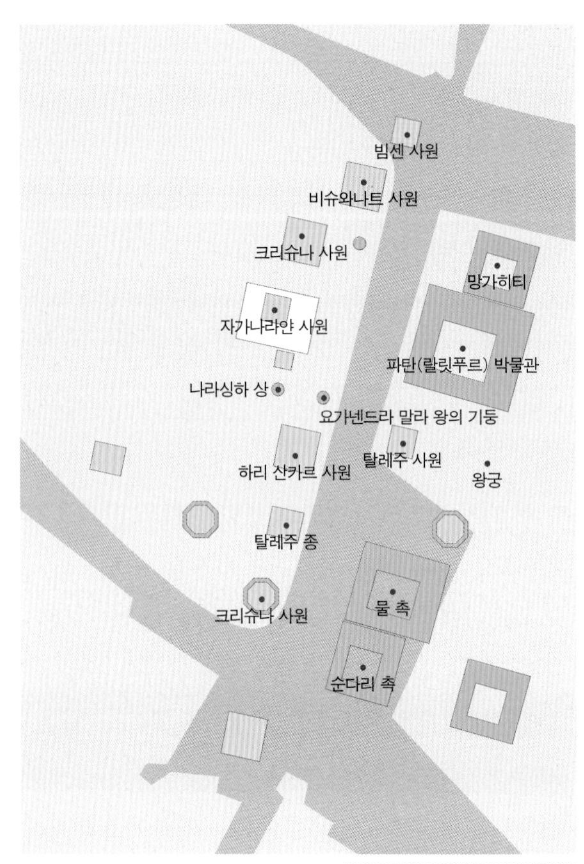


파탄(랄릿푸르) 더바르 광장

# 15

# 선근을 심어라, 보다나트

하다못해 길가는 도중에 마니 돌탑이 있어도 거기에 모자를 벗고
예경을 하세요. 그것을 오른편에 두고 돌면서 가세요.
그 또한 '수승한 세 가지 방법'을 갖추어 행하면
완벽한 깨달음의 틀림없는 씨앗[因]이 될 것입니다.

– 빼뛸 린뽀체의 『위대한 스승의 가르침』 중에서

## 내 마음의 이정표 보다나트

카트만두 공항에서 경비행기에 탑승해서, 뜨고 내릴 때, 늘 창밖으로 시선을 돌려 보다나트를 찾는다. 카트만두에서 먼 산으로 떠나는 경우, 이렇게 찾아낸 보다나트(Boudhanath)를 바라보며 마음으로 안녕을 빈다. 비록 향을 피우거나 스님을 모시지는 못했어도, 경비행기 안에서나마 나름대로 앞으로의 산행이 무사하도록, 목표한 바를 얻을 수 있도록 라마제(puja ceremony)를 봉헌하는 셈이다. 경전을 읽고, 보릿가루를 뿌리며, 오색 룽따를 바람에 펄럭이도록 사방으로 내거는 마음을 순서대로 정성스럽게 내며 진행한다. 또한 산행을 마치고 돌아오면서 비행기가 카트만두 상공을 선회하는 동안, 하얀 발우를 뒤집어 놓은 듯한 보다나트를 찾아내 그간 무사여정을 감사하면서 만뜨라를 외우기도 하고.

카트만두 트리부번 공항 끝에 위치한, 풍수학자에 의하면 카트만두에서 영적 에너지가 가장 강한 곳이라는, 보다나트의 둥근 돔은 아무리 멀리 떨어져 있어도 그 규모 때문에 쉽게 눈에 들어와 하늘에서도 이정표로는 그만이다.

번잡한 한반도의 이 땅으로 되돌아와 가끔 카트만두가 그리울 때 혹은 참배를 하고 싶은 경우, 스마트폰 구글 지도를 통해 우선 카트만두 공항 활주로를 찾고, 이어 하얗고 보름달 같은 보다나트를 추적하여 바라보며 기도문을 되뇌며 마음으로 합장하기도 한다. 마치 자석처럼 잡아당기는 장소로 내 마음에서도 이정표인 셈이다.

사람들은 자신의 마음 안에 성소를 가지고 있게 마련이다. 붓다가 태어난 룸비니, 혹은 깨달음을 얻은 보드가야를 성소를 삼는 사람이 있을 것이고, 메카처럼 무함마드가 관련된 지역을 성소로 품고 있는 사람도 있을 터, 내 마음 안에는 히말라야 주변의 이런저런 자리들이 성소이며, 보다나트 역시 그중 하나이기에 마음이 가끔 이 자리로 순례를 오도록 내버려두곤 한다.

옴마니밧메훔.

보다나트는 불교와 힌두교 모두가 친권을 주장하지만 불교적으로 더 많은 이야기가 준비되어 있다. 모두 알아두는 일이 보다나트 순례의 질을 높여주기에 시간별로 나열해서 살피는 일이 편하다.

> 인간과 천신의 스승이 되는 깟사빠 붓다는 '세타바' 시 근처에 있는 세타바라는 큰 공원에서 반열반했다. 잠부디파 대륙의 사람들이 만장일치로 모임을 열었고 붓다를 숭배하고자 사당을 세웠다. 바깥에는 1천만 금의 가치가 있는 벽돌을, 안에는 5백만 금의 가치가 있는 벽돌을 쌓으며, 1요자나 크기의 사당을 세웠다.

『대불전경』에 기록된 깟사빠 붓다의 마지막 즈음의 일들이다. 이곳 주장에 의하면 보다나트 안에는 6대 붓다인 깟사빠 붓다의 유골이 안치되어 있다고 한다. 주장을 그대로 받아들인다면 깟사빠 붓다의 인간으로서의 마지막 종착역이었던 세타바의 탑을 해체하여 유골을 카트만두로 옮겨왔다는 이야기가 된다.

깟사빠 붓다는 바라나시에서 태어났다. 바라나시라 하면 갠지스강이 흘러가는 인도 유서 깊은 성스러운 도시, 당시 이곳 사제계급이었던 브라마닷타와 다나와티 사이에서 출생했다. 그런데 깟사빠가 태어났을 당시, 같은 마을 브라

- 보다나트 대탑이 이르는 말. "바로 내일 당장 만개한 꽃들을 보려고 오늘 꽃나무를 심겠는가." 하루아침에 얻을 것은 가히 아무것도 없나니 많은 사람들이 오랜 시간 공들여 세운 탑에 머리를 조아린다. 그 덕으로 오늘 저리도 환한 묘용(妙用)의 얼굴을 마음에 맞이한다. 세세춘춘 만날 꽃소식 뒤의 숨은 인과(因果).

흐민의 아들 티싸가 어린아이를 보고 크게 놀란다. 성자가 갖추어야 할 32가지 특징을 모조리 갖추고 있었기 때문이었다. 티싸는 결심한다.

"깟사빠는 지고(至高)한 출가를 통해 분명 붓다가 될 것이다. 그렇다면 나는 그의 옆에서 비구가 된 후에, 윤회의 고통에서 벗어나 해탈에 도달하기 위해 열심히 수행하리라."

반드시 붓다가 될 위대한 아이라는 것을 알아차리고, 자신은 그의 제자가 되기 위해 열심히 수행하고, 아이가 훗날 성장하여 붓다에 이르면 다시 찾아와 제자가 되겠다는 이야기. 티싸는 즉시 거처를 나와 히말라야로 떠났다. 이때 그를 따르는 무리가 2만 명이었다고 전하니 티싸는 당시 이미 높은 수준에 있었던 모양이다.

세월은 흐른다. 깟사빠는 다른 앞선 붓다들의 판박이처럼 삶에 대해 고뇌했고, 출가했으며, 거친 고행을 겪고, 니그로다(Nigrodha) 보리수나무 아래에서 깨달음을 얻는다. 히말라야에 머물던 티싸와 수행자 무리들은 깟사빠가 드디어 수증오도(修證悟道)하였다는 소식을 듣고 함께 고행했던 수행자들과 함께 히말라야에서부터 바라나시로 되돌아온다.

설산 고행자들의 행진. 가슴 벅찬 풍경이다. 산에서 내려오는 그들 마음 안에는 모두 월인천강(月印千江), 불인천승(佛印千僧), 붓다[佛]가 있었으리라. 높은 지위를 나타내는 빛나는 장군의 갑옷보다 더욱 가치 있는 누더기 승복을 걸치고, 호화로운 왕족보다 아름답고 깊은 모습으로 맨발로 걸어온 수행자들, 이제 깟사빠 앞에 모여 정식으로 비구가 되기를 희망하니, 깟사빠, 그들에게 이른다.

"오라, 비구들이여!"

깟사빠는 히말라야 수행자 티싸로부터 먼 북쪽 히말라야에 대한 이야기를 들었을 것이다. 일부에서는 열반처를 알 수는 없지만 6대 붓다의 유골 일부를 가지고 와 앗티 밧투(Asthi Dhatu)가 5,555일에 걸쳐 탑을 세웠다고 말한다. 훗날 앗티 밧투의 아들은 티베트에 불교를 전하는 일을 맡았다 한다.

# 가뭄이 만든 죄인

대탑 건설의 정설로 받아들여지는 것은 마나데브(통치년도 464-505) 기원설이다. 리차비 왕조 시절, 비가 와야 하는 우기조차 햇살이 숨지 않는 심한 가뭄이 들이닥치면서 부왕 비크만트(Vikmant)는 깊은 고민에 빠진다. 카트만두의 굵직한 이야기들은 물을 빼면 거의 없다.

현재 쉬바푸리 근처에 있는 분지의 수원, '물 위에 누운 비슈누'를 뜻하는 자라사야나 나라야나(jalasayana narayana)가 바닥을 드러내며 앞으로 닥칠 재앙을 예고하고 있었다. 하늘만 바라볼 수 없는 비크만트는 당시 국사를 논의하는 점성술사를 찾는다. 신탁을 받은 점성술가 왈.

"32락샤나스(lakshanas, 호상)를 가진 사람의 희생이 필요합니다. 수원에서 그의 생명을 바쳐야 합니다."

힌두교에서는 장애가 발생하는 경우, 생명을 바치는 희생제가 종종 벌어졌다. 과거 힌두교에서는 이런저런 목적 달성을 위해 왕이 직접 말과 같은 짐승 등을 희생시킴으로서 신을 달래거나 신을 만족시키는 희생제를 치르곤 했다.

그러나 불교에서는 이렇게 생명을 바치는 일은 금하고 대신 꽃으로 공양하는 뿌자를 택해 왔다. 불교는 모든 유정, 모든 생명을 동등하고 귀중하게 여기기에 '희생제는 잠깐 동안은 원하는 것은 줄지 모르지만 질병이나 예기치 못한 일을 일으킨다.'는 인과설을 내세워 생명희생을 거부해 왔다.

당시 부왕은 힌두교도였다. 그러나 사람이라니! 인간 공양은 둘째 치고 외모가 전륜성왕이 갖추고 있는 32호상을 두루 갖춘 사람이 필요하다니! 왕은 서둘러 32호상을 가진 사람을 백방으로 찾았으나, 좁은 나라에 어디 이것이 쉬운 일일까, 모두 허사로 돌아가면서 왕은 깊은 실의에 빠진다.

히말라야에 올라 밤하늘을 본 사람이라면 이 우주에 펼쳐지는 아름다움에 자신도 모르게 몸을 떨었을 것이다. 사막에서 하루라도 밤을 지내본 사람들이라면 창공을 수놓은 별무리와 은하수에 무아지경에 들어갔을 것이고, 더불어 제정신으로 돌아온 다음에는 우주를 운행하는 배후의 힘에 대해 골몰했을 터다.

고대 인도문화권에 있었던 지역은 이런 우주 총체적 모습과 더불어 하늘의 별자리에 민감했고 결국 점성술이라는 학문을 만들어냈다. 지금으로는 상상하기도 어려운 맑고 높은 하늘이 이어지는 고대의 날들. 높은 산이 아니라도 평지에서도 하늘의 신비를 쉬이 읽어내기는 더없이 좋은 시절이었으리라. 이 학문은 멈추지 않고 진행하여 현재 인도에는 점성술을 가르치는 대학이 있으며, 티베트불교 역시 하늘의 일을 꾸준히 중요한 비중으로 취급해왔다.

점성술이란 이런저런 계절에 이런저런 날씨에 따라 영향을 받아 각기 다른 산물이 나온다는 신념이 기초가 되었다. 우주가 창조된 이후 단 한순간도 멈추지 않고, 단 일각도 같은 적이 없었던 유장한 흐름 속에, 쉼 없이 변하는 하늘에 의해 역시 소우주인 지상의 존재들은 상응화답하며 영향을 받아 시시각각 다른 모습을 가지며 무상하게 흐른다는 것이다. 그런 우주의 운행 속에 오늘 이 자리에 생명을 받아 자리하고 있는 소우주에 해당하는 개체 상태를 읽어내는 일이 점성술의 한 부분이었다. 우리의 출생이란 과거의 모든 업력의 집합체이기에 출생과 관련된 하늘의 시간을 읽어내고 태어난 모습이나 현재의 외형까지 살폈다.

이것은 마치 치즈 맛을 감별해내는 전문가와 같아 입에 넣기만 해도 어느 나라, 어느 지역, 어느 계절 그리고 어떤 종류의 소에서 만들어지고 그 소가 어떤 초목을 주로 먹었는지까지 정확하게 짚어내는 일과 동일하다. 또한 날씨가 어떠했기에 풀이 찰지고, 더불어 우유의 질이 어떻게 미묘한 변화를 일으켜 치즈 맛에 영향을 주었는지 이야기할 수 있다. 어디 치즈뿐인가, 와인이나 차 역시 그렇게 짚어낸다. 우리나라에서는 끓여 놓은 라면 종류를 맞춰내고, 쌀밥을 맛보고는 어디 쌀인지 정확하게 이야기하는 달인이라 부르는 전문가들이 있는데, 농담 조금 섞자면 전생에 위력 있던 점성술사였으리라. 동방박사를 움직이게 만들었던 예수의 탄생 별 역시 점성술에 기초하지 않았다면 불가능한 일이었다.

흔히 귀한 사람들에게 서른두 가지의 외형이 나타난다고 하며 통상적으로 32호상이라 부르는 바, 이것은 운 좋게 타고난 난 것이 아니라 모두 과거의 선행에 의해 현생에 갖추게 된 외형으로 하나하나 모두 의미를 갖추고 있다.

『대지도론』에 따르자면 아뇩다라삼먁삼보리가 몸에 머물려면 이렇게 32호상이 갖추어져야만 된다고 한다. 경전은 비유하기를 즉 '물이 가득 찬 수레를 옮기는 것이 곧 수레에 들어 있는 물을 옮기는 것을 의미하듯, 위력을 갖춘 상호에 대해서 말하는 것은 그 위력에 대해서 말하는 것을 의미한다.'고 설명한다.

> 비유하건대 어떤 사람이 호귀한 집 딸에게 장가를 들려면 그 여자는 먼저 사자를 보내 말하되 "만일 나에게 장가를 들려거든 우선 방을 장엄스럽게 꾸며 지저분한 것을 없애고 향훈(香薰)을 바르고 평상과 걸상을 설치하며, 이불, 요, 자리, 휘장, 천막, 번기, 일산, 꽃 등으로 장식해야만 합니다. 그런 뒤에 제가 당신의 집으로 갈 것입니다."라고 하는 것과 같다.

가령 붓다의 몸이 자금색을 띄는 이유는 과거생에 화를 내지 않았고 분노와 근심을 멀리했으며, 자신에게 화내는 사람들에게는 도리어 보시한 결과라는 것이다. 맑고 푸른 눈은 화를 내며 다른 사람을 경멸하는 눈빛을 던지지 않아 얻어진 것이고, 여린 속눈썹은 무한한 생 동안 사랑스럽고 온화한 눈빛으로 중생을 둘러보았기 때문에 송아지와 같은 여린 눈썹을 타고났다는 이야기로 이렇게 32가지 하나하나는 모두 의미가 깊기에 급조하여 만드는 성형과는 거리가 먼 이야기다.

점성술사들은 이렇게 태어난 순간의 별자리와 외모를 보고 지난날과 미래를 예측했으며 곰곰이 살펴본다면 완전히 허황된 주장은 아니다. 마흔 넘은 얼굴을 스스로 잘 책임져야 하며 다음 생에 태어나 얼굴에 칼 대지 않아도 광휘로운 자태를 품으려면 이번 삶 올곧게 살 일이다.

점성술사를 방문한 후, 비크만트는 이런저런 사정을 모두 알고 있는 아들 마나데브 왕자를 불렀다.

"내일 새벽, 자라사야나 나라야나에 잠복해 있다가, 나타나는 사람의 목을 베어라!"

충직한 마나데브는 아버지 명을 따라 수원지 자라사야나 나라야나에 매복했다. 아직 해가 뜨지 않은 어두컴컴한 새벽에 한 사내가 슬며시 나타났다. 왕자는 사내의 목을 순식간에 따버린다. 바닥은 곧바로 붉고 더운 피로 물들었다. 그리고 두려운 마음에 뒤도 돌아보지 않고 자른 목을 들고 왕국으로 서둘러 귀환한다. 머리를 들고 걸어가는 왕자를 보고 아이들은 엄마 치마폭 뒤에 숨었다. 평소에 길가에서 인사를 하던 사람들은 하얗게 질려 얼어붙었다.

왕궁에 들어선 왕자, 왕에게 보여드릴 머리를 들여다본 순간, 하늘이 무너지는 소리를 들었다. 그 머리는 바로 아버지 비크만트였다! 마나데브는 그 자리에서 쓰러지며 울부짖었다.

아버지 비크만트는 자신의 왕국 안에 32호상을 갖춘 사람이라고는 자신과 아들 마나데브 이외에 없다는 사실을 알았다. 반드시 희생이 필요하다면, 더불어 희생을 피해갈 수 있는 방법이 전혀 없다면, 소중한 아들을 선택할 수는 없는 일. 왕국의 해갈을 위해 자신을 희생하기로 결심한 것이다. 그렇다고 아들에게 자초지종을 이야기한다면, 아버지가 스스로 목을 따서 자결하는 일을 강력하게 거부하며, 왕자 스스로 목숨을 끊어 왕국을 위한 희생제를 지내지 않겠는가.

왕은 목이 떨어질 때까지 명령에 충실한 아들을 축복하고, 신을 향해 이 분지에 맑고 깨끗한 물이 두고두고 솟아오르고 흘러내려 까마득한 후손에 이를 때까지 늘 부족함이 없기를 간청했으리라.

옴.

『고팔라라자밤사바흐리(Gopalarajavamsavahli)』라는 연대기를 참고하면 이 당시를 더욱 극적으로 표현하고 있다

왕자는 더 이상 왕궁에 있을 수 없었다. 모든 것을 버리고 왕궁을 뛰쳐나왔다. 당시 왕궁의 위치는 정확하지 않으나 학자들은 현재 카트만두 중심 지역이 아니라 창구나라얀 근처에 왕궁이 있었을 가능성을 이야기한다. 또한 샘물 자라사야나 나라야나(jalasayana narayana)는 부다닐칸타의 전신으로 추측한다.

그러나 아버지가 목숨을 희생했음에도 불구하고 기대했던 가뭄 해갈은커녕 뜨거운 태양이 카트만두 분지를 열탕도가니 안으로 몰아넣는다. 마나데브는 이제 제정신이 아니었다. 그는 창백한 얼굴로 그리고 시뻘겋게 충혈된 눈으로 들로 산으로 미친 듯이 돌아다니며 참회한다.

거기서 끝날까. 부지불식간에 저지른 죄를 참회하기 위해 카트만두 분지 산쿠(Sanku)의 굼비하라(Gumbihara) 언덕에 위치한 마니 요기니(mani Yogini) 일명 바즈라 요기니(Vajra Yogini) 사원의 여신에게 간절하게 매달린다.

이 사원은 카트만두에서 스왐부나트에 이어 2번째로 세워진 불교 사원으로 현재 카트만두 중심지에서 동쪽으로 20km에 자리한 오래된 도시 산쿠 북쪽 2km 언덕에 자리한다. 나가르코트에서 산쿠로 내려오는 경우, 대상로 옛 모습을 유지하고 있는 산쿠의 오래된 시내를 관통하여 북쪽으로 방향을 틀어 이 사원을 찾을 수 있다. 도시를 비켜가는 우회도로를 택하는 경우 산쿠 중심부의 옛스러움을 놓치기에 짧은 거리를 택하면 도리어 귀중한 경험을 잃는 우를 범하게 된다.

산 중턱에 있는 사원까지 오르는 길은 결코 만만하지 않다. 급한 계단을 한참 올라가며 숨이 턱에 닿아야 숲속 사원에 닿는다. 이런 급한 경사로를 마나데브가 미친 듯이 올랐다니.

바즈라 요기니 사원에는 두 개의 사원이 나란히 서 있다. 입구에 가까이 있는 화려하고 커다란 사원은 바로 바즈리 요기니를 모신 곳이고 우측에 조금 작고 수수한 건물은 자비의 여신 따라(Tara)를 모신 사원이다. 사원 뒤의 계단을 올라가면 순례객을 위한 숙소가 준비되어 있으며 동시에 당시 잘라진 부왕의 머리가 아직껏 보존되어 있다고 한다.

바즈라 요기니는 요기의 여성형으로 여성 요가수행자를 일컫는 단어다. 밀교수행에서는 남성원리와 여성원리가 작용하는 바, 바즈라 요기니는 바로 여성원리의 표현이다.

인도에서 대승불교는 힌두교에 의해 잠식되기 시작하면서 힌두의 의례와 제신들이 대거 영입된다. 그러나 판박이로 들어오는 것이 아니라 격하되기도 하고, 새로운 역을 맡아 힌두교 원래의 모습은 잃지 않되 변화되는 습합(習合)이 일어난다. 이런 불교를 탄뜨라 불교라 이야기하며, 뒤에 불교라는 단어가 붙는 이유는 탄뜨라 불교, 탄뜨라 힌두교가 수행과 내용에 차이가 있어 구별을 위해서다.

탄뜨라 힌두교의 경우, 쉬바 신과 그의 부인인 샥티(Shakti)와 결합이 주된 이론이다. 탄뜨라 불교는 남성 쉬바 대신에 자비, 그리고 여성 샥티는 반야 지혜라는 의미를 부여하고, 이 두 가지를 모두 갖춘 완전한 존재, 즉 자비와 지혜의 합일점인 붓다를 추구하는 점이 다르다. 힌두교적인 요소 때문에 매우 화려하고 수많은 불상, 만뜨라, 무드라 등등이 종교적으로 채용되었고, 심상(心像)이라 하여 이미지를 그려내는 방법을 통해 가르침을 펼친다.

바즈라 요기니 몸은 붉은 빛을 띠고, 뼈로 만든 목걸이와 화환을 걸고 있다. 다른 신들과는 달리 오로지 두 발과 두 손이지만 한쪽 발은 춤추는 자세로 들려 있다. 얼굴에 눈은 셋으로 하늘을 응시하며 분노하는 표정을 짓는다. 우측 손에 어리석음을 깨려는 두개골로 만든 북, 다마루를, 왼손에는 신체적인 행위로 인한 업인 신업(身業), 언어로 인한 업인 구업(口業), 마음으로 인한 업인 의업(意業)으로 인한 3가지 독을 제거하려는 금강도, 다국을 든다.

바즈라 요기니는 마치 안개기둥처럼 볼 수는 있되 실체가 없는 존재이기에 관상할 때는 붉고 매우 얇은 비단으로 만든 휘장 뒤에 있는 것처럼 한다.

"옴 옴 옴 싸르바 붓다 다끼니예 바즈라 와르나니예 바즈라 바이로차니예 훔 훔 훔 펱 펱 펱 스와하."

바즈라 요기니에게 올리는 만뜨라다.

티베트어로는 도르제 넬조르마 (Dorje Naljorma). 금강유가모(金剛瑜伽母).

아버지의 힌두교가 실패했다고 느꼈는지, 당시 널리 알려진 불교 여신에게 열심히 매달린다. 지성이면 감천이다. 여신이 나타나 이른다.

"내일 아침, 새 한 마리를 풀어놓아라. 그리고 그 새가 처음 내려앉는 자리에 탑을 세우도록 해라."

왕자는 다음날 일찍 여신의 권고에 따라 새 한 마리를 풀어놓고 따라 나섰다. 새는 빠르지 않게 한동안 날아가면서 허공에서 따라오는 그를 기다렸다. 이제 어떤 자리에 슬며시 내려앉은 후, 오랫동안 그 자리에서 움직이지 않았다.

옳다! 신탁에 따라 이제 이곳에 탑을 세우기로 한다. 그런데 문제가 있다. 탑을 만들기 위해서 돌을 쌓고 그 사이에 진흙을 개어서 넣어야 하는데 가물어

도무지 물을 구할 수 없는 처지기에 사람들과 함께 모여 묘책을 강구해야 했다.

이들은 궁리 끝에 어둑어둑 밤이 찾아올 시간에는 어김없이 천을 넓게 펼쳐 놓았다.  아침에 이슬이 내려 마른 헝겊 안으로 습기를 머금으면 그 천을 쥐어짜서 물을 한곳에 모아 진흙을 반죽했다. 현재 보다나트 대탑 입구 우측에 해마다 석회반죽을 새롭게 하는 자리가 바로 그렇게 물을 모았던 자리다.

이런 일이 몇 년 동안이나 계속되었다니 당시 카트만두에서 가뭄이 몇 년간 지속되었다는 이야기와 같다. 이슬 한 방울 한 방울을 모아 반죽을 하니 이런 정성이 또 어디에 있으랴. 이렇게 해서 탑은 완성이 되었고, 즈음해서 지루했던 가뭄도 물러서게 되었단다.

네왈리들은 이렇게 생겨난 탑의 이름을 카스티 챠이티야(khasti Chaitya), 의미를 풀어보면 이슬 탑(Dew drop stupa), 물 한 방울 한 방울 내핍 사연을 모르고 이름만 들으면 낭만적인 로탑(露塔)이 된다. 뜻을 알고 보면 부왕의 핏물부터 하늘의 눈물, 이슬까지 반짝이며 대탑이 전혀 다르게 보인다.

마나데브는 감사의 표현으로 훗날 탑 입구에 바즈라 요기니 상을 세웠고 그 상은 아직 탑에 전면에 남아 있다. 크기가 작아 놓치기 쉽다. 그는 남은 삶, 힌두교도였던 선친과는 달리 불교에 깊게 귀의하고 불교 다르마를 따르게 된다.

보다나트 건립에 있어서 첫 번째 코드 역시 물과 관련 있는 가뭄이다. 도시에 인구가 유입되면서 물을 관리하고, 물을 사람이 사는 곳까지 끌어오는, 즉 치수와 관개, 두 가지가 이루어지지 않으면 가뭄이 도래하는 경우 모든 주민들이 고통을 겪어야 하는 공동운명의 이야기가 숨어 있다. 작은 마을에서 도시로 성장하는 과정, 즉 이제 도시로 진화하는 과정에서 부족한 물로 인해 생겨난 사건이 숨겨져 있으니 나라가 커지는 격한 성장통의 반영이다.

두 번째는 종교의 이동이다. 불교도 마나데브에 의한 힌두교를 따르는 부친 살해설은 훗날 불교에 밀린 힌두교도들의 조작설이라는 이야기도 있는 바, 부왕은 스스로 희생제를 치렀으나, 이야기를 변조해 불교도인 아들을 파렴치범으로 몰았다는 학설이 있다. 힌두교에서 불교로 바뀌는 과정이 또 다른 코드다.

• 바즈라 요기니 본 사원으로 분지 안에서 스왐부나트에 이어 두 번째로 오래된 불교사원이다. 마나데브가 부친을 살해한 후 급한 경사의 언덕을 가쁘게 올라와 기도를 드렸던 자리에 사원이 서 있다. 사원 뒤 계단을 올라가면 순례자들을 위한 숙소가 있으며 당시 잘려나간 부왕의 머리가 보관되어 있단다. 화려한 사원을 감도는 차가운 기운. 어디서 오는지 모르는 칼끝처럼 날카로운 기운. 관대하지 않다. 역시 바즈라 요기니 사원이다.

피를 요구하는 불교 바즈라 요기니 파에 의해 힌두교 부왕이 바즈라 요기니 사원에서 살해되었다는 등 훗날 다양한 이야기가 전해진다. 사원에는 현재까지 그때 잘린 머리가 보관되어 있어 이 설을 지지하는 사람들에게 무게를 더해준다.

아버지 다르마데바(Dharmadeva)는 464년에서 505년까지 통치했다. 당시 힌두교 관습에 따라 왕비는 남편이 죽으면 자신도 따라 화장터 불길에 뛰어드는 사티를 준비했으나 불교도 아들이 만류하게 된다. 그 절절한 사연이 현재 창구 나라얀 사원에 명문으로 남아 있다 하지만, 이 까막눈 그 앞에 서도 무슨 내용인지 알 수 없으며, 구글링을 통해서도 내용을 알아낼 수가 없었으니, 눈 밝은 다른 분들의 말씀을 기다린다. 어머니 힌두교도의 죽음을 막아서는 불교도 아들의 설득, 절절한 내용이리라. 오죽하면 내용을 돌로 파서 남겼을까.

마나데브는 네팔의 큰 왕이 되었다. 망그리하(Mangriha) 궁전을 짓고, 주화까지 만들어 경제를 부흥시키며, 예술과 교육을 체계적으로 일으킨다. 군대를 강화하고 훈련을 거듭하여 동쪽으로는 코시(Kosi) 강, 서쪽으로는 현재 포카라를 지나 간다키(Gandaki) 강까지 국세를 확장시키고 남쪽으로는 테라이 평야지대에서, 북쪽 히말라야 티베트로 가는 지역까지 영토를 넓혀놓는다.

연대기에는 마나데브가 아닌 다른 왕, 즉 쉬바데바(Shivadeva)와 암수바르만(Amsuvarman)이 탑을 크게 세웠다는 이야기가 있으나, 학자들은 건립이 아닌 복원에 관여한 것으로 간주하고 있다. 너무나 많은 문헌에서 마나데브를 이야기하고 있기에 건립자는 마나데브, 훗날 빛이 바랜 탑을 다시 증축보수한 사람은 쉬바데바에 이어 암수바르만 왕으로 학계는 정립한다.

## 이것이 있어 저것이 있으니

붓다가 깨우침을 얻은 곳, 즉 성도에 이른 장소는 인도 보드가야. 여기서 가야(gaya)는 노래라는 의미다, 카트만두의 보다나트는 인도 보드가야와 앞머리가 동일하다. 깨달음이라는 뜻의 보디(bodhi)에서 파생된 '보다'라는 동사어근 보드

(bodh)가 어원이 된다.

붓다는 보리수나무 아래에서 깨달음을 얻었는데 무엇을 얻은 것일까. 이것이 있음으로 저것이 있다는 연기법이다. 불교에서는 누군가가 판단하여 상벌을 받게 한다는, 즉 어떤 존재가 심판한다는 사실을 인정하지 않는다.

"모든 존재와 현상은 그것을 성립시키는 여러 가지 원인이나 조건에 의해서 생겨난다."

이것으로 인해 저것이 생겨난다는 과학적 도리다.

훗날 붓다의 큰 제자가 되었던 사리뿌뜨라, 즉 사리불은 본디 힌두교 수행자로 살던 중, 거리에서 평화로운 언행을 가진 아슈와지뜨를 보고 감화되어, 그대는 누구이며, 스승의 이름은 어떻게 되는지, 그리고 무엇을 배웠는지 묻게 된다.

"모든 존재와 현상은 원인에 의해 생겨난다. 붓다는 그 원인을 설하셨다. 생겨난 존재와 현상은 원인을 따라 소멸한다. 이것이 붓다의 가르침이다〔諸法從緣起 如來說是因 彼從因緣盡 是大沙門說〕."

불교의 오롯한 뼈대다.

부언하자면.

"이것이 있으므로 저것이 있고, 이것이 생기므로 저것이 생겨난다. 이것이 없으므로 저것이 없고, 이것이 사라지므로 저것이 사라진다〔此有故彼有 此起故彼起 此無故彼無 此滅故彼滅〕."

발생과 소멸의 과정을 이야기하는 이 문장은 너무나 당연하기에 초등학교 졸업 이상 학력에게는 자세한 해석조차 필요 없다.

아버지를 살해하고 대탑을 만드는 일은 저지른 행위에 대한 속죄로 보인다. 속죄란 다름 아닌 이것이 있음으로 저것이 생겨난 까르마를 정화하기 위한 노력.

고대 인도에서 발생한 사상 중에 까르마, 즉 업에 대한 사상은 그 비중이 막강하다. 소위, 까르마(karma), 다르마(dharma), 삼사라(samsara)라고 이야기하는 바로 세 가지 요소는 불교는 물론 힌두교를 떠받히는 기둥으로 이 중 무엇 하나만 빼내면 인도에서 일어난 종교는 무너진다.

우리가 밭에 수박을 심으면 참외가 아닌 수박이 열리듯이 업인(業因)에 따라서 정해진 업과(業果)가 나타난다. 처음엔 내가 업을 만들지만 후에는 업에 끌려 다니게 마련이라 무지라는 물결 따라 선을 짓고 악을 만드는 파도에 따라 이리저리 끌려 다니는 수파축랑(隨派逐浪)의 생사를 거듭한다. 이렇게 암흑에 비견되는 무지와 까르마를 제거해야 원초에 가닿지 않겠는가.

일인일과(一因一果) 일인다과(一因多果) 그리고 다인일과(多因一果), 인과를 열심히 믿었던 마나데브는 업을 정화하기 위해 탑에 공을 들였으리라. '지옥 축생 아귀로 태어나는 자는 대지의 흙과 같이 많지만 다시 인간으로 태어나는 자는 손톱 위의 흙처럼 적다.'는 업설에 귀 기울였으리라.

요즘은 종교가 생활의 일부이며 의지처로 여겨지는 정도로 낮은 자리로 내려앉아, 사람들은 사찰이나 절에서 일주문을 나오는 순간 속인으로 뒤바뀌지만, 종교가 생활이었던 옛사람에게 의도하지 않았더라도 부친 살인이라는 업은 얼마나 버거웠을까. 업을 정화하기 위한 연생연멸(緣生緣滅) 속죄의 대탑을 세우고 마음을 정리한 후, 나라를 위한 대업을 진행해 나갔을 터다. 물론 살인이라는 업은 탑을 일으켜 세우는 일로 완전 정화되는 것은 아니다.

탑에 얽힌 사연, 이것이 있어 저것이 생긴 현상을 바라보는 일을 잊지 않아야 한다. 그런 인과에 의해 거탑이 세워져 후세에 전하고 있음을 읽어야 하지 않을까.

## 티베트사람들의 탑 이야기

티베트사람들 일부에게는 조금 다른 이야기가 전해지니 티베트의 유명한 고승 카사(Khasa)와의 유관설이다. 그는 순례 중에 현재 카트만두에서 북서쪽으로 88km 떨어진 바라비세(Barhabise)에서 열반에 들었단다. 요즘 티베트와의 국경인 코다리(Kodari)에서 26km 떨어진 거리의 산속 마을이다.

그를 기념하기 위해 쉬바데바(Shivadeva)가 보다나트를 지었으며 이 당시 비가 오지 않아, 밤이면 카타를 밖에 놓아 밤이슬을 맞게 하고 아침이면 그 물을 짜서 조탑했다 한다. 사연이 모두 비슷하다.

한 발 더 나가 고승 카사는 죽은 후에 마나데브로 환생을 해서 탑을 일으켰다는 구전까지 있어 이야기들이 마구 범벅이 된다.

후에 인도의 큰 스승 파드마쌈바바가 이 자리에 온다. 파드마쌈바바의 명성은 이미 인도를 넘어 티베트까지 널리 퍼져 있는 상태, 어느 누구도 그를 가볍게 볼 수 없는 당대 최고였던 그가 이 탑을 해체하고 복원한 이후 탑의 명성은 하늘의 '태양과 달처럼' 널리 퍼졌단다. 하지만 정확한 기록은 없다.

티베트사람들이 정설로 받아들이고 있는 대탑의 기원은 이렇다.

티베트 이름 첸레직, 즉 아바로키테슈와라는 이미 체빡매(아미타 붓다) 앞에서 세상의 모든 존재, 특히 티베트에 거주하는 모든 존재들이 해탈할 때까지 자신의 몸과 마음을 던져, 남김없이 구제할 것을 맹세한 바가 있다. 그는 자신의 맹세가 실현되기 전까지는 결코 해탈에 들지 않기로 서원하고 쉼 없이 티베트 생명들을 위해 노력했다.

그러던 어느 날 포탈라 위에서 내려다보니 아직도 많은 존재들이 고통 속에서 몸부림치고 있는 것이 아닌가. 그 고통을 바라보는 순간, 첸레직(아바로키테슈와라)은 그 사람들을 구제하겠다는 생각을 잠시 내려놓고 자신도 모르게 장탄식하며 눈물을 흘리게 된다.

이때 흘러내린 눈물을 바라본 첸레직(아바로키테슈와라)은 자신의 두 방울의 눈물이 헛되지 않기를 바라며 이 눈물이 중생들의 고통을 덜어주는 희망의 씨앗이 되기를 서원하니, 훗날 자비의 여신인 백색 따라와 녹색 따라가 된다. 여기까지는 티베트에서 널리 전해지는 이야기다.

네팔 내의 티베트 버전은 조금 달라 여기에 힌두 신 인드라, 불교로 말하자면 제석천이 개입한다. 이 이야기는 파드마쌈바바가 히말라야를 넘어가 티베트의 삼예 사원에서 티송데짼(Trisondetsen) 왕에게 전한 이야기라 한다.

• 자세를 흐트러지지 않게 하기 위해 무릎을 끈으로 질끈 묶었다. 스승에게 부여 받은 10만 번의 오체투지를 조만간 끝내고야 말 것이다. 판때기는 이미 반질거리고 굳살이 무릎에 이마에 그리고 손바닥에 두툼하게 솟아났다. 시방삼세제불보살 역대조사와 달라이라마에게 기도 올리노니, 어디 개인사 따위를 입에 올리겠는가. 윤회계를 떠도는 모든 중생들을 위하여, 뙤약볕 아래 불끈 일어섰다가 다시 몸을 던지노니. 옴마니밧메훔, 옴마니밧메훔, 옴마니밧메훔.

내용인즉.

이때 흘린 두 방울의 눈물은 천상의 도리천에서 인드라 신의 두 딸로 환생하게 된다. 인드라는 각각 푸르나(Purna) 그리고 아푸르나(Apurna)라는 이름을 지어준다. 푸르나는 완전, 충만, 전체를 말하며 아푸르나는 부정어인 a가 앞에 붙음으로서 푸르나의 부정이 되니, 불완전, 불충만 그리고 전체가 아닌 것을 의미한다.

두 아이들이 조금 컸다. 어느 날 명랑한 성품의 아푸르나는 별다른 생각 없이 인드라의 정원에서 아름다운 꽃을 훔친다. 이름이 말하듯이 푸르나가 저지를 수 있는 일은 아니다. 아푸르나는 자신의 행동을 아무도 모를 것이라 생각했으나 삼세를 두루두루 살피는 천신 중의 왕인 인드라의 능력이 어디 그런가. 인드라는 티끌조차 부정함이 없는 천상세계에서, 해서는 안 될 일을 일으킨 아푸르나를 인간세상으로 내려 보내 그 까르마를 갚아나가도록 조치하며, 그것도 아주 찢어지게 가난한 마구타(Maguta) 지역의 양계장 집 안수(Ansu)의 딸로 태어나도록 응징한다.

이들 찢어지게 가난한 양계장 부부는 새로 태어난 딸아이를 잣지마(Jadzima)로 이름을 지어준다. 티베트에서는 깡마(Kangma)라 부른다. 비천한 계급의 여자아이는 성장하면서 역시 천민 계급의 네 사람의 남자를 사랑하게 되고, 각각의 남자 사이에서 1명씩의 사내아이를 낳고 공들여 키운다. 오래전 티베트에서 흔했던 다부일처가 배경이다.

천민의 삶이 어디 번듯한 직업이라도 얻을 수 있을까, 첫째 아이는 말을 돌보고 키우며, 둘째는 돼지를 키우고, 셋째는 개를 키웠으며, 마지막 넷째 아들은 닭을 사육하게 된다. 세월이 흐르면서 사랑하던 남자들이 차차 모두 저세상으로 떠나고, 네 아이들은 장성하면서 잣지마는 정말 열심히 돈을 모으며 동물농장을 죽자고 키워나갔다. 이렇게 거칠고 힘겨운 직업을 통해 모은 돈으로 아이들에게는 최고 덕성 교육을 시켰다고 한다.

이제 그녀는 세상 사람들이 가지고 있는 고통의 이야기를 들어줄 큰 탑을 세우기로 결심한다.

사실 탑이란 얼마나 많은 사람들의 길고 긴 고통의 이야기를 온몸으로 받아내는가. 얼마나 많은 생로병사 희로애락의 속 깊은 이야기를 낮이고 밤이고 듣고 있는가. 차마 자신의 입으로 스님이나 성직자에게 할 수 없는 마음의 하소연조차 탑은 묵묵히 듣고 있지 않는가. 숨기고 싶은 이야기를 어렵게 성직자에게 털어놓은 경우, 그 이야기가 밤새 천 리를 가는 것을 사람들은 알고 있다.

산처럼 탑은 고통 받는 중생의 마음을 묵묵히 받아주기에 개인적으로 탑과 산을 첸레직(아바로키테슈와라)이라 생각한 적이 한두 번이 아니다. 태산의 정적을 깨는 것이 있더냐, 대탑의 고요를 흔들 만한 것이 있더냐. 사람이라면 무거운 산처럼 탑처럼 되어야 옳지 않으랴.

이렇게 탑을 일으키겠다는 자비로운 결정은 아푸르나라는 여인의 근본이 바로 아바로키테슈와라(관세음보살)의 눈물에 있음을 증명하는 일이 아닌가. 아마도 천상의 아바로키테슈와라(관세음보살)는 이런 결정을 바라보며 흐뭇했으리라, 아버지 인드라 역시 지상으로 내려 보낸 딸이 훌륭하게 까르마를 갚아나가는 모습에 기쁨을 감추지 못했으리라.

그러나 커다란 탑을 건립하려면 지상에서는 왕의 허락이 필요한 법, 이제 왕을 찾아가 자신의 아들 넷과 함께 큰 탑을 세우겠다고 허락을 구한다. 왕은 놀랍고 훌륭한 일이라며 허락한다. 여인은 돌아와 네 명의 아들과 코끼리를 동원하며 탑을 짓는 일을 시작한다. 땅을 다져 탑이 앉을 자리를 마련하고 재료들을 모으며 탑의 내부에는 6대 붓다 깟사빠의 유물들을 모시기로 한다. 그녀의 선행에 감동한 많은 사람들이 탑 쌓기에 자발적으로 참여하면서 일은 순조롭게 진행된다.

현재 탑 입구 우측에 해마다 석회반죽을 하는 자리는, 마나데브가 이슬을 모은 곳이기도 하지만, 그녀가 탑을 짓기 위해 물을 받았던 자리 혹은 닭과 오리에게 물을 먹였던 웅덩이라는 이야기가 있다.

왕은 좋은 뜻이라며 허락했으나 커다란 일을 하는데 모든 일들이 술술 쉽게 풀리겠는가. 귀족계급들과 부유층들은 천민이, 그것도 자신들이 꿈도 꾸지 못하던 거대한 작업을 일으키는 모습을 참지 못하고 왕에게 공사를 중지해야 한다고 탄원했다. 탑을 쌓는 데 들어가는 돌과 흙을 제자리에 돌려놓아야 한다고 건의한다. 어디 가나 꼭 이런 사람들 있다, 돕지 못하면서 훼방하는 정신적 천민들. 왕은 답한다.

"나는 이미 그녀에게 탑을 만들도록(Ja rung) 허락(kha sor)했다. 나는 왕이다. 한 번 말하면 그것으로 끝이다."

여기서 이 탑 이름은 자룽카숄(Jarungkashor)이 되었다. 귀족들이 몰려가 철회를 요구했으나 왕이 허락했다는 답을 들었기에, 사람들은 허락받은 탑이다, 허락받은 탑이다, 이렇게 부르며 탑의 조성을 계속 했을 것이다.

자룽카숄이란 그대로 문자적으로 풀어내면 '해도 좋다고 말해 버림,' '일단 주어진 철회할 수 없는 허락,' '생각 없이 말해버린 부적절한 말'이다. 결국 자룽카숄이란 합의에 의해 세워지는 것이 아니기에 썩 좋은 의미는 아님 셈이지만, 현재까지 이어져 티베트 사람들은 보다나트보다 자룽카숄이라는 이름을 즐겨 부른다.

공사는 네 번의 여름과 네 번의 겨울을 보내면서 탑의 마지막 목 부분까지 완성되었다.

시간이 흐르자 이제까지 선두지휘했던 잣지마는 기력이 다했다. 그동안 천민으로 태어나 온갖 모욕을 받으며 인욕하고 온갖 힘든 노동을 통해 다른 계급에 보시하며 자신의 까르마를 모두 소진했으니, 이제 다시 천상의 세계로 되돌아가는 순서만 남겨두었다. 그녀는 아들들에게 반드시 탑을 완성해야 한다는 유언을 남기면서 아들들 하나하나 결의에 찬 다짐을 받은 후 세상을 하직한다. 그녀가 떠나는 순간 어디선가 북소리가 들리고 꽃비가 내렸으며 많은 무지개가 동시에 아름답게 피어났단다. 인드라의 세상으로 귀환하는 장면이다.

남은 아들들은 천상으로 떠난 어머니 유지를 받들어 여러 사람들, 코끼리, 노새 등의 힘을 빌려 더욱 열심히 조탑한다. 이런 걸 공든 탑이라 부른다. 이토록 공이 들어간 탑은 결코 무너지지 않는다.

그 후 3년이 지나 탑이 완성이 되었으니 모두 7년이 걸린 대역사였다. 아들들과 공사에 참여한 사람들은 얼마나 좋았을까, 모두들 거친 손을 마주잡고 닭

똥 같은 눈물을 주룩주룩 흘렸으리라. 천상에 도착한 아푸르나는 또 얼마나 기뻤을까.

이리하여 현재까지도 네팔에서 가장 큰 탑이 완성되던 날, 하늘에서 향기로운 꽃비가 내리는 가운데 과거 7불 중에 여섯 번째 붓다인 깟사빠를 위시하여 수많은 보디삿뜨바들과 아라한들이 마치 티베트 불화의 모습처럼 허공에 두둥실 등장했고, 땅은 가볍게 세 번 흔들렸으며, 어디선가 북소리와 함께 천상의 향기가 사방을 가득 채웠다. 이후 닷새 동안 깟사빠에게서 펼쳐져 나오는 지혜의 무한한 빛은 도리어 태양을 가리면서 태양보다 더욱 환히 빛났으며, 밤에도 지침 없이 대탑 사방을 환히 비췄단다. 상상만으로도 두 손이 모아지고 허리가 굽혀지는 벅찬 순간이다.

탑이 모두 완성된 후, 네 아들은 탑을 향해 다시 태어나 자신들이 붓다의 뜻을 널리 알리는 일에 전념하기로 서원한다. 이런 발원으로 인해 이들은 훗날 티베트 고원, 즉 야만의 대지에 불교라는 종자를 심어 정착시키는 일을 하게 되고, 그들의 이름은 바로 파드마쌈바바, 티송데쩬 왕, 산따락시따, 그리고 바쌜-낭이라 한다.

파드마쌈바바는 왕에게 전생의 자신과 자신의 형제들이 카트만두에 이 탑을 세웠노라 설명했고 후에 이런 이야기는 티베트사람들에 널리 전해지며 퍼져 나갔단다.

비슷한 이야기도 있다. 수콘타마(Sukhontama)라는 노파에 관한 이야기다. 젊은 날 온갖 고생을 해서 많은 돈을 번 노파는 왕에게 탑을 쌓을 충분한 부지를 요청한다. 그러자 왕은 물소 한 마리로 덮을 수 있는 땅을 주겠다고 했다. 조그마한 땅만 허용하겠다는 뜻이겠다.

왕보다 현명한 수콘타마는 물소의 껍질을 얇게 만들어 끈을 만든 후 길게 이었다. 그것으로 빙 둘러놓으니 제법 널찍한 크기가 나왔겠다. 그 당시 수콘타마가 물소 가죽으로 만든 끈으로 빙 둘러 원형으로 만든 것이 바로 지금 보다나트의 바닥 외연이라는 이야기다.

1872년 사라예보의 오스만 당국은 새로 짓는 다른 종교의 사원은, 도시 중심부에 있는 무슬림 사원의 미너렛보다 높아서는 안 된다는 판결을 내렸다. 더구나 술탄은 거기에 더해 황소 한 마리 가죽 면적보다 넓어서는 안 된다 했다.

당시 통치세력이었던 무슬림이 아예 다른 종교의 사원을 짓지 못하게 하려는 의도였으나 '그러나 꾀 많은 노인 하나가 얇게 자른 가죽으로 긴 끈을 만들어 성당이 들어설 땅 주위에 둘렀다.'

보다나트 건립과 유사한 이런 이야기는 세상 곳곳에 있는 이야기다. 주지 않으려는 힘 있는 자와 얻어내려는 힘없는 그러나 머리가 있는 자와의 대결을 보여준다.

이런 이야기의 원조 영예는 누가 무엇이라 해도 방랑자 혹은 집시라는 의미를 가진 이름의 주인공, 디도(Dido)에게 돌아가야 한다. 디도, 다른 문헌에서는 엘리사(Elissa)라고도 칭하는 바, 정식이름이다. 훗날 로마제국을 괴롭혔던 한니발의 조국 카르타고는 바로 디도에 의해 기원전 814년에 세워진 나라다.

페니키아 왕비였던 그녀는 오빠가 남편을 죽인 후, 생명의 위협을 느끼고 일행을 추슬러 지중해를 넘어선다. 현재 북아프리카 튀니지까지 이동한다. 당시 이 지역을 통치하던 라르바스를 만나 작은 땅을 주십사 자비를 구하고, 라르바스는 소 한 마리 가죽으로 덮을 만큼의 땅을 주겠다고 해볼 테면 해보라는 식으로 허락한다. 현명한 디도는 소가죽을 얇게 썰어 끈으로 이어 언덕 하나를 포함한 땅을 얻어낸다. 바로 이 땅을 중심으로 훗날 지중해의 강국 카르타고가 일어난다. 자살로 삶을 마감했던 아름답고 현명한 디도의 이런저런 개인사는 훗날 많은 작가들의 영감을 불러 일으켰다.

또 다른 설은 역시 티베트사람들이 전하는 이야기로, 부탄의 거지와 관련되어 있다. 이 사연은 파드마쌈바바의 뛰어난 여성 제자이자 영적 동반자인 에세 초겔의 일대기에 슬쩍 비춘다. 한때 파드마쌈바바는 에세 초겔에게 히말라야 너머 네팔로 가서 남자 도반을 찾으라고 권한다.

"네팔에 가면 인도의 쎌링에서 온 떠돌이로 아짜라싸데라는 이름을 가진

- 대탑 내부로 들어가는 문을 지나자마자 좌측에 수조가 하나 보인다. 언듯 보기에는 대탑 보수를 위한 시설처럼 보이지만 바로 이 자리에서 잣지마가 오리를 키웠단다. 또 마나데브 왕이 벽돌 반죽을 위해 밤낮으로 힘겹게 물을 모은 곳이기도 하단다. 요즘은 신년을 전후해서 탑의 보수를 위해 이 자리에서 석회를 반죽한다. 사원의 기초가 되는 자리라 눈길이라도 머물러야 한다. 잣지마와 마나데브의 구슬땀 그림자라도 보아야 한다.

이름의 용부가 있을 것이다. 마두명왕의 화신이며 가슴에 붉은 점이 있는 열일곱 살쯤 된 그를 찾아서 수행의 도반으로 삼아라. 그러면 한순간에 대락의 경지에 도달하게 될 것이다"

스승의 말을 받든 그녀는 금가루 한 되와 금 장식품 한 개만을 준비하고 히말라야를 넘어간다. 그녀는 네팔에 일곱 산적들에게 집단 성적 추행을 당하는 일까지 겪어내지만 네팔어로 '전생의 업연으로 만난 일곱 산적들'에게 차원 높은 평등성지(平等性智), 묘관찰지(妙觀察智), 성소작지(成所作智), 법계체성지(法界體性智)의 설법을 펼쳐 교화시킨다. 그리고는 스승이 이야기한 보다나트에 도착한다.

인용문을 본다.

> 그리고는 다시 네팔에 있는 바우드나트 수투파(보다나트, 불안불탑)로 길을 떠났다. 옛날 몬바(현재의 부탄) 지방의 세 거지가 국왕의 허락을 받아 원력으로 세운 그 불탑은 최고의 성탑으로 지금까지도 많은 사람이 찾아와 예배하고 있다.
>
> 이 탑 앞에 도착하여 나는 황금 한 움큼 공양 올리고 기원하였다.
>
> "옴아훔! 붓다의 청정한 정토 네팔 땅에 모든 중생들의 호법이신 법신의 상징으로 오셔서, 미래세에 무한한 아승지겁에 이르도록 모든 유정들을 윤회의 바다에서 해탈시키기 위하여 위없이 수승한 법륜을 굴리는 분이여! 유정무정의 일체 중생들의 호법 주인 당신의 위신력으로 고통의 윤회 가운데서 저 피안의 열반으로 이끌어주소서!"
>
> 그녀는 이곳에서 기도를 마치고 세심하게 살피다가 현재의 박타푸르, 당시의 코콤핸의 마을, 남문쪽 상점거리에서 인도에서 납치되어 이곳까지 끌려와 칠 년 동안 머슴살이를 하고 있던, 스승이 이야기한 잘생긴 용모의 소년을 찾아낸다.

이 글에서는 탑의 시초가 부탄에서 온 거지 세 사람이 세운 것으로 이야기하며, 탑의 가치는 '윤회의 바다에서 구원되기를 바라는 의미의 기도처'라는 사쉼을 내어준다.

내가 바라보는 대탑, 내가 밟고 있는 이 자리는 파드마쌈바바는 물론 예세 초겔까지 함께 했던 자리로 이런 구루들의 오체투지의 거친 숨소리는 물론 땀방울까지 모두 아낌없이 받아낸 성지다.

탑을 세운 사람이 마나데브, 아푸르나, 세 거지, 그 누구이든 자신의 업을 정화하고 윤회의 굴레를 끊어내는 목적으로 조탑을 이루었으며, 그런 기도처 역할이 있는 것이 틀림없다.

그 후로도 헤아릴 수 없는 수많은 스승들이 이곳에서 기도 명상하고, 잠들고, 한 철을 지내며 살아보았던 성지이기에 스왐부나트, 보다나트와 더불어 카트만두 분지 안에서 불교를 강하게 유지시켜온 핵심 중 하나다.

선지식들의 에너지가 똘똘 모여 있는 자리. 지나가는 사람 중에 미래불이 있을 수 있으니 보다나트에서는 스스로 경거망동하지 않기를 주문하며 위빠사나 수행자처럼 느릿하고 여법하게 움직인다. 경건하게 꼬라를 돈다. 이 길을 다진 분들 걸음 위에 또다시 내 걸음을 연이어 포갠다.

“고통의 윤회 가운데서 저 피안의 열반으로 이끌어 주소서(가겠습니다).”

“이것이 없으므로 저것이 없고, 이것이 사라지므로 저것이 사라지도록 하소서(하겠습니다).”

## 보다나트에서 잠들다

탑의 원조는 인도다. 인도에서 붓다의 유골을 모신 근본 8탑을 시작으로 여러 경로를 통해 사방팔방으로 퍼져나갔다. 인도 자체에서의 탑은 물론 인근 국가로 퍼져나가면서 각자의 환경에 맞춰 다양한 모습으로 자리 잡는다. 처음의 탑은 사리신앙으로 단순히 붓다 자체와 붓다의 깨달음을 표상하는 위치에 머물렀으나, 시간이 지나면서 우주의 모든 것을 나타내는 일까지 진화한다.

आमन्त्रण

- 로자르(Lhosar)는 디베트의 설날, 불교도들은 보다나트와 스왐부나트로 모여든다. 정오 무렵 스님들의 축복의식이 시작되며, 사람들은 다가오는 한 해의 행운을 기대하며 보릿가루를 허공에 뿌린다. 의식이 끝나면 술을 나누어 마시고 노래가 빠지겠는가, 더불어 이렇게 대동의 춤을 추며 오후를 즐긴다. 이런 과정을 통해 이들은 전통이라는 이름으로 자신의 색을 잃지 않고 세대를 이어나간다. 먼 과거라는 너른 간격은 이 순간, 아코디언처럼 모아지며 바로 어제가 된다. 어찌 과거와 현재가 무릎을 맞대는 이런 전통이 버려지겠는가. 전통 전승을 버리는 민족의 정체성은 내일이 불투명하다.

보다나트를 잘 살펴보면 5개의 덩어리를 차례로 쌓았다. 밑에서부터 구조를 본다.

1. 정육면체
2. 반구
3. 사각뿔 모양
4. 13개 원추
5. 양산

왕릉 위에 탑 하나 올려놓은 양상으로 탑의 하부는 사각면체로 또렷한 시선을 가진 눈이 그려져 있다. 탑에 이런 눈이 그려져 있는 곳은 지상에서 네팔 이외에는 없다. 동서남북 사면에 그려져 있기에 어디에서나 같은 눈을 바라볼 수 있다. 이 눈은 모든 것을 꿰뚫어보는 붓다의 시선, 깨달음의 눈을 의미하며, 눈 사이에 마치 코처럼 그려진 형상은 네팔의 숫자 표시 '1'로 만법귀일(萬法歸一) 일원론적인 사고를 의미한다.

그 위로는 깨달음의 과정을 상징하는 13개의 원추형 계단이 있고 마지막으로 그 위에는 양산이 펼쳐져 있다. 양산은 티베트 불교의 8가지 성물 중에 하나로 깨달은 분들을 보호하는 상징으로 쓰인다.

색색의 룽따들을 사방으로 내걸어 만국기처럼 펄럭인다. 이 깃발은 티베트력으로 새해인 로자르(Lhosar)에 새로운 깃발로 대치되는 바, 우리나라 절집에서 매다는 1년 등과 같은 개념으로 보면 된다.

현재 대탑을 중심으로 상가가 형성되어 있고 상가에는 기념품, 음악 CD, 불상과 탱화, 음식점 그리고 게스트하우스들이 빼곡하게 자리 잡았다. 상가건물은 대탑의 높이보다 모두 낮게 지어져 대탑에 예를 표하는 듯하다. 이 상가들은 최근에 만들어진 건물이 아니라 탑이 일어서고 순례자들이 찾아오면서 서서히 시작되어, 지속적인 구조 변경을 거쳐 현재의 모습을 이루었으리라.

과거 티베트를 오가는 소금과 곡물상인들, 수행자들과 그 외 여행자들은 험준한 히말라야를 넘기 위해 반드시 대탑에 들러 기원하고 축복을 구했다 한다. 설산을 힘겹게 넘어온 사람들이 무사함에 감사함을 전하기도 했고. 어디서든 티베트향이 스며들어 있고 바람이 부는 날이면 대탑에서 펄럭 펄럭이는 타르초 소리를 피할 수 없다. 그 옛날부터 시작된 탑돌이 하는 모습은 오늘까지 단 하루도 멈춘 날이 없다.

이 상가 뒤로는 다시 티베트인, 따망(Tamang), 세르파(Sherpa) 그리고 네왈리(Newari)들이 모여 사는 민가들과 티베트 불교 사원이 겹겹이 에워싼다.

보다나트의 북쪽 언덕에 자리 잡은 코판 곰파(Kopan Gompa)에서부터 까닝 세둡링 곰파(Kanying Sheldrupling Gompa), 세첸 텡이 다겔링 곰파(Shechen Tenyi Dargyeling Gompa), 그리고 대탑 주변의 짬첸 곰파(Tsamchen Gompa), 타망 곰파(Tamang Gompa)까지 곳곳에 보석처럼 박혀 있으니 이 사원, 모두 돌아보는 사람, 내생에 용맹정진하는 구도자의 길을 가리라.

이 사원들은 모두 히말라야를 넘어온 티베트 난민과 그 가족들의 의지처가 된다.

오랫동안 감옥생활을 한 수감자에게, 어떻게 그리도 오래 잘 버틸 수 있었느냐고 물었단다. 그러자 모차르트가 있었기에 가능했다고 했다나. 아니, 감옥에서 어떻게 모차르트를 들을 수 있었냐고 되물었겠다. 선수들이라면 이런 것을 물어보지 않고도 척 알아차렸을 터인데 말이다. 그 사람은 자신의 가슴을 손가락으로 가리키며 이 안에 있는 모차르트라 부언할 필요도 없었을 것이고.

모차르트 죄수는 영화 〈쇼생크 탈출〉에 나오는 이야기다. 그런데 이 이야기 원전은 내가 기억하기에는 아우슈비츠에 수감되었던 유대인 중 하나일 것이다. 기억이 가물거리는 '희망'과 관계된 유대인 의사의 어떤 서적에서 피골이 상접한 채로 살아남았던 유대인 마음 안에 존재하던 나름대로의 모차르트에 대한 이야기가 있었다.

끝내 살아남았던 그들은 우울하거나, 삶을 포기할 지경에 이르면 경쾌하게 분위기를 바꾸어주는 대상을 생각했고, 또한 지구상 어딘가에 아직 살아 있다고 믿는 가족들을 마음에서 불러내어 마음으로 재회하며 진정으로 만나는 그 날을 위해 삶의 불꽃을 다시 일으켰다 한다. 우리 마음 역시 대부분 모차르트라 이름 짓는 희망이 있어 위기와 고난 속에서 그 대상을 구명정 삼아 삶을 항해한다.

그렇다면 지금쯤 투옥되어 구타 고문을 당하고 있는 티베트인들은 어떨까. 이미 반세기 이상 중국인들에게 죽임을 당한 티베트인들은 물론, 간신히 살아남아 삶을 영위하는 그들이 모진 매질을 받으며 아우슈비츠보다 못한 대우를 받으며 사는 동안, 무엇이 구명정이었을까. 그들 마음에는 붓다와 달라이라마가 등불이었다. 마음 안에 모차르트, 희망 그리고 무슨 말로 대신하건 생의 불꽃을 다시 점화시키며 일으켜 세우는 힘은, 바로 비폭력 무저항의 붓다와 달라이라마.

티베트인 마음 안에 있는 보석들은 중국인 눈에는 보이지 않는다. 우리의 눈과 귀 안에서 모차르트 연주와 음률처럼 자애롭게 설법하고 있음에도 마구니계에서는 감지되지 않는다. 그러나 주인공이 또랑또랑하면 도적도 문득 집안사람으로 화하는〔只是主人翁惺惺不味 獨坐中堂 賊便化爲家人矣〕 법이니, 먼 곳에서나마 우리가 할 수 있는 일은 주인공의 성성(惺惺)함에 대한 응원이며 그것이 훗날 마구니 도적을 변화시키는 힘이 된다.

뵈랑쩬(Free Tibet!)

더불어 내 마음 안에 있는 모차르트.

티베트인과 나는 같은 등불을 가진 형제지간으로 보다나트 일대에 흩어진 한 사원에서 다른 사원을 찾아들어가며 가슴 뜨거운 형제애를 느낀다.

카트만두의 중심가 타멜은 우리나라 서울로 치자면 이태원과 강남의 성격을 합친 지역으로 많은 사람들이 모여들어 꽤나 북적인다. 세계 각처에서 여행객들이 모여드는 자리라, 온갖 잡화점, 등산용품, 음식점, 찻집, 슈퍼마켓, 여행사, 서점 그리고 숙소까지 길 양편은 물론 뒷골목으로 즐비하다. 무엇이든 손쉽게 손에 넣을 수 있기에 일반 여행자들은 이런 편한 환경 안으로 모여든다.

그렇지만 개인적으로는 타멜보다는 현지인, 네왈리, 따망족 그리고 중국의 압정을 피해 히말라야를 넘어온 이런 티베탄들을 주로 만나는, 보다나트의 뒷

● 부탄 출신 금어(金魚)들이 그렸다는 벽화가 일품인 세첸 테니 다르걀링 사원. 닝마파 사원으로 동 티베트 캄 지방의 세첸 사원이 중국인들에 의해 파괴된 후 히말라야를 넘어와 이 자리에서 새롭게 터를 닦았다. 파괴된 티베트 불교문화에 애정을 가진 사람이라면 대탑에서 멀지 않기에 방문해야 할 명소. 사원 내부의 체링 예술학교에서 만드는 소소한 기념품을 구입하는 센스는 기본이다.

골목에 자리 잡은 게스트하우스를 선호한다.

게스트하우스 멀지 않은 곳에는 적적한 밤을 위해 커다란 통에 더운 물을 넣어 빨대로 빨아먹는 맛난 똥바(술)가 준비되어 있고, 안주로는 그만인 모모(만두)가 기본적으로 갖춰져 있는데다가, 아침저녁으로는 꼬라(탑돌이)의 경건함까지 동참할 수 있다. 어둠이 내리고 얼마 되지 않으면 대탑 주변의 상가 일대가 일찍 철시하기에 숙면을 이룰 수 있을 정도로 환경이 탁월하다. 아침이면 숄 하나 걸치고 나와 저음 독경으로 의식을 일깨우는 아침예불에 늦지 않게 참석할 수도 있으며.

밤 시간 잠의 깊이와 질, 낮 시간 여행의 느낌과 떨림이 유흥의 거리 타멜과는 비교불가하다.

어느 날 술 취한 브라흐민이 붓다를 찾아왔다. 기원정사에서의 일이다. 그는 출가하겠다! 졸랐겠다. 붓다는 아난다를 시켜 머리를 깎도록 하고 법의를 입힌 후에 잠을 재우도록 했다. 다음날 깨어난 이 사람, 자신이 머리를 깎고 승복을 입고 있는 모습을 보고 심히 놀라 그대로 줄행랑을 놓았다. 모든 것을 꿰뚫고 있는 붓다가 어찌해서 다음날이면 도망갈 인간을 받아주었을까, 제자들이 궁금했다. 붓다는 답했다.

"이 브라흐민은 무량겁 가운데 단 한 번도 출가할 마음이 없었는데, 오늘 취해서 잠시나마 조그마한 마음을 일으켰다. 이 인연으로 후세에 출가하여 도를 얻으리라."

오늘의 행동은 훗날 파장을 일으킨다. 종자로 심어진다. 유정(有情)을 티베트 불교에서 셈첸(semchen)이라 말하며 마음의 소유자라는 의미다. 유정에게 심어진 작은 마음은 예를 들자면 씨앗으로 비유된다. 가령 가을 숲에 가면 여기저기 흩어져 있는 도토리 알 하나에는 온전한 참나무 한 그루의 에너지를 응축하여 웅크려 들어가 있기에, 이런저런 환경과 교육 등등을 통해 언젠가 꽃 피우고 열매를 맺으며 완성에 이른다.

심지어는 '예전에 돼지 한 마리가 개에게 쫒기다가 탑이 있는 곳을 돌았기 때문에, 그 마음 안에 해탈의 씨앗이 심어졌다.'는 이야기와 '일곱 마리의 벌레지 나뭇잎 위에서 [illegible] 떨어져 [illegible] 방향으로 [illegible]에 있던 탑을 [illegible] 바퀴 돌게 된 것도 나중에 해탈의 씨앗이 되었다.'라는 비약적 이야기마저 나온다. 붓다와 관계된 무엇이든지 마음에 해탈의 씨앗이 심어져서 훗날 열반으로 가게 된다는 이야기겠다.

타멜이라는 번거로운 장소를 여의고 보다 – 깨달음, 나트 – 성지에서 먹고, 마시고, 자는 일은 훗날 출가를 꿈꾸고 있는 사람에게는 당연한 씨뿌리기가 된다. 호텔에서 호의호식하면서 무엇을 바라겠는가.

금생에서는 재산을 얻고 지키고 늘리는 방법을
다르마에 어긋나지 않게 하시고
내생에서는 모든 재산을 포기하고
구걸로 살아가는 청정수행에 안주케 하시고
금생이나 내생이나 탐욕 성냄 어리석음에 물들지 않게 하소서.

한 생에서 다음 생으로 이어지는 의식의 흐름은 스스로 행한 행위의 결과다. 기도문을 외우며 금생과 내생의 각오를 다지는 사람에게는 보다나트 주변 이곳에서의 깊은 잠, 군더더기 없는 깔끔한 아침, 오체투지의 땀방울을 남길 수 있는 한낮, 마음 곧은 티베트사람들과의 탑돌이 하는 오후가 훗날의 비책이자 대책이 된다. 마음먹기에 따라 이곳은 관광지가 아닌 성지다.

보다나트는 예로부터 조탑의 기원이 단순하지 않은 데 더해 탑의 에너지가 범상치 않아 기도를 올리는 사람들에게 기도가 이루어지도록 배려하고, 질병이 있는 사람에게는 질병을 치료해주는 힘이 있다고 알려져 있으나, 무엇을 기원해서 어떤 이룸을 받을 것인가는 각자에게 달렸으리라.

나의 삶에 보다나트가 있다는 사실은 얼마나 큰 축복이지 모른다. 이제는 구글 지도로도 쉽게 만나는 나의 모차르트.

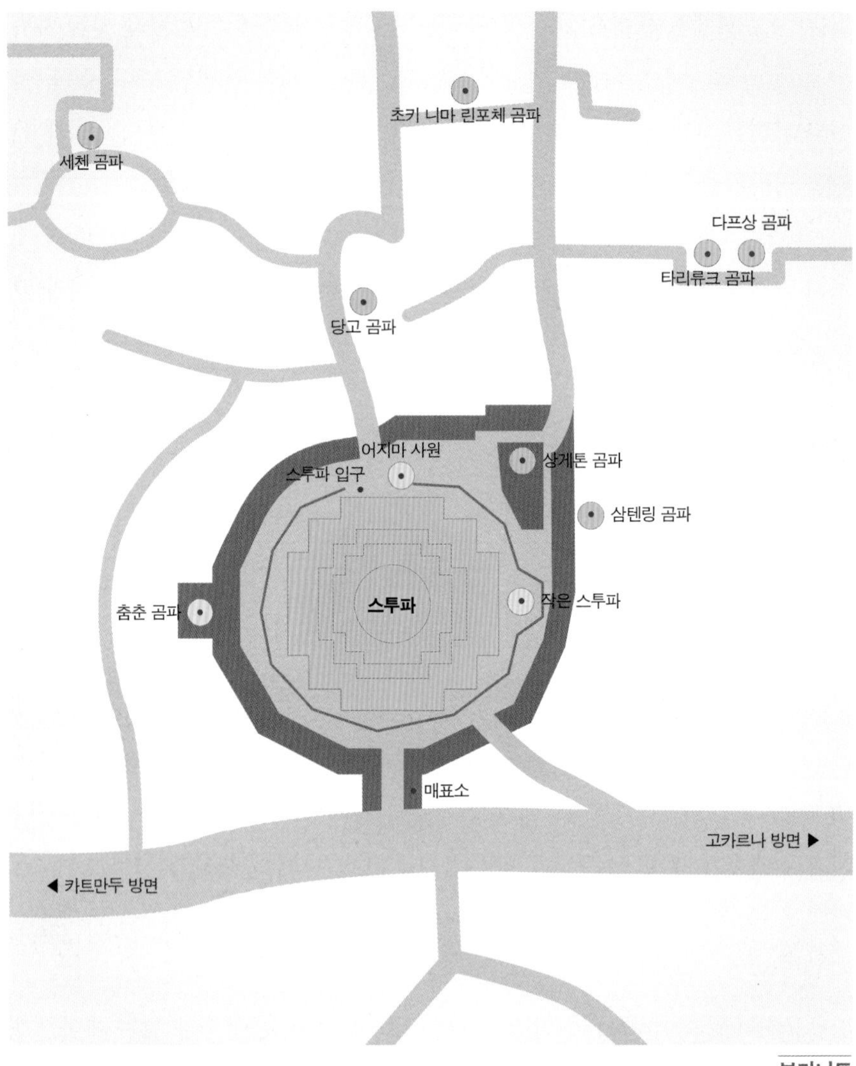
초키 니마 린포체 곰파
세첸 곰파
다프상 곰파
타리류크 곰파
당고 곰파
어지마 사원
스투파 입구
상게톤 곰파
삼텐링 곰파
춤춘 곰파
스투파
작은 스투파
매표소
고카르나 방면 ▶
◀ 카트만두 방면

보다나트

# 16

# 비슈누 종합박물관, 창구나라얀

그러나 모든 행위를 나에게 맡기고 나에게 집중하는 사람들.
완전히 확고부동한 수행을 통해 나에 대해 명상하고 나를 숭배하는 사람들.
그들이 자신의 생각으로 내 안에 들어올 때, 나는 그들을 죽음과 같은 윤회세계에서 건지는 구세주가 된다.

-『바가바드 기타』 중에서

## 목이 잘려나간 비슈누

카트만두를 둘러싼 5개의 꽃잎 중 가장 동쪽에 자리 잡은 봉우리는 해발 2,175m 나가르코트. 카트만두 분지를 시계 원판으로 본다면 2시 방향에 해당하며, 북쪽으로 랑탕히말, 도르제락빠 등등 장대한 히말라야의 모습을 세세히 살필 수 있는 명승지이기에 사철 관광객이 넘쳐난다. 나가르코트에서 차를 버리고 산길을 따라 서쪽으로 내려오면 산중턱 즈음해서 창구나라얀이라는 힌두사원을 만난다. 혹은 아랫마을 박타푸르에서 급하지 않은 경사로를 따라 길을 따라 5km 오르거나, 북쪽 산쿠(Sakhu)에서 출발하여 산길과 마을을 지나는 고즈넉한 길을 걸으면 사원에 닿는다.

창구나라얀 사원 경내로 들어서면 뒤뜰이 시원하게 넓다. 사원이 중앙에 위치하지 않고 한쪽으로 벗어나 있기 때문에 받는 느낌으로, 이런 건축법은 공간의 낭비이기에 드물다, 널찍한 공터에는 과거 다른 무엇이 있었으리라.

창구나라얀이라는 말에서 창구는 발음이 비슷한 찬양(讚揚)이라는 의미가 있다 하지만, 참파카(Champaca)가 우거진 숲이라는 이야기가 신화적 정설이다.

즉 차(cha)는 목련과에 속하는 참파카라는 나무를 뜻하며 구(gu)는 숲[林]을 의미하기에, 창구는 참파카 나무들이 울창하게 우거진 숲, 그리고 나라얀은 비슈누, 결국 창구나라얀은 '참파카 숲의 비슈누 신'이라는 의미를 품는다.

향기로운 하얀 꽃 혹은 노란 꽃이 피어나는 참파카는 인도에서는 성스러운 나무로 알려져 있는 터, 어느 누구도 함부로 베어내지 않는다. 이 나무는 지상은 물론 비슈누가 거주한다는 천상의 세계 바이쿤다에서 만다라, 아르나, 푸나가, 백합, 연꽃, 파리자타 그리고 투라시 등등 여러 나무들과 함께 자리하고 있단다. 천상천국의 나무이며 더불어 비슈누가 아끼는 나무이기에 비슈누 사원이라면 어디든지 참파카가 사원 경내 혹은 주변에 무성히 자라고 있다. 또한 하얀 꽃은 반드시 비슈누 뿌자에 사용되므로 사원 안에서 하얀 참파카 꽃을 보았다면 백발백중 비슈누 사원이다.

불경에서도 붓다의 공덕을 나타내는 의미의 꽃, 참파카를 첨박가(瞻博迦)라는 음역으로 등장시키며, 의역하여 금색화수, 황화수로 표현한다.

"참파카 꽃이 비록 시들어도 여전히 다른 꽃보다는 뛰어나고, 비구가 악행을 저질러 계를 깨더라도 외도의 무리보다는 뛰어나도다."

『대승대집지장십륜경(大乘大集地藏十輪經)』 일부에 이렇게 참파카가 등장한다.

그러나 현재 창구나라얀 사원 부근에서 이 나무를 찾기는 어렵다. 참파카는 자연스럽게 불이 붙는 성질이 있어 말라 왕조 시절, 자연발화 산불로 인해 귀중한 사원이 여러 차례 위협받은 것으로 알려져 있다. 결국 1702년에는 참파카 숲에서 시작된 큰 화재로 천년가람이 잿더미로 변했다.

그렇게 본다면 빈자리에는 과거 하얀 꽃들이 만발한 참파카가 숲을 이루고 있지는 않았을까? 울창한 숲이 사원을 에워싼 것은 아닐까? 눈을 감고 공터에 하얀 꽃 숲을 채운 후, 다시 눈을 떠 바라보면 지상에 내려앉은 천상의 사원이 아니겠는가.

이제는 히말라야소나무들이 사원 밖에서 숲을 이루고 있다. 히말라야소나무는 화재에 강하고 높은 키를 자랑하기에 조경에는 으뜸인 장점이 있는 반면,

수분 흡수력이 높아 주변 토양을 건조하게 만들어 비가 집중적으로 내리는 몬순 철에는 산사태를 자주 일으킨다.

한때는 화재로 이제는 산사태로, 사원에 대한 숲의 위협이 바뀌고 있다. 세상은 구조적으로 이런 방정식으로 구성되어 있기에 인간이 인위적으로 무엇으로 바꾸더라도 또 다른 위험은 시간의 흐름 안에 다양한 얼굴로 등장하게 마련이다. 그렇다면 과거 그 시절 참파카 숲을 다시 복원하는 일은 어떨까.

세계문화유산인 이 사원 건립에 동기가 없겠는가. 사원 이름 뒤에 비슈누를 의미하는 나라얀이 붙어 있는 점으로 본다면 당연히 비슈누와 관련된 신화가 있지 않으랴.

비슈누는 악마 찬드(Chand)와의 전쟁을 치른 후에 천하를 주유했다. 그는 자신의 탈것 가루다와 함께 하늘을 날다가, 카트만두의 서쪽 언덕, 참파카가 우거진 숲, 즉 요즘 창구(Changu)에서 자신의 정체를 숨기고 머물기로 했다.

비슈누가 은신한 자리에서 멀지 않은 곳에는 수다르사나(Sudarshana)라는 이름의 수행자가 은둔수행하고 있었다. 숲이나 동굴에서 홀로 은둔 고행하는 수행자는 평소 먹을 것이 가장 큰 문제였기에, 누군가 정기적으로 보시하지 않는다면 자신이 미리미리 수고스럽게 나무열매 따위를 준비해야만 했다. 수다르사나는 비록 수행자라 해도 영특한 누런 암소 한 마리 덕분에 매우 우아하고 안락한 생활을 영위하며 수행에 전념할 수 있었다. 암소는 늘 젖을 충분히 만들어 수다르사나 본인은 물론 그에게 찾아오는 손님까지 풍족하게 대접했다.

사실 이 암소는 보통 소가 아니었다. 신과 악마가 합심해서 불사약을 만들던 시대, 두 그룹이 합심하여 거대한 우유 바다를 휘저으면서 새로운 피조물들이 줄줄이 튀어나왔다. 살아 있는 생명체들의 어머니 역을 맡은 아름다운 암소 수라비, 약간 취기가 도는 얼굴로 나타난 술의 여신 비루니, 수련을 들고 연꽃 위에 앉은 채 나타난 행운의 여신 락쉬미, 신들의 의사, 의학의 창시자가 된 불사약 단지를 들고 나온 단반타리(Dhan-vanthari) 등등.

바로 이때 나온 암소 수라비와는 형제지간으로 비견되는 신적인 능력을 가진 암소 까마데누(Kamaddhenu)가 히말라야 바로 이 참파카 숲에서 살고 있었단다. 신화적인 소가 카트만두에 있다는 이야기는 카트만두 소들이 평소 젖을 풍성하게 잘 만들어내고 맛도 뛰어나다는 소문이 힌두신화의 발상지 인도까지 이미 널리 퍼져 있었다는 증거다.

어느 날 암소는 풀을 뜯어먹기 위해 숲으로 들어갔다. 참파카 속에 쉬고 있던 비슈누는 능력 있는 암소를 한번에 알아보고 밖으로 나와 우유를 마셨다.

문제가 생겼다. 이후부터 수행자 수다르사나가 어떤 수를 쓰던 간에 암소에게서 젖이 나오지 않았다! 배고픔을 여드레를 참았던 수행자는 쥐어짜는 허기를 이기지 못하고, 우유를 훔쳐 먹는 도둑을 찾고자 일단 암소를 숲으로 내보내고 뒤를 조심스럽게 따라나선다. 암소는 비슈누 신이 머무는 참파카 밑으로 갔고, 아니나 다를까! 수다르사나 추측대로 누군가 어둠속에서 슬며시 나타났다! 분을 참지 못한 그는 도둑을 공격했고 상대가 손쓸 사이도 없이 단번에 목을 베어버렸다.

내가 외우고 다니는 이야기 중에, 임제 선사의 말씀이 있다.

그대가 한순간 의심하는 마음이 땅이 되어 그대 자신을 단단하게 굳게 하며,
그대의 한순간 사랑하는 감정이 물이 되어 그대 자신을 물에 빠지게 한다.
그대의 한순간 분노하는 마음이 불이 되어 그대 자신을 태워버린다.
그대의 한순간 환희심은 바람이 되어 그대 자신을 휘날리게 한다.

수다르사나, 활활 타버렸다.

이것 참. 신화내용이지만 수행자가 우유 때문에 분노를 조절하지 못하고, 화를 내고, 거기다가 칼을 들어 도둑의 머리를 베어버린다는 것은 보통 문제가 아니다. 자신을 면밀히 살펴보는 위빠사나의 경우 조기경보 장치처럼 스스로 지켜본다. 어? 나도 모르게 화가 나서 죽여 버렸네? 이런 일은 불가능하다.

분노를 다스리지 못하고 화르르 타버린 수행자, 그간 공부 헛했다. 이런 행

동은 다만 젖소와 같은 짐승의 목자(牧者)이지, 자기 마음의 목자가 아니다. 우유에 대한 욕심, 자신의 것을 침범한 상대에 대한 성냄, 그런 상대를 살해하는 어리석음, 그야말로 탐(貪)·진(瞋)·치(癡) 삼박자가 모두 제대로 반영되었다.

『상윳따니까야』 1권 「기뻐함 경」(S1:12)에 의하면 '소치는 목자는 소 때문에 슬퍼한다'고 비유한다. 슬퍼한다는 표현은 기뻐한다, 분노한다 등등 희로애락(喜怒哀樂) 네 가지 모든 것을 붙여서 가능하기에 소 때문에 기쁘고, 소 때문에 슬프고 소 때문에 분노하고……. 말이 소지, 어디 소뿐이랴. 자식도 마찬가지, 재산도 마찬가지. 『본생담』의 수많은 이야기들은 자신의 소유는 물론 자신의 몸까지 남을 위해 보시하며 내버리지 않는가. 겨우 며칠 우유를 먹지 못했다고 칼로 남의 목을 치다니.

• 가루다의 날개 위에 비슈누가 위풍당당하게 앉아 있다. 대부분의 신들은 탈것을 소유하고 있으며 신들과 연관된 탈것들은 대부분 동물들이다. 이렇게 신에 의해 간택된 동물들은 신과 더불어 사람들에게는 신앙의 대상이 된다. 비슈누가 날아가고 있는 곳은 자신의 거처인 바이쿤다, 즉 비슈누의 천국이다. 이르면 8세기 늦으면 12세기에 만들어졌단다.

그 순간 무서운 일이 일어났다. 몸뚱이는 사람인데 머리는 독수리, 거기에 독수리 날개를 가진 흉측한 괴물, 가루다 위에, 그렇게 목이 잘린 채 남자가 떠억 하니 앉더니, 갑자기 빛나는 신의 모습으로 변모하는 게 아닌가. 수행자는 무서운 모습을 이기지 못하고 순간, 칼을 바닥에 떨어뜨리며 실신하여 땅바닥에 철퍼덕 쓰러진다.

깨어난 수다르사나, 머리를 조아리며 싹싹 빌며 죽여 달라면서 변명 또 변명이다. 그러나 비슈누는 흔쾌히 용서하며 이런 사건이 생긴 배경의 자초지종을 천천히 설명한다. 악마 찬드와의 전쟁 중에 비슈누는 우연찮게 악마의 우두머리의 목을 베어 죽이게 된다. 문제는 비록 악마지만 출신 배경이 브라흐민이라는 점.

고대 인도의 성(聖)과 속(俗)을 이어준다고 평가되는 최고 법전『마누 슈르띠(Manu sruti)』, 즉『마누 법전』에서는 죄를 지은 후, 반드시 속죄를 해야 하는 경우가 나열되어 있다. 그중에 가장 먼저 나오는 무거운 4대죄(四大罪)는 이렇다.

브라흐민을 살해하는 자
술 마시는 자
도둑질을 하는 자
스승의 잠자리를 더럽히는 자

브라흐만과 브라흐민은 발음이 비슷해서 착오의 소지가 있다. 브라흐만은 우주에 편재한 순수의식, 신성(神性)을 의미하며, 브라흐민은 브라만 그리고 바라문 등등으로 표현되기도 하는 카스트의 가장 상위 사제계급을 일컫는다. 더불어 비슷하게 발음되는 브라흐마는 창조를 담당하는 힌두신이다. 사제 계급이나 수행자들을 해치는 행위는 죄질 중에 아주 무거운 죄라는 이야기가 된다.

'술 마시는 자'는 '브라흐민을 죽이는 자' 다음으로 커다란 죄가 된다. 힌두교에서는 신성(神性)을 워낙이 중요하게 생각하다보니 술에 취해서 신성인 브라흐만을 잠들게 하거나 잃게 되면 중대한 죄가 된다. 경전은 말한다.

"그의 몸속에 든 브라흐만이 술에 의해 바깥으로 흘러나오게 되면 브라흐민으로서의 그의 자격은 당장 없어지고 수드라(천민)가 된다."

불교에서는 붓다 시절부터 음주를 금지했다. 탁발을 나선 한 수행자가 술을 파는 여인을 만나 셋 중에 하나를 골라야 하는 곤란한 상황에 봉착했단다. 술을 마시겠느냐, 염소를 죽이겠느냐, 아니면 자신과 동침하겠느냐 였다.

"염소를 죽일 수는 없어요. 수행자는 그런 일을 절대로 하지 않습니다. 성관계도 하지 못합니다. 나는 독신서원을 한 수행자입니다. 그러니 술을 마시겠습니다."

결과는? 그는 술을 마시고 염소를 흔쾌히 죽였으며 결국 여인과 쌕쌕 동침한다. 술은 거친 아수라적인 요소를 활성화시켜 엉뚱한 곳까지 끌고 간다. 종교에서 술 마시는 일을 금하는 것은 단지 술 마시는 일에 대한 금지가 아니라 술을 마신 후에 나타나는 파장까지 내다본다.

사실 산사람들은 배낭 안에 술을 가지고 다니며 나 역시 그런 부류에 속한다. 산속에 여자는커녕 염소의 그림자도 없는 깊은 밤 한두 잔 마시면서 이것은 죄가 아니다, 이것은 곡차다, 이렇게 자의적 해석을 덧붙인 적이 한두 번이 아니다.

그 외 '도둑질 하는 자'에 대해서는 부언이 필요 없으며 '스승의 잠자리를 더럽히는 자'라는 이야기는 스승의 아내와의 부적절한 관계를 완곡하게 표현한 것이다.

이런 4대죄에는 인간에게 적용은 물론 천상의 신 역시 피해갈 수 없으니 응분의 대가를 치러야 한다. 비슈누는 4대 중죄 중에 가장 앞에 나오는 죄를 범했다. 자신의 제자, 그것도 브라흐민 계급을 가진 제자 수마티(Sumati)가 비슈누 무기에 의해 목이 잘려나가며 살해되는 모습을 목도한 스승 수크라차리야(Sukracharya)는 비슈누에게 '똑같이 목이 잘려나가리라' 저주를 내린다.

힌두교에서 오랫동안 고행을 거듭하여 신적인 능력을 가진 수행자의 경우, 그가 비록 인간이라도, 신을 향해 축복이나 저주를 내리는 경우 그 축복과 저주를 도저히 피해갈 도리가 없지 않은가.

• 창구나라얀 전경을 바라보면 다른 사원과는 공터 배치가 다르다. 과거 공터에는 하얀 꽃들이 보석처럼 빛나는 참파카 숲이 무성했으리라. 화재로 인해 비어버린 이 자리는 아예 빈 공간으로 남겨졌으리라. 과거의 그 시절의 풍경은 비슈누의 천국과 다르지 않았을 터이니, 상상만으로도 자분자분 눈물 나게 아름답다.

그는 가루다와 함께 이 숲에 들어와 숨어 지내며 참회하는 삶을 사는 중이었다. 이런 저주가 수행자 수다르사나에 의해 풀려진 것은 비슈누에게는 천만다행이었다. 만일 악마에 의해 이런 일이 벌어지는 경우, 보다 강력한 후속조치가 뒤따랐을 것, 비슈누의 머리는 영원히 실종될 수도 있었다. 비슈누의 머리를 소유하는 경우 비슈누의 영광을 독차지할 수 있었으니 저주가 걸린 죗값을 무사히 치러낸 셈이다. 미숙하고 폭력적인 수행자 행동은 도리어 신에게 떨어진 저주를 풀어줌으로 미화되었다. 끝이 좋으면 다 좋다는 예가 된다.

정신을 수습한 수행자는 비슈누가 숲에서 계속 머물러주기를 희망하자 비슈누는 허락하며 그렇다면 매일 자신을 위한 뿌자를 하도록 권유했다. 뿌자하는 곳에 신이 계속 머무른다는 이야기. 우리가 신을 생각하며 마음에 품으면 보이던 보이지 않던 신는 그 자리에 현현한다. 비슈누는 수행자에게 저주를 풀어줌에 감사함을 표했고, 홀가분하게 다시 천상의 길로 떠나갔다.

또 다른 이야기는 조금 더 부드러운 성격을 가지고 있다. 비슈누가 아이의 모습으로 바꿔 암소의 젖을 먹었고 분노한 수다르사나가 아이를 쫓아가자 아이는 이내 참파카 속으로 숨었단다. 역시 분노를 참지 못한 수다르사나가 도끼로 나무를 찍어 베어버리자, 비슈누 머리가 바깥으로 툭 떨어져 나왔단다. 수행자 수디르사나는 이 자리에 사원을 세워 1대 개산조사(開山祖師)가 되었고 최초 사원 이름은 참파카 나라얀(Champak Narayan)이었다.

이름의 변천을 보자면 본래 리차비 왕조에서는 돌라시카르 스와미(Dolashikhar swami)였으나 말라 왕조에서 창구나라얀으로 이름이 바뀌었다. 사원이 얹힌 산 이름은 돌라시카르(Dolashikher), 돌라파르밧(Dolaparvat), 돌라기리(Dolagiri), 참파카란야(Champakaranya) 혹은 참파푸르 마하나가르(Champapur Mahanagar) 등등이며, 사원 이름 대신 사원이 자리 잡은 산 이름으로 부르기도 했다.

이 자리에 제일 먼저 정식으로 사원을 세운 왕은 325년 하리 다타 바르마(Hari Datta Varma), 그 후 464년에 만들어진 명문(銘文)에 의하면 하리 다타 바르마가 사원을 건립할 당시, 이 자리가 매우 중요한 성지였으며 이미 사원 형태의 건물이 있었다는 이야기가 쓰여 있으니 언제 최초로 사원이 일어났는지 오리무중이다.

오래된 사원은 여러 가지 사연을 품고 세월의 강을 흐른다. 인간이 만든 것들은 그 무엇이든 인위적이건 자연적이건 쇠락하기가 마련이라, 낡아가고, 지진으로 파괴되고, 화재가 일어나는 수난을 거듭 감내한다. 현재 사원은 1702년 화재에 휩쓸린 후에 재차 건립한 것으로 300년이 넘는 히말라야 햇살과 바람, 빗물 그리고 달빛별빛을 함께 하여 그만큼 고색창연하다. 붉은 벽돌, 비슈누와 비슈누 배우자가 조각된 나무 기둥, 구리로 만든 지붕, 그리고 지붕에서 내려오는 토라나 등등으로 현란하게 장식되어 있다.

사원 내부도 내부이지만 사원을 둘러싸고 적당한 간격으로 놓여 있는 여러 가지 금속상, 석상들은 아담한 규모지만 그야말로 보물 중의 으뜸 보물들이다.

매일 아침이면 뿌자리는 사원 안에서 니뜨야 뿌자(Nitya puja)를 올린다. 신화의 그날 비슈누의 머리가 참수된 것을 표현하기 위해 뿌자리는 머리를 보호하는 두 조각의 금속 덮개 중의 윗부분을 제거한다. 이어 제례를 올리고 머리가 다시 붙은 것을 상징하기 위해 머리 부분의 금속 덮개를 다시 덮는 일을 반복하며 비슈누가 이곳에서 살았다가 치렀던 그날 사건을 재현한다. 사건을 천천히 반복하는 동안 비슈누는 약속대로 이 자리에 거한다.

비슈누의 은총을 받고 싶다면 이 시간에 사원에 들어가 머리를 조아리면 비슈누가 마음 안으로 찾아들어 체온을 올려준다.

"옴 나모 바가바테 바수데바야."

## 가루다는 비슈누의 날개

가루다는 본래 힌두교에서의 부속신, 힌두교의 위대한 삼신 중의 하나인 비슈누가 타고 다니는 거대한 독수리 모양의 신인(神人)으로 사람 몸에 독수리 날개가 달렸다고 생각하면 된다.

인도네시아의 국영항공사 〈가루다 에어라인〉은 바로 이 이름을 차용한 것으로 우리나라 국적기인 대한항공이나 아시아나항공보다는 작명에서 한 수 위다. 신을 태우고 하늘을 날아다니는 이름이니 승객은 자연스럽게 비슈누와 동격이 된다.

가루다 위에 앉은 비슈누의 모습은 네팔 지폐 10루삐 안에 들어 있다. 가루다는 비슈누 사원이면 어디든지 정문 앞에 합장하고 오른쪽 무릎을 꿇은 자세로 앉아 비슈누에게 예를 표하며 비슈누의 명령을 기다린다. 창구나라얀 정면에는 아주 온화한 얼굴을 가진 가루다가 사원 안을 응시하고 있다.

신화시대의 한 때, 막강한 권위를 가졌던 닥사 프라자파티(Daksha Prajapati)에게는, 『뿌라나』마다 숫자에 약간의 차이가 있으나 13명의 딸이 있었단다. 이 중에서 가장 유명한 것은 막내 사티로, 훗날 아버지가 자신의 남편 쉬바 신을 무시하는 바람에 스스로 태양총에 불을 질러 자결한다. 여기서부터 사티 여신의 이 행동을 뒤따라 남편 화장터에서 불길에 뛰어드는 사티 제도가 생겨났다.

13명의 딸 중에는 사티 이외에 카드루(Kadru)와 빈타(Vinta)가 있었고 아버지는 때가 되자 성자 깟사빠(Kassapa)에게 한 번에 두 딸을 출가시켰다. 깟사빠 역시 13명의 아내가 있었다는 신화도 있다.

깟사빠라는 이름은 6대 붓다 깟사빠 붓다와 같다. 인도에서 이 이름을 가진 수행자는 꽤나 많으며 자신의 이름을 버리고 정진한 두타고행자들을 두루 칭한다. 사람들은 나무 밑이나 동굴에서 거칠게 고행하는 수행자의 이름을 모르기에 심한 고행을 하는 사람을 깟사빠(두타고행자), 이렇게 불렀으며 우리에게는 가섭(迦葉)으로 음역되었다. 불교 두타(頭陀) 제일의 가섭 존자 역시 그런 의미다. 깟사빠(가섭)이라는 이름을 들으면 극심한 고행자, 이렇게 생각하면 맞다.

하루는 깟사빠가 기분이 좋아지자 아내 둘을 앉혀 놓고 말했다.

"그대들 소원이 있는가? 내가 들어주겠다."

깟사빠는 오랫동안 고행을 통해 신과 동등한 힘을 소유하고 있었으니 소원을 들어줄 능력이 충분히 있었다. 착한 동생 빈타는 힘이 세고, 현명한 단 두 명의 아들을 원한다고 했다. 반면에 언니 카드루는 자신이 막강한 힘을 가진 수천의 뱀 어머니가 되고 싶다고 했다. 평소에 욕심이 많았고 시기질투가 심했던 카드루는 이렇게 되면 어느 누구도 자신을 함부로 업신여기지 못할 것으로 여겼으리라. 이런 신화의 밑바닥에는 뱀을 혐오하지 않고 친근한 동반자로 여긴 인도 고대인들의 심성이 포함되어 있다.

신의 반열에 오른 성자 깟사빠는 두 아내가 자신들의 소망대로 그렇게 되도록 허락하며 축복하고, 고행을 위해 홀로 숲으로 들어갔다. 시간이 흐르자 언니 카드루는 수천 개의 알을 낳고, 동생 빈타는 두 개의 알을 낳았다. 요즘으로 치자면 역시 완전히 괴기스러운 엽기스토리, 반면 고대인들의 모든 유정들과 함께하는 경계 없는 삶의 형태를 본다면 난생(卵生)에 대한 긍정을 이해를 바탕으로 넘어갈 만하다. 우리에게도 알에서 태어난 주몽, 박혁거세, 김수로, 석탈해 등등이 있지 않은가.

하녀는 이들을 항아리에 조심스럽게 넣어 정성을 다해 보살폈다. 그리고 무려 500년이 지나자 언니 카드루의 항아리 알들이 모두 부화하여 쏟아져 나오자 카드루는 기뻐 어쩔 줄 몰랐다. 그러나 동생 빈타의 항아리 속은 감감무소식이었다. 언니의 아이들은 저렇게 나왔는데 자신의 아이가 나오지 않았으니 얼마나 갑갑했을까.

동생 빈타는 조급한 마음을 누르지 못하고 자신의 아이들을 속히 보고자 알 하나를 슬며시 깨보고 말았다. 알 속의 아이는 사람의 형상을 하고 있으나 아직 반밖에 완성되지 못했다. 상반신은 완전히 만들어졌으나 하반신은 완성되지 못한 상태, 아차, 싶었으나, 어쩌랴, 알은 이미 깨져버렸다. 아이는 격렬하게 분통을 터뜨렸다.

"어머니, 당신의 조급함으로 인해 내 삶은 파괴되고 말았다오."

그러면서 이 일로 인해 어머니에게 좋지 않은 일이 생길 것이라 예언하기에 이른다. 즉 저주가 내려졌다. 성자의 피를 받아 다르다.

"어머니, 당신은 시기심 많은 언니 카드루 밑에서 500년 동안 종살이를 해야 합니다."

그 대신 다른 조건이 붙여졌다

"만약에 다른 알 하나에 손대지 않는다면 때가 되면 저주가 풀릴 것이요, 그렇지 않고 손을 댄다면 (노예생활은) 영원하리라. (저 알 속에 있는) 다른 아이가 강하고 현명한 아들로 세상에 나와 저주를 풀어주길 바란다면 앞으로 500년 동안 (모욕을) 참고 견디시라."

말을 마친 아이는 하늘로 향해 날아올라 태양의 신 수르야(Surya)의 탈것이 되었다. 이른 아침 여명에 동쪽 하늘을 밝히는 아름다운 빛은 바로 빈타의 첫째 아들 아룬(Arun)의 빛으로 히말라야 마아깔루 가는 길목에 자리 잡은 아룬 계곡은 빈타의 아들 이름을 따온 것이다.

그동안 히말라야를 다니면서 무수한 여명을 보았지만 아룬 계곡의 여명처럼 온몸의 솜털이 단번에 일어나는 아름다운 풍광을 본 적은 단 한 번도 없었다. 내 삶에서 만난 단연 으뜸 여명으로 천국에서의 아침이었다. 이때 이 신화가 마음 안에서 어른거리며 이제는 수르야의 탈것이 되어 지상으로 서서히 올라오는 아룬, 참으로 멋진 이름이라 생각했다.

빈타는 이 말을 순수하게 받아들여 뱀들의 어머니 카드루에게 모진 굴욕에 모욕을 받으며 몸종처럼 살고, 거기에 더해 수많은 조카 뱀들에게조차 부당한 대우를 받으며 굴종의 시간을 이어간다. 빈타는 자신의 경솔함을 뼈아프게 반성하고, 다시 또 반성을 거듭하며 500년을 기다리니 그야말로 까르마를 녹이기 위한 고행으로 점철된 여정, 아상은 모두 박살나고 서서히 무채색이 되었으리라.

때에 이르러 동생 반티가 낳은 남은 한 알이 깨지며 건장한 아들이 태어났고, 아들은 나이가 들자, 현재 가르왈 히말라야의 성지 바드리나트 남쪽에 있는 간드마단(Gandhmadan) 산으로 들어간다.

아들은 고행자의 아들이라는 혈통을 속이지 못하고 자신이 신의 도구가 되기를 희망하며, 더불어 어머니가 카드루의 손아귀에서 빠져나와 비참한 종살이가 끝나도록 신에게 요구하기 위해 고행을 시작했다. 고행은 어마어마한 것이었다(첫째 아들 아룬이 이때까지 태양의 신 수리야의 탈것이 되지 못하고 기다리고 있다가 고행을 함께 한 후 신의 허락을 받아 뜻을 이루었다는 이야기가 동시에 있다). 이를 지켜보던 비슈누는 때가 되자 요청을 허락하기로 하고 눈앞에 나타났다.

그는 이제 홀연히 등장한 비슈누의 발을 닦아드리기 위해 깨끗한 물을 찾아 나섰다. 자비로운 신은 그가 물을 찾아 헤매지 않도록 눈앞에 강을 하나 만들었으니 오늘까지도 비슈누의 자비를 증명하며 흘러가는 트리프티가마니 강가(Tripthygamini Ganga)였다. 그는 강가의 물을 가지고 와 신의 발을 닦아드림으로써 이제 비슈누의 탈것이 된다.

위풍당당한 독수리 모습으로 변신한 가루다는 카드루의 아들들과 그들의 후손을 천적 삼아 눈에 뜨이는 대로 먹어치운다. 이후 그 누구도 무시무시한 가루다의 어머니, 500년 동안 하녀처럼 살았던 어머니 빈타를 무시할 수 없었으니 형 아룬에 의해 빈타에게 걸린 저주는 동생 가루다에 의해 완전히 풀린 셈이다.

자신의 자식을 해치우는 모습에 언니 카드루는 그동안 동생에게 저지른 싸늘한 냉대와 박해를 땅을 치며 후회했으나 이미 엎질러진 물, 이제 자식들의 비명소리를 들으며 모든 죗값을 갚아나가야 하는 처지가 되었다.

이후, 뱀들은 땅 위에 가루다의 그림자만 비춰도 구멍을 찾아들기 바빴고 카드루는 자식들이 가루다에게 살점이 찍히며 지르는 단발마, 어두운 굴속으로 황급히 숨어들며 한탄하는 소리를 생생하게 들어야만 했다.

본래 뱀의 왕 임무란 보물을 지키는 일이었다. 고대 유적 보물을 찾아가는 모험영화를 보게 되면, 주인공들은 고생고생 끝에 많은 양의 귀중한 보물을 찾아내지만 마지막으로 무시무시한 힘을 가진 거대한 뱀이라는 장애물을 만난다. 이 뱀을 해치우지 않으면 보물을 가지고 나갈 수 없다.

시나리오 작가들이 신화를 차용한 것이다. 이 맹렬한 힘의 소유자인 뱀을 처단하는 방법은 뱀의 천적인 독수리, 즉 가루다 이외 없다. 가루다가 하는 일은 곳곳에서 사리, 불사약, 친따마니를 지키고 있는 뱀 왕들에게서 소중한 보물들을 되찾아 사리는 탑으로 모실 수 있게 만들고, 불사약은 무한한 삶의 무량수불에게 돌려주고, 친따마니는 관세음보살의 연꽃으로 되돌린다.

티베트불교에서 뱀은 물과 유관하며 커다란 호수 혹은 연못에 살며 사람들을 괴롭히는 것으로 알려져 있다. 티베트 조강사원은 원래 호수였으나 이곳을

• 멋진 사나이다. 장신은 아니지만 탄탄하여 어디 바늘 하나 들어갈 틈이 없다. 앉은 자세하며 합장한 모습. 거기에 더해 깊은 충성심을 반영하는 눈빛이 얼마나 듬직한지 모르겠다. 가루다는 훗날 불교의 신장으로 영입되어 불법을 수호하는 일 역시 떠맡으니 불교도에게는 다른 집안 인물이 아니다. 본래 5세기 마나데브 때부터 있었으리라 추측하며 7세기에 금빛으로 보수.

흙으로 메우고 뱀을 굴복시킨 이야기 근원에는 뱀을 압박한 가루다스러운 행위가 있고 이 일을 치러낸 파드마쌈바바가 창시한 닝마파는 이런 이유로 가루다를 자신들의 상징으로 삼았다.

본래 독수리는 뱀을 즐겨 먹기에 가루다 형상에서는 뱀을 입에 물고 있다. 힌두교 가루다는 사람 몸을 가지고 독수리 날개를 가졌으나 히말라야를 넘어간 티베트불교에서는 얼굴까지 독수리로 바뀐다.

네팔에서 가루다가 비슈누의 탈것이 된 사연은 조금 다르다. 네팔 카트만두를 이해하기 위해서 네팔신화는 어떤 이야기를 하는지 귀 기울여본다.

카트만두 분지를 채우고 있던 물이 빠지면서 사람들이 모여들자 나가들은 사람들을 많이 죽이기 시작했다. 물속에 살던 뱀들이 바깥으로 나오면서 이제 마른 대지 위에 자리 잡으려는 인간들을 공격한 것이다. 이런 악행으로 인해 뱀들의 왕 중 하나인 탁샤카(Tashaka)는 괴질에 걸린다.

스스로를 돌아본 탁샤카는 카트만두의 성지로 찾아가 브라흐마, 비슈누 그리고 쉬바 신을 가슴에 품고 로케슈와라(Lokesvara)에게 속죄의 고행을 시작한다. 기도가 통했을까. 몇 년이 지나자 그의 몸은 차차 정상을 회복한다.

그러던 어느 날 탁샤카가 햇볕 아래에 서 있을 때, 하늘을 날던 가루다가 지상의 탁샤카를 보고 맹렬하게 하강하여 공격을 퍼붓는다. 이때만 해도 가루다는 비슈누와는 상관없었다. 다만 자신의 본능에 의해 천적인 뱀을 상대했다. 갑자기 공격을 당해 머리에 피를 쏟아내는 탁샤카, 가루다에게 호소한다.

"새들의 왕이신 가루다이시여 저를 그냥 내버려두시오. 저는 지금 죄를 갚기 위해 고행하고 있습니다. 그리고 내 몸의 병이 치료된 지도 얼마 되지 않았으니 저를 죽이지 마십시오."

여러 번 부탁에도 지칠 줄 모르는 공격이 계속되자 탁샤카는 가만히 당할 수만 없었다. 자신의 몸으로 가루다를 묶어버리면서 둘 사이의 싸움은 요란해진다. 나무가 뽑히고 바위가 깨지며 공방전이 벌어지는 와중에 가루다의 힘이 더욱 우세했다.

그냥 내버려 달라고, 죽이지 말아 달라고 부탁하던 탁샤카. 이제 마지막 힘을 동원하여 가루다를 물속으로 끌고 들어가자 전세가 역전된다. 가루다가 입에서 불을 뿜으려 했으나 물에 젖어 불을 뿜을 수 없고 날개가 젖으니 날 수조차 없어 이제 도리어 죽게 생겼다. 물속에서의 다툼은 나가의 전공이 아닌가.

이때 가루다는 신에게 도움을 청하기로 하고, 비슈누를 생각하고는 급한 구원을 부탁한다. 비슈누의 등장. 다시 싸움은 가루다 편으로 기운다. 탁샤카, 이제 비슈누 손에 죽는구나, 탄식을 하다가, 로케슈와라(Lokesvara)에게 살려달라고 부탁한다.

"모든 신들의 신이시여, 비슈누가 지금 나를 죽이려 하고 있습니다. 당신께서 저를 살려 주십시오."

수카바티 왕국에 있는 성스러운 로케슈와라가 이렇게 애타는 기도를 듣고 바로 사자를 타고 사건이 벌어지고 있는 뿐여 띠르터에 내려온다. 로케슈와라는 바로 관자재보살, 무한한 자비심으로 세상의 일을 바라보고 듣고 있다는 뜻으로 해석되며, 티베트에서 광의로는 직뗀 왕츕(Jigten Wangchug), 즉 깨달음을 얻은, 세상의 지도자로 부르기도 한다.

비슈누는 하늘에서 내려오는 로케슈와라를 보고 경의를 표한다. 힌두교의 최고신 중의 하나가 불교의 보살에게 굽히는 내용으로 보자면 불교도가 만든 이야기가 분명하지만 힌두교와 불교의 경계를 딱히 명확하게 그을 수 없는 네팔에서는 양쪽 종교에서 모두 저항 없이 이야기를 받아들인다. 로케슈와라는 말한다.

"나라얀(비슈누)이여, 당신은 데바(신)입니다. 이 가루다는 새이며 이 탁샤카는 뱀입니다. 이 둘을 서로가 서로를 잘 배려하도록 달래주어야지 데바(신)가 어떤 한쪽 편만 들어서는 안 됩니다."

충분히 이해한 비슈누는 예의를 차리고 로케슈와라를 업어 모시고 가겠다 한다. 그리고 가루다에게 올라타니, 가루다 밑에는 로케슈와라가 타고 온 사자가 떠받히고, 그 밑에는 모든 이야기의 시작인 탁샤카 나가가 이들 모두를 등에 태운다. 이런 승(乘)이 어디 있을까. 중생의 고통을 돌보고 그들을 피안으로 인도하는 신들을 태웠으니 승 중 최고격인 마하야나라는 단어 가지고도 모자라기

짝이 없다. 아기 예수를 업어 강을 건너 '그리스도를 건너다 준 자'라는 이름과 성자의 자격을 얻은 거인 크리스토퍼가 미들급이라면 여기서는 체급이 완전히 달라 헤비급이 된다. 힌두교와 불교가 뒤섞인 이 사연, 이때부터 가루다가 비슈누의 탈것이 되었다는 이야기도 있다.

이들 모두는 이렇게 해서 비슈누는 보살 로케슈와라를 업고 창구파르밧(창구 산)으로 모셨다. 불교도들은 이런 사연을 바탕으로 창구나라얀에서 관세음보살을 숭배하니 불교식으로 이야기하자면 이 사원은 관음전(觀音殿)이다.

이런 신화들을 알고 나서, 사원 앞에 앉아 시선을 사원 안으로 고정시키고 있는 날개를 가진 한 사내를 천천히 뜯어보면, 믿음직한 표정과 자세에서 풍겨 나오는 에너지가 예사롭지 않다. 얼굴은 확신에 차 있으며 온화하다. 가루다의 얼굴은 마나데브 왕의 실제 얼굴이라는데 널찍한 얼굴 안에 몽골리안의 특징까지 고스란히 보여 한층 더 친근하기까지 한다.

"나모 로케슈와라 스와하, 나무 관세음보살."

힌두교 가루다는 시간이 지나면서 불교에 신장(神將)의 위치로 습합이 되었다. 천(deva), 용(naga), 야차(yaksha), 건달바(gandharva), 아수라(asura), 가루다(garuda), 긴나라(kimnara). 마후라가(mahoraga), 이렇게 팔부신중(팔부신장, 팔부신중, 팔부중, 천룡팔부, 용신팔부, 화엄신중)에 포함되었다.

이들은 모두 붓다, 보살은 물론 불교의 다르마 그리고 승가를 보호하는 존재들이다. 붓다의 육성을 듣기를 좋아하기에 『반야심경』 마지막 부분은 화엄성중탱화(華嚴聖衆幀畵)혹은 신중탱화(神衆幀畵)를 향해 서서 암송하게 된다.

"아제아제 바라아제 바라승아제 모지 사바하."

암송하는 동안, 그들이 환희용약하는 바람에 탱화가가 움직이는 것이 느껴질 정도다. 그러나 비단 그들뿐인가. 암송하는 사람도 모두 호법대중(護法大衆)으로 서방정토로 향하는 대열에 들어선 듯 함께 기쁘지 아니한가.

## 한곳에 모인 석재문화의 정수

"내가 제일 좋아하는 산은 어디일까?"
사람들에게 질문을 한다면 가족들도 정답을 내지 못한다. 지리산? 설악산? 이렇게 모범답안을 내놓다가 곤란한 표정을 지으면 덕유산, 한라산, 치악산, 대충 그 다음 급을 이야기한다.

수십 년 동안 변하지 않는 정답은 남산이다. 남산은 곳곳에 있기에 반드시 앞에 경주를 붙여 경주 남산으로 불러야 된다. 창구나라얀의 가치는 우리나라 경주 남산급으로 경주 남산에 즐비한 석상을 상상하면 된다. 이곳 창구나라얀의 석상들은 카트만두 분지의 석상들 중 가장 오래되었고 가장 정교한 것으로 종교적이라면 종교적으로, 문화적면에서 보자면 역시 문화적으로 가치가 높아 값을 헤아리기 어렵다. 다만 남산처럼 산 곳곳에 포진한 것이 아니라 사원 경내에 모조리 모여 있으며 남산보다 스케일은 많이 작다.

규모가 크지 않은 이런 석상들은 멀리서 만들어져 옮겨진 것이 아니라 경주 남산의 불상들처럼 이 자리에서 만들어지거나 사원 바깥 장인들의 집들에서 만들어 사원 안으로 옮겨진 것이다. 비교적 큰 조각들은 사암(砂岩, sandstone)으로 만들어졌고, 작은 것들은 검은 돌, 즉 오석(烏石)으로 제작되었다.

이 조각들은 매일 붉은 색의 띠까를 이마에 문지름을 당하고, 공물이라고 우유와 요거트를 뒤집어써야 한다. '만지지 마시오'란 아예 존재하지 않는 힌두교도이기에 신도들은 매일 오른손으로 어루만지고 자신의 이마를 신상에 갖다 댄다. 1,000년 이상 옥외에서 형태를 유지하고 있는 것만 해도 신기할 지경이기에 유네스코에서는 이 석상들을 보호하기 위해 골몰하는 중이지만 가짜를 만들어 놓고 진짜를 박물관에 옮겨야 하는 등등, 어려움을 해결하지 못한 채 아직 노력 중이다. 이런 석재들의 주제는 모두 비슈누이며 또한 비슈누의 화신들이 조각되어 있다.

한 시절 지상에 오르내리던 이야기 중에 '뼛속까지 친미(親美)'가 있었다.

• 비슈누의 집은 바이쿤다. 천상에 있다. 일곱 개의 대문을 들어가면 비슈누를 만난다. 사람들은 바이쿤다의 모습이라며 조각을 만들어 일으켰는데 겪어보지 못한 세상이라 꽤나 고민한 듯하다. 결국 신, 그의 배우자, 그의 탈것으로 만족했는지 다른 것들은 표현하지 못하고 생략하며 바이쿤다라 명했다. 사실 신의 집에는 이것만 있어도 충분한 설명이 된다. 우주 전체가 바로 그의 집이거늘.

겉은 물론 깊은 뼈, 심지어 마음까지 미국과 친하다는 이야기로 안과 속이 미국 일색이라는 표현이다.

모태신앙으로 삼십대 중반까지 천주교 신자로 살았으니 깊은 곳에 자리한 뼛속은 유신론의 천주교임이 틀림없다. 그러나 그 후 변모하여 유신론인 힌두교에 의탁했기에 살과 근육은 힌두교일 수 있고, 그 후에 세월이 흐르며 무신론 불교로 기울었으니 가죽은 티베트불교쯤 되기에 나는 회색분자처럼 애매모호한 정체성을 가졌다. 뼛속까지 천주교는 어림도 없는 일이다.

천주교에서 힌두교로 넘어오면서 힌두교의 삼신 중에 하나인 쉬바 신에게 엄청 매료되었다. 우주에 모든 것을 창조하는 브라흐마, 그렇게 창조된 것들을 유지시키는 비슈누, 파괴를 책임지는 쉬바, 이렇게 힌두 메이저 삼신 중에 쉬바 신에게 제일 끌린 것은 그가 소유한 힘 때문이었다.

쉬바 신의 역할이란 과거의 잡다한 것들을 파괴해체하여 새로운 통로를 열어주며, 한 발 더 나가 모든 존재의 칠화팔렬(七花八裂), 더구나 우주의 모든 생사여탈권을 장악하는 힘까지 가지고 있었다. 그렇다면 단연코 최고신이 아닌가. 이때까지 내 삶이란 신이라는 존재에 순치되어 길들여져 있었기에 타력에 의한 구원, 절대신에 대한 복종이라는 길에 속해 있었으니 그런 면에서 최강인 쉬바 신을 바라볼 수밖에.

그러던 어느 날, 히말라야에서 내려와 카트만두에서 남은 시간을 보내던 중, 파슈파티나트 사원 앞에 자리 잡은 점성술사를 찾아갔다. 인도에서 정식으로 점성술을 수학했다는 명성이 자자한 그는 태어난 생년월일과 시간을 꼼꼼하게 받아 적은 후, 네팔 현지 시간으로 바꿔, 빨간 볼펜으로 피어나는 꽃과 같은 그림을 정성스럽게 그려나갔다. 완성된 그림을 바라보며 합장하고 이내 입으로 정성스럽게 만뜨라를 읊으며 금잔화 세 송이를 집어 들고 바닥에 던졌다.

신탁이 나왔다. 그는 자신이 그려낸 꽃그림을 보면서 꽃잎들 속에 모든 사연이 다 적혀 있다는 듯이 내가 살아온 지난 과거와 앞으로 겪어야 할 미래를 천천히 읽어나갔다. 그런 와중에 묵직한 비중을 가진 한 마디가 튀어나왔다.

"너는 비슈누의 제자로 태어났다."

그 순간 쉬바 신에게는 더 이상 기댈 수 없다는 실망감과 한편으로는 동시에 비슈누에 대한 기대감이 뭉클 일어났다. 그의 이야기를 이렇게 가감 없이 100%를 받아들인 이유는 신통방통하게 내 과거사를 용하게 짚어냈고 점성술사가 점을 보는 과정이 너무 진지했다!

사실 파괴의 신 쉬바라고 말하는 이 신의 에너지는 엄청 좋은 에너지다. 세상을 멸하게 만드는 에너지라 공포에 떨지만 종말을 불러온다 해서 반드시 나쁜 것만은 아니다.

탁한 세상에 살면서 오염된 생각으로 하루하루 영위하던 사람이 문득, 이런 생활을 청산해야지, 이전의 잘못된 생각을 버려야지 하는, 바닥에는 쉬바 신의 에너지가 존재한다. 중생의 탐욕 성냄 어리석음이라는 독소를 파괴하는 일은 쉬바 신의 에너지이며, 과거의 나약하고 구도심과는 거리가 멀었던 생활을 버리고 알을 깨버리는 일 역시 바로 쉬바 에너지의 역할이다.

世尊 因黑氏梵志 以神通力 左右手 擎合歡梧桐花兩株 來供養佛 佛召仙人 梵志 應諾 佛云 放下着 梵志 放下左手一株花 佛 又召仙人 放下着 梵志 又放下右手一株花 佛 又云 仙人 放下着 梵志 云 世尊 我今兩手花 皆已放下 更放下什 佛云 吾非令汝 放下手中花 汝今當放下外六塵 內六根中六識 一時放下 到無可捨處 是汝脫生死處 梵志 於言下 悟去

『오등회원(五燈會元)』「세존장(世尊章)」에 흑씨범지에 관한 선인 이야기다. 쉽게 풀면 이렇다.

흑씨범지가 양손에 오동나무 꽃을 들고 붓다에게 올리려 한다.

붓다가 선인을 부른다.

"예."

"내려놓아라(放下着)."

선인은 왼손에 들고 있던 꽃을 내려놓는다.

붓다 다시 말한다.

"내려놓아라[放下着]."

선인은 (이번에는) 오른손에 있던 꽃을 내려놓는다. 이제 (빈손)이다.

붓다.

"선인아, 내려놓아라[放下着]."

"붓다여, 모두 내려놓았거늘 무엇을 내려놓으란 말인가요[世尊 我今兩手花 皆已放下 更放下什]?"

"내가 너에게 꽃을 내려놓으라 한 것이 아니라, 너에게 밖으로 육진을, 안으로는 육근과 그 사이의 육식을 내려놓으라 한 것이다. 한 번에 모두 내려놓아[一時放下] 가히 더 버릴 것이 없는 곳[無可捨處]이 바로 생사를 면할 자리[處]이니라."

범지, 그 말씀에 깨달았다.

불가에서 내려놓는다는 것. 힌두교의 쉬바 신의 에너지다. 하나의 일에서 다른 일로 넘어가는 일이 모두 그런 에너지다. 범부가 성인이 되는 과정에 쉬바 에너지가 없으면 이루어지지 않기에 과거 생활을 청산하고 새 출발하는 순간, 내려놓고 내려놓고, 더 이상 내려놓을 것이 없는 순간까지 기존의 마음을 버리는 것은 쉬바 신의 개입이다. 반면 비슈누는 세상을 유지하는 힘으로 작동한다. 평화로운 세상을 유지시키는 에너지다.

1. 신들을 위해 불사약(不死藥)을 만드는 데 관여한 거북이 쿠르마(Kurma)
2. 대홍수에서 사람을 구원한 물고기 마트시아(Matsya)
3. 악마 발리 왕을 지하세계로 몰아낸 바마나(Vamana)
4. 가라앉은 대지를 떠받쳐 구원한 멧돼지 바라하(Varaha)
5. 반은 사자 반은 사람의 모습으로 악마를 응징한 나라싱하(Narasimha)
6. 『라마야나』의 왕자 라마(Rama)
7. 브라흐민에게 대항하는 크샤트리아 계급을 도끼로 평정한 파라슈라마(Parasurama)
8. 검고 아름다운 왕 크리슈나(Krishna)

9. 붓다(Buddha)

10. 말세에 백마를 타고 나타난다는 칼키(Kalki)

우리가 사는 세상이란 꾸준하게 위험이 찾아온다. 이런 위험을 제대로 극복하지 못한다면 휩쓸려가며 자칫하면 엄청난 파멸에 이를 수도 있다. 비슈누는 세상을 적절하게 유지 보호하는 역할을 맡았기에 세상에 위기가 도래하면 위기를 해결하여 세상을 유지시킨다.

경전에는 '세계의 정의와 다르마가 물러서고, 불의와 아다르마(adharma, 不法)가 횡행하자 비슈누가 화신하여 지상에 나타나 그것을 바로 잡았다' 말한다. 비슈누는 『리그 베다』에 의하면 '몸이 광대한 자, 또는 세계를 자신의 몸으로 지니는 자이며, 숭배자들의 간청에 응답하여 오는 자'로 표현된다. 따라서 사람들이 이것이 정의가 아니다 생각을 하거나, 정의 아닌 것에 시달리는 경우 비슈누에게 간절하게 통원하여 바로잡고자 한다.

비록 내가 불생이며 영원한 자아라 할지라도
비록 내가 모든 존재들의 주이지만
여전히 자신의 물질적 본성 안에 자신을 세워
자신의 신비력으로 나는 존재하게 된다.

의(義)가 쇠퇴하고 불의(不義)가 흥할 때마다
오, 인도의 아들이여, 그때
나는 자신을 (세상에) 내보낸다.
선한 자의 보존을 위해
악한 자들의 파멸을 위해
의의 바탕을 확립하기 위해
나는 유가마다 (세상에) 출현한다.

-『바가바드 기타』 중에서

위기는 여러 가지 모습으로 나타나기에 비슈누는 위기 때마다 위의 나열한 순서대로 각기 다른 모습(아바타)로 거듭 출현했고, 이런 모습은 비슈누의 구현이며 각각 신앙의 대상과 근거가 된다.

학자들에 의하면 위의 아바타 1-5번까지는 상징으로 여겨지고, 6-9번까지는 실존 인물이 비슈누 화신으로 편입되었다고 말하고 있다. 그리고 10번은 언젠가 말세의 미래에 나타날 존재다. 이 중 8번 크리슈나는 역사적으로 붓다보다 앞선 비(非) 아리아 부족의 종교적 정치적 지도자로 추측하고 있다. 시간이 흐르면서 토착신앙이 합쳐지면서 다양한 신화들이 추가되어 7-8세기에 이르면서 완벽한 비슈누 신앙이 자리 잡는다.

인도에서 발생한 쟁쟁한 종교 중에 자이나교 창시자, 시크교 창시자 등등이 이 화신 대열에 들어가지 못한 것을 염두에 두면, 힌두교에서 붓다의 가치는 비슈누와 동격으로 막강하고 위대하다. 힌두교도들은 붓다에게 올리는 예경이 결국은 자신들의 비슈누에게 돌아가는 일이라 생각하며, 가령 비슈누의 제자로 태어난 나 같은 사람들이 붓다에 귀의하는 일은 곧 비슈누에 귀의하는 것과 동일하다는 것이 힌두교도의 시선이다.

비슈누의 이런 화신들의 모든 상징물들이 창구나라얀 사원에 모여 있다. 하나하나 살피는 일은 비슈누 박물관을 짚어나가는 일이며, 세상을 오늘까지 유지해온 힘을 바라보는 일과 동일하다.

그런데 하나 알고 가야 할 일은 다른 신들에게는 화신 개념이 없는데 왜 하필이면 비슈누만 이렇게 화신 상태로 여러 번 태어나는 것일까? 하는 점이다. 힌두교도는 이미 충분한 대답을 준비해놓고 있다.

신화시대에 신들과 악마 사이에는 늘 힘겨루기가 일어난다. 그러다가 신들이 득세하는가 하면 악마들이 그 반대 위치에 서기도 한다. 한때 악마들은 형편없이 밀려 세력이 거의 쪼그라들 무렵, 악마의 스승인 수크라는 신들에게 반격을 가하기 위해 무지막지한 고행을 하기로 한다. 그가 숲으로 들어간 사이 악마들은 자신들의 보호막이 사라지자 전전긍긍하다가 수크라의 어머니에게 찾아가 보호를 요청하기로 한다. 수크라의 모친은 흔쾌히 수락했다.

수크라가 사라지자 인드라를 위시한 신들은 기회를 잡았다는 듯이 악마들을 공격하기 시작한다. 이에 수크라 모친은 만일 악마들에게 손을 댄다면 인드라의 천국을 빼앗아버리겠다며 강력하게 경고한다. 그녀의 막강한 힘을 아는 인드라, 주춤할 수밖에. 이때 비슈누가 인드라를 돕겠다고 나선다. 수크라의 모친, 화가 단단히 났다.

"모두들, 나의 기도의 힘이 어떻게 인드라와 비슈누를 굴복시키는지 똑똑히 보라!"

그녀는 운기와 조식, 그리고 상대를 파괴할 수 있는 힘을 모으는 기도에 들어갔다. 기도에 들어간 순간, 비슈누는 자신의 무기인 원반으로 지체 없이 그녀의 목을 잘라버린다.

여기서 비슈누는 죄를 지었다. 어머니라는 존재를 죽인 죄에 더해 기도 중에 있는 존재를 살해한 죄는 무거운 죗값을 치러야 했다. 만일 그녀가 기도를 통해 힘을 충전했다면 인드라와 비슈누는 이미 죽은 목숨이었다. 이 모습을 낱낱이 바라본 성자 브링구.

"비슈누여, 그대는 잘못이라는 사실을 뻔히 알면서도 여인을 살해했다. 그 죄의 대가로 앞으로 일곱 번에 걸쳐 인간으로 태어나게 될 것이다. 하지만 나는 그대의 행위가 자신의 목숨을 구하기 위해 어쩔 수 없이 한 일이었다는 사실도 잘 알고 있다. 따라서 그대는 인간으로 태어날 때마다 정의를 회복하여 온 세상에 이익이 되는 일을 할 것이다."

10번의 화신 중에 인간의 몸을 가지는 것은 7번이 된다.

신화에서 화신은 오로지 고통 받는 세상의 구원이 목적이기에, 화신이라는 개념의 바탕은 세상을 고통으로부터 구하려는 자비(慈悲)임을 파악하는 일이 중요하다.

## 은하수를 만든 난쟁이 바마나

비슈누의 세 번째 화신은 난쟁이 바마나(Vamana)다. 바마나는 태어날 때부터 난쟁이는 아니었다. 깟사빠와 그의 부인 아디티(Aditi)는 아이를 갖기 위해 지극한 마음으로 비슈누를 모시는 명상을 거듭한 후, 결국 태기를 느끼고 시간이 흐른 후 때에 이르러 건장한 아이를 출산했다.

『브하가와트 뿌라나』는 그 순간을 이렇게 묘사한다.

“마침내 생사를 초월한 세존이신 비슈누가 아디티의 몸에서 태어났습니다. 태어난 비슈누의 몸은 팔이 네 개이고, 손에는 소라나팔, 곤봉, 연꽃 그리고 바퀴가 들려 있었습니다. 비슈누가 태어나실 때 시방세계가 밝아지고 강과 호수의 물이 저절로 맑아지며, 모든 계절들이 한꺼번에 저마다의 특징을 드러내고, 악기들이 스스로 소리를 냈습니다. 모든 신이한 존재들이 하늘에서 꽃비를 내리고, 간다르바가 노래를 하며 선녀들인 압쌀라가 춤을 추었습니다.”

비슈누의 여러 가지 권능을 나타내기 위해 신은 팔이 여럿이며 비슈누의 각 팔은 힘, 권력, 평화와 자비를 나타내는 상징인 지물을 들고 있다. 이렇게 준수한 비슈누 모습으로 태어나자 아버지 깟사빠는 너무나 기뻐 어쩔 줄을 모른다. 그런데 잠시 후 비슈누는 쪼그라들며 슬며시 난쟁이 모습으로 바뀌는 게 아닌가. 시작부터 예사롭지 않은 아이였다.

이 시절 아수라, 즉 악신들에게는 바스칼리(Vaskali)라는 뛰어난 우두머리가 있었다. 그는 오랜 고행 끝에 브라흐마로부터 은총을 받아 막강한 힘을 소유하게 된다. 그는 자신의 힘을 이용하여 세력을 넓히더니 기어이 세상 대부분을 지배하기에 이른다. 『파드마 뿌라나』에 나오는 이야기다. 비록 악마 편이었으나 바스칼리는 손님 접대에 예를 잊지 않았으며, 덕 역시 매우 높은 악마였다.

신들이 계속 밀려나기만 하는 마당에 어디 가만히 앉아서 당하기만 하겠는가. 해결사 인드라가 나선다. 인드라는 난쟁이 모습의 비슈누, 즉 바마나를 데리고 바스칼리 궁전을 찾아간다. 그냥 갔겠는가. 계략을 세우고 갔다.

“이 수행자는 깟사빠 가문의 후손입니다. 내게 찾아 와서 자기 발걸음으로 세 발걸음의 땅을 보시해 달라고 합니다. 그러나 내게는 단 한 치의 땅도 없어서 수행자에게 땅을 보시할 길이 없군요. 그러하오니 당신께서 이 난쟁이 수행자에게 세 발걸음의 땅을 보시해 주시기를 부탁드립니다."

우리는 신화를 읽으면서 늘 선한 신들의 편에 서서 이런 내용을 읽게 된다. 그러나 만일 입장을 바꿔 악마가 찾아와 이런 이야기를 했다면 조작과 시비를 통한 꼼수 피우는 모습으로 읽혀 그냥 지나치지 못한다.

힌두교는 유신론이지만 조로아스터 계열의 종교처럼 선악이 극렬하게 갈리지 않는다. 신은 무조건 선이고 악마는 무조건 악이라는 개념에서 어느 정도 비켜서 있다. 힌두교는 조금 느슨하여 신 역시 상대를 속이는 비도덕적인 행동을 하며 악마도 정의롭고 준수한 행위를 한다. 또한 선 혹은 악 어느 누구도 뚜렷하게 우위를 점하지 못한다. 이원성이 어느 정도 초월을 이루는 상태, 신과 인간관계도 절대적이 아니기에 인간은 수행하여 신과 하나가 되는 신적 능력을 얻을 수 있어 '내가 바로 그다' '내가 신이다' 외쳐도 허투루 여기지 않는다.

불교적 시선은 조금 더 초월적이다.

> 악을 보아도 싫어하는 마음을 일으키지 말고
> 선을 보아도 닦으려고 집착하지 말라.
> 어리석음을 버리고 현명함을 좇지도 말고,
> 미혹함을 내던지고 깨달음에 나아가려고도 하지 마라.
> 대도에 도달하여 사량을 초월하고, 불심에 통달하여 척도(기준)를 넘었으니,
> 범부와 성인 그 어디에도 머무르지 않고 초연한 사람을 조사라 한다.

『보림전(寶林傳)』「달마전(達磨傳)」, 조사에 대한 설명이지만 이것이 세상사에 대한 불교적 관점이며, 힌두교의 신화를 볼 때 그 어떤 대목이던 이렇게 바라보면 별 문제가 없다. 죄의 본성 실체도 파악하자면 사실 공(空)하다.

이때 악마들의 스승인 슈크라는 순수하지 않은 의도를 읽어내고 바스칼리에게 거절하도록 충고했다. 평소 덕이 높고 넓으며 손님에 대한 환대가 몸에 밴

• 비슈누 비크란타 혹은 트리비크람 비슈누. 난쟁이가 마구 커지면서 가랑이 찢어지도록 우주를 향해 성큼성큼 세 걸음 내딛는 모습. 비슈누의 화신인 세 걸음 바마나는 고대 네팔 왕조에서는 지혜의 상징으로 모셔졌다. 그러나 세월이 지나면서 우주 끝까지 도달하는 늠름한 힘을 기리며 전투에서 불패와 승승장구하는 상징으로 재탄생, 지혜보다는 정복자가 가진 막강한 역량으로 더욱 열심히 모셔진다.

바스칼리는 스승의 의견을 묵살한 채 인드라의 청을 그대로 받아들여 난쟁이의 세 발걸음을 허락한다.

"마음껏 세 발걸음을 걸어 그 땅을 가지라."

난쟁이는 야기야파르밧, 즉 야기야 산으로 뒤뚱거리며 올라갔겠다. 그는 이제 한 걸음을 내딛었는데 발끝이 태양에 닿았다. 이어 두 번째 발걸음은 북극성에 닿는다. 이 모습을 바라보는 존재들은 경악을 감추지 못하는데 세 번째 발걸음이 그만 우주를 벗어나게 되며 우주막을 터뜨리고야 만다. 이 순간 우주 바깥에 있던 우주를 감싸던 물이 일부 들어오며 하늘에 강을 만들게 되었으니 바로 은하수다. 맑은 날, 밤하늘을 가로지르는 하얀 강물은 바로 난쟁이 모습을 한 비슈누가 만든 것이다.

신화에 이 대목은 신화 자체가 아룬 계곡의 아룬이라는 이름처럼 역시 기억력을 유발시킨다. 밤하늘에 흘러가는 은하수를 볼 때마다 비슈누의 만뜨라를 읊게 된다.

"옴 나모 바가바테 바수데바야."

이제 모든 땅을 단번에 장악한 비슈누는 본래의 모습을 드러내며 바스칼리를 바라본다. 그리고는 말한다.

"너의 착한 마음에 감복했다. 소원을 들어 줄 터이니 이제 소원을 말하라."

바스칼리는 상대의 어마어마한 능력에 놀랐을 터다. 위대한 당신만을 섬기게 하고, 다른 존재가 아닌 위대한 당신의 손에 죽게 해달라고 부탁했으며, 비슈누는 즉각 수락했다.

땅을 획득하고 나서 세 발자국을 떼며 온 우주를 가로지르는 트리비크라마(Trivikrama)의 모습은 신의 위대한 행진으로 묘사된다.

바스칼리라는 이름은 『뿌라나』에 따라서는 발리(Bali)라는 다른 이름으로 바뀌어 이야기가 펼쳐지며 내용은 거의 동일하다. 『바가바트 뿌라나』는 내용이 더 상세하며 제일 중요한 부분은 세 걸음의 땅을 요구하며 나누는 대화다. 발리, 즉 바스칼리가 비범한 난쟁이를 만나 나누는 대화 일부분이다.

"드높으신 브라흐마차리(brahmacari, 淸淨梵行者)시여! 원하시는 것이라면, 암소, 황금, 번창한 마을, 정결한 곡식, 마실 것, 배필이 될 만한 브라흐민 계급의 처녀, 말, 코끼리, 수레 등등 그 어느 것이나 제게 말하시기 바랍니다. 당신이 바라는 모든 걸 얻을 것입니다."

이 말을 들은 난쟁이는 흡족해하며 대답한다.

"왕이시여, 당신은 진정 당신 가문의 전통에 어울리는 말씀을 하십니다! 당신의 선조들 가운데 그 누구에게라도 시주를 거절하거나, 시주하기로 하고는 나중에 시주하기로 한 것을 취소한 분은 한 분도 없었던 것으로 알고 있습니다. 당신 아버지는 적들인 천신들이 수행자로 변장을 하고 찾아와 당신 아버지의 나이를 보시로 달라고 하자, 천신들이 변장을 한 것임을 뻔히 알면서도 자신의 나이를 보시로 주신 그런 분이십니다. 당신도 역시 그렇군요."

수행자 외모를 한 난쟁이는 왕의 조상까지 들먹이며 칭찬을 한다. 이제 요구 사항을 말한다.

"악신들의 왕이시여! 원하는 이에게 베풀어주기를 더없이 좋아하는 분이시여! 정녕 그러하시다면, 내게 작은 땅을 주십시오. 단지 나의 이 작은 발걸음으로 세 발걸음의 땅을 내게 보시해주시기 바랍니다. 당신이 온 세상의 주인이시며, 무척이나도 베풀기를 좋아하시는 분이란 걸 알지만, 난 단지 세 발걸음의 땅만을 원할 뿐입니다. 현명한 사람은 자기가 필요한 만큼만을 보시 받는 법이오니, 이는 그렇게 하여야 물건을 얻음으로 인해 생기는 죄악에서 벗어날 수 있기 때문입니다."

발리는 답한다.

"브라흐민 청년이여! 당신의 말씀은 어른스럽지만, 지혜는 어린아이 같군요. 아직은 어리셔서 무엇이 당신에게 이롭고, 무엇이 당신에게 해로운지 모르시는 것 같습니다. 나는 삼계(三界)의 황제로 당신에게 대륙도 드릴 수 있습니다! 그런데 기껏 세 발걸음의 땅만을 원하시니, 어찌 지혜롭다고 하겠습니까. 평생을 편안히 사실 그런 땅을 달라고 하시기 바랍니다."

더 주겠다는 것이다. 난쟁이 답한다. 허욕탐물일조운(虛慾貪物一朝雲)과 같은 류의 인도철학이 담겨 있는 이야기가 시작된다. 여기가 핵심이다.

"왕이시여! 만일 자신의 감각기관을 통제하여 스스로 만족할 줄 모른다면, 온 세상의 모든 사랑스런 것들도 사람의 욕망을 채우기에는 오히려 부족한 법입니다. 만일 세 발걸음의 땅으로 만족할 줄 모르는 사람이라면, 한 대륙을 온통 다 얻게 되더라도 만족할 줄을 모를 것입니다. 한 대륙을 얻은 다음에는 필경 온 세상인 일곱 대륙을 얻고자 할 것이기 때문입니다. 내가 듣기로 프리투(Prithu), 가야(Gaya) 등과 같은 왕은 일곱 대륙을 얻어, 온갖 부와 환락을 누렸으나 자신들의 욕망을 채우지는 못하였다 합니다. 무엇이든지 처음 얻은 것에 만족할 줄 아는 사람만이 자신의 인생을 행복하게 보낼 수 있는 것입니다."

밑줄이 들어가야 할 부분이다.

"그러나 자신의 감각기관을 통제하지 못하는 사람은 삼계를 얻어도 괴로운 법입니다. 왜냐하면 그런 사람의 마음속에선 욕망의 불길이 잠잘 날이 없기 때문입니다. 부와 환락에 대해 만족하지 못하는 것이 바로 영혼이 생사윤회의 수레바퀴에 구르게 되는 원인이요, 무엇을 얻든 얻은 것에 만족하는 것이 해탈의 원인인 것입니다. 하여 난 당신에게 단지 세 걸음의 땅만을 바랄 뿐입니다."

부자의 동의어는 만족이며, 가난의 동의어는 불만족이라는 이야기다. 즉 가난의 반대말은 불만족이고 부자의 반대말은 만족인 셈이며, 무엇보다 이렇게 이루기 위해서는 감각기관의 통제가 절실하다는 이야기. 오유지족(吾唯知足)을 바닥에 깔고 지족자부(知足者富)를 말하며 심지어는 자승자강(自勝者强)까지 은유하기에 노자(老子)가 미소 지을 이야기다.

"좋습니다! 당신의 뜻대로 그만큼의 땅을 가지시기 바랍니다."

그리고 일은 벌어진다.

사실 이어서 일어나는 비슈누의 세 발걸음은 힌두교도가 아닌 사람들에게는 중요하지 않다. 베다 시대에 비슈누의 세 발걸음은 빛, 불 그리고 광휘 등을 상징하며, 때로는 뜨고, 정점에 이르고, 지는 태양의 과정을 나타냈다.

그러나 세월이 흐르면서 비슈누의 세 발걸음이 우주 전체를 아우르며 그의 발걸음 안에 우주의 모든 피조물이 거주한다는 '정복할 수 없는 보호자'로 엄청난 신격 상승으로 나타난다. '다르마를 보존하고 유지하는' 엄청난 신 그리고 힘을 부여하는 신화로 비슈누의 세력이 커지게 만드는 장치이다.

이 사건을 이야기하는 석상이 사원 옆에 있다. 경전의 바탕을 알고 있다면 가랑이가 찢어지도록 걸어가는 이 돌덩어리 모습은 작은 것에 대한 만족을 이야기하는 중이다. 그 전에 초월정신에 대한 귀띔도 하고 있다. 이런 세 걸음은 불교집안에 몸담은 사람에게는 욕계, 색계 그리고 무색계를 넘어서는〔跳出三界外〕 그 무엇이 생각난다.

발이 잘 떨어지겠는가. 힌두교의 상징을 생각하면 재미있고 깊어지니 조각의 구석구석 작은 형상까지 바라보며 합장하게 된다.

## 순례자의 길

어린아이를 데리고 장난감 백화점에 가면 난리도 아니다. 아이들의 시선이 어쩔 줄 모른다. 몸도 움찔움찔거리며 잡은 손을 애써 뿌리치려고 한다. 머리 안에서 호기심과 기쁨을 관장하는 호르몬 혹은 신경전달물질 폭풍이 들이닥쳐 집중과 혼동이 반복되는 상태에 빠진다. 단 한 번도 로또복권이 맞아본 적이 없는 사람으로 로또가 당첨되었다는 사실을 확인하는 순간, 두뇌에서 벌어질 엄청난 현상들이, 아이들에게 비슷하게 일어나고 있음을 알 수 있다.

인도사람들도 네팔 성지로 순례를 온다. 가난한 사람들은 국경을 넘어 카트만두까지 버스를 타고 와서는 대충 이곳까지 두 발로 걸어 올라온다. 다행인 것은 인도사람들은 네팔 출입에 여권조차 필요하지 않다. 곤궁한 그들은 순례를 준비하기 위해서 무거운 짐을 들고 뛰었으며, 버스를 타지 않고 걸어 다니며 돈을 모았고, 온갖 궂은일을 마다하지 않았다. 인도 테라이에서 출발하여 기차를 타고, 역에서 자고, 누구든지 재워주는 사원 도미트리에서 잠을 청했으며, 쭈그리고 앉아 밥을 먹었고, 험한 도로를 지나, 카트만두까지 왔으리라. 궁핍할수록 고대로부터 내려온 전통적인 방법으로 구걸하고, 두 발에 의지하여 걸어서

• 순례자들의 몰골이 이루 말할 수 없다. 더구나 천민 순례자는 더 말할 것도 없다. 맨발로 얼마나 많은 길을 어렵게 왔는지 말하지 않아도 알 수 있다. 한바탕 감격에 흔들린 이후에 찾아온 허기. 신께서 주신 음식을 입에 넣는 그대, 내생에 비슈누의 크나큰 축복 기필코 있으라.

먼 길을 에돌아 온다.

나도 이런 일 해보았다. 삼십대 후반, 힌두교도 행렬에 몸을 담아 몬순 속 천둥번개가 치는 산길을 푹 젖은 채 탈진 상태로 올라가 힌두신상 앞에 눈물을 펑펑 흘린 날도 있다.

힌두교도들은 얼마나 좋은가. 북쪽의 히말라야부터 남쪽의 바다까지 얼마나 넓은 영토에 얼마나 다양한 성지가 자리 잡고 있는가. 홍안의 나이에 수행자가 되어 집을 나와 성지를 찾아 한 철 수행하여 백발이 이르렀다 치자, 그래도 아직 가야 할 성지가 남아 있다니!

작가 임헌갑에 의하면 '광활한 인도대륙과 히말라야 골짜기를 샅샅이 뒤지려면 다섯 번쯤의 생애가 필요하'단다. 또다시 주장자 들고 신을 찬양하며 노구를 끌고 히말라야를 걷다가 죽음을 맞이하면 어머니 자연으로 돌아가고.

사실 이 육신은 사라지건만 진정한 그것은 파괴되지 않고, 새롭게 창조되지 않으며 변형이 일어날 뿐이라는 힌두교의 귀중한 생각. 우리는 순례자를 존경해야 한다. 시선이 마주치는 순간 가슴 근처에서 손을 모아 인사해야 옳다.

"나마쓰떼."

"내 안의 신성이 당신 안의 신성에게 경배 드립니다."

순례자 한 사람, 발목과 정강이에 붙은 먼지가 고단했던 순례의 여정을 웅변한다. 순례는 고행을 수반해야 한다는 힌두교이념이 그대로 보인다. 그런데 다리를 떤다, 얼굴의 근육들이 묘하게 움직이며 그렇지 않아도 커다란 눈이 그렁그렁해진다. 장난감에 대한 탐심이 아니라 신에 대한 열망과 신이 거주하는 자리를 목도하는 순간의 가열찬 반응들이, 마음을 지나 몸까지 격한 변화를 일으키고 있다. 히말라야 사원에서 무릎 꿇던 내 모습이 겹쳐진다. 이런 일이 어수룩하게 일어나지 않는다.

장난감에 아무런 관심이 없는 어른들에게 장난감 백화점은 그냥 플라스틱 덩어리에 얼룩덜룩하게 포장한 것들이 모여 있는 장소에 지나지 않는다. 나라얀을 모르는 사람에게는 창구나라얀은 카트만두 동쪽 언덕 해발 1,541m 언덕에 자리 잡은 이교도들의 고풍스러운 사원일 따름이다. 사원이 누구에게 헌정이 되었는지 충분히 알고 있으며, 여기저기 놓인 신상들이 무엇을 의미하는지 이해하고 있으며, 이것들을 알현하면서 자신이 어떤 상태로 올라갈 수 있는지 아는 사람만이 저런 모습을 보인다.

범부는 문수보살을 아무리 찾아도 찾아낼 수 없다. 친견이란 무지한 상태에서는 이루어지지 않기에 문수보살이 아니라, 거지며, 소년이며, 구걸하는 노파이며, 썩은 생선을 골라내는 어부이며, 개 키우는 노인으로 보일 따름이다. 문수보살의 면목을 제대로 알고 어떤 계기를 통해 풍선이 터져나가듯이 순간적으로 상이 깨지면서 자신이 해체되는 순간, 무아경에 들어서니 이제 문수보살이 등장한다. 진정한 앎이 선재되어야만 하는 일이다.

사원에서는 먼 길을 떠나온 순례자들을 찾아본다. 그들 마음에 감응하는 일이 사원을 방문하는 목적 중에 하나가 된다.

## 죄를 지으면 악마의 역할을 맡을 뿐

나라싱하에 대해서는 이미 『가르왈 히말라야』 편에 상세히 서술했으나 인도는 물론 네팔에서 그 중요성으로 다시 옮겨본다. 꼭 알고 지나가야 왜 그렇게 가는 자리마다 나라싱하를 자주 만나게 되는지 이해할 수 있다.

힌두교에서 악마라고 할 때, 본래 대대손손 뼛속까지 악마가 아니라, 전생에 어떠한 죗값을 치루기 위해 악마의 형태로 이 땅에 다시 태어나고, 이 삶에서 악마로서의 역할을 충실하게 수행하며 자신의 까르마를 소진한다고 본다. 임제선사의 말씀대로 '전생에 얻은 업으로 얻은 신통이며 조건의 변화에 지나지 않는 것(皆是業通依通)'이다.

부언하자면 태극(太極)을 생각하면 된다. 음(陰)과 양(陽)으로 나누어진 세상에서 죄를 지으면 음(그렇다고 음이 나쁘다는 이야기가 아니다)의 세력 안으로 튕겨져 들어가, 그곳에서 일정한 역할을 수행하고 양으로 되돌아온다. 악마는 대체로 자신의 임종을 맞이하는 순간, 자신의 업이 이제 소진하여 끝났음을 알고 죽음

을 다양하게 많이 한다

브라흐마의 아들들은 아버지가 그러하듯이 성자들로서, 천성이 너무나 순진하고 전혀 때 묻지 않은 존재들이었기에 몸에 아무것도 걸치지 않아도 부끄럽지 않았다. 말하자면 분별심이 없었다고나 할까. 이들은 그 흔한 장신구 하나 걸치지 않고 발가벗은 채 5살 소년의 모습으로 천지간을 유랑한다.

어느 날 이들은 비슈누 신의 거주지, 일명 니스레야사(nisreyasa)라고 부르는 아름다운 바이쿤다까지 순례를 온다. 이곳은 일곱 개의 대문이 겹겹이 있고, 각 대문마다 경비를 맡은 안내자가 버티고 있어 통과허락을 받아야만 들어갈 수 있었다.

브라흐마의 네 아들, 사나트쿠마라(Sana-thkumara), 사나타나(Sana-thana), 사나다나(Sana-dana), 그리고 사나카(Sana-ka)는 아무 생각 없이 떠들면서 무심히 대문 여섯 개를 지나쳤다. 그런데 마지막 대문을 지키던 두 파수꾼은, 발가벗고 떠들어대면서 자신들에 대해 아무런 신경도 기울이지 않는 어린이들에게 화가 몹시 났다. 이 둘은 모욕당하고 무시당했다고 생각하고 길을 가로막았다.

네 성자들은 깜짝 놀랐다. 순수만이 존재해야 하는 신의 땅에 누군가를 '의심하는 마음'을 가진 존재가 있다는 사실을 받아들이기 어려웠다. 성자들은 이 두 경비병을 질책하며 신의 땅을 더럽힌 대가를 받아야 된다고 말했다. 저주가 떨어졌다.

"탐욕, 쾌락 속에 살고 울화를 가득 지닌 악마와 같은 낮은 존재로 태어나리라."

자신들의 실수를 즉각 알아차린 두 파수꾼, 자야(Jaya)와 비자야(Vijaya)는 곧바로 엎드려 용서를 구하며 그 죄를 달게 받겠다고 했다. 이들은 부탁했다.

"악마가 되더라도 외모만은 저희가 존경하는 비슈누 신과 비슷한 모습을 잃지 않게 해주십시오."

밖의 소란을 듣고 나온 하리 바가반, 즉 비슈누는 모든 이야기를 듣고 자신의 문지기가 저지른 무례함을 사과했다. 그리고 말했다.

"당신들이 이 문지기들에게 한 말은 나[神]의 고유한 원칙에 어긋나지 않습니다. 따라서 이 두 사람은 오랫동안 (그 죄 값을 사하기 위해) 악마로 태어날 것입니다. 그런 후에 이들은 나에게 다시 오도록 하겠습니다."

성자들은 돌아갔고, 주인인 바가반, 비슈누는 두 문지기에게 앞으로 거듭될 거친 삶에 대한 충고와 축복을 내려 주었다. 까르마가 종료되면 다시 자신의 곁으로 올 수 있다는 약속과 함께.

이들 문지기는 세 번에 걸쳐 악마로 태어난다. 첫 번째가 바로 성자 깟사빠와 아내 디티 사이에서 쌍둥이로 태어난 히라니야카시푸(Hiranyakasipu)와 히라니야악샤(Hiranyaaksha) 형제다. 두 번째는 『라마야나』의 영웅, 라마와 맞서는 악마 라바나와 쿰바카르나 형제. 세 번째는 시수파라와 단타바크트라 형제로 태어난다. 결국 세 번째는 비슈누의 화신인 크리슈나와 맞붙었다가 죽음을 맞이함으로써, 저주를 풀고, 본래의 주인에게 행복하게 되돌아갔다.

이런 악마로의 3번의 윤회의 시초는 '남을 의심하는 생각' 혹은 '자신을 무시한다는 생각'이었으며 '분별심'이었다. 천상을 지키는 신장(神將) 정도라면 마음을 맑게 비워, 성자가 오면 자신의 거울에 성자가 나타날 수 있게 마음 수양이 되어 있어야 했다. 문지기가 탁해지면 주인까지 어려움에 떨어지지 않겠는가.

맑지 못한 마음으로 인해 무려 3생(三生)에 걸쳐 그 빚을 갚아야 한다니, 새길수록 의미심장하다. 나에게 문지기는 무엇이고 문지기가 지키는 주인은 무엇인가? 신화를 읽어보며 살펴볼 일이 아닌가.

첫 번째 악마로의 환생이 바로 네팔 카트만두 곳곳에 상징물이 널려 있는 나라싱하와 유관하다.

위대한 성자 깟사빠는 브라흐마의 손자. 어느 날 저녁 아그니 신에게 뿌자를 마치고 고요하게 명상을 하고 있을 때, 아내 디티가 다가와서 자식을 하나 낳자며 부부관계를 요구한다. 깟사빠는 말한다.

"지금은 낮과 밤이 만나는 시간, 산디야(Sandihya)다. 모든 신들, 특히 비와 폭풍을 주관하는 루드라가 지금 여행을 끝내려 하고 있다. 그들이 여행할 때 우리는 공경해야만 한다. 그들을 불쾌하게 만들면 안 된다."

그러나 디티는 깟사빠의 옷을 은근히 잡아당겼다. 깟사빠가 졌다. 관계가 끝나고 나서 아무래도 자신의 행위가 옳지 않았음을 반성한 깟사빠는 신들에게 자신의 무례를 용서해 달라는 기도문을 외웠다. 아내 역시 걱정스러워 앞으로 태어날 아이가 루드라 신과 다른 신들에게 저주받지 않도록 기원했다. 성자 깟사빠는 미래가 내다보였는지, 암울하게 말했다.

"아들 둘을 낳으리라. 그들은 지상에서 악독한 악당으로 살리라. 그러고 신의 손에 죽음을 당하리라. 아들 중에 큰 아들의 아들, 즉 손자 중에 하나는 신의 훌륭한 경배자가 되리라."

아내 디티는 악당이라 해도 상관치 않았다. 그녀는 도리어 '신의 손에 죽음을 맞이한다'는 이야기에 즐거웠다.

"신의 손이라니! 그 무슨 일을 하던 영웅으로서의 죽음이 아닌가!"

손자가 신의 위대한 칭송자가 된다는 사실에도 더없이 만족했다. 성자 아내치고는 지극히 단순하고 거기다가 긍정적이다. 결국 달이 열 번 차고 기울더니 태기가 있어 쌍둥이가 태어났고 히라니야카시푸와 히라니야악샤로 이름을 짓게 되었다.

정상적으로 성장한 이 두 형제는 성자의 혈통답게 고행 즉, 따파스(tapas)를 통해 힘을 키워나갔다. 이들의 엄청난 고행에 감동 받은 브라흐마는 두 형제에게 축복을 내렸다.

"너희 둘은 최고의 신이 아니면 죽음을 주지 못하리라."

동생 히라니야악샤는 따파스로 얻은 힘을 남용하며 겁 없이 싸움질하고 다녔다. 거의 무적이었다. 심지어는 물밑으로 들어가 바다의 신 바루나에게 도전했다. 바루나는 자신이 너무 나이가 들었음을 이야기하고 예의바른 언어로 거절했다.

"당신과 맞설 사람은 오로지 최고의 신밖에 없다오. 정 싸우고 싶으면 그를 찾아가시오. 아마 신은 틀림없이 즐거워할 것이오."

히라니야악샤는 최고의 신을 찾아 돌아다녔으나 최고의 신은 그림자조차 찾을 수 없었다. 마침 방랑하는 나라다를 만나 최고의 신이 어디 있는지 묻는다. 워낙 이곳저곳을 돌아다니는 나라다가 어디 모르는 것이 있을까. 이때 마침 지구는 홍수 끝에 물에 가라앉을 무렵이었다. 최고의 신은 바라하(Varah), 즉 수퇘지 모습으로 뿔을 이용해서 물밑에서 지구를 받쳐 올리는 중이었다. 나라다는 그가 물밑에 있으며 어떤 모습을 취하고 있는지 알려주었다.

히라니야악샤는 주저 없이 물밑으로 들어가 수퇘지에게 싸움을 걸었다. 최고의 신은 자신의 모든 능력을 발휘해서 일단 육지를 해면 위에 올려놓고 도전에 응했다. 싸움은 치열했다. 일대 공방이 벌어졌다. 시간은 점점 흘러 신들이 가장 힘을 얻는 한낮 아비지트-라그나(Abhigit Lagna)가 됐다. 때에 이르렀다.

최고의 신은 이미 상대가 누구인지 알고 있었으니 이제 생명을 거둬들이는 방법으로 그를 도와야 했다. 히라니야악샤가 온 힘을 다해 힘차게 던진 삼지창을 왼손으로 가볍게 받아 조각조각 내버렸다. 그리고는 무기가 없는 히라니야악샤를 후려침으로써 지루한 싸움을 끝냈다. 히라니야악샤는 제정신이 들었다. 이제 죽어가면서도 끝까지 자신의 주인인 최고신을 기억하며 삶을 마쳤다. 신은 이리하여 저주를 완성시키며, 자신의 부하들이 제자리로 신속히 되돌아올 수 있는 첫 번째 관문을 넘어가도록 도와주었다.

이런 싸움에 신에게는 아무런 적의(敵意)가 없음이 중요한 관전 포인트가 된다. 생각해 보자.

“우리 주변에서 흔히 볼 수 있는 때 이른 죽음이랄지, 도저히 이해하기 어려운 죽음 배후에는 무엇이 있는가?”

신의 부름이 있다. 까르마의 소진에 있다.

우리를 신속하게 맞이하기 위한 신에 의한 혹은 까르마에 의한 생명의 종료로 해석할 수 있다. 당하는 사람이 깨어 있지 않으면 죽음은 저주이지만, 깨어 신을 활연하게 만날 수 있다면 죽음은 축복이 된다는 것이 신화의 골격이다. 더불어 천민으로 사는 삶, 어처구니없다고 생각하는 죽음, 악에 사로잡혀 날뛰는 존재들, 그 근원은 모두 지난 삶에 뿌리를 두고 있다는 이야기다.

• 자신의 무릎 위에 악마를 놓고 살해하는 나라싱하. 단순한 죽임이 아니라 까르마로 인한 악마라는 임무 혹은 배역을 마치고 이제 속히 천상으로 돌아오도록 돕는 중이다. 이런 경우 타력으로 인한 죽음은 나쁜 일만은 아니며, 섣부른 죽음들에는 다 그럴 만한 이유가 숨어 있을 수 있다. 그러나 부도덕에 대한 당연한 응징이라는 의미로 카트만두 분지 내에는 마치 담뱃갑에 쓰인 흡연경고문처럼 나라싱하가 많이 모셔졌다. 그렇게 살아봐, 네 종말은 이러하리라, 강력한 메시지를 전달하는 중이다. 이런 모습을 보고 악을 멀리하는 사유를 통해 선한 행동을 하라고 교훈을 내리는 중이다. 돌에 새겨진 문자를 피한, 그러나 돌로 만든 형상을 통한, 보다 드라마틱한 한 수 위의 십계명인 셈이다.

히라니야카시푸는 동생의 죽음이라는 비보를 접하고 나서 애도 기간을 보낸 후, 따파스를 다시 시작하기로 했다. 아직까지 왜 형제가 죽음을 당했는지, 전생의 기억을 되찾지 못해서였으리라. 모두 비슈누의 마야의 힘이었다. 10,000년이라는 기나긴 고행시간에 더해 고행의 깊이와 강도가 심오하니 브라흐마가 마차를 타고 나타나 그의 소원을 모두 들어주게 된다.

"지상이나 하늘에서 결코 죽지 않으며, 문 안이나 문밖에서 죽지 않으며, 밤이나 낮 동안에 죽지 않을 것이며, 인간이나 동물 혹은 그 어떤 피조물에 의해서도 죽지 않을 것이며, 어떤 무기에도 살해되지 않게 하소서."

그가 까다로운 조건을 내세운 것은 동생의 죽음이 어떻게 진행되었는지 알았기 때문이다. 그리스 신화에서 아가멤논은 '땅에서도 물에서도 죽지 않고, 집 안에서도 집 밖에서도 죽지 않는' 예언을 받은 바, 이런 인도 신화에 비하면 한 수 아래의 유치한 수준이다.

은총과 힘을 얻은 그는 이제 닥치는 대로 악업을 시작했으니 원성이 하늘에까지 닿았다.

히라니야카시푸는 슬하에 네 명의 아들과 딸 하나를 두었다. 이 중에 프라흐라다(Prahlada)는 덕성을 지닌 특출한 아이였다. 아버지와는 달리 악마의 속성은 전혀 찾을 수 없었으며, 도리어 신을 경배하고, 가난하고 불우한 이웃을 돕고, 노인과 수행자들을 지극히 존중했다. 프라흐라다가 악마 혈통이면서 신의 속성을 많이 갖춘 일에는 사연이 숨어 있었다.

히라니야카시푸가 동생의 죽음 이후 무적이 되기 위한 따파스를 위해 집을 떠나는 순간, 프라흐라다는 엄마 자궁 속에 태아로 있었다. 이때 인드라가 쳐들어와, 히라니야카시푸의 부하 악마들과 히라니야카시푸 아내를 포로로 잡아 귀환하다가 약방의 감초 나라다를 만난다. 나라다는 그녀를 구해내 자신의 수도원에 있도록 했다.

나라다는 이 동안 히라니야카시푸의 아내에게 정성을 다해 자유와 해탈에 이르는 길을 알려주었다. 태아로 있던 프라흐라다는 이 모든 이야기를 엄마 뱃속에서 고스란히 듣게 되었으니 엄청난 태교가 아닌가. 유전자, 출산 후의 교육도 중요하지만 엄마의 뱃속에서의 긍정적 에너지의 파장의 중요성도 수천 년 전 힌두경전은 이미 넌지시 이야기한다.

어떤 경우에는 그 반대가 되는 경우도 있다. 임신하게 됨으로서 어머니는 이제는 달라져 무엇인가에 의해 마음이 평온해짐을 느끼고, 인간을 신뢰하고, 신의 말씀에 귀 기울이는 경우가 생긴다. 내면에 평화가 깊게 찾아오는 순간도 잦아진다고 한다. 이것은 도리어 태아가 어머니에게 주는 선물로, 프라흐라다에 의해 어머니는, 악마의 아내였음에도 불구하고 보리심을 통해 신의 말씀을 거부하지 않고 받아들였으리라.

세상의 생체에너지 교환에서 일방적 방향이란 존재하지 않는다. 요즘의 과학은 키메라 현상, 정확히 미시 키메라 현상을 이야기하는 바 '임신 이후 태반을 통해 태아와 산모의 세포가 서로 교환되면서 일어나는 현상'을 말한다. 부검을 해본 결과 아이의 세포가 엄마의 뇌에서 발견되고 있다.

이렇게 태어난 아이는 아버지가 악마적인 소양을 키우기 위해 집중적인 개인교습을 시켜도 먹통. 창으로 찌르고, 코끼리에게 밟히도록 하고, 불 혹은 물에 집어던지고, 독약을 먹이고, 산꼭대기에서 집어 던지고……. 온갖 압력에도 아이는 도리어 교육의 한 과정으로 생각하며, 최고의 신만을 찬미하는 게 아닌가. 아버지 히라니야카시푸는 이 아들이 도무지 마음에 들지 않았다. 온갖 방법으로 회유하고 벌을 가했으나 이야기가 먹히지 않았으니. 아이는 도리어 자신의 형제들과 악마의 아이들을 죄다 불러놓고 이렇게 물었다.

"친구들이여. 우리는 우리 나이 또래의 수많은 어린아이들이 (때 이르게) 죽어가는 모습을 보았다. 그 이유를 아는가?"

프라흐라다는 멋진 가르침을 준다.

인간의 생명은 고작 100년. 그중에 반은 밤에 잠으로 소비한다. (중요한 시기는 이런 저런 연유로 소비되고) 그 나머지는 까르마, 행위에 의해 오염이 된다. 까르마, 행위는 성냄, 탐욕을 부리는 것, 술을 마시고 놀아나는 것, (신에 대한 생각을 잊는) 의식의 상실, 이기심을 부리는 행위들을 말한다. 인간은 늘 자신의 탐욕스러움에 패배 당한다(탐욕에 끌려 다닌다). 사람은 아내, 자식, 부모, 돈, 재산 등등에 묶여 있다. 그는 그것으로부터 벗어나는 방법을 모른다. 그것으로부터 벗어나는 일은 오직 신을 경배하며, 신을 향해 나가는 문을 통해서만 가능하다. 그 문을 통해 우리는 자유를 획득할 수 있으며 연꽃 위에 있는 신의 발에 이를 수 있다.

여기서 신이라는 단어는 자신의 종교에 따라 예수, 하느님, 알라, 깨달음 등등 그 무엇으로 바꾸어도 좋으니 산의 정상에 이르는 길은 다양하지 않은가. 그리고 어느 종교든지 성스러운 믿음을 가지고 자비를 행하며 믿음을 밀고 나가면 된다.

『대지도론』은 설한다.

"믿음은 손과 같다. 어떤 사람에게 손이 있다면 보배의 산에 들어가 자재하게 보물을 취할 수 있는 것과 같다. 믿음이 있다면 이와 같이 불법의 보산(寶山)에 들어와 자재롭게 취할 수 있거니와 믿음이 없다면 손이 없는 것과 같아서 손이 없이 보산에 들어가더라도 보물을 얻을 수 없는 것과 같다."

신의 발이 얹힌 연꽃까지 이르는 길. 보산(寶山)에 이르는 길은 믿음이 필수.

프라흐라다의 이런 말과 행동은 악마 왕국 심장부에 들어앉아 자신의 적인 신의 말씀을 파종하는 격이니, 복장이 터질 지경의 히라니야카시푸는 이제 아들에게 묻는다. 웬만하면 '아이고, 저 자식 언제 철이 들려나.' 이런 생각으로 내버려 둘 터인데, 아버지 히라니야카시푸는 끈질기다. 잃어버린 한 마리 양을 찾는다는 우화는 악마세계에도 숨어 있다.

"나는 세상에서 제일 강하다. 천하의 동서남북에서 나를 이길 자는 아무도 없다. 누가 너를 보호하기에 너는 나의 명령을 거부하느냐?"

"나는 아버지의 힘의 원인이 되는 신의 보호를 받고 있습니다. 그는 모든 신비로운 힘의 원천입니다. 그가 나를 보호하고 있습니다."

아들 프라흐라다는 당돌하게 말을 이었다. 이 아이는 입만 벌리면 '말씀'이 나온다!

"아버지는 모든 사람을 이길 수 있지만 스스로의 감각기관과 마음은 이기지 못하고 있습니다. 특히 야만적이고 악마적인 마음을 정복하지 못했습니다. 만일 이것을 통제할 수 있다면, 아버지는 모든 사람을 이길 수 있습니다."

명언이다. 나라면 이 대목을 듣는다면 아이를 물리치고 감각기관과 마음의 통제를 위해 히말라야 봉우리 아래로 따파스 하기 위해 다시 떠날 것이다. 그런데 악마는 역시 악마. 히라니야카시푸는 화가 머리끝까지 솟았다.

"나는 모든 곳을 찾아다녔으나, 네가 말하는 신을 찾지 못했다! 그렇다면 그가 어디 있는지 대라! 내가 끝장을 내주마!"

"신은 어디든지 계십니다. 그가 존재하지 않는 곳은 없습니다. 만일 우리가 진지하게 둘러본다면 신을 어디서나 볼 수 있습니다."

마침 왕궁의 기둥 하나에 시선을 돌린 히라니야카시푸는 조롱하듯이 물었다.

"그렇다면 너는 이 기둥 안에 있는 그를 보여줄 수 있느냐?"

이쯤에서 고개를 푹 떨어뜨릴 줄 알았던 아들은 도리어 고개를 끄덕이는 게 아닌가. 더구나 고개를 똑바로 들고 자신 있게 말한다.

"의심할 나위 없이 그는 그곳에 있습니다."

히라니야카시푸는 성질이 났다. 성큼성큼 걸어가 보란 듯이 주먹으로 기둥을 한 방으로 때려 부셨다. 순간, 세상을 쪼개는 천둥소리가 울리더니 그 안에 무시무시한 모습을 가진 형상이 튀어나왔다.

사람의 몸에 사자 머리를 가지고, 날카로운 발톱, 긴 이빨, 하얗고 부드러운 털로 덮인 몸, 사납고 흉포한 얼굴 그리고 먹이는 찾는 충혈된 눈을 가진 무시무시한 존재였다. 그는 뒷걸음치는 히라니야카시푸를 단번에 낚아채 무릎 위에 얹고는, 반항할 틈도 주지 않고 발톱으로 배를 찢어 심장을 열어젖히고 뿜어 나오는 피를 마시고는 심장을 질겅질겅 씹어 먹었다.

이때는 해가 서쪽으로 지고 있는 황혼 무렵으로 낮도 밤도 아니었다. 히라니야카시푸는 무기도 연장도 아닌 날카로운 발톱과 이빨에 죽음을 당했으며, 땅도 아니고 하늘도 아닌 기둥에서 튀어나온 존재에게, 하늘도 아니고 땅도 아닌 무릎 위에서 당하고 말았다. 이 악마를 죽음으로 내몬 것은 사람도 아니고 동물도 아닌 사자 모습의 신이었다. 이리하여 바이쿤다 문지기 또 하나도 자신의 주인의 손에 의해 첫 번째 삶을 마쳤다.

옴 나모 바가바테 바수데바야.

악마를 죽인 사자 머리는 바로 비슈누의 아바타로서, 반은 사람이고 반은 사자, 즉 비슈누의 이름에 즐겨 들어가는 나라, 사자라는 의미의 싱하가 합쳐진 나라싱하였다. 나라싱하는 거칠게 숨을 몰아쉬며 왕좌에 앉았다. 그리고는 먹잇감을 찾으려는 듯 사방을 돌아보며 포효했다. 모두들 두려워 어쩔 줄 모르고 심지어 아내 락쉬미조차 가까이 가지 못하고 멀리서 신을 칭송할 따름이었다. 이 모습을 본 브라흐마는 프라흐라다에게 신을 안심시켜달라고 부탁한다. 무엇이 두렵겠는가. 아이는 나라싱하의 발에 입을 맞춘다. 나라싱하는 축복을 주겠다고 말했다. 여기서 아이는 매우 중요한 이야기를 한다.

"당신의 은총으로 인해, 당신을 사랑하지 않게 되도록 하지 마옵소서."

않게 되도록……. 마옵소서…….

이렇게 부정어가 두 번 들어가면 이해하기 복잡해진다. 매우 난해한 이 화법을 알아내는 방법이 있으니 일단 '당신의 은총으로 인해'를 빼고 읽으면 된다.

"당신을 사랑하지 않게 되도록 하지 마옵소서."

그래도 이해가 가물가물하면 앞에 사랑하는 사람을 두고 이렇게 이야기한다고 생각하면 된다.

"너를 사랑하지 않게 되는 걸 원하지 않아."

신은 허락했다. 그리고 축복했다.

"생을 마칠 때까지 '평범'하게 인생을 살아라."

이 얼마나 고마운 말씀인가. 신을 사랑하고 자연을 칭송하면서 범부로 도원(桃源)에 조용히 은거하며 사는 삶. 집 밖으로 한 발 나서면 만나는 강, 산, 꽃, 나비, 새 등등에서 신의 말씀을 듣고 읽으며, 밥 짓고, 책 읽고, 빨래하며 사는 자족한 삶. 강호에 배를 띄워 어부가를 듣다가, 때 되면 산사를 찾아 범패소리 들으며 사는 삶. 뭔 정치를 하겠다고 사람들 앞에 나서며 뭔 갑부가 되겠다고 남과 경쟁하며 튀려고 하겠는가. 버려라, 비범(非凡)을, 택해라 평범(平凡)을.

나 역시 나라싱하의 축복이 필요하지 않은가. 이미 받았거늘 이제 더 많은 축복이 비처럼 내려야 하지 않겠는가.

옴.

두 문지기는 경건한 믿음이나 헌신, 경배를 통하지 않고, 미움, 싸움, 저주, 증오를 통해 신속하게 까르마를 갚아가며 신에게 다가섰다. 신은 두 문지기들이 빨리 천상으로 되돌아오게 하기 위해 손수 손에 피를 묻혔다. 그들이 다시 신의 품 안에 안기는 방법은 죽음 이외는 다른 것이 없었다. 신이 악마를 죽인 행위 자체에는 그 어떤 악의가 털끝만치도 없었으니 머나먼 겁에서부터 이어져 오는 법계(法界)에 증오란 없다는 힌두교의 악마관의 반영이다.

불수자성수연성(不守自性隨緣成).

힌두의 큰 스승, 스와미 라마는 말한다.

> 어둠 속에서 밧줄이 뱀으로 잘못 보일 수도 있다. 희미한 빛이 그런 환각을 불러일으키게 한 것이다.
>
> 악마가 과연 존재할까?
>
> 만일 부소부재이고 전지전능한 존재가 있겠다면 악마가 존재할 수 있겠는가?
>
> 악마가 있다고 믿는 것은 신의 존재를 망각한 데서 비롯된 종교적인 질병이다. 부정적인 마음은 인간의 존재 안에서 상주하는 가장 큰 악마다. 부정적인 쪽으로부터 긍정적인 쪽으로 사고를 바꾸도록 해야 한다. 마음이 천국과 지옥을 창조해 내는 것이다.

훗날 비슈누를 모시는 사원이라면 이 사건을 기억하고 칭송하는 조각상이 조성되었다. 창구나라얀도 예외는 아닌 셈이다.

카트만두 분지를 여행하기 위해서 나라싱하는 반드시 알아야 되는 도상으로 카트만두의 가는 곳마다 잊을 만하면 문득 만나게 된다. 바탕을 이해하지 못하며 좀비영화, 괴기영화의 한 장면이지만 알고 나면 그가 의미하는 뼈대를 파

아르쥬나가 크리슈나 눈동자를 대신 빌려 바라본 우주. 말하자면 비슈누가 우주 전체, 우주 자체라는 이야기로 비슈와룹이라 부른다. 우주 중앙에는 마치 전지전능을 연상하게 만드는 십면상을 가진 비슈누가 무한 능력을 상징하는 열 개의 팔을 가지고 마치 기둥처럼 곧게 서 있다. 불행하게도 9세기경에 일부가 파괴되었다. 아름다움이 우주의 본질일까, 참으로 아름답다.

악하고 있다면 도리어 반가워 합장하고 허리를 굽히게 된다.

"악인을 증오하거나 배척하지 않고 측은히 여기도록 하소서."

"평범하게 살게 하소서."

"시절인연 본분사에 충실하도록 하소서."

## 아르쥬나가 바라보는 우주

아르쥬나는 운다.

"헛것에 가려 저는 당신을 나와 같은 인간으로 여겼습니다. 이제야 당신의 위대함을 깨닫습니다."

"모든 인격 중에 가장 위대한 자여. 그런데 어찌하여 이 진리를 믿지 않는 이들이 있는 걸까요? 당신의 위대함을 보여주소서. 저 또한 모든 세상을 유지하고, 모든 세상에 존재하는 위대한 모습을 보기를 원합니다."

크리슈나는 아르쥬나의 부탁을 승낙한다.

"쿤티의 아들아, 나의 위대함을 보아라. 나의 다양한 신성과 광채를 보여주리라. 그러니 지금 그대의 눈으로는 나를 볼 수가 없으니, 내 그대에게 신성의 눈을 주리라. 바라타 가운데 제일 위대한 자여, 그대가 보기를 바라는 것과, 훗날 그대가 보기를 원하는 모든 것이 여기에 있다. 움직이고 움직이지 않는 모든 것이 여기에 있다."

말을 마친 크리슈나는 아르쥬나 앞에 자신의 위대한 모습을 드러냈다. 그렇게 자신의 모습을 모두 보여주는 일은 이번이 처음이었다. 아르주나는 무한의 입과 눈을 가진 거대한 형태를 본다. 수많은 장신구, 다양한 신성을 품은 무기들, 거룩한 의복에 화환으로 장식된 모습에 더해 수십만 개의 태양이 동시에 빛을 발하는 듯 광채가 사방으로 퍼져나갔다. 아르주나는 자신도 모르게 엎드린다. 그 형태 안에 브라흐마, 쉬바, 그리고 현자들이 함께 있었으며, 만물이 그 안에 있었고, 모든 세상이 함께 자리 잡고 있었다. 그 우주적 형태는 한눈으로 바라보기 어려웠다. 『바가바드 기타』에 있는 내용이다.

비트겐슈타인은 '말할 수 없는 것은 침묵하라' 했고, '말할 수 없는 것은 신성'에 속하고, '말할 수 없는 것은 표현하라'는 의미의 이야기를 했다.

창구나라얀 뜰 안에서 조각으로 표현된 신성을 통해 광대한 우주를 볼 수 있다. 말로 이를 수 없는 우주를 표현하자니 돌 안에 눈부신 화려함을 새겨 넣었다. 지나치지 말고 마주서서 바라보고 손으로 우주를 만져보자.

## 왜 붓다가 비슈누 화신인가

불교신자들이라면 붓다가 비슈누 화신이라는 이야기에 연관성을 찾기 어려워 고개를 내젓는다. 그러나 힌두교에서는 꾸준히 주장하기에 이들 이야기를 한 번 들어볼 필요는 있다. 세상이 혼탁해지면 구원을 위해 등장하는 비슈누가 어쩌다가 붓다의 몸을 빌렸을까. 인도 신화의 국내 으뜸 주자 김형준 선생님의 저서, 『인도 신화』에서 핵심 내용을 찾을 수 있다.

힌두교에서는 신과 악마가 다투는 일이 기본 주제 중에 하나다. 때로는 신들이 평정하여 평화로운 시대가 찾아오고, 얼마 지나지 않아 악마가 신들을 내몰고 천상까지 차지하며 세상을 혼란에 빠뜨리는 일들이 반복된다. 이런 와중에 악마들이 오랫동안 신들을 압도했고 도망치며 숨어 지내던 신들은 참다못해 이제 비슈누를 찾아가 자신들을 구해주기를 탄원하게 이른다.

비슈누는 악마가 득세하여 혼란한 세상을 구원하기 위해 사람인 붓다로 태어나, 깨달음을 얻은 후, 악마들이 지독한 고행으로 수행을 거듭하는 나르마다 강가로 간다. 붓다는 묻는다.

"무슨 이유로 그런 고행을 하시는 거요?"

"다음 생에 좋은 결과를 얻기 위해서라오."

붓다는 웃으면서 말한다.

"그렇다면 당신들이 따르고 있는 『베다』의 가르침과 수행을 포기해야 합니다. 사물은 가치 있는 것일 수도 있고, 무가치한 것일 수도 있습니다. 더불어 그릴 수도, 그렇지 않을 수도 있습니다. 그것은 초월적인 대상일 수도 있고, 아닐 수도 있습니다. (『베다』에 근거한 수행은) 효과가 있을 수도 있고, 없을 수도 있습니다."

> 그것은 같지도 않고 다르지도 않으며〔不一不異〕,
> 아주 없어지지도 않고 항상하지도 않으며〔不斷不常〕,
> 오지도 않고 가지도 않는다〔不來不去〕.

불교에서 이런 가르침은 기본이다. 힌두교처럼 있다, 없다에 치중하는 이원적 유신론에서는 이런 이야기를 이해하기 어려울 수 있다.

『백장어록(百丈語錄)』은 이른다.

"저것〔彼〕은 객관이고 이것〔此〕은 주관이며, 저것은 들리는 것〔所聞〕이고 이것은 듣는 것〔能聞〕이다. 그것은 같지도 않고 다르지도 않으며〔不一不異〕, 아주 없어지지도 않고 항상하지도 않으며〔不斷不常〕, 오지도 않고 가지도 않는다〔不來不去〕. 살아 있는 말〔生語句〕이며, 틀을 벗어난 말〔出轍語句〕로서 밝지도 않고 어둡지도 않으며, 부처도 아니고 중생도 아니다. 다 이와 같다. 온다 간다, 단멸(斷滅)이다 영원하다, 부처다 중생이다 하는 것은 죽은 말이다. 두루하다 두루하지 않다, 같다 다르다, 단멸이다 항상하다 하는 등은 외도의 설이다."

힌두교도들이 이런 이야기를 들으면 깊게 생각하다가 실신할 가능성이 있다. 붓다의 설명을 들은 악마들은 정신이 아득해졌겠다. 이런 이야기는 집중하면 집중할수록 더욱 헷갈릴 수 있다.

당시 신들이 악마에게 일반적으로 밀린 배경에는 『베다』가 자리 잡고 있었다. 악마들은 『베다』에 근거하여 고행을 통해 마음집중에 몰두한 반면 신들은 『베다』 수행을 가볍게 하며 게으름에 젖어 있었기에 힘을 잃은 것이다.

머리를 빡빡 밀고, 거의 나체로 등장했던 이 사내가 사라지면서 악마들은 그가 남긴 이야기에 혼란에 빠지며 마구 흔들린다. 이어 온화한 붓다의 모습으로 바뀌어 이들 앞에 나타난다. 그 역시 악마들 앞에서 설법한다.

"그대들이 정말로 천상의 지복을 얻고 해탈에 도달하고자 한다면, 다른 동물의 생명을 앗아가는 잔인한 희생제를 멈춰야 하오. 모든 생명은 소중하기에 생명을 해치는 일은 그릇된 것이오."

붓다는 당시 생명을 바치는 희생제를 비난한다. 붓다는 희생제에 사용되는 생명들이 천상으로 가장 먼저 올라간다는데, 그렇다면 당신들 부모를 희생제 제물로 쓰면, 부모들이 먼저 (그렇게 좋다는) 천상에 가지 않겠느냐,

불의 신은 나무를 자양분으로 삼는다는데 그 나무가 만드는 연기를 먹는다는데, 그렇다면 불의 신은 숲에서 나무를 먹고 사는 벌레보다 못하지 않느냐 등등, 『베다』에서 일컫는 제례는 이렇게 저렇게 옳지 않다고 이야기하며, 우리가 인정할 수 있는 유일한 권위는 『베다』가 아니라 자신의 이성이라 설법한다. 기독교 일부에서 위경으로 분류하는 『도마복음』에서 예수는 말한다.

"너희를 인도하는 사람이, 왕국이 하늘에 있다고 말한다면, 하늘의 새들이 너희보다 앞서서 들어갈 것이다. 왕국이 바다에 있다고 말하면, 물고기들이 너희보다 먼저 들어갈 것이다. 그런 것이 아닌 왕국은 너희 안에 있고 또 너희 바깥에 있다. 너희가 자기 자신을 알게 된다면, 너희가 알려지고 또한 너희는 자기가 바로 살아 있는 아버지의 아들임을 깨달을 것이다. 그러나 자기 자신을 알지 못하면, 너희는 가난 속에 살고 너희가 바로 가난인 것이다."

수행자에게 전하는 이야기와 똑같지 않은가. 이어 무상(無常), 무아(無我) 그리고 고(苦)에 대한 설명을 한다. 그렇지 않아도 혼란하던 악마들은 설득된다.

불교에서는 이것이 당연한 진리인데, 힌두교에서는 변방의 혹세무민(惑世誣民) 궤변이다. 악마들은 이제 『베다』에 기록된 것들을 하나씩 버리면서 희생제를 지내지 않고, 사제 계층을 가볍게 여기며 카스트를 인정하지 않는 등, 차차 변해갔다.

결국 '신성한 말씀인 『베다』를 버리고 진리의 길을 버린' 악마들은 '해탈의 유일한 수단인 고행과 종교의식을 비난'하며 '벌거벗은 몸을 가려주는 『베다』라는 신성한 옷을 내팽개치고' '진정한 힘을 주었던 정의 갑옷을 벗어던'져 버려 차차 힘이 쇠약해지자, 이제 때가 무르익음을 읽은 신들이 악마를 공격하기에

이른다.

악마를 평정하고 붓다의 힘으로 하늘을 되찾은 신들은 지상에 '악마처럼 속지 말며' '사악한 가르침을 펴는 사람은 쳐다보지 말 것'을 충고한다. 신들은 『베다』의 위력을 파악하고 『베다』에 대한 신념으로 더욱 종교 활동에 정진해나갔다.

붓다가 비슈누의 화신이라는 이야기는 첫째로 신에 반열에 오른 위대한 인물에 대한 반영이라는 것이 최우선이지만, 둘째로는 이렇게 불교를 비아냥거리고 가볍게 본 시선도 있었으니 알고 가는 일도 좋겠다. 둘째 의견은 힌두교 원리주의자들에 의해 유포된 이야기로 느껴진다.

창구나라얀은 비록 세계문화유산에 등재되어 있어 가치를 인정받고 있으나 평일에는 명성만큼 많은 사람들이 찾지 않는다. 덕분에 네팔 문화에 진정한 관심을 가진 노인들로 구성된 유럽관광객들, 이웃에 대해 진지한 관심을 가진 외국 젊은이들, 더불어 사원의 가치를 아는 순례객들만이 한가한 사원의 정적을 조심스럽게 깬다.

방문객 모두 고즈넉한 시간을 보내기에는 그만이다. 신화가 창조된 시간에 그토록 무성했던 참파카나무가 이제는 모두 사라졌듯이 비슈누를 향한 관심은 비슈누파와 몇몇 외국인에 의해 듬성듬성 유지된다.

경내를 조심스럽게 시계 방향으로 탑돌이하며 많은 조각상들과 구조물 하나하나 눈을 맞춘다. 한 소식 병이나 깨달음 병이 완치되는 무사(無事)한 곳으로 귀에 들리는 종소리는 늘 새롭고〔洗出鐘聲聽更新〕 진양조 바람은 따뜻하다.

수다르사나와 비슈누를 배불리 먹였던 암소는 간 곳이 없이 검둥이 개 한 마리 어슬렁거리니 그야말로 '소나무는 세월을 입었고, 구름은 한가롭게 유유자적〔松老雲閑 曠然自適〕'한 곳. 비슈누의 성품을 닮아 자비롭고 고요하게 살기를 서원하기는 그만인 순례지다.

부디 찾아가 오래 머무시기를.

평범 그리고 무사를 기원하시기를.

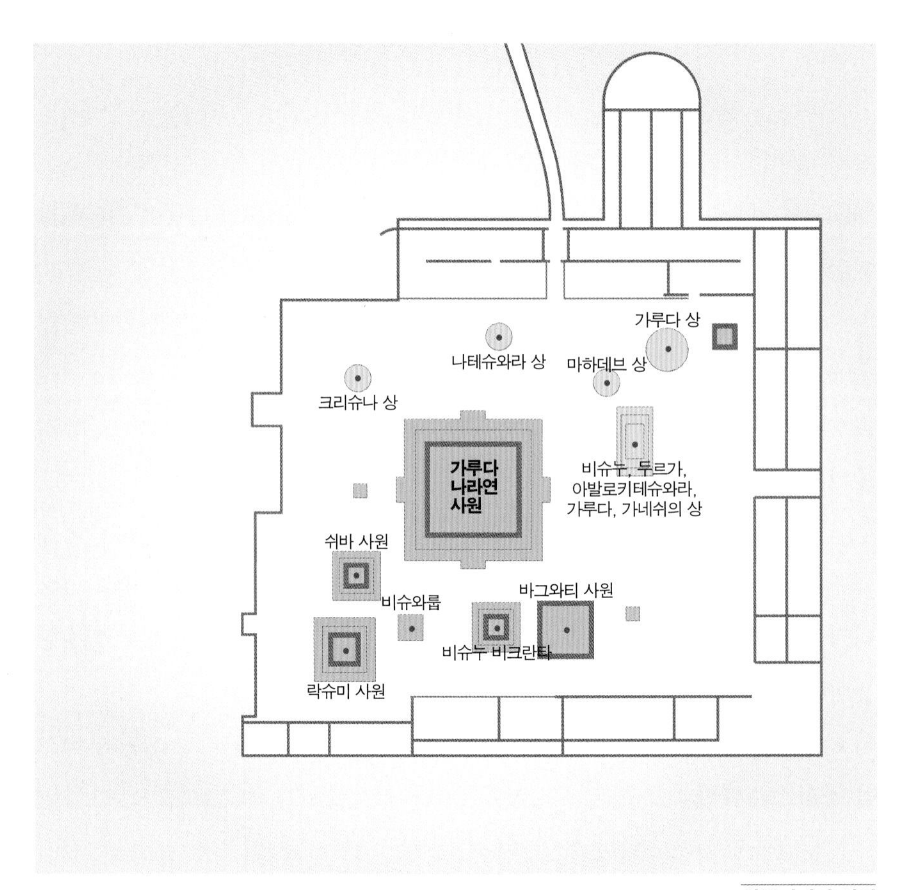
가루다 상
나테슈와라 상
마하데브 상
크리슈나 상
가루다
나라연
사원
비슈누, 두르가,
아발로키테슈와라,
가루다, 가네쉬의 상
쉬바 사원
비슈와룹
바그와티 사원
비슈누 비크란타
락슈미 사원

창구나라얀 사원

# 17

# 파슈파티나트,
# 중생의
# 해방구

마야의 대 동굴 속에 있는
수많은 중생들에게
영원한 불을 밝혀주는
쉬바 신께 경배 드리네.

– 딴뜨라로카(Tantraloka)

## 쉬바 신에게 헌정된 성지 파슈파티나트

힌두교도로 살았던 시기는 내 인생의 화양연화(花樣年華)였다. 오랜만에 파슈파티나트에 찾아오니, 힌두교도로 살아가며 뜨거운 설렘으로 채워졌던 지난날들이 멀지 않다. 이제는 힌두교라는 옷이 너덜너덜 낡아버려 툽텐랍쎌이라는 아주 비슷하게 생긴, 그러나 질감이 다른 옷을 입고 있을지언정, 제아무리 성을 바꾼다고 옛 살림살이 기억들이 어디 가겠는가. 포장을 바꾼다고 본질이 사라지겠는가. 옛집을 다시 찾은 듯 아주 익숙하게 그때 그 감정에 보폭을 맞추어 순례자들과 사원 경내로 걸어간다. 기념품과 장식품을 파는 손수레가 길가에서 손님을 기다린다. 변하지 않는 카트만두의 일상 풍경.

젊은 시절 우리는 일자리를 구하기 위해 분주하고, 직장에서 쫓기고 가정사에 올인하게 된다. 그러다가 직장에서 밀려나오면 이른 아침 집을 나와, 탑골공원이나, 경로당으로, 그나마 형편 좋은 도시사람들은 지하철 타고 멀리 가출했다가 땅거미 질 무렵 귀가한다. 모여 앉아 부질없는 정치 이야기로 갑론을박하거나, 무한 재생하는 케이블TV의 방송극을 보며 비탄에 잠기는가 하면 곧바로 기뻐하기도 한다.

때로는 묻고 싶다.

"그대들, 허리도 굽고, 눈이 침침하며 귀가 어두워져, 듣고 보고 걷는 일 모두 쉽지 않은 터, 삶이 이제 종지부를 찍기 위해 내달리는데, 종지부 후에 어떤 일이 닥칠지 공부는 하고 계신가."

"우리는 왜 이렇게 사는지, 공부는 해보셨는가?"

혹 '아름다운 물건과 풍족한 재부를 버려야 하고, 사랑스럽고 원만한 친족과 떠나야 하며, 애정이 깃든 원만한 주위 사람들과 떠나고, 원만하고 아름다운 몸도 버리며' '심한 고통과 번뇌를 겪어야' 하는 죽음을 생각해 본 적이 있는지? 물어본다면, 그걸 왜 미리 생각하느냐? 도리어 이상하다는 듯이 핀잔을 얻어 되받는 경우가 많으리라.

평생 아무 생각 없이 살다가, 서서히 밥수저를 들지 못하더니 덜컥 죽음을 맞이하는 경우가 많다. 피할 때까지 피하다가 그야말로 관짝을 보아야 눈물을 흘리는 인생이 대부분이다.

혹시라도 죽음을 생각해 본 사람이 주위에 있다면 이렇게 물어본다.

"삶의 마지막 한 주일을 어디서 보내기를 희망하는지?"

많은 사람들은 병원에서 삶을 마감하지만 의식이 있다면 병원에서 자신의 다사다난했던 삶의 마지막 시간을 보내기를 희망하지는 않았으리라.

집?

가족들이 있는 자리?

죽음에 대해 성찰하고, 더 나가 평소에 산을 좋아했던 사람이라면 비록 가능하지 않아도 큰 산이 잘 보이는 산중턱이나 고원에서의 마지막 일주일을 꼽을 수 있겠다.

이런 면에서 본다면 힌두교 인도와 네팔은, 죽음을 기피하려는 서구 문명 사회보다 한 수 앞서간다. 그들은 늘 죽음을 생각하고 윤회를 염두에 두었기에 오랫동안 입고 있었던 낡은 육신을 내려놓을 장소를 일찌감치 생각하고 있다. 티베트 불교도도 마찬가지.

늙음의 고통에 대한 사유에는 쑥꽃처럼 하얗게 되고, 이마에는 도마처럼 주름살이 잔뜩 잡히는 등 젊음을 사라지게 해서 아름답지 않게 되어가는 것이다.

기력이 쇠한다는 것은, 앉을 때는 밧줄이 끊어진 자루와 같고, 일어설 때는 나무뿌리를 뽑아내듯 어렵고, 말을 더듬고, 걸을 때 지팡이를 짚는 것 등이다. 제 근(根)이 다 쇠한다는 것은, 눈으로 물체를 똑똑히 볼 수 없거나 보지 못하고, 건망증이  심하고, 기억력 등의 힘이 감퇴하는 것이다. 경계를 즐김이 쇠한다는 것은, 음식 등을 소화하기 어렵고, 다른 것도 또한 즐기는 다른 맛도 누릴 수 없게 되는 것이다. 수명이 쇠퇴하는 고통이란, 대부분의 생명을 소모하고 급히 죽음으로 가는 등등에 대하여 거듭거듭 사유해야 함이다.

– 총카파의 『람림』중에서

이런 내용을 가르치는 일이 종교의 올바른 방향 중에 하나이며, 기복에 치우치는 일은 종교의 기둥이 아닌 부수적인 일임이 분명하다.

힌두수행자들의 경우 히말라야를 염두에 두고, 인도의 힌두신자들은 어머니 강이 흐르는 바라나시를, 네팔 힌두들은 바그마티 강이 흐르는 바로 이 일대 파슈파티나트를 이승에서의 절대 최고 마지막 거처로 꼽는다. 그들은 설사 이곳에서 다가온 죽음을 어루만지지 못해도 사후 화장이라도 간절히 원할 정도로 가치가 위중하다. 지금 이곳에서 노구를 이끌고 움직이는 사람들은 저승의 물소리가 멀지 않다고 느끼고 있으리라. 그렇다면 이들이 이 자리를 이승과 이별하는 최고의 성지로 꼽는 이유는 무엇일까.

신화시대의 한 시절, 쉬바 신은 현재 바그바티 강 동쪽, 사원 맞은편 언덕에 자리 잡은 사슴의 숲이라는 므리가스탈리(mrigasthali)에서 식솔들과 더불어 머물며 꿈같이 즐거운 시간을 보낸다.

그러나 자신이 신으로서 결정해야 할 산적한 업무와 다른 신들과의 약속 때문에 이제 휴식을 그만 멈추고 바라나시 혹은 카일라스로 떠나야 할 시간이 찾아왔다. 휴식에 흠뻑 취한 쉬바 신은 그대로 숲에 머물기로 결정하고 남들의 훼방을 받지 않기 위해 사슴 모습으로 바꿔 역시 사슴으로 몸을 바꾼 아내 파르바티와 숲에서 즐겁게 노닌다. 말하자면 책임을 팽개친 유쾌한 땡땡이다. 이해할 수 있다.

경전은 황금빛이 흐르는 윤택한 피부, 세 개의 눈, 이마 위에 솟은 한 개의 황금 뿔, 기다란 귀, 완벽한 치아가 엿보이는 우아한 미소 그리고 숲을 거니는 당당한 사슴의 왕(鹿)으로 묘사하고 있다.

사슴 왕은 꼬리로 다른 사슴에게 명령을 내린다. 작은 소리라도 놓치지 않으려는 집중력을 보라. 무엇인가 들을 때 사슴처럼 하라는 옛 어른의 말씀도 있을 정도로 귀한 대접을 받는 동물로 쉬바 신의 품격에 맞는 변신이다.

쉬바 신이 사라지자 쉬바 신에게 무슨 변고가 생긴 것이 아닌가, 인드라는 걱정에 사로잡혔다. 쉬바 신이 사라졌다는 사실이 알려지면 때를 놓치지 않고 악마들이 천상을 공격하면서 악행이 구름처럼 일어날 터. 인드라는 두려움에 몸을 떨었다. 그는 비슈누와 다른 신들에게 이 사태를 이야기했고 이들은 브라흐마에게 찾아가 모두 함께 쉬바 신을 찾아 나서기로 한다.

쉬바 신의 주 활동처는 히말라야. 그들은 동서로 뻗친 웅대한 히말라야 구석구석을 샅샅이 수색하다가. 현재 카트만두 분지에서 쉬바 신이 평소 타고 다니는 성스러운 소, 난디(Nandi)를 찾아낸다. 말하자면 회장님이 사라졌는데 회장님이 타고 다니는 람보르기니가 주차되어 있는 것을 발견한 셈이기에 단서를 찾아낸 수색 팀은 기뻐했다. 더구나 난디는 바그마티 강가에서 반대편 숲을 향해 시선을 고정시켜 놓고 가끔 예를 갖추는 것으로 보아 숲속에 쉬바 신이 있음이 틀림없었다.

그들은 서둘러 숲으로 들어갔다. 숲에 들어간 지 얼마 지나지 않아, 이루 형언할 수 없는 아름다움을 가진 우아한 여인과 마주친다. 그런 자태는 우주에서 파르바티 이외에는 아무도 없었기에 다 찾아낸 것과 다름없다고 생각하는 순간, 파르바티는 신들의 상기된 표정에서 노력에 가상함을 느꼈을까, 자신의 남

• 이 세상에 어린아이 모습으로 와서는, 스스로 먹지 못하고 걷지도 못해 부모들이 애써 거두었거늘, 말년에는 다시 스스로 먹지 않고 걷지 않다가 몸을 버리고는, 자식들에 의해 이렇게 간다. 모든 장례를 마친 가족들이 태운 시신과 재를 넣은 강가에서 마지막 이별을 하고 있다. 이별이 쉽게 믿어질까? 조금씩, 조금씩 믿어지고, 이어 망자는 한 걸음 한 걸음 이승에서 뒤로 멀어지리라, 물러서리라.

편이 사슴 형상으로 숲에서 지낸다, 귀띔하더니 연기처럼 사라진다. 남편이 오랫동안 집에서 놀고먹는 꼴을 못 보는 여인네의 마음도 숨겨져 있다.

신들은 숲속의 동물들을 찾기 시작한 지 얼마 지나지 않아 황금빛 외뿔을 가지고, 피부조차 황금빛으로 빛나며, 더할 나위 없이 자애롭고 상대를 들여다 보는 듯한 깊고 반짝이는 눈을 가진 사슴과 마주친다. 쉬바 신이었다.

브라흐마, 비슈누, 인드라는 사슴을 재빨리 에워싼다. 이어서 인드라는 제일 황금 뿔의 위의 끝부분, 브라흐마는 중간 부분, 그리고 비슈누는 가장 밑동을 잡았다. 신들의 힘이 지나쳤을까, 움직이지 못하도록 실랑이를 벌이는 순간, 황금 뿔은 세 조각이 났고 신들은 각각 부러진 황금 뿔을 한 조각씩 손에 들게 된다.

몸이 자유로워진 사슴은 하늘로 뛰어올라 모습이 보이지 않게 되고 이제 신들은 쉬바 신이 나타나기를 간절히 기원한다. 잠시 후 허공에 기품 있는 쉬바 신이 나타나 이야기한다.

"세 조각이 난 뿔은 훗날 숭배 받는 나의 상징 – 링감이 될 것이다."

"내가 머물렀던 성스러운 므리가스탈리 숲은 늘 충분히 비가 내리고, 나무들은 많은 열매를 맺을 것이며, 주변에 많은 사람들이 찾아와 살게 될 것이다."

자신이 휴식을 취하며 뛰놀았던 파슈파티나트 피안의 숲을 축복하는 이야기다.

말을 마친 쉬바 신은 다시 사라졌다. 대신 다섯 면을 가진 빛나는 링가가 바그마티 강가 제방에 나타났다. 신들은 쉬바 신이 다시 숨어버리면, 세상의 질서가 흔들리고, 악마들이 판치며 들쑤시고 다녀 세상이 혼란스러울까, 쉬바 신에게 더 이상 숨지 말고 바라나시나 카일라스에 주석하기를 희망하고 탄원한다.

허공 어디선가 쉬바 신의 목소리가 들린다. 자신은 이 숲에 오래 머물고 싶었고, (동물들과 어울리며) 파수파티(짐승들의 왕)로 남고 싶었다고. 그러고는 중요한 이야기를 한다.

"이 강물에서 목욕하는 사람은, 이 강물을 마시는 사람은, 죄가 씻기어 짐승으로 태어나는 일은 결코 없을 것이다."

동물과 함께 살며 동물이 겪는 부단한 고통을 보아왔던 힌두교의 많은 사람들이 쉬바 신이 머물렀던 숲을 찾고, 쉬바푸리에서 발원하여 순다리잘을 거쳐 흘러오는 바그마티 강에 목욕하는 이유는 자명하다. 환생하는 경우 힘들게 살아가는 짐승은 피하고, 보다 상위 계급으로 태어나기를 원해서다.

네팔 곳곳에서 찾아오는 많은 사람들과, 인도에서부터 파슈파티나트로 찾아오는 순례자들의 마음에는 이 신화가 살아 있다. 사연을 모르는 관광객은 다만 시체를 태우고, 병든 자들이 썩은 강물을 마시는 괴상한 장소로 비춰진다. 내가 사물을 어떻게 인식하느냐에 따라 사물의 성질이 결정된다. 사물을 사원으로 바꿔도 되고 그 외 어떤 명사로 바꾸어도 진의(眞意)는 변하지 않는다.

이제 이렇게 제방에 나타난 링감을 중심으로 신들은 황금과 온갖 보물로 주변을 장식하게 되니, 이후 이곳을 파슈파티나트라고 부르기 시작했다.

반면 당시 세 조각이 난 황금 뿔 중 하나는 천상으로 올라갔고, 다른 하나는 지하세계로 내려갔다. 마지막 하나는 현재 보다나트에서 6km 떨어진 곳에 위치한 고까르나 마하데브(Gokarna Mahadev) 사원에 아직까지 모셔져 있다. 절대 사진촬영이 금지된 사원 안을 들여다보면 그때 잘린 뿔의 일부가 제단에 소중하게 모셔져 있다.

시간이 지나면서 신들은 각기 자신의 거처인 하늘로 돌아가고 이제 사람들이 모여들어 이 일대의 모양이 조금씩 변화하기 시작한다. 욕심 많은 사람들에 의해 여러 신들이 링가 주변에 장식했던 진기한 보석들은 하나둘 슬며시 사라지고, 돌과 나무 그리고 벽돌이 그 자리를 대신한다. 그러더니 링감 역시 땅 밑으로 가라앉아 어느 날 완전히 자취가 사라져 버렸다. 신앙심은 땅에 떨어졌다.

많은 세월이 흘렀다. 님 고팔(Nim Gopal)이라는 목동이 소 떼를 끌고 현재 파슈파티나트 근처에 나타난다. 고팔의 고(go)는 소, 즉 님 고팔은 이름이 의미하듯이 인도에서부터 목초지를 찾아 북으로 그리고 이어 서쪽으로 이동한 유목민 부족의 이름이다.

그는 매일 이 일대에 찾아와서 소에게 풀을 먹이고 처소로 돌아갔다. 목동이란 본래 한가하게 앉아 먼 산을 보고, 피리를 불다가, 흘러가는 구름만 바라보

• 바그마티 강 우측으로 균형 잡힌 파슈파티나트 사원이 서 있다. 분지를 엄습한 여러 차례 강한 지진에도 피해를 입지 않고 건재해왔기에 힌두교도에게 전폭적인 신뢰감마저 안겨주고 있다. 네팔 힌두교의 정신적 총본산으로 아무리 이야기해도 숭고함의 중한 가치를 모두 설명할 수 없으리라. 이교도 출입을 강하게 거부하는 곳이라 이렇게 먼발치에서 궁금증을 애써 잠재우며 담담하게 바라보는 수밖에 없다.

는 것 같지만, 수시로 소들 행동을 살피고, 어디선가 늑대 같은 맹수가 등장하는지 눈에 불을 밝히며 긴장을 늦추지 않는다. 그 와중에 님 고팔은 소들의 예사롭지 않은 반복 행동을 보게 된다. 암소들이 매일 초원에 도톰하게 솟아오른 한곳에 멈추어 마치 새끼에게 젖을 먹이듯이 우유를 흘려내려 보내는 것이 아닌가.

님 고팔은 그 자리를 파보기로 했다. 얼마 지나지 않아 눈부시게 빛나는 음경이 솟아오르면서 엄청난 빛을 뿜어내자 님 고팔은 순식간에 한 줌의 재로 변했다! 그 빛은 멀리 그리고 넓게 퍼져 링감 자신이 세상에 다시 등장했음을 알렸다.

비슈누의 화신 크리슈나는 종종 소를 키우는 목동(고팔)으로 표현되기에 이 대목은 그동안 제방에서 성했던 크리슈나, 즉 비슈누 신앙이 종결되고 이제 쉬바 신앙으로 주도권이 넘어갔다는 비유가 된다.

인도에 주석하고 있던 고명한 힌두교 성자 하나가 이 소식을 듣는다. 그리고 무지한 목동이 쉬바 신에게 공양을 올리는 소들의 충정을 무시하고 땅을 파헤치는 불경한 짓을 저질러 잿더미가 되어버린 현장, 파슈파티나트에 자신의 아들을 보낸다. 목동을 대신하여 자신의 아들이 신에게 진정으로 참회토록 하고, 링감 위에 사원을 세우고 주변 일대를 다시 성지로 일으키는 대업을 시작한다.

바타스(Bhattas)라고 부르는 이곳 사원 사제들은 네팔 사람이 아니라 이렇게 카트만두에 찾아온 인도 남부의 브라흐민 후손이다. 이 중에서 물 바타(Mull Bhatta) 혹은 라발(Raval)이라고 칭하는 브라흐민은 네팔 국왕과만 상대하며, 더불어 오로지 인도 출신 4명의 사제만이 그렇게 지상으로 드러난 사원 안의 성스러운 링가를 만질 수 있다.

이 정도 낯가림이 심한 사원이기에 외국인은 당연히 출입이 금지되어 있다. 내 아무리 한때 열정적인 힌두교도라도 입구에서부터 거절당하게 되어 있다. 그러나 신이 어디 사원 안에만 있으랴, 문 앞에서 박대 받고 제지당해도 섭섭함이나 마음이 흔들리는 일은 없다.

신화는 이렇게 사원의 시원을 이야기하며, 한편 역사를 반영한 구전은 기원전 3세기경 소마데바(Somadeva) 왕조 파슈프렉샤(Pashupreksha)가 사원을 세웠다고 말한다. 학자들은 더욱 훗날인 477년에 건립되었고, 1297년 지붕에 금박을 입혔고, 1349년 벵골의 술탄(Bengal sultan)의 침공으로 파괴되어 1360년부터 보수와 보강을 했으며 이때 링감을 새롭게 교체했단다.

현재의 모습은 부파틴드라(Bhupatindra) 왕 재위 시기 1754년에 리모델링한 것이다.

## 링가가 생긴 이유

형체가 없고, 성별이 없으며, 모든 피조물의 가장 작은 원천을 링가라 부른다.
– 아디 상카라

신화시대, 창조의 시작 무렵, 브라흐마와 비슈누가 만나, 서로 자신이 더 뛰어나다고 주장했다. 이쪽 집안의 경우 문수보살과 보현보살이 만나 서로 잘났다고 빼기거나 비교하지 않는데, 하여튼 이 두 신께서는 만나면 종종 상대에게 으름장을 놓으신다.

힌두교에 입문한 초반, 힌두신들이 마치 인간처럼 다투고 화를 내고, 다시 화해를 하는 인격(人格)을 가졌다는 사실이 궁금했다. 신이란 본디 조금 반듯하고 초월적이야 하는데 어쩌자고 지지고 볶는 인간사와 그토록 같다는 건가.

이것은 신 자체의 결함이 아니라 인간 탓이라는 사실을 뒤늦게 알았다. 일부 사람들은 근기가 약해 무 혹은 공이란 실체가 없기에 쉬이 인정하지 못하고 허전하여 피하는 경우가 많다. 무엇인가 손에 잡혀야 빌고 기댈 터인데 비빌 언덕이 없어 피하는 사람들에게 신들이 인간에게 다가가기 위해 인격이 필요해진 것이다. 상근기에 해당하는 사람들에게는 인격신이란 신성추구와 신성합일에 그다지 중요한 요소가 아니로되, 반면 근기가 낮은 사람에게는 신들이 인격을 가져야 가르침을 줄 수가 있지 않은가.

『육조단경』에 의하면 '근기와 지혜가 작은 사람이 이 법을 들으면 마음에 믿음이 일어나지 않는다. 이는 커다란 용이 큰 비를 내리는 것과 같노라. 염부제에 비가 내리면 풀잎이 떠다니는 것과 같으나, 큰 비가 큰 바다에 내리면 늘지도 않고 줄어들지도 않는 것과 같느니라〔小根智人 若聞此法 心不生信 何以故 譬如大龍 若下大雨 雨於閻浮提 如漂草葉 若下大雨 雨於大海 不增不減〕'는 이야기가 있다.

용왕이 큰 비를 내리면 소근기인들은 마구 떠내려가지만, 상근기는 여여하다. 우물 안에 사는 개구리는 10년 동안 아홉 번의 홍수에도 동해의 물이 늘어나지 않고 8년 동안 일곱 번이나 가뭄이 들어도 바다의 물이 줄지 않는 도리를 모르지 않던가. 질투하고 분노하여 편애하며 다른 신을 질시하는 등, 인간처럼 소소하게 구는 신이 싫다? 그러면 유신교를 버리고 자유의지로 초월의 무신교 집 안으로 가면 된다.

그런데 두 신이 마주하는 가운데 갑자기 쉬바 신을 상징하는 거대한 빛 덩어리 요티르링가(jotirlinga)가 나타나더니, 이제 허공에서 소리가 들린다. 『링가 뿌라나』에 있는 이야기다.

"이것의 끝이 어디인지를 아는 자가 바로 가장 뛰어난 자!"

본래 브라흐마는 거위로 종종 상징되고 변신한다. 그는 백조 혹은 거위로 모습을 바꾸고 당연히 빛을 따라 위로 올라가 끝을 찾아 나선다. 비슈누라고 가만히 있겠는가. 과거 멧돼지 모습으로 지구를 떠받든 적도 있었으니 이제 멧돼지 모습으로 땅을 뚫고 빛의 바닥을 찾아 밑으로 내려간다.

올라가고 올라가도, 내려가고 내려가도 한없이 내려가도, 끝을 찾을 수 없던 두 신은 지칠 대로 지쳐서 제자리로 되돌아온다. 하늘과 땅을 연결하고 무한하게 확장되어 있는 우주의 다름 아닌 링가의 끝을 찾지 못한 둘은 쉬바 신의 위대함에 굴복하고, 이제 이 두 신 역시 링가를 숭배하게 된다. 무한하다는 것은 볼 수 없는 것이다. 무한은 다만 개념이기에 인식은 되지만 감각되지 않는다. 서로 잘났다고 주장하는 가운데 엉뚱하게 다른 강자, 후발주자가 주도권을 잡게 되었다는 이야기다.

사실 쉬바 신 얼굴이 있는 신상을 찾기란 쉬운 일이 아니다. 대신 쉬바 신을 상징하는 링가, 링감은 사원마다 중요한 자리에 소중하게 모셔져 있다. 정화수,

사슴동산으로 오르는 길에는 작은 사당들이 악한 세력들의 접근을 막으려는 보루처럼 즐비하다. 내부에 쉬바 링감을 모신 곳이 있으며, 때로는 수행 중인 사두들의 안식처로도 활용된다. 정연하게 배치되어 인적이 끊어지면 외경심과 직면한다.

우유, 꽃, 과실, 쌀, 심지어는 돈까지 링가 위에 올려놓으며 축복을 원한다. 기원후 1세기부터 폭넓게 자리 잡아 인도의 굽타시대 이후에는 거의 정형화된 것으로 보인다.

또 다른 신화도 전해진다.

마누가 주제한 희생제에서 토론이 벌어진다. 누가 우주에서 가장 막강한 신이냐는 것이다. 루드라(쉬바), 비슈누, 브라흐마로 세 신의 이름이 물망에 오른다.

이런 이야기는 아무리 오래 이야기한다 해도 결론이 나지 않는 법, 브리구를 파견하여 알아보도록 결론이 난다. 브리구는 창조의 신, 브라흐마를 찾아간다. 사실 브리구는 브라흐마의 아들이지만, 아무런 예를 올리지 않고 무작정 무례하게 들어가니, 요즘 말로 헛기침도 하지 않고 제 아비의 방을 덜컥 여는 행동이다. 브라흐마는 벌컥 화를 냈고, 브리구는 되돌아 나왔다.

다음은 쉬바 신을 찾아간다. 문 앞에는 쉬바 신의 충복인 난디가 지금 쉬바 신은 여신과 사랑을 나누는 중이라며 제지한다. 더구나 난디는 삼지창을 움켜지고 방해하면 죽음이라는 무시무시한 형벌을 받을 것이라며 브리구를 협박한다. 울컥한 브리구, 안쪽에 있는 쉬바 신을 향해 소리 지른다.

"어리석은 쉬바 신은 어둠에 가려 내가 누군지 알아보지 못하는구나. 그대는 사랑의 욕망에 취해 나를 무시하였다."

그리고 저주한다.

"앞으로 그대는 (찾아온 손님을 접대하지 않고 성행위를 했으니 성의 상징인) 요니와 링가의 형상을 취하게 될 것이다."

요니란 여성의 성기, 링가란 남성의 성기를 말한다. 자신을 만나지도 않고 성행위에 몰두하고 있었기에 던진 저주다. 저주를 들은 쉬바 신은 밖으로 튀어나와 양미간에 자리 잡은 제3의 눈으로 브리구를 태워버리려 하자 브리구, 눈 하나 깜짝 안하고 도리어 대든다.

"나의 저주는 절대로 잘못되지 않는다. 그대는 반드시 링가라는 기괴한 형상으로 변하고 말 것이다."

대차다!

우리가 인도 문화권, 힌두교 문화권에서 만나는 링가, 링감은 이렇게 생겨난 것이다. 귀중한 손님이 오신다면 어떤 일이 있어도 맞이할 수 있도록 자신은 물론 자신의 수하도 준비하고 있어야 한다.

마지막으로 비슈누. 쉬바 신에게 당하고 성질이 나서 그랬을까. 브리구는 잠들어 있는 비슈누의 가슴팍을 갑자기 발로 차버린다. 눈을 뜬 비슈누, 자신의 가슴을 걷어찬 사람이 브리구임을 알고 도리어 정중하게 인사한다. 자리를 내주며 자신이 잠결에 무례했다면 용서하라고 말한다. 감동한 브리구, 자신이 이렇게 무례한 방법으로 방문하게 된 연유를 설명하고 하늘을 향해 외친다.

"이제 성자들의 의문은 다 풀렸다. 비슈누야말로 모든 신들 중에서 가장 위대하다. 그가 무한한 자비심과 인내를 가진 위대한 신이라는 사실을 우리는 직접 확인했다."

세상의 위대한 성자들은 문을 벌컥 열고 들어오거나, 밖에 누군가가 욕하고 저주를 퍼붓거나 혹은 잠시 조는 사이에 발로 걷어찬다 해도 화내지 않는다. 최고의 신조차 그러하다.

이런 손님을 자신을 찾아오는 운명으로 생각하면 어떨까. 운명을 거칠게 반항하며 거부하거나, 운명이 오든 말든 쾌락에 젖거나 혹은 자신에게 닥치는 운명을 겸허하게 받아들이거나.

어떤 길이 훗날 눈을 감을 때 최상의 선택이었다고 할 수 있을까.

## 파슈파티나트의 종교철학적 관점

힌두교의 초절정 권력을 가진 삼신 중의 하나인 쉬바 신에게는 많은 이름이 있다. 『마하바라타』로 거슬러 올라가면 쉬바 신은 루드라(Rudra)라는 이름으로 처음 등장하다가 인간들이 신을 바라보는 다양한 시선이 반영되며 이런저런 명칭들로 불리게 된다. 파슈파티 역시 이렇게 탄생된 이름으로 훗날 하나의 파가 형성되었다.

파슈파티나트는 파자(破字)하면 파슈파티와 나트로 나뉜다. 나트는 처(處), 주(州). 이렇게 어떤 장소에, 성스러운 그리고 해탈을 얻을 수 있다는 의미를 얹었기에 성지(聖地)로 해석하면 쉽다. 문제는 나트 앞에 붙는 파슈파티로 쉬바 신을 의미한다지만 결코 예사로운 단어가 아니다. 파슈파티는 다시 파슈(pasu)와 파티(pati)로 뉘어지는 바, 파슈는 가축(家畜)을, 파티는 주(主)를 일컬으니, 파슈파티를 합쳐놓으면, 가축의 왕 혹은 가축의 주인이라는 이야기다. 직역하자면 동물농장 주인쯤 되겠지만 용의주도하고 때로는 은근히 집요하기까지 한 힌두교리에서 그렇게 간단한 단어일까?

종교철학적으로 가축은 일반적인 가축을 이야기하는 것이 아니라 오늘도 세상을 빼곡 채우고 있는 수많은 무지몽매한 인간들을 총칭한다. 한 발 더나가 그런 인간들의 개인 영혼을 칭하기도 한다. 먹고, 마시고, 배설하고, 흔한 이야기로 개념 없이 살아가고 있는 진중하지 못한 중생들을 상징하며, 파티는 쉬바 신, 무한한 해탈의 영역을 상징한다. 흑백(黑白), 피아(彼我), 미추(美醜), 음양(陰陽), 빈부(貧富). 이런 식으로 반대적 상대의 개념을 2개 묶어 놓은 단어다.

그런데 pasu와 pati의 어두(語頭)는 같다는 점이 관전 포인트로, 가축에 다름 아닌 무지몽매한 인간이나 신이 같은 과(科)에 해당한다는 점이다. 사막에서 발생한 종교에서 인간과 신 사이에는 냉혹한 경계선이 있되, 같은 유신론이지만 숲에서 발생한 힌두교에서는 내가 신과 하나가 되어 신이 될 수 있는 길을 열어 놓고 있다. 즉 '내가 그다, 내가 그것이다, 내가 신이다'까지 오를 수 있으니 파슈파티나트의 웅변점이 이 점이다.

그렇다면 관점을 바꿔보면 파슈파티는 반대 개념을 2개 묶은 것이 아니라 같은 개념을 엮은 단어가 된다. 둘인 듯 하나인 교묘한 구조가 드러난다. 무한한 크기의 원을 따라 걸으면 직선을 걷는 것과 같은 개념으로 풀면 된다.

쉬바 신을 따르는 파, 특히 캐시미르에서 발전된 학파에서는 3가지가 교리의 핵심이다. 삼각형처럼 이뤄진 철학이기 때문에 'Trika Philosophy'라 부른다.

1. 파슈(pasu, 家畜)

2. 파티(pati, 主)

3. 파사(pasa, 끈)

일단 위의 단어를 놓고 가만히 반복해서 읽어본다.

가축, 주인, 끈,

가축, 주인, 끈,

가축 주인 그리고 끈.

그리고 눈을 감아본다. 이게 무엇일까?

살피면서 연상을 하자면, 주인이 끈으로 가축을 묶어 이제 좋은 곳으로 인도한다, 부족함이 없는 목자가 짐승을 인도한다. 이렇게 추리하는 사람들이 대부분일 것이다. 애완견을 키우고 가축을 키우는 사람들이 자신의 위치를 생각해서 만들어내는 생각이며 더 나아가 기독교 혹은 천주교에서 '여호와는 나의 목자시니 내가 부족함이 없으리로다. 그가 나를 푸른 초원에 누이시며 쉴 만한 물가로 인도하시는 도다. 내 영혼을 소생시키시고 자기 이름을 위하여 의의 길로 인도하시는 도다. 내가 사망의 음침한 골짜기로 다닐지라도 해를 두려워하지 않을 것은 주께서 나와 함께 하심이라. 주의 지팡이와 막대기가 나를 안위하시나이다.' 이렇게 신의 뜻에 복종하는 교리를 수없이 반복청취한 사람들 역시, 무의식적으로 같은 생각을 만들어낸다.

그렇다면 세 단어를 가지고 다른 시나리오를 만들 수는 없을까? 눈을 감은 채 골몰하는 일이 필요하다. 생각하지 않고는 얻어낼 수 없다. 힌두교 쉬바파의 생각은 일반적인 예상과는 빗나간다. '주인이 끈으로 가축을 묶어 좋은 곳으로 인도한다'가 아니라, '주인이 끈에 묶인 가축을 해방 시킨다'가 되니 전혀 다른 이야기가 된다. 인도 혹은 끌어가는 구원이 아닌 풀어주는 해방이다.

불교 입장에서 이 상태에 이르고자 한다면 개인의 적극적인 노력을 통해 얻어지는 반면, 유신론인 힌두교에서는 개인의 노력은 물론 신의 개입에 의하여 해방에 이르게 되기에 신이라는 요소가 하나 더 추가 된다.

이제 한발 나가 파슈(pasu, 家畜)가 파사(pasa, 끈)에 묶여 있는 존재라면 이 끈이란 도대체 무엇인지 참구할 필요가 있다는 것이 Trika Philosophy다. 인간을 묶는 '무지한 집착의 끈'이며 '인생의 목적은 신에 의하여 이 끈으로부터 해방되어 해탈을 얻는 것'이라 한다.

불교적 관점에서 이야기해도 어긋나지 않는 바, 탐(貪)·진(瞋)·치(癡), 즉 탐욕, 성냄 그리고 어리석음이라는 끈에 묶여 있고 그 사슬로부터의 해방되는 일이니 '인간이란 무지한 집착의 끈에 의하여 세계에 묶여 있는' 존재라는 일종의 종교적 끈 이론이다.

이런저런 어원들과 신화들을 상기하며 사원 경내를 산책하면 새로운 기분이 젖어든다. 힌두교도로 살았던 시절 덕분에 사원은 남다르다. 나는 물론 순례자들은 아직 묶인 끈들과 함께 사원을 이리저리 움직인다.

그러나 이제 더 이상 힌두교도가 아니다. 아침이면 강가에 몰려가 목욕하고 기도하고, 때로는 히말라야 동굴에서 추위와 배고픔을 참으며 고행하며, 한여름 뙤약볕 아래 주변에 불을 지피고 앉거나 한쪽 다리만으로 꼿꼿하게 서서 몸의 고통을 견디어내는 행위들. 이런 행위가 추구하는 마지막 도착점은 어디인가? 이런 의문에 답을 구했기 때문이다.

『쌍윳다니까야』「집착의 경」에서 붓다는 수행승들에게 네 가지 집착〔四取〕을 설한다.

"수행승들이여, 이러한 네 가지 집착, 즉 감각적 쾌락의 욕망에 대한 집착, 견해에 대한 집착, 규범과 금기에 대한 집착, 실체의 이론에 대한 집착이 있다."

여기서 2번째 3번째는 힌두교라는 종교에 매달리며 힘든 고행을 거듭하는 일을 집착으로 보았고, 4번째는 나에 대한 집착 때로는 힌두교의 아뜨만에 대한 집착으로 해석이 가능하다.

조계종의 총본산이 조계사라면 히말라야 남쪽 대륙에서 파슈파타 파의 총본산은 당연히 네팔 카트만두의 파슈파트나트. 파슈파티나트 사원 주변에는 사두들이 당연히 많다. 대부분 관광객에게서 박시시 받아 살아가는 사이비들 사이에 인도에서부터 올라온 진짜 사두들도 눈에 들어온다. 파슈파티 파라면 당연히 일생에 한 번이라도 치러야 할 순례지이기에 위해 먼 길을 왔다. 이들은 양력으로 2월 축제에 대거 순례를 와서 한동안 머문다.

네팔을 포함한 인도 대륙 수행자는 숫자는 무려 800만 명에 이르는 것으로 추정한다. 2013년 서울 인구가 1천 16만이라는 사실을 비교하면 엄청난 숫자가 아닌가. 한국에 태어났으니 그렇지 인도 부모를 모셨다면 나는 이미 히말라야 수행자로 길 위에 있거나 한랭의 동굴 안에서 변발로 앉아 있었을 것이다. 파슈파티나트 사원 뜨락에 앉아 이곳까지 떠나와 셀카에 열중하는 한국 관광객을 측은지심으로 바라보았을지도 모른다.

사두들은 몸에 하얀 재를 바르고 앉아, 입으로는 만뜨라를 외우며, 때로는 고난이도의 기이한 요가 자세를 취한다. 통일되지 않은 행동처럼 보이지만 실상은 파수파트 파의 형식을 제대로 따르는 것이다.

내친김에 파슈파티 파를 조금 살펴보자.

1. 원인(因)

2. 결과(果)

3. 요가(yoga)

4. 계율(戒律)

5. 고(苦)의 종식

1. 인(因)은 쉬바 신이다.

2. 과(果)는 가축, 즉 이런저런 속박에 묶인 인간의 영혼(pasu)을 칭한다. 1에서 2가 생겨나고 파괴되는 일을 상기하면 쉽다.

1과 2는 현재 서로 떨어져 있으니 끈을 끊고 합일되기 위해서는 즉 내가 신이 되기 위해서는 3. 요가 수행이 필요하다. 진언을 외우는 일, 몸에 재를 바르는 일, 은밀한 행을 수행하는 일을 거듭하고, 세간에 나와서는 거친 환경에서 기이하게 살아내며 인내하는 두타의 길을 말한다.

집을 나온 지 얼마더냐. 길에서 만난 친구는 천하를 주유하는 중이다. 모든 집착을 내려놓고 신과 하나가 되기 위한 구름 같은 여정을 계속한다. 그들이 경건한 눈빛으로 묻는다. "너는 이제 나이도 지긋한데 여태껏 먼지구덩이 세상 속에서 뭐하고 있느냐?" 대답할 수나 있겠는가. 참으로 나약하고 누추하구나, 내 몰골.

4. 계율은 그야말로 실천이다.

5. 이런 일들을 통해 자신의 아뜨만이 물질세계를 떠나 자신을 잡고 있는 고(苦)를 여의고 신과 하나가 되는 경지를 말한다. 인간의 형상을 가지고 있지만 그는 이미 신이다.

이쯤 파악하고 있으면 파슈파티나트 사원에 인접한 화장터에 재를 바르고 앉아 명상에 잠긴 수행자의 모습에서 그들의 의도를 파악할 수 있다.

괴이하다느니, 왜 저러고 사는지 모르겠다는 '관광객'의 이야기는 가벼이 흘려버리고, 그들이 원하는 바, 신과의 합일을 이루어 이 세상으로 되돌아오지 않기를 축원하는 '순례자'로 이런 모습을 바라볼 수 있다. 괴이하다고 배척하는 사람은 여전히 무지의 종(pasu)이다. 이 정도만 가슴에 담는다면 그까짓 종교이름 따위는 중요하지 않아 이 사원은 바로 내 사원과 다르지 않다.

## 화장터는 역시 도량

힌두교의 피를 부르는 남신들과 여신들은 사람들에게 죽음을 직시하게 만드는 뛰어난 방편이다. 화장터 역시 그런 장소가 된다. 죽음을 생각하면 욕심과 성냄은 줄어들게 마련이며 수행자의 경우, 죽음으로 인해 수행에 입문하게 된다.

우리나라 큰스님 중에서 부모가 돌아가시거나 인척의 죽음이 출가 동기가 된 분이 많다. 죽음으로 인해 수행을 부지런히 하게 되며, 죽음으로 인해 수행을 원만하게 성취한다. 하여 오늘 밤에 죽으면 내일 아침에 정토에 태어난다고, 당당하게 이야기할 수 있는 자리에 머문다.

그러나 우리네 인생이 어디 그런가. 서른 살이 되도록 공부에, 취직에, 경쟁적인 삶의 노예가 되어 수행이란 들어보지도 못한 남의 이야기가 되다가, 마흔 살 즈음에 수행에 관심이 갈 무렵이면 하기는 해야 된다 생각하면서 흘러가는 세상사에 정신을 놓치고 마냥 휩쓸린다. 그러다 환갑 즈음 직장에서 밀려나오면 이미 노쇠함이 들이닥치며 삶의 회의를 느끼다가, 수행 따위는 내생에 하리라, 슬며시 뒤로 물러서며 이루어질지 미지수인 맹세를 하며 여생을 살아간다.

특히 삶은 단 한 번이라네, 인생 뭐 있어, 개차반으로 살다가 명을 다하고 죽은 사람들, 탕진으로 인생을 점철해온 사람들은 아무리 도력이 높고 깊은 스님이 천도를 한다 해도, 평소 살아 들어보지 못한 천도의 안내의 울림을 따라올 수는 있겠는가. 다만 어둠의 심연으로 가라앉거나 무시무시한 환영을 이리저리 피해가며 더욱 깊고 추운 곳으로 도망칠 수밖에.

화장터에서 잠시라도 내 혼이 내 몸을 빠져나가는 사건을 조용히 바라본다면, 저기서 불타고 해체되는 시신이 남이 아니라 자신의 모습이라고 여겨본다면, 이제 삶은 조금이나마 진행각도가 변하지 않을까.

화장터 옆에 얼굴의 재를 바르고 고행하는 구루지들은 바로 죽음을 기억하며 죽음을 몸에 바른 수행자들이다. 파슈파티나트의 수행자들은 어느 누구와도 몇 루삐에 사진을 찍는 직업 모델이지만 그들 모습을 제대로 읽는다면, 그들 얼굴과 몸에 발라진 하얀 재는 내가 끌고 다닌 육신이 타고 남은 것, 죽음과 더불어 찍은 것과 다르지 않기에 돌아와 사진을 들여다보며 자신의 죽음을 관상할 일이다.

이번 방문은 시신 한 구 화장 없이 강물만 흐른다. 원숭이 떼들이 몰려다니며 소란을 떤다. 그러나 이 자리는 늘 메케했었다. 장작이 타닥타닥 타오르는 소리는 들렸으나 이상스러운 침묵이 자리 잡은 장소였다. 가트에서 장작 위에서 시체가 보랏빛 연기를 하늘로 뿜어 올리며 꽃숭어리처럼 타오르니 해체를 통해 분열되는 모습을 여러 번 지켜볼 수 있었다.

현대문명에서 우리의 죽음은 감추어지고 은폐되어 죽음과 동시에 위생이라는 명목으로 냉동실에 들어가 장례식이 끝날 때까지 대기하다가 화장되거나 묻혔다. 상가에서 조문객을 맞이하는 것은 한 장의 사진뿐 죽은 자는 결코 아니었다.

이런 윤회계의 기쁨이란 사실 헛된 것이다. 감각이 기쁘다 여기는 것일 뿐이다. 영원히 지속되는 것이 아니라 변화하는 기쁨이며 다시 슬픔이라는 현상

안으로 수렴된다(壞苦). 모든 것이 별똥별, 아지랑이, 호롱불, 마술, 이슬, 물거품, 꿈, 번개, 그리고 구름(空花陽焰夢幻遊池)과 같다. '떠도는 구름은 어디로 깃드는지 한 번 간 뒤 돌아오는 걸 못 보았(游雲落何山 一往不見歸)'다. 연기와 함께 사라지는 육신을 보면 알 수 있는 이야기.

여기도 윗물이 있고 아랫물이 있어 상류는 상위계급이 화장하는 곳이고 하류는 하층민들의 화장터가 된다.

티베트불교에서는 육신에서 영혼이 빠져나가는 적당한 시간을 인정하고 있다. 시신을 함부로 건드리는 일조차 금하며 옆에서 만뜨라를 외우며 중음이라는 새로운 세상에 진입하는 영가를 안내, 천도한다.

힌두교와 티베트불교는 죽음의 진행과정을 다르게 본다.

> 대신 그들은 무의식 상태로 가라앉아 사흘 반 동안 그 상태로 있을 수 있다. 그러고 나서 최종적으로 의식이 몸을 떠난다.
> 이런 이유로 티베트에서는 관례적으로 죽은 후 사흘 동안 시신을 건드리거나 흐트러뜨리지 않는다. 근원적으로 광명에 몰입해 마음의 본성 한가운데에서 안식을 취하는 수행자의 경우 그것은 특별히 중요하다. 티베트에서 뛰어난 스승이나 수행자가 죽었을 때 조금이라도 방해하지 않기 위해 그의 육신 주위에 조용하고 화평스러운 분위기를 유지하는 데 모든 사람이 얼마나 신경을 썼는지 나는 기억하고 있다.
> 그러나 일반사람의 시신일지라도 종종 사흘이 지나기 전에 옮기지 않는다. 왜냐면 그가 깨달은 사람인지 아닌지 알 수가 없고 그의 의식이 몸으로부터 언제 떠날지 불확실하기 때문이다
>
> –쇼갈 린포체의 『티베트인의 지혜』 중에서

종을 한 번 치고 나면 울림이 오래 남는다. 쇠로 만든 종이 그럴진대 수풍지화 유기적 신체는 말할 필요조차 없다. 더불어 내 몸의 챠크라를 따라서 수없이 진동했던 에너지들은 호흡이 정지하고 심장이 멈추었다고 단번에 멈추지는 않

는 법. 종소리가 그렇듯이, 한동안 조율하면서 파장의 진폭을 낮추고, 감각을 통해 얻어냈던 불필요한 에너지들(전5식)을 떨어뜨리고, 미세소관(微細小管)을 중심으로 몸을 떠나기 적절한 단순한 에너지진동으로 변해 간다. 최근 양자역학이 이 부분에 대해 이야기하고 있다. 다시 말하자면 끝난 것이 아니라 '죽음이 시작되는 것'이다. 호흡과 심장이 멈추는 순간을 '죽었다' 이야기하지만, 엄밀히 말하자면, 이제 죽음의 과정이 전개, 진행되는 것이다.

그러나 힌두교는 죽는 순간 혼이 빠져나가는 것으로 간주하여 신속한 화장을 한다. 부패가 쉽게 일어나지 않는 설역고원 티베트와 잠시라도 그대로 두면 부패로 진행하는 더운 인도대륙의 기후에서 발생한 자연스러운 현상이다.

어느 파가 좋을까?

1. 죽자마자 장례식장 냉동실에 들어가는 냉동고파

2. 강으로 나와 화장되어 버리는 화장파

2. 석 삼일을 기다린 후 화장 혹은 매장파

4. 큰 산에 누워 풍화되는 소멸파

힌두교의 이런 연유로 파슈파티나트는 1년 365일 시간을 가리지 않고 화장목에 불을 붙여 신속하게 물, 불, 대지, 하늘 등등으로 귀환시킨다. 대나무로 만든 가마 위에 시신을 눕히고, 노란 색의 천 카트로(katro)를 덮은 후, 음악을 연주하는 말라미(Malami)들과 함께 강으로 온다.

이때 고동 소리가 울리면 브라흐민 계급의 행진으로 보면 된다. 영혼이 정수리에서 잘 빠져나가도록 경사진 나무판에 시신을 얹은 후 하체를 강물에 담근다. 불로 태우고 타고 남은 재를 물로 씻고, 타오르는 불은 하늘로 솟으며, 다시 대지로 떨어져 각기 제 갈 길을 찾아 안착하도록 돕는다.

다리를 건너 한때 쉬바 신이 사슴으로 변해 뛰놀았던 사슴공원으로 오르다 보면 좌측으로는 비슈누와 락쉬미를 모신 사원과, 『라마야나』의 람(Ram)과 시타(Sita)를 모신 사원이 자리 잡고 있다. 쉬바 신의 절대성지에 비슈누 파들의 관여

- 자궁 안에서, 바람, 불, 물, 땅기운이 어우러져 차차 핏덩이로 뭉쳐졌다. 식(識)이 찾아들고, 눈, 코, 귀, 입, 감각이라는 바깥창문을 만들어 세상으로 나서더니, 루빠〔色〕 위에 수·상·행·식이 한층 더 멋들어지게 더해졌겠다. 이제 각자의 창문을 통해 안팎을 나누고 좌우를 논하며 분별하며 살다가, 철들기 전에 공부하고, 연애들하고, 더불어 실망절망희망하더니, 나이가 그윽해져 거둔 것도 없이 저렇게들 빈손으로 툭 가신다. 가는 곳이라고는 눈·코·귀·입 감각이 없는 곳, 색·수·상·행·식 없는 곳. 그 자리에 희망이 있고 불행이 있으며 행복 따위가 추호라도 있겠는가. 오온(五蘊)이 개공(皆空)한 본래 그 자리. 존재놀이 바탕자리.

가 눈에 뜨이는 대목이다.

힌두교에서 모두 화장만 하는 것은 아니다. 키란츠(kirants), 라이(Rais) 그리고 림부(Limbu) 족의 일부는 매장을 선호한다. 사슴동산에서 구헤스와리로 내려가는 길에는 이들을 매장한 공동묘지가 있고 방칼리(Bankali)라는 이름으로 통한다.

# 시타 시신 일부가 떨어진 구헤스와리

쉬바 신은 2번 결혼했다. 첫 번째 배우자는 사티(Sati)로 종종 우마(Uma)라고 부르기도 한다. 닥사(Daksha)의 열여섯 명의 딸 중의 막내딸이었기에 닥사야니(Dakshayani)라는 이름 역시 가지고 있다.

그런데 사위 쉬바 신과 장인 닥사 사이는 좋지 않았다. 어느 날 우주의 최고 신인 쉬바 신이 장인에게 제대로 예절을 지키지 않고 간단한 눈인사만 하게 되자, 둘 사이에는 불화가 본격적으로 감돌았고, 결국 장인은 다른 신이 모여 있는 자리에서 사위에게 공공연하게 모욕을 주기에 이른다. 자신의 딸을 주었다고 최고의 신을 가볍게 본 셈이다.

어느 날 닥사는 희생제를 치르게 된다. 딸 사티는 많은 신들, 천사들, 성자들이 아버지가 주최하는 희생제에 가면서 소리 내어 이야기하는 모습을 듣고 보았다. 그녀는 희생제에 참석하여 오랜만에 어머니와 자매들, 친정식구들을 보고 싶은 마음이 강렬하게 일어났다.

그러나 아버지로부터 초청을 받지 못한 상태가 아닌가. 그녀는 남편 쉬바 신에게 가서 '누구든지 자기의 아버지, 스승 그리고 친구 집을 방문할 때는 초청장 같은 것은 필요 없지 않느냐'며 허락을 구한다. 쉬바 신은 사티가 쉬바 신의 아내라는 사실 때문에 친정아버지에게 불명예스러운 일을 당할 모습이 괴로웠으나 아내의 간절함을 읽은 후 마지못해 허락한다.

"여기 남아 있는 것이 괴롭고 평안치 않다면, 그곳에 가도 좋소."

그녀는 쉬바 신의 허락이 떨어지자마자 즐거운 마음으로 쉬바 신 권속을 동반하여 친정아버지가 주최하는 희생제에 참석했다.

엄마와 자매들은 즐겁게 사티를 대했으나 다른 참석자들은 희생제의 주최자 닥사의 눈치를 보느라 그녀에게 말을 걸지 못했다. 닥사는 물론 대부분 그녀에 대해 냉정하게 굴며 시선을 애써 피했다. 사티는 자신을 무시하는 일은 접어두고라도 희생제가 자신의 남편이자 최고신인 쉬바 신을 무시하는 일에 분노했다. 더구나 아버지는 남편을 빈정대며 모욕하는 발언까지 하지 않는가! 그녀는 분노를 참지 않고 샥티를 이용하여 고급 요가 방법으로 자신의 태양총에 에너지를 집중하여 불을 질러 자결한다.

문제가 커졌다. 사티를 수행했던 쉬바 신의 권속들은 자신이 모시는 군주의 아내가 숨지자 이제 닥사가 주최한 희생제를 미친 듯이 좌충우돌, 쑥대밭으로 만든다.

한편 사티가 스스로 마하사마디(maha-samadhi)에 들었다는 비보를 접한 쉬바 신은 불같이 솟아오르는 분노로 자신의 머리 타래를 벗어던진다. 분노 에너지가 가득 찬 머리타래에서 비라다드라(Viradhadra), 즉 천 개의 손을 가진 자가 튀어나와 쉬바 신 앞에 무릎을 꿇었다. 이제 남은 것은 처갓집을 그야말로 쑥대밭으로 만들어버리는 일.

"가라, 닥사의 집으로!"

사위를 가볍게 보았던 닥사는 사태를 파악하고 뒷걸음치면서 변명하려 했으나 비라다드라 손에 의해 머리통이 깨져버렸다. 후에 다른 신들이 개입하고 깊은 용서를 구한 뒤에는 깨진 머리통 대신 숫염소의 머리를 얻어 염소 머리를 가졌다는 뜻의 닥사프라자파티로 이름이 바뀐다.

아내를 잃은 상실감으로 넋을 잃은 쉬바 신은 남아 있는 아내의 시신을 우측 옆구리 혹은 우측 어깨에 얹고는, 미친 듯이 우주파괴의 춤을 춘다. 시간과 공간이 흔들린다. 세상은 별이 떨어지고 해가 뜨지 않아 대지는 암흑으로 잠겼으며 사방이 흔들렸다. 세상의 절멸이 두려운 신들과 성자들의 간곡한 부탁으로 춤을 멈춘 쉬바 신. 이제는 슬픈 가슴을 안고 아내 시신과 함께 세상을 방랑한다. 신이 깊은 슬픔으로 자신이 해야 할 일을 하지 않는다면 세상은 어떻게 되겠는가.

세상사 걱정스러운 비슈누는 자신의 무기인 수다르사나 차크라(Sudarshana Chakra)로 쉬바 신에 얹어진 사티의 신체를 슬쩍슬쩍 자르게 된다. 일부에서는 시신이 이제 썩어가며 조각조각 떨어져 나가기 시작했다고도 한다.

이때부터 사티의 시체는 시간이 지나면서 현재의 인도, 네팔, 파키스탄, 방글라데시, 티베트, 스리랑카 등, 인도 대륙과 유관한 지역 여기저기로 떨어져 나

• 쉬바 신의 첫 번째 부인이 자결하자 쉬바는 그녀 시신을 가지고 천하를 주유한다. 이때 그녀의 시신의 부분들이 인도대륙 여기저기 떨어져 나가는데 이곳은 바로 음부가 떨어진 자리다. 만주스리가 분지의 물을 뺀 후 연꽃의 뿌리를 찾아낸 자리이기도 하다. 풍수학자들에 의하면 음기가 매우 강한 신비한 곳이란다. 바로 구헤스와리 사원이다.

● 사슴동산을 지나 구헤스와리로 가는 중에 만나는 고라크나트 사원. 근대 네팔왕조의 정신적인 지주를 사원을 세워 모셨다. 삼지창을 일으켜 세워 쉬바 신의 영역임을 명료하게 선포하고 깃발을 높이 걸어 사원에 사두가 상주함을 널리 알린다.

갔다. 샥티 피타스(Shakti Pithas)라 부르는 인도 대륙의 51곳 성지들이 조성된 배경이다. 피타스는 중심부라는 의미. 샥티 에너지가 모여 있는 곳으로 보면 된다.

구헤스와리는 사티의 음부(陰部)를 포함한 자궁(子宮)이 떨어졌다는 곳이다. 자궁은 생명과 관계가 깊은 부위로 카트만두의 뿌리에 해당하는 곳으로 이 자리는 그녀의 자궁(womb)의 무덤(tomb) 위에 세워진 성지다. 사티는 환생하여 훗날 파르바티라는 이름으로 쉬바 신과 결혼하게 된다.

이 성지에서 뿌자하는 경우 얻을 수 있는 장점은 위의 신화에 뿌리를 둔다. 마치 시타가 파르바티로 다시 태어난 후, 쉬바 신과 결혼했듯이 1. 원한다면 지금 배우자를 내생에서도 거듭해서 만날 수 있으며, 2. 남편의 건강과 장수, 명예는 물론 경제적 능력까지 얻을 수 있고, 3. 가정의 행복까지 가져다준다고 한다. 물론 여자가 기도하는 경우다. 또한 4. 기도하는 사람과 배우자는 적에게 승리를 얻을 수 있고 5. 어떤 법적인 문제에 마주쳐도 이길 수 있다니, 아내가 있는 사람이라면 공물을 듬뿍 안겨 사원 안으로 밀어 넣어도 되겠다. 문제는 이곳 역시 힌두교도에게만 해당된다니.

인도의 정통 힌두에서는 네팔에는 단 2곳만 인정하는데, 카트만두 계곡 안에는 샥티 피티스를 구헤스와리 단 한 곳만을 인정한다. 다른 곳은 치아가 떨어진, 네팔 남동쪽의 다란(Dharan)의 단타칼리(Dantakali)다. 은총을 가득 받고 싶은 열망에 가득 찬 네팔 힌두교도는 카트만두 계곡에 무려 7곳에 떨어졌다고 주장한다. 산의 정상이나 강이 만나는 곳들이다. 네팔사람들이 주장하는 장소를 존경한다.

1. 구헤스와리(Guheshwari)
2. 닥친칼리(Dakhinkali)
3. 파티바라(Pathibhara)
4. 사이레스와리(Shaileswori)
5. 빈디아바시니(Vindyavashini)
6. 만카마나(Mankamana)
7. 요제스와리(Jogeshwori)

사원은 파슈파티나트에서 사슴동산을 넘어간 후 쉬바 신의 커다란 삼지창을 세워 놓은 고라크나트 사원을 지나 진행방향으로 내려가면 평지에 근접한 곳, 바그마티 강가에 위치한다. 바그마티 강은 구헤스와리를 지나 사슴동산을 끼고 유턴하여 파슈파티를 향해서 흘러간다.

만주스리가 초바르를 베어내어 물이 빠지도록 한 후, 위빳시 붓다가 호수에 던진 연꽃이 어디에 뿌리를 내렸는지, 그 장소를 찾아 나섰다. 만주스리는 현재 구헤스와리에 해당하는 장소에서 뿌리를 발견했다. 사티의 자궁이 떨어졌다는 바로 그 장소다. 풍수적으로 매우 음기가 강한 곳이라는 이야기다.

힌두교를 제외한 타 종교인에게 철저하게 출입을 금지하는, 그들만의 성소로 붉은 벽돌로 만들어졌다. 사원 입구의 문과 건물 양식으로 보아 만주스리의 사연을 기억하며 세워진 티베트불교 양식 사원이 틀림없기에 훗날 힘이 커진 힌두교에 접수된 것으로 추정 가능하다. 내게 입장을 허락한다면 채 반 시간이 지나기 전에 증명해 보일 수 있다.

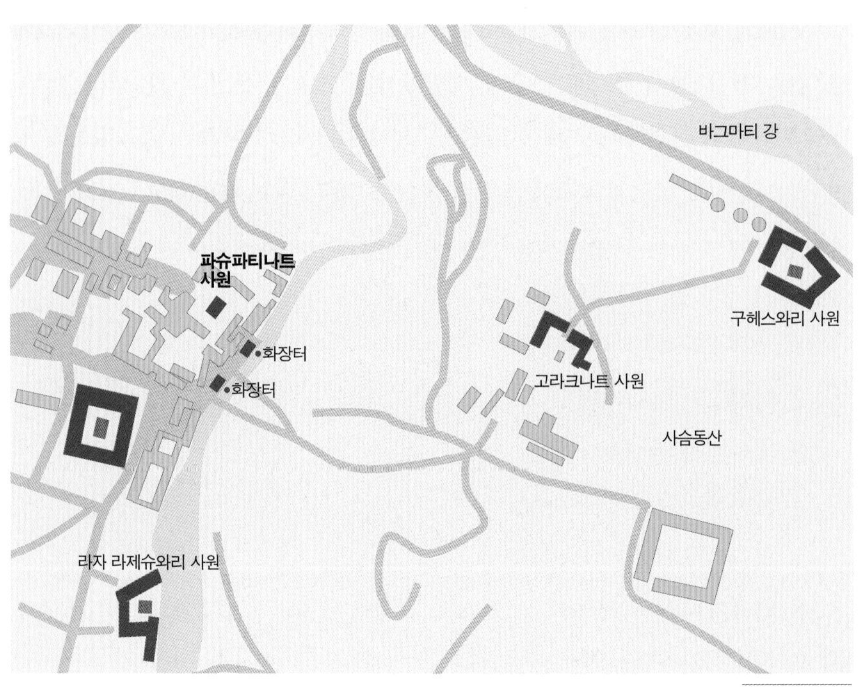


파슈파티나트

18

# 중세의 향기가 넘치는 박타푸르

진아는 모두에게 귀하다.
진아만큼 귀한 것은 없다.
기름의 흐름과 같이 끊어지지 않는 (진아에 대한) 사랑이 박티이다.

- 라마나 크리슈나

## 예사롭지 않은 도시 이름

전쟁에서 배수진을 치고 싸우는 경우 서로에게 막대한 피해를 준다. 이긴다는 승산이 조금이라도 엿보인다면 인명이라는 희생을 무릅쓰고라도 공격을 감행하는 것이 대부분 군주의 마음이다. 이때 어디 고귀한 인명뿐이랴, 그간에 공들여 이뤄놓은 문화들이 대거동반 파괴된다.

힌두교 4계급은 사제의 역을 맡는 브라흐민, 왕과 군 계급의 크샤뜨리아, 상업의 바이샤 그리고 그 하급의 천민 수드라로 나뉜다. 아리안 족이 인도로 들어오면서 기존 기득권을 파괴하고 새로운 질서를 만들며 자신들에게 유리한 계급을 설정한 것이 브라흐민 계급이며, 전쟁과 정치를 수행하는 크샤뜨리아 계급은 그 다음으로 한 단계 낮다. 목적을 위해서는 수단과 방법을 가리지 않는 정치와 무사와 같은 통치계급은 생명 가치를 가장 높게 여기는 브라흐민보다는 당연히 아래 계급이다.

『바가바드 기타』에서, 크리슈나는 아르쥬나에게, 비록 상대가 자신의 친척이라 할지라도 적을 죽이고 승리를 취하는 '전투'가 바로 크샤뜨리아의 진정한

다르마라고 부추긴다. 그러나 박타푸르가 오늘날까지 모습을 유지하고 있는 것은 크샤뜨리아 계급의 왕의 결정으로 이루어진 것이다. 항복이라는 패장의 길, 그것도 변변하게 힘을 써보지 못하고 무릎을 꿇었다는 사실 때문에 군사교과서에서는 낙제점을 받겠지만, 당시 문화를 반영하는 건물들이 파괴되지 않은 채 후손에게 그대로 전해졌기에 역사학자들은 현명한 선택에 칭송할 수밖에 없다. 설혹 항복을 해도 상대의 문화를 깡그리 뒤집어버리는 야만스러운 정복이 역사에 얼마나 많았던가.

1768년 당시 이 지역의 통치자, 그리고 일대를 평정하고자 카트만두 분지에 들어온 고르카의 나라얀 샤 왕과 사이에서는 도시의 인수인계가 비교적 잘 이루어졌다. 기본 체질이 반달리즘인 두 종교, 즉 기독교와 무슬림이 개입되었다면 정복 후 상대의 문화재들을 깨부수는 일이 진행되면서 상대의 신전을 허물고 자신들의 신을 모시는 일을 거듭했을 터, 두 사람 종교가 힌두교로 같았다는 사실 역시 문화재 보호에 큰 작용을 했으리라. 척박한 고르카 출신의 승자는 화려한 정복지를 손실 없이 고스란히 수중에 넣었다.

조지프 콘래드는 이야기한다. '역사는 반복되지만 한 번 사라진 예술의 특별한 소명은 결코 재현되지 않는다. 멸종한 어느 야생 조류의 노랫소리처럼 세상에서 영영 사라지고 마는 것이다.'

9세기부터 이 자리에 자리 잡기 시작하여 말라 왕조 900년이라는 기나긴 역사가 켜켜이 쌓인 천년고도(千年古都) 풍경을 만나게 한 크샤뜨리아 두 지도자에게 고맙다.

1932년 커다란 지진이 일어나고 세월이 지나면서, 정비되지 않은 도시에서 닭을 키우고 돼지를 사육하며 온갖 하수를 마구 버렸단다. 독일 정부와 유네스코는 1974년부터 깔끔한 정리는 물론 복원에 애썼기에 이 지역을 방문하는 사람들로부터 감사를 듬뿍 받아야 옳다. 박타푸르 광장 입구에서 고마운 대상들에게 인사부터 전한다.

박타푸르는 오랫동안 말라 왕조의 수도로서 성장 발전해왔다. 박타푸르는 박타와 푸르가 합쳐진 단어로, 푸르의 깊은 의미는 희석되어 단순히 성채 혹은 도시로 풀이되지만 본래 종교적으로 신이 오래 머물렀던 특별한 지역을 말해왔다. 많은 지역 이름에 푸르가 붙는 이유는 신들이 이곳저곳에 머물렀다는 이야기가 되며 그런 도시들의 신화의 기원을 깊숙이 들여다보면 신들의 어묵동정이 자리 잡고 있게 마련이다.

내 마음 안에 신이 머물고 있다고 자신한다면, 내가 바로 신과 다르지 않다고 생각하다면, 스스로를 자신 있게 신의 도시, 즉 데브푸르 붓다푸르 혹은 데브나트라 불러도 좋다. 무엇이 모자라겠는가. 우리 모두 이미 불성 혹은 신성으로 차 있으니, 데바푸르가 감사한 마음을 담고 박타푸르를 바라본다 해도 어긋남이 없다.

반면 박타는 여간 복잡한 의미가 아니다. 그래도 박티 사상을 약간은 알아야 박타푸르 광장에서 걸음걸이가 깊어진다. 박타는 박티(Bhakti)에서 출발한 단어다. 박티는 깊은 뜻을 걷어내고 쉽게 이해하자면 신에 대한 헌신, 무엇과도 비길 수 없는 신에 대한 열망과 사랑이다. 즉 자신을 포기하고 신을 향하여 온전히 귀의하는 일로, 신을 향해 헌신하며 스스로를 포기하면 신에게 구원을 받을 수 있다는 논리가 기본에 깔려 있다.

눈을 들어 바라보는 이 현상세계는, 힌두교의 교리에 의하면, 브라흐만이라고 이야기 되는 신성에 의해 만들어지고 전개된다. 반면 이 세상에 펼쳐지는 고통과 잔혹성은 브라흐만과는 무관하게 개아(個我, 아뜨만)의 업에 의해 펼쳐지고 있다.

인간이 신(브라흐만)에게 다가서고 신과 하나가 되기 위해서는 개인의 탁한 업을 없애야 하며 그 첫 번째 계단이 신에게 귀의하는 일이다. 신을 생각하며 명상하고, 신을 찬양하게 되면, 이제 신은 그런 개아(個我, 아뜨만)들에게 축복하고 암흑을 거둬내 자신과 하나가 되도록 한다〔梵我一如〕. 이것이 힌두교의 골격으로 처음이자 마지막이다.

박티는 5-6세기 남인도 타밀에서 일어나 7-8세기에는 인도 전역을 휩쓴다. 기도하고 은총을 기다리는 복잡함이 없는 단순한 구도이기에 각층으로 폭넓게 열정적으로 퍼져나가면서 그렇지 않아도 힘이 빠진 불교를 쇠퇴라는 길로 몰아넣는 데 큰 역할을 한다.

• 카트만두 분지에 있는 네 곳의 성스러운 가네쉬 사원 중에 하나 수리야 비나야끄. 소위 말하는 소원성취 사원, 기도가 제대로 들리는 자리란다. 황금이 필요하신가? 공물을 들고 줄을 서면 된다. 가네쉬가 그대에게 황금을 주리라. 박타푸르 도심에서 1시간 정도 걸어 올라가는 산허리에 있다. 히말라야로 이어지는 사원의 뒤편에는 히말라야 표범이 자주 출몰하기에 사원 영역 바깥으로는 혼자 나가는 일은 좋지 않으리라.

• 사원 앞에 세운 기둥들에 신들의 지물들이 올려져 있다. 숨은 그림 찾기를 하면 하나가 아니라 여러 신들의 상징물을 찾아낼 수 있다. 통합의 시선. 이 지역의 특성 탓으로 분열의 힘을 막아보려는 지도자의 의지가 사원의 숨은 코드이다. 광장에 이 사원을 건설할 당시 고결한 지도자의 상호화해에 관한 고뇌가 엿보인다.

박타푸르는 이름만으로도 존경스럽다. 입안에서 박타푸르, 박타푸르, 박타푸르, 몇 번 반복하다 보면 도시가 새롭게 보이기 시작하며 이 도시를 일으키고, 지키고, 보존해왔던 사람을 넘어서 감사한 마음이 그들의 신으로까지 확장된다.

박타푸르는 다른 이름으로는 바드가온(Bhadgaon)이라고 부르기도 하며. 현재 거주자 90% 이상을 차지하는 네왈리들은 주변에 비옥한 논으로 둘러싸여 양질의 쌀을 수확했기에 쌀 마을[米村], 즉 크오빠(Khwopa)라 칭하기도 한다.

감사함도 잘 전하고 뜻도 알았다면 적당한 보폭, 느긋한 시선 그리고 몸의 모든 감각을 열어, 듣고, 보고, 골목에서 나오는 향을 음미한다. 때로는 문화재 앞에서 지나간 역사의 흔적을 찾고, 건물을 손으로 만지고 이마를 기둥에 대며 중세도시를 느껴본다.

## 후세 사람들에게는 고마운 말라리아

박타푸르는 카트만두에서 고속도로를 타고 동쪽으로 12km 정도 달려가면 된다. 박타푸르는 카트만두 분지의 세 도시 중에서 규모가 가장 작지만 티베트 교역과 가장 밀접한 왕국으로 고대로부터 사람들이 거주했으며, 9세기 아난다 말라(Ananda Malla) 재위 시, 촌락에서 도시 형태로 처음 진화된 것으로 알려진다. 한반도에서는 통일신라 경문왕이 통치할 무렵이다.

15세기 약사 말라(Yaksha Malla, 1428-1482) 왕 시기에 사람들을 모아 여러 가지 행사를 치룰 수 있는 광장을 만들었으며, 이 시기를 중심으로 앞뒤 수 세기 동안 전성기를 맞이하여 카트만두 분지 세 도시 중에서 가장 부강했다 한다.

17세기 부파틴드라(Buphatindra) 왕 시절에 이르러 박타푸르의 광장 3개가 모두 완성되었다. 광장이란 사람이 모일 수 있는 공터로 정치, 종교, 사업 등등의 집단적으로 기능을 수행할 수 있는 장소. 광장의 숫자와 크기는 당시 도시의 규모를 이해할 수 있는 바로미터다. 한창 융성하던 전성기에는 무려 172개의 사원이 자리 잡았고, 172개의 여행자들을 위한 쉼터가 마련된 것에 더해, 152개의 공동우물, 목욕이 가능한 11개의 연못이 곳곳에 자리 잡았단다.

아난다 말라가 나라를 제대로 세우고, 약사 말라가 중흥했으며, 부파틴드라가 완성했다고 보면 된다.

박타푸르를 걷다보면 비록 지진으로 많이 파괴되었을지언정 그리 크지 않은 도시 규모가 눈 안에 들어오는 바, 이 도시 안에 172개의 신전이 있었다면 한 집 건너 사원 하나에 더해, 아래층에 사원, 위층도 사원이 있었을 터, 박타푸르라는 도시 이름이 아주 잘 어울린다. 『삼국유사(三國遺史)』에는 옛 신라에 "사찰이 곳곳에 지어져 마치 하늘의 별들처럼 펼쳐 있고, 탑은 기러기가 날아가듯 줄줄이 이어져 있다[寺寺星張塔塔雁]."라고 했으니 어디 경주뿐이랴, 박타푸르 모습 연상이 어렵지 않다.

지형학적으로 살피자면 박타푸르 뒤편으로는 곧바로 경사가 급한 산으로 이어지며 이 산길은 높이를 키워가며 얼마 지나지 않아 은색철벽 히말라야로 이어져 나간다. 인도와 티베트를 연결하는 대상로에서, 박타푸르는 히말라야를 넘어가기 전 마지막 도시, 혹은 히말라야를 넘어와서 만나는 첫 번째 도시로, 많은 사람들이 이 도시에 머물러가며 마지막 점검을 했으며, 위험한 길을 넘어온 대상들은 이제 두 다리를 쭉 펴고 단잠을 즐기며 오랫동안 쉬어갔으리라.

더구나 많은 사람들이 엄청난 히말라야를 목숨을 걸고 넘어가는 마당에 신에게 매달리며 자신과 이제 자신과 함께 산을 넘어가는 재산을 잘 보호해주기를 간절하게 원치 않았을까. 무사히 히말라야를 넘어온 사람이라면 또 무심하게 방구석에만 있었을까, 서둘러 신전으로 찾아가가 진심으로 감사의 기도를 올렸으리라.

박타푸르가 번창하고 신전이 172개나 만들어진 일은 모두 이런 여행자들과 상관관계가 있다. 특히 인도에서 이곳까지 물건을 가지고 온 힌두교도들은 박타푸르를 중심으로 모이고, 불교도들은 불교의 대탑이 있는 보다나트를 중심으로 모여 각기 종교에 맞추어 뿌자 올리고 길을 오갔음은 쉽게 추측이 가능하다.

당시 대상들이 맞닥뜨리는 장애물이란 꽤나 여러 가지였다. 고산에서는 엄청난 눈사태는 물론 빙하가 갑자기 꺼지고 바위까지 쏟아져 내리는 산사태라는 재해에 더해, 한 치 앞을 볼 수 없는 눈보라 등등이 걸음걸음 신을 간절하게 부르게 만들었다. 그리고 평지라도 안전하지 않아 대신 여러 가지 질병들이 대상들의 걸음걸이를 지치고 힘들게 했다.

인도와 티베트 사이의 대상로는 다른 대상로와는 다른 점이 있었다. 인도와 네팔 사이의 대상로는 다른 계절에는 큰 움직임 없이 멈추었다가 다만 겨울철을 중심으로 활성화되었다. 인도에서 출발한 대상들이 인도 평지를 가로질러 오는 동안 말라리아로 대거 사망하는 일이 반복되면서, 대상들은 모기가 극성을 떠는 계절을 피해 겨울 카트만두에 입성했다.

그렇지만 이 시기에 히말라야를 넘을 수는 없었다. 그리하여 겨울을 지내고 히말라야 길이 열리는 봄철까지 충분히 기다린 후 산을 넘은 것으로 알려져 있다. 티베트에서 반대로 히말라야를 넘어오는 일 역시 마찬가지였다. 넘어와서는 인도 평지로 내려서기 위해 가을 혹은 겨울까지 기다려야 했으니 이들에게 히말

• 박타푸르 주변은 3~4층의 건물들이 둘러싸고 있다. 과거에는 2층이 넘지 않는 집들이었기에 박타푸르 왕국이 모두 아름답게 보였으리라. 늘어난 인구로 인해 여러모로 덧칠 된 요즈음, 열심히 찾아야 그중 키가 큰 냐따뽈라 사원 지붕이 보인다. 과거, 가도 가도 하얀 산과 거친 바위를 보아야만 했던 대상들은 설산을 넘어와 박타푸르를 보았을 때, 기쁨으로 몸을 떨었으리라. 환호했으리라.

라야만큼 두려운 것, 혹은 히말라야보다 더욱 무서운 장애는 말라리아였다.

1990년대에 이르러서야 지구 북반부 많은 지역이 말라리아 공포에서 벗어났으나 적도 부근의 지역에서는 아직껏 치명적이다. 2010년 WHO 통계에 의하면 1년 동안 말라리아로 사망하는 인도인의 숫자는 무려 15,000명, 비공식적 통계에 의하면 205,000명에 이른단다. 2013년 WHO 공식적인 말라리아 사망자를 627,000명이라 했으니 호들갑을 떠는 에볼라에 비하면 엄청난 수치다. TED에서 빌 게이츠에게 '이 시대에 해결해야 할 난제 2가지'를 강의해 달라고 했을 때, 말라리아와 교육을 꼽았을 정도로 우리는 역사 이래로 말라리아에게 심하게 시달리고 있다.

힘들게 산을 넘나들었는데 병을 만나 모든 것을 잃을 수 있겠는가. 세상을 제패한 알렉산드로스 대왕조차 말라리아에게 생명을 포함하여 모든 것을 빼앗겼다. 질병이 창궐하는 시기는 피해야 했다.

이런 식으로 말라리아가 사라진 겨울에 카트만두에 들어온 사람들은 당장 눈 쌓인 산을 넘을 수 없어, 히말라야 산길이 열리도록 몇 달을 기다리고 소비하며, 더불어 자신의 문화적 소양을 풀어 놓게 된다. 어디 이익을 추구하는 상인들뿐이랴, 예술가도 있고 구도심에 불타는 구도자들도 있다. 이들은 서로 모여 앉아 짜이〔茶〕 혹은 술잔을 주고받으며 무용담을 밤늦도록 이야기하니 인도 문화와 티베트 문화가 뒤섞이며 박타푸르 문화가 콜라보, 아말감으로 탄생 등장한다. 카트만두 그것도 박타푸르와 보다나트 번창이라는 사연 밑에는 뜻밖에 말라리아라는 질병이 긍정적 요소로 숨어 있다. 모기가 카트만두 문화를 만드는데 일조를 했다니 복잡계의 오묘함에 고개가 숙여지지 않는가.

콜럼버스가 아메리카에 상륙한 후, 유럽의 야만 약탈자들이 북아메리카, 중앙아메리카 그리고 남아메리카 대륙을 쑥대밭으로 만들면서 불과 몇 십 년 사이에 원주민 1억 명이 학살당하거나 유럽에서 넘어온 천연두와 같은 질병으로 사망했다. 그런 와중에 아메리카의 황금을 빼돌린 일은 비록 부정적인 사건임은 틀림없으나, 그렇게 유럽으로 들어온 많은 재화를 바탕으로 먹고살 만하자 이제 문화예술에 눈을 돌려 부흥하며 인간으로 시선을 돌리는 르네상스가 일어나지 않았던가.

역사는 늘 양면을 가지고 있기에 지금 우리가 겪는 불행이라는 요인들은 한 알의 밀알이 되어 훗날 다른 면에서 긍정적인 사건의 바탕이 될 수 있으리라. 애도하되 깊이 애도하지 말고, 아무리 사소한 불행도 훗날 긍정으로 가게 되는 받침돌이라 생각하면 그 생각 맞다.

부정적인 요소가 훗날 긍정적인 현상에 기여했음을 보는 눈이 필요하며 한 발 더 나가면 현재 우리가 쓸데없다고 판단하는 것들, 즉 무용(無用)의 쓰임까지 알아차리면 그 사람, 가까이 해야 할 도사다.

山木自寇 膏火自煎

桂可食故伐之 漆可用故割之
人皆知有用之用 而不知無用之用也
산의 나무는 (도끼 자루가 되어) 자신을 베고,
기름은 (초로 만들어져) 불을 밝혀 자신을 태운다.
계수나무는 먹을 수 있기에 베이고,
옻나무는 (칠을 하는) 쓰임새가 있어 잘려나간다.
사람들은 모두 쓸모 있는 쓰임은 알면서도 쓸모없는 쓰임은 알지 못하네.

춘추시대 초(楚)나라 접여(接輿)의 이야기다.

휴게소에는 문화가 탄생하지 않는 법, 박타푸르가 다만 스쳐가는 도시였다면 그토록 아름다운 문화, 그토록 종교적인 건축물이 기러기가 날아가듯 줄줄이 지어질 수는 없었다. 남쪽은 모기들로 인해 함부로 오갈 수 없어 말라리아 장벽이 존재하고, 북쪽은 길이 얼어 더 이상 나갈 수 없는 히말라야 장벽 사이, 겨울 카트만두 박타푸르는 대상들과 그들을 상대하는 사람들의 열기가 골목골목 후끈 가득했으니 마법의 도시가 준비되고 있었다.

## 광장을 중심으로 골목을 걷다

이렇게 발생한 박타푸르의 구조는 단순하지 않다. 그러나 이해를 위해 도형적으로 풀어 설명하자면 보타이(bow tie), 즉 나비넥타이처럼 생겼다. 그리고 3곳의 중앙 광장이 있기에 광장을 중심으로 건축물을 바라보고 상가와 거주지로 구성된 광장 사이를 연결하는 길을 따라 걸으면 충분하다.

1. 더바르 광장(Durbar Square)
2. 또마디 광장(Taumadhi Square)
3. 닷따트레야 광장(Dattatreya Square)

• 박타푸르의 오른쪽 날개와 왼쪽 날개가 만나는 지점에 눈에 뜨이는 하얀 사원이 있다. 파시데가 사원으로 쉬바 신에게 헌정되었다. 계단을 타고 끝까지 오르면 멀리 히말라야가 눈에 들어오고 박타푸르의 오밀조밀한 풍경이 잘 보여 재미를 더해 준다. 사원의 빛 탓일까, 어쩐지 무심과 무욕을 몸과 마음에 가득 담은 온정적이고 자애로운 노인 구루의 모습을 보는 듯하며 거친 마음이 정화된다. 옴 나마 쉬바여,

오른쪽, 즉 동쪽 삼각형에 해당하는 곳은 더바르(durbar)를 중심으로 넓게 펼쳐 있고 좌측, 서쪽은 닷따트레야 광장(Dattatreya square)과 또마디 광장(Taumadhi Square)이 중심이 된다. 이 세 광장을 중심으로 자리 잡은 사원들과 건축물을 보고, 이들을 연결하는 길들을 따라 히말라야 넘어 처음 입성한 나그네인 양 천천히 기웃거리면 된다.

동쪽마을을 보자면, 중앙의 더바르(durbar)는 모두 제법 규모가 있는 광장으로 더바르를 영어로 그대로 풀어내면 로얄(royal)이다. 이쪽은 왕가와 관련이 있는 지역이기에 당연히 왕궁은 물론 사원 등등이 자리 잡아 도시 정치중심부 핵심을 맡았으니 귀족들의 거주지로 생각하면 된다.

또마디 광장까지는 좁고 어둡지만 재미있는 상가들이 촘촘하게 이어진 골목길을 통한다.

서쪽마을 닷따트레야 광장(Dattatreya square)에는 탱화를 그려 파는 화랑이 즐비하고, 악기상, 학교, 목공예점 등등이 자리 잡고 있어 과거에 서민들이 거주했던 곳으로 생각하면 이해가 쉽다. 파탄(랄릿푸르)이 금속성이라면 박타푸르는 나무 성질을 가졌기에 목공예가 뛰어나며 그런 이유로 목공예 상가 역시 많다. 세상 어디에도 없는 우주에서 오로지 이곳에만 있는 주주다오라는 요거트 골목도 자리 잡고 있다.

해가 뜨는 쪽에는 귀족이, 해가 지는 쪽에는 서민들이 살았다는 이야기다.

동쪽과 서쪽 나비넥타이 양쪽을 연결하는 중앙부에는 수쿨도카 마(Sukul Dhoka Math)가 있다. 마(Math)는 힌두교 성직자가 머무는 장소로, 이 건물에는 성직자와 그의 가족들, 그리고 성직자의 제자들이 기거했다. 일부 사학자들은 군인들이 거주하여 서민들이 왕궁으로 가는 일을 통제하고 왕궁을 보호했다고 이야기하는 점으로 보아, 처음에는 성직자들이 있었으나 훗날 외부 침략 등, 정국이 불안해지면서 군인들이 성직자 대신 자리를 잡지 않았을까 추측 가능하다.

한쪽으로는 왕가, 또 다른 한쪽으로는 서민이 사는 지역, 이 둘을 이어주는 중앙에 성직자가 거주한다는 구조는 듣기만 해도 굉장히 유쾌하다. 성직자는 어느 편도 아니며 동시에 양편 모두이기도 하다는 이야기가 된다. 도시 양쪽 날

개의 중심 심장부에 사제들이 거주한다는 구조적 구도는 박타푸르라는 도시 이름을 생각하면 조금도 이상하지 않으며 절묘하다는 생각까지 불러일으킨다. 여기에 더해 172개의 사원이라니.

중앙부에 놓인 이런 큰 규모의 광장 이외 모세혈관처럼 이어지는 뒷골목 안에는 똘레(Tole)라고 부르는 작은 광장들이 곳곳에 포진하고 있어 서민들이 모이고 대화를 나누는 중요한 장소로 제공되어 왔다. 이런 뒷골목들은 양쪽 날개의 아우라, 후광으로 생각하면 되겠다. 무수한 골목들이 모세혈관처럼 이어져 일단 골목 안으로 접어들어 길을 잃어보는 경험도 유쾌하다. 이렇게 광장을 중심으로 큰 개념도를 머리에 넣으면 박타푸르 살피기가 수월하다.

## 더바르 광장은 유명 관광지

더바르 광장은 더바르 자체가 왕가를 상징하기에 카트만두 분지 여러 곳에 자리 잡고 있다. 카트만두와 파탄(랄릿푸르)에도 왕이 머물었기에 더바르가 있으나, 박타푸르의 더바르가 그 규모가 가장 작고 아담하다.

1934년 대지진에 많은 건물들이 주저앉아 규모가 현저하게 축소되었단다. 광장에 있는 신상들을 살펴보면 연화좌와 같은 기단석들이 모두 수평을 잃고 삐딱하게 보이는 것은 지진이 남겨 놓은 흔적이다.

더바르를 중심으로 살펴보아야 할 건축물이 있다. 시중에 깔린 친절한 가이드북을 참고하면 사원의 의미를 알 수 있다.

1. 짜르담
2. 크리슈나 만디르
3. 부파틴드라 말라 왕의 돌기둥
4. 골든게이트, 사다시브 바이라브 촉(Sadashiv Bhairav Chowk), 탈레주 사원(Taleju temple), 나가 포카리(Naga Phokhari), 왕궁

5. 국립미술관
6. 파슈파티나트 사원, 일명 약쉐스바르(Yaksheshvar) 사원
7. 레스트 하우스
7. 싯디 락슈미 사원
8. 파시데가 사원

광장 중앙의 순 도카(Sun Dhoka), 즉 골든 게이트는 박타푸르의 중요한 관광 포인트 중에 하나다. 부파틴드라 말라(Bhupatindra Malla) 왕 동상이 얹힌 돌기둥 앞에 자리 잡은 금박을 입힌 황금문은 1754년 자야지트 말라 왕 시절에 만들어진 이후 네팔은 물론 세계적인 보물로 간주되고 있다.

탈레주 여신과 가루다, 나가, 코끼리, 사자 등 신을 보호하는 신장들이 조각되어 있고, 벽의 일부를 차지하고 있다. 네팔의 전 역사를 모두 샅샅이 뒤져도 이렇게 화려하고 아름다우며 정교한 문은 찾아낼 수 없을 것이다. 오로지 박타푸르에 있는 명물이기에 그냥 지나쳐서는 안 된다. 만져보면 더 좋다. 높은 가치가 있는 만큼 군인들이 상시 문 안쪽에 초소를 만들어 보호하고 있는 중이다.

황금의 문을 들어서면 사다시브 바이라브(Sadashiv Bhairav) 촉이라는 널찍한 마당이 있고 우측으로는 벽돌로 지어지고 바수키, 나가 등등으로 장식된 왕가의 풀장과 같은 나가 포카리(Naga Pokhari), 좌측으로는 외국인에게는 입장이 거절되는 탈레주 사원이 자리 잡았다.

나가 포카리 뒤편의 왕궁은 탈레주 사원까지 한 덩어리로 연결되어 있으나 입장은 역시 불가능하다.

• 파탄에 있는 것은 랄릿푸르에 있고 랄릿푸르에 있는 것은 박타푸르에 당연히 있다. 기둥을 세우고 그 위에 왕의 형상을 올려놓은 것은 세 나라가 이렇게 모두 가지고 있으며 다만 기둥 위에 앉은 왕이 다를 뿐. 박타푸르에 있는 것은 부파틴드라 왕으로 왕국을 보호하는 탈레주 여신의 사원을 향해 합장한 채 주야장천 사시사철 왕국의 번영을 위해 경배하는 중이다.

탈레주 촉 안쪽으로는 왕족들이 물놀이를 즐기곤 했다는 나가 포카리가 있다. 물이 흘러나오는 입구는 마카라로 장식했다. 마카라는 강가 여신이 타고 다니는 탈것으로 악어 형상을 하고 있다. 조형의 한계를 극복한 박타푸르의 화려한 금속 공예의 진면목을 아낌없이 볼 수 있다. 수조에 물이 빠져 조형물을 만지고 감상하기에는 더없이 좋은 환경이다.

9시가 넘으면 도심에서부터 관광객을 실은 버스가 몰려들어 도시 전체가 번잡해지며 소음으로 진동한다. 아침 이슬 맺힌 광장을 걸으면서 맞이하는 오전, 박타푸르 현자가 된 느낌이 마음 안으로 뭉클 스며든다. 혹은 박타푸르 제왕이 되어 아침 산책 하는 함양된 기분도 찾아오고, 박타푸르 산책은 이른 아침이 최선이다.

• 탑이 수직으로 올라가는 동안 바이라바가 엄중하게 경고한 사원이다. 카트만두 분지에서 키가 가장 큰 사원으로 멀리서도 한 눈에 들어온다. 건립 시에 왕 역시 손수 팔을 걷어붙이고 벽돌을 날랐고, 밤에는 횃불을 켜 공사를 요란하고 열정적으로 독려 진행했단다. 해질 무렵 도시의 다른 사원들은 어두워지지만, 그 높이 탓에 유독 이 사원의 형태는 더욱 명료해지고 따뜻하게 빛나며 신비의 영역으로 들어간다.

## 정겨운 또마디 광장

더바르에서 길지 않은 골목을 지나면 또마디 광장을 만난다. 이 광장을 중심으로 살필 곳은 3곳이다.

1. 냐따뿔라 사원
2. 바이랍나트 사원
3. 도자기 광장

1072년에 세워진 카트만두 분지에서 가장 높은 사원, 5층의 냐따뿔라 사원(Nyatapola Temple)이 위용을 자랑한다. 이 사원을 세운 부파틴드라 왕은 건축광이었다.

21세기 요즘처럼 물자가 넘쳐나고 장비 또한 일을 치러내는 데 큰 힘이 되는 시절에도 정신 나간 사람이 지른 불로 숭례문 다시 일으켜 세우는 데 무려 5년하고도 3개월이 걸렸다. 그리 높지 않은 건축물 하나 건립하는 데 이토록 엄청난 시간과 노력이 소요되거늘 건립 당시에는 어땠을까. 그것도 한두 개가 아닌 수많은 건축물이 카트만두 분지에 구름이 일어나듯 빼곡한 것을 보면 다만 놀랍다는 표현으로도 턱없이 부족하다. 낮에는 농사를 짓고 밤에는 불 밝히며 사원을 일으켰을까. 건축의 높이와 건축을 짓는 동안 들인 공이 경이롭다.

땅을 고르고 건물을 세우는 동안 바이라바(bhairava)는 천상에서 냐따폴라 사원이 차차 하늘을 향해 올라오는 모습을 지켜보았단다. 점차 아름다운 모습으로 변모해가며 나날이 높이 치솟는 모습을 지켜보던 파괴의 신 바이라바, 왕에게 나타나 엄하게 경고했단다.

"만일 이 사원에 나 자신보다 낮은 신을 모실 경우, 도시 전체를 파괴하리라!"

쉬바 신의 분노한 모습인 바이라바, 그보다 강한 신을 찾아야 하는데 우주에 그런 신이 어디에 있다는 것인가. 겁먹은 부파틴드라 왕은 단숨에 점성술사를 찾아간다.

• 바이랍나트 사원에서 모시는 바이라바 신상은 건물 외벽에 있다. 채 한 뼘 크기에 지나지 않는다. 작아도 절대 홀가분하지 않다. 바이라바라는 강력하고 압도적인 신은 자신의 힘을 신상에 온전하게 투사한다는 해석으로 크기와는 상관없이 신도들의 끊임없는 뿌자를 받고 있다. 사원 내부는 평소에는 공개하지 않는다.

점성술사는 바이라바의 배우자인 바이라비(Bhairavi)에게 헌정하라고 알려주었으니 절묘한 충고였다. 해결책을 구한 왕은 이제 소매를 걷어붙이고 사람들과 함께 벽돌을 나르고 쌓았다. 그리고 사원 내부에 바이라바의 아내 바이라비(Bhairavi)를 모시자 바이라바는 매우 기뻐했다 한다.

또 다른 설은 사원이 너무 아름다워지자 신의 영역을 침범하는 일이라며 분노한 바이라바, 일대에 심한 가뭄과 기근을 선물한다. 부파틴드라 왕은 자신이 저지른 일을 참회하며 용서를 구했다. 바이라바가 말했다.

"신전을 나의 배우자 바이라비에게 헌정하라!"

역시 사원의 아름다움에 걸맞은 자신의 아내에게 헌정하라는 이야기겠다.

신화는 이렇게 말하고 있지만 사원 내에 누가 모셔져 있는지는 불분명하다. 신앙의 모습에 별다른 특징이 없어서 일어난 논쟁이다.

바이라비가 맞는다는 사람과 락쉬미를 모셨다는 주장이 교차하는데다가 신전 장식 중에는 티베트불교의 팔길상까지 조각되어 있기에, 다른 사원처럼 모시는 신의 이름이 붙이지 않고 단지 오층(五層)이라는 의미의 냐따뽈라로 통한다. 그런 이름 탓일까, 사원은 신에 대한 뿌자보다는 여행객들의 쉼터로 변모했다. 아침에 계단을 타고 올라가 앉으면 광장 가득 장이 서는 활기찬 모습을 볼 수 있다.

여행객들은 급한 경사의 계단을 올라가야 신전에 도달한다. 아래부터 우람한 체격의 무사 자야 말라(Jaya mala)와 파타 말라(Phatta mala), 코끼리, 사자, 숫양 뿔을 가진 전설의 동물 그리펀 그리고 여신인 싱기니(Singhini)와 바기니(Byahagini) 석상을 차례로 만난다. 무사, 코끼리, 사자 그리고 그리펀으로 한 층 올라갈 때마다 힘이 10배 이상 늘어나고, 그리펀과 여신 사이에는 1,000배 힘의 차이가 난다고 한다.

계단을 모두 올라가면 상단에는 신전을 한 바퀴 돌 수 있는 통로가 있고 고개 위로 돌리면 지붕 버팀목에는 아름다운 조각상이 묘사되어 있어 건물에 참여한 석공과 목공의 솜씨에 경탄을 자아내게 만든다.

바이라바의 축복 덕분일까, 카트만두 시내에서 가장 높은 신전이면서 1932년 카트만두를 엄습한 대지진에도 피해를 보지 않았다.

바이라바를 모신 바이랍나트(Bhairabnath) 사원은 냐따뽈라 사원에서 정면으로 바라볼 경우 10시 방향에 단정한 직사각형 3층 건물의 모습으로 자리 잡고 있다. 1637년 건립 당시 단층, 1717년 역시 부파틴드라 왕에 의해 2층을 새롭게 올렸다가 역시 1934년 대지진에 무너진 후 복원 과정에서 3층으로 한 층 더 높아졌다. 냐따뽈라 사원은 바로 옆에서 '높은 층집을 짓는 것을 보았고, 층집이 무너지는 것을 보았[眼看他起高樓, 眼看他樓塌了]'으리라.

평소에 사원 내부는 공개하지 않는 대신 사원 정면 바깥벽 눈높이에 겨우 한 뼘 정도의 작은 신상이 모셔져 있어 신상 크기와 신의 능력과는 무관하다 생각하는 사람들로부터 쉼 없이 치성을 받고 있다. 크기가 작은 만큼 어여뻐 발길을 묶는다.

## 도자기 광장의 교훈

박타푸르에 굉장한 실력을 가진 도공이 있었단다. 아름다움은 물론 기능적으로 뛰어나서 많은 사람들이 그가 만든 그릇을 찾기 시작했다. 마음이 착한 도공은 비록 자신이 그릇을 만들었지만 찢어지게 가난한 사람들 그릇이 때가 되면 어김없이 부서지는 일에 심히 안타까워했다.

그릇을 구우면서 남은 시간 동안 신을 향한 고행을 진행한 도공 앞에 드디어 쉬바 신이 나타났다. 도공은 자신이 고행한 이유를 말하고 절대로 깨지지 않는 그릇을 굽게 해 달라 부탁했다. 쉬바 신은 아무 말 없이 미소로 응답했고.

도공은 반죽을 하고, 불을 지핀 후 그릇을 구웠다. 그렇게 나온 그릇은 던지거나 밟아보고 심지어 소가 밟고 지나가게 시도해도 깨지지 않았다. 그는 자신의 소원이 이루어졌음을 알고 이제 그릇을 대량으로 만들기 시작한다. 소문이 돌자 엄청난 사람이 몰려들었다. 너도 나도 그릇을 사가는 바람에 일을 하느라 한동안 밤잠까지 물리쳐야 했다. 이런 일은 현상의 한 부분일 뿐이다. 깨지지 않는 일이 생기면 질서에 문제가 온다. 파괴되지 않거나 죽지 않는 일과 같다.

이제 그를 찾는 사람이 차차 줄어들더니 뚝 끊어졌다. 당연하지 않은가. 사람들은 새 그릇이 필요치 않았기에 집안은 기울기 시작하고 결국 망하게 된다. 그가 망하게 되면서 진흙을 파오던 인부가 망하고 아이들이 허기지고 인부가 키우던 소가 굶고. 끝없이 불행한 연쇄작용이 생겨났다.

도공은 슬퍼하며 쉬바 신을 찾아 나서니 때에 이르러 쉬바 신이 나타났다. 간절한 도공의 이야기를 들은 신은 그에게 다시 깨지는 그릇을 만드는 능력을 돌려주었다. 시간이 지나가면 모든 것은 제자리에 돌아가야만 한다는 것, 그것을 거스르는 일은 불행을 불러 온다는 것을 무언으로 알려주었다.

이제 도공이 만든 모든 그릇은 때가 되면 금이 가며 부서졌다. 그는 가난한 사람에게는 무상으로 그릇을 나누어주는 일을 택했다. 진흙을 파오는 인부는

• 세상 어느 곳에서 만든 그릇이 안 깨지겠느냐만, 세상 어떤 곳에서 만든 그릇에 이곳만큼 심오한 철학적 의미가 깃들어 있을까. 이 광장에서 살던 신심이 가득한 한 도공과 쉬바 신 사이의 일화는 사라져야 할 것들은 때가 되면 반드시 파괴되는 일이 지극히 옳고 마땅하다는 이야기를 전하고 있다.

일자리를 찾았고, 그의 아이들은 건강하게 자랐으며, 소도 풍성한 여물을 먹게 되었다.

파괴가 일어나는 자리에 일어나는 풍요.

도자기가 가득하게 놓여 햇볕에 건조되는 모습 안에서 쉬바 신의 뜻이 엿보인다. 만들어진다는 것은 적당한 파괴가 일어나고 있다는 의미이며, 아기들이 뛰어다니면 어디선가 주저앉는 노인들이 생겨난다는 이야기.

이 도자기 광정에서 일어난 신화다.

# 마음 따뜻한 닷따트레야 광장

1. 닷따트레야 사원
2. 빔센 사원
3. 타추팔 목재 박물관

닷따트레야 광장은 마음 따뜻한 곳이다. 박타푸르의 숨은 보석 같은, 왠지 젖을 물려 키워준 유모의 마을 같은 분위기를 느낀다. 이곳에는 닷따트레야 사원과 빔센 사원이 서로 마주 보고 있다.

파탄(랄릿푸르)에 빔센 사원이 있는데 박타푸르라고 빔센 사원이 없을까. 카트만두 세 도시에는 규모의 차이는 있으나 모두 사원이 있었다. 서로 경쟁 관계에 있었기에 저쪽 왕국에서 무엇을 만들었다면 당연히 이쪽 왕국에서도 세워야 된다. 더구나 박타푸르 역시 무역도시이기에 무역의 신을 모신 신전이 반드시 필요했으리라.

한때 닷따트레야 사원에서는 자비롭게도 가난한 사람들에게 매일 음식을 나눠주었다 한다. 음식을 받기 위해 사람들이 줄을 섰고 그중 어린 소년 하나가 사원을 꾸준히 찾아왔다. 어느 날 사원을 찾아온 나이 지긋한 부부, 자신들은 슬하에 아이가 없는지라 귀티가 흐르고 단정한 소년이 유난히 맘에 들어 양자로 들이기로 한다.

아이는 건장한 소년으로 성장한다. 이제 어느 정도 자라자 부모는 소년에게 밭을 경작하는 것이 좋겠다며 일을 맡긴다. 밭이 제법 떨어진 곳에 있지도 않았는데 소년은 아침이면 일찍 밭으로 나갔다가 밤늦게 돌아왔다.

얼마 후, 같은 마을사람이 잡초들이 사람 키 높이로 무성하게 자라나 엉망인 밭의 모습을 보고 돌아와, 부모에게, 아이는 게으르게 낮잠만 자고 아무런 일을 하지 않는다고 고자질했다. 화가 머리끝까지 오른 아버지가 밭을 찾아가서는 기절초풍, 잡초를 빨리 뽑고 농사를 제대로 짓지 않으면 혼쭐을 내겠노라 야단을 쳤다. 소년은 곧바로 사과했고 금세 깨끗이 해놓겠노라 다짐을 한다.

• 파탄의 빔센 사원보다는 규모가 작다 그러나 광장의 넓이를 감안한다면 결코 작은 크기는 아니다. 당시 설산을 넘나드는 거친 사내들의 성소로 많은 치성을 받은 곳이다. 또한 소년의 형상으로 이 자리를 찾아온 빔센을 기념하기도 한다. 이 사원에 정성을 들였던 사람들 덕분에 남쪽과 북쪽을 이어주는 교류가 일어나 박타푸르 문화가 성장해왔다.

다음날 독려하기 위해 찾아간 영감, 깜짝 놀란다. 그 드넓은 밭이 잡초 하나 없이 말끔하게 변한 것이 아닌가. 잡초에 가려졌던 작물들은 어느새 바람에 살랑살랑 흔들리고.

평범한 사람이라면 도저히 이룰 수 없는 일을 보고 영감은 자신이 키워온 소년이 보통사람이 아니라고 알아차린다. 노인은 당신이 누구냐? 계속 물었고 소년은 마지못해 자신이 빔센이라고 실토했다. 노인은 기뻤다. 제발 떠나지 말아달라고 간곡하게 부탁하자 자신의 집이 있으면 떠나지 않겠노라 약속했고, 그리하여 박타푸르, 소년이 밥을 얻어먹던 닷따트레야 사원 건너편에 빔센의 거처인 사원이 건립되었다.

빔센 사원은 2층 목조건물로 빔센은 2층에 모셔져 있고 1층은 개방되어 현재 재봉질 하는 상인들이 자리 잡고 영업을 한다.

빔센은 숲속을 통과하는 힘을 가진 자였기에 빔센 사원은 대상들이 주로 모여 산을 헤쳐 나갈 강한 힘을 위해 뿌자하고 이야기를 나누었다. 사실 산사람, 산사나이 혹은 산악인이라면 가슴에 빔센을 모시는 일도 좋다. 우리가 오르내리는 높은 고도에서 빙하를 건너가서 빙벽을 돌파하고 기어오르는 빔센의 에너지가 절실히 필요하지 않은가.

돌파하면서 '힘내자, 빔센!' 해보자 정말 거뜬하게 넘어선다.

빔센 사원 맞은편에는 광장의 주인에 해당하는 3층 닷따트레야 사원이 있다. 닷따트레야는 '성자 아트리(Atri)에게 희사(Datta)했다'는 의미를 가진다.

아트리의 아들로 태어난 닷따트레야는 브라흐마, 비슈누 그리고 쉬바 신의 장점을 부분적으로 모아 하나로 합쳐진 고행성자로 생각하면 쉽다. 몸을 망가뜨릴 정도의 심한 고행, 즉 망신참법을 통해 도를 닦고, 이어 수많은 경전을 저술했다고 알려져 있으니 바로 세 신의 고귀한 정신을 인간에게 전하기 위해 세상에 온 존재다. 불교에서는 붓다의 조카로 간주되어 불교신자들 역시 이 사원의 참배를 마다 않는다.

따라서 닷따트레야에게 헌정된 사원은 세 신의 상징물이 모두 있기에 사원 안팎을 잘 바라보며 상징물들을 하나하나 찾아보면 굉장히 재미있다.

이 사원의 중요성은 통합에 있다. 즉, 쉬바파, 비슈누파 등, 힌두교 종파 사이의 갈등, 혹은 힌두교와 불교 사이의 반목을 봉합하고 하나로 묶기 위해 보편적인 귀원일심(歸源一心) 신의 역을 맡는 닷따트레야를 모셨으니 회통(會通) 그리고 화쟁(和諍)으로 볼 수 있겠다.

경전은 말한다.

"그는 브라흐마이며, 비슈누이며 루드라(쉬바)입니다. 그는 인드라이며, 그는 또한 모든 하늘의 신들과 더불어 모든 다른 신들입니다. 그는 동쪽에 서쪽에, 북쪽에 있으며, 위에도 있고 아래에도 존재합니다. 그는 모든 것입니다. 이 모든 것이 닷따트레야의 영광스러운 모습입니다."

초기 왕궁이 있던 광장에 이 사원이 있다는 점은 시사하는 바가 무척 크다.

여러 가지 종교를 믿는 다양한 부족의 사람들이 오가고 체류하는 무역로 중심지역을 통치했던 왕의 고뇌가 엿보이는 사원이다.

분열로 이득을 보려는 정치지도자들과 종교지도자들이 역사 흐름 속에 얼마나 많았던가. 분열을 통한 반목과 갈등을 통치기술로 이용하던 위정자들과 그런 선동에 손쉽게 부화뇌동하는 무지한 민중들.

칼릴 지브란은 말했다.

"소크라테스의 인격을 이해할 줄 모르는 사람은 알렉산더에게 매료되고, 베르길리우스를 파악할 능력이 없는 사람은 카이사르를 찬양하고, 라플라스를 이해할 만한 이성을 갖추지 못한 사람은 나폴레옹을 위해 나팔을 불고 북을 두드린다. 그리고 나는 알렉산더나 케자르나 나폴레옹을 흠모하는 사람들의 이성 속에서 항상 노예근성의 면모를 발견했다."

우리의 자아란, 살피자면, 독립된 무엇이 아니라 이것이 있음으로 저것이 생겨난 연관된 사건의 나열이기에 내가 관심을 기울이는 것이 내가 된다는 무서운 말이 생겨난다. 무지하여 이들에게 끌려들어 놀아나면 그들이 원하는 대로 휘둘리는 노예가 된다.

닷따트레야의 정신이 필요한 것은 비단 그 시절만이 아니다. 어디 종교뿐이겠는가. 스스로의 마음 역시 일심으로 집중치 못하고 쪼개지고 갈라지지 않는가.

사실 훗날 지어진 냐따뽈라 사원에서 주(主)신을 찾아내기 애매함 역시, 헤쳐 보면 닷따트레야 사원과 더불어 노예근성에 물든 이들을 위한 융합통합의 시도가 엿보인다.

닷따트레야 사원은 1427년에 약사 말라 재위 시에 건립을 시작하여 1458년에 완성되었다. 카트만두 광장의 카트만답(Kathmandap)처럼 한 그루 나무에서 나온 목재로만 사원을 건립했으며, 훗날 2층과 3층을 올렸다고 전한다.

닷따트레야 사원 입구에는 냐따뽈라 사원과 마찬가지로 커다란 덩치에 우락부락한 눈알을 굴리는 자야 말라와 파타 말라, 두 사람이 무릎을 꿇고 떡하니 버티고 서 있다. 사람들은 외모가 금강역사에 뒤지지 않는 이 두 전사들의 힘은

• 우람한 형색의 두 사내가 사원 입구에 버티고 있다. 레슬링으로 서로의 자웅을 겨루었으나, 무려 40일이라는 시간 동안에도 승부를 내지 못한 용사들. 그들은 전설이 되어 사원을 지키는 용맹한 사천왕 신분이 되어 있다. 불순한 의도를 가진 그 누구도 이 사내들에게는 단숨에 제지당하리라.

• 닷따트레야 사원과 너른 광장. 박타푸르의 최초 광장이니 바로 원조 광장이다. 이 광장에서 종종 말라, 즉 레슬링이 벌어졌다. 다소 낡았으나 친밀하고, 넓지 않아 정답다. 광장을 걷는 사람 모두 이웃처럼 다정하구나. 사랑을 나누건, 장사를 하건, 웅변은 물론 야바위꾼이 노름판을 펼쳐도, 모두 받아들일 수 있는 후덕한 분위기의 광장.

빔센에 조금도 뒤지지 않는다고 이야기한다.

두 사원 사이에 있는 꽤나 넓은 광장은 박타푸르에서 가장 먼저 생긴 광장으로 16세기 말까지 이 주변에 왕족들이 모여 살았다가 훗날 동쪽 더바르 쪽으로 옮겨갔다.

박타푸르는 본래 레슬링으로 원근을 막론하고 유명하여 인도까지 풍문이 퍼져 있었단다. 서로 누군가 강하다 이야기하면 상대에게 도전하고 도전에 응한 사람은 관중들 앞에 나서 자웅을 겨루는 일이 흔했다 한다.

이 똘레 근처에 단 한 번도 져본 일이 없는 극강 레슬러가 살고 있었단다. 누가 도전하던지 무릎을 꿇게 만들며 승승장구해왔다. 그러던 어느 날 소년 하나가 다가와 당신은 내 아버지보다 강하지 못하다, 이야기하는 것이 아닌가. 화가 난 레슬러, 소년의 아버지를 불러서 이 광장에서 많은 사람들이 모인 가운데 도전장을 내밀기로 한다.

서로 밀치고 당기고 넘어뜨리고 구르면서 서로가 서로의 힘을 자랑하는 가운데 먼지가 일고 주변의 건물들이 맥없이 무너졌단다. 바로 빔센 사원과 닷따트레야 사원 사이의 바로 이 광장에서 일어난 일이다. 이런 겨루기는 해가 지고 뜨고, 보름달이 작아지고 다시 보름달이 떠오르고 스러지는 무려 40일 밤낮으로 이어졌으나 두 사람의 우열을 판단할 수는 없었단다. 결국 왕이 개입하여 무승부를 선언하여 아직 힘이 넘쳐나는 두 사람 간의 다툼을 간신히 종식시켰다.

이 전설의 레슬러가 바로 자야 말라와 파타 말라, 오늘도 사원 앞에서 자신들이 자웅을 겨루며 굴렀던 광장을 묵묵히 바라보고 있다.

약간 경사진 광장 닷따트레야 사원 앞에 공동으로 사용하던 우물이 아직껏 남아 맑은 식수를 공급한다. 레슬러들이 겨루기를 마치고 나눠 마신 맑은 물이 아직도 퍼올려진다.

## 박타푸르에서 마시는 독주

히말라야와 같은 큰 산을 만날 때 마음이 어떻게 움직이는지, 500년 혹은 1,000년도 지난 고대도시에서 마음은 어떻게 반응하는지, 더불어 불야성 현대도시와는 달리 마음은 어떤 식으로 변화해 가는지 알아차리기 좋은 자리가 박타푸르다.

박타푸르는 우리나라 경복궁 안에 아이들이 공부하는 학교가 있고 잡상인들이 손수건을 팔고 구운 옥수수를 팔아 내놓으며 장이 서는 식이다. 또한 생필품을 파는 가게가 있어 사람들이 찾아오니 과거로부터 일상이 단절되지 않고 흘러와 다시 흘러간다.

옛 사람들이 살던 집을 새롭게 만들고, 아침에 해가 뜨면 옛사람들이 입던 옷으로 갈아입고 옛사람들이 쓰던 도구를 사용하다가, 해가 지면 불 끄고 옷 갈아입고 문을 잠근 후 퇴근하는 우리네 민속촌과는 태생부터 다른 곳이 박타푸르다. 마음이 역사와 더불어 과거를 만나면 시간개념이 퇴색하고, 이때 다가서는 편안함은 급조된 민속촌과는 전혀 다르다.

요즘 세계문화유산은 인플레에 빠져 함량미달인 문화재들을 국력으로 밀어붙여 문화재로 지정 받으려는 시도들이 곳곳에서 일어난다. 박타푸르는 이런 잔별들을 무색하게 만드는 정월 대보름달 같이 빛나는 진정 세계문화유산이다.

광장에서 광장으로 이어져나가는 골목을 걷고, 쉬고, 신에 대한 헌신을 생각하고, 중세의 설산을 넘나드는 뜨거운 사내들의 재담을 연상하며, 그들과 현지 사람들이 탄생시킨 문화를 더듬다 보면, 이 아름다운 도시에서 한 주일도 그렇게 짧을 수는 없으리라.

카트만두 시내에서 멀리 떨어져 치우쳐 있고, 입장료가 비싸며, 위락시설이 거의 없어 외국인 관광객들은 한나절 혹은 반나절 관광을 마친 후, 저녁이면 시내 쪽으로 거의 대부분 빠져나간다.

장사꾼들이 아침 장에 분주하고 학생들이 등교하는 시간, 즉 관광객들이 몰려오기 전인 오전 9시 이전이나, 이들이 관광버스를 타고 나가버리는 오후 5시 이후 뉘엿한 빛으로 붉은 색 벽돌집들이 더욱 붉게 채색되는 시간대. 이때 거리를 걷는 기분은 최고다. 그리고 해가 기울면 그토록 정겨운 박타푸르 골목 안 술청에서 술 한 잔 곁들인다면 박타푸르는 관광지가 아니라 자신의 왕국으로 편입된다.

유서 깊은 박타푸르 뒷골목에서 마실 수 있는 로컬 럭시(독주)의 깊은 맛은 이런 흐름 속에 창조된 것이라 늦은 밤, 가슴 안으로 몇 잔을 털어 넣는 순간, 전생에 한 시절, 이 도시에 앉아 눈이 녹으면 넘어갈 히말라야를 생각하는 나그네가 빙의된다.

술을 마시는 사람이라면 한 번은 경험해야 하는 박타푸르 럭시.

독한 술에 몸을 한 번 떨고 나면 야크와 함께 전생에 걸었던 험한 산길이 눈앞에 펼쳐지고, 나를 부르는 옛 친구들의 목소리까지 환청으로 들린다.

독배 두 잔이면 사나이 마음을 흔들었던 박타푸르 초생달 같은 고운 눈매를 가진 여인네 속살이 보일 듯하다. 석 잔이면, 그대들, 아직 붓다가 되지 못해 나

중세의 면모가 그대로 살아 있다. 내가 이방인이라는 생각이 전혀 들지 않는다. 시간을 거슬러 온 시간 여행자라는 느낌도 없다. 나는 여기에 일부가 되며 사실 구태에 '나'라는 말조차 사라진다. 막연한 그 무엇. 상상력이 아닌 저 무의식의 무엇인가가 이 자리와의 연관성을 감(感)으로 말해준다.

처럼 윤회계를 떠도는가〔這漢來來去去〕 읊게 된다. 무너뜨리고 해체하며 전도에서 멀어져야〔遠離顚倒〕 가닿는 우리들의 목표지점.

> 많은 생을 윤회하면서 나는 치달려왔고 보지 못하였다.
> 집 짓는 자를 찾으면서 괴로운 생은 거듭되었다 .
> 집 짓는 자여, (이제) 그대는 보여졌구나.
> 그대 다시는 집을 짓지 못하리.
> 그대의 모든 골재들은 무너졌고 집의 서까래는 해체되었다.
> 마음은 업 형성을 멈추었고 갈애는 부서져버렸다.

미래에 도달한 그 자리를 생각하며 독주 한 잔 더 털어 넣게 된다. 한 잔을 마셔도 취하고 한 말을 마셔도 취하지 않는 신비로움. 박타푸르가 주는 선물이니 기꺼이 받는다.

옴.

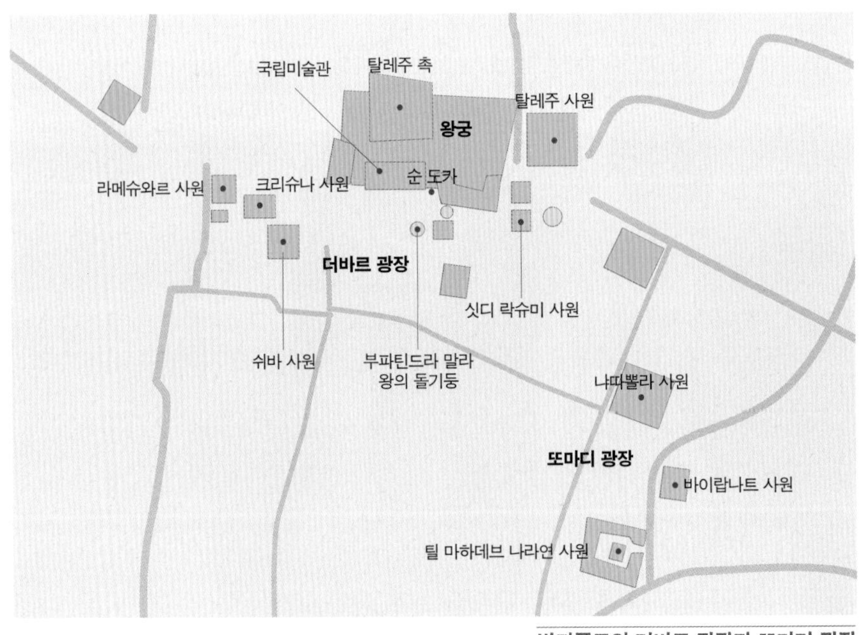


박타푸르의 더바르 광장과 또마디 광장

# 19

# 이제는 카트만두의 중심, 하누만도카

여신 락쉬미는 비슈누의 부인이다. 슈리라고 불리는 그녀는 사랑과 미, 행운과 부의 여신이다. 인도인들은 어떤 사람이 갑자기 부자가 되었다면, 그것은 바로 여신 락쉬미가 그의 집에 머물고 있기 때문이라고 말한다.

- 김형준의 『인도 신화』 중에서

## 카트만두는 사원의 이름

현재 카트만두의 중심지 일대를 돌아보기 위해서는 더바르를 중심으로 몇 개 구획으로 나누어 둘러보면 편하다.

1. 더바르 광장
2. 하누만 도카
3. 더바르 광장 북쪽
4. 더바르 광장 남쪽
5. 타멜 지역

전 세계 FM 방송을 모두 들려주는 스마트폰 어플이 있다. 한국에서 아침 7시 반, 출근을 준비하는 시간이면 카트만두 분지, 안개 가득한 갠지스 강변은 여명조차 찾아오지 않은 새벽 4시를 넘기는 시간이 된다. 그런 시간답게 카트만두 방송에서는 신을 찬양하는 음악이 애잔하게 흐른다.

아침에 단골로 듣는 네팔 FM 96.1은 카트만두에서 송출하는 칸티푸르(Kantipur) 방송이다. 스마트폰 화면에서 방송국을 고르다가 칸티푸르라는 단어가 뜨는 것을 보고 무척 반가웠다. 칸티는 빛, 광휘로 해석하면 되고 푸르는 박타푸르와 마찬가지로 성(城), 요즘 식으로 신이 머무른 혹은 머물렀던 도시라는 뜻이기에 우리말로 빛고을 광주(光州)로 옮기면 된다. 카트만두라는 이름이 정식으로 사용되기 전, 이 일대는 칸티푸르라고 불렸다.

칸티푸르는 구나까마데바(Gunakamadeva) 왕이 건립한 것으로 전해진다. 왕은 신을 향한 제사를 지내던 중, 비슈누의 아내인 락쉬미 여신을 알현하고, 락쉬미 여신은 왕에게 바그마티(Bagmati) 강과 비슈누마티(Vishunumati) 강이 만나는 근처에 도시를 일으킬 것을 권유한다.

락쉬미는 많은 재산, 밝은 빛, 행운을 나타내는 여신으로 연꽃 위에 앉아 있는 우아한 모습으로 나타나며 부귀와 유관함을 증명하듯 빛나는 금빛 피부를 가지고 있다.

경전은 비슈누와 락쉬미의 관계를 이렇게 비교 설명한다.

> 비슈누의 부인이자 세계의 어머니인 락쉬미는 영원하고 불멸이다. 비슈누가 모든 곳에 두루 존재하듯이 그녀는 전지전능하다. 그가 의미라면 그녀는 말이고, 그는 대범하고 그녀는 세심하다. 그가 이해라면 그녀는 지성이며, 그가 정의라면 그녀는 헌신이다. 그가 대지의 기둥이라면 그녀는 대지, 그는 남성이라 부리는 모든 것이고 그녀는 여성이라 불리는 모든 것. 따라서 그 둘 이외에는 아무 것도 존재하지 않는다.

이런 여신이 집에 들어오는 일은 얼마나 대단한 행운인가. 더구나 앞에 나타나 이제 때가 되었으니 자리를 옮기라 한다면, 아무리 잘되는 대박집이라도 그동안의 모든 기득권을 포기하고 옮겨가지 않겠는가.

왕은 여신의 충고를 따라 칼 모양의 길쭉한 형상의 도시를 건설하고 도시가 어느 정도 틀을 잡자 파탄(랄릿푸르)을 떠나 신도시로 궁전을 이주한다. 이 자리는 훗날 카트만두 분지의 핵심지대로 발전하여 오늘에 이른다. 다시 풀자면 칸티푸르는 락쉬미의 축복 어린 도시와 같다. 이 도시의 명절에 많은 사람들이 집 밖에서 집 안에 이르는 길에 촛불로 장식하며 환히 불 밝히는 연유 역시 여기서 기인한다. 락쉬미에 대한 기억과 락쉬미를 집안으로 모시는 초대의식이다.

볼거리 천지인 이곳은 하루 투자로는 모두 알아보기 용의하지 않다.

1. 카트만답
2. 야쇼끄 비나야끄
3. 마루 똘레
4. 마주 데가
5. 뜨레일로까 모한 나라얀 사원
6. 쉬바 파르바티 사원
7. 구마리 바할
8. 크리슈나 사원
9. 자간나트 사원
10. 깔라 바이랍

요즘은 칸티푸르 대신 카트만두라는 이름이 널리 쓰인다. 16세기 초 락스미 나라싱 말라(Laxmi Narsingh Malla) 왕 재위 시에 건립된 나무(Kath)로 만든 사원(Mandap)에서 이름이 유래되었고, 사원은 현재까지 더바르 광장에 위풍당당하게 자리 잡고 있다.

사실 나무로 만든 사원이라면 어디 이 사원뿐이랴, 여기저기 지나칠 정도로 흔하지만, 이 사원은 특별하고 신비롭게도 '단 한 그루의 나무만'으로 세워졌기에 나무를 강조하는 의미에서 나무사원이라는 이름이 붙었다. 우리말로 만들자면 일목사(一木寺)가 된다(하나의 나무로만 사원을 지은 것은 박타푸르의 닷따트레야 사원으로 분지 내의 최초. 카트만두보다 역사적으로 앞선다는 설이 있다).

단 한 그루의 나무만으로 만들었다는 사원을 중심으로 주변에는 장터가 서

- 나무사원이라는 이름이지만 본래 여행객을 위한 목적으로 사용되었다. 12세기에서 16세기 사이에 건립되었다고 넉넉하게 추정할 정도로 건립연대는 확실하지 않다. 신화를 믿는다면 굵은 나무 기둥들에게 경의를 표하며 한 번씩 쓰다듬어 보거나 껴안아 보아야 한다. 지상의 나무가 아니라 천상의 나무로 만들어진지라.

서 물물교환이 이뤄지고, 멀리 외지에서 오는 사람들은 서울역 앞 시계탑에서 만나듯이 이 나무사원에 모여 만났으니, 카트만답(사원)이 곧 카트만답(도시)이 된 셈이다. 카트만답이라는 발음은 차차 카트만두로 굳어졌다.

만약 불국사가 있다면 그 도시 전체 이름이 그냥 불국사, 이렇게 부르는 식이다. 이 경우, 불국사가 얼마나 많은 사람들이 모이고, 입에 오르내리고, 중요한 자리인지 미루어 짐작하지 않아도 된다.

본래 만답(Mandap)은 사원이 아닌 다른 의미로도 쓰이는 바 휴게소와 같은 개념이 강하며, 인도에서는 통상 다람살라라고 부른다. 카트만두 분지에서는 리차비 시대로부터 여러 경로를 통해 분지로 들어왔다가 다시 멀리 떠나가는 여행자들에게 쉼터, 여관, 계약을 체결하는 사무실 같은 시설 제공이 필요했다.

머무는 대상에 따라 명칭이 달라 수행자와 구루들이 장기간 묵어가는 종교적인 사딸(Sattal), 일반 관광객들이 쉬거나 사람들이 모여드는 대중적인 정자 형태의 파티(Pati), 사각형 형태의 단층 혹은 복층 구조를 가지고 숙박, 휴식, 등등 다양한 기능을 품은 만다파(Mandapa), 그리고 유사한 기능의 차파트(Chapat)가 있었다. 많은 사람들이 동서남북 다양한 입구를 통해 쉽게 건물 내부로 들어올 수 있도록 적당히 기둥을 세우고 가능하면 벽을 만드는 일은 피했으며 비를 막기 위해 천장을 올리는 등, 우리나라 정자와 같은 단순한 건축양식을 취했다.

이렇게 쉬는 기능 이외, 빔센 사원 같은 경우에는 국경을 넘나드는 대상들, 요즘 말로 국제무역업자들이 모여 며칠이고 묵어가는 투숙기능에 더해 정보를 교환하는 무역센터 역할은 물론, 신을 경배하는 신전 기능까지 다목적 복합 기능을 갖추었다.

카트만답에 들어서면 신에 대한 경건함보다 태양과 비를 막아주며 높은 천장 사이로 불어오는 서늘한 바람이 우선이라 왠지 두 다리 쭉 펴고 쉬고 싶다. 앞서간 여행자들이 남겨 놓은 여유로운 휴식이라는 파장에 감응되는 것이다. 사원과 여관의 기능을 충실히 치러낸 빔센 사원은 또 어떤가. 산길을 헤쳐 나가는 야크와 같은 근육질의 사내들, 산적들과 맞닥뜨려도 결코 밀리지 않는 우락부락한 남자들의 체취가 아직 역동적으로 남아 있다. 사원마다 느낌이 같을 수 없다.

그런데 단 한 그루의 나무로 이렇게 높은 3층 사원을 세우는 일이 가능할까? 칸티푸르 사람들은 이미 답을 가지고 있다.

칸티푸르에서 큰 축제가 열렸단다. 천상에서 이 모습을 바라보고 있던 깔파브리크샤(Kalpavriksha)라는 천상의 나무는 궁금증을 참지 못할 지경에 이르렀다. 지금도 볼만한 구경거리가 넘쳐나는 네팔 축제인데 과거 한때, 다른 재미라고는 찾을 도리가 없던 시절에 축제판이란 얼마나 흥미로웠을까. 이제 사람으로 변신한 나무는 한달음에 지상으로 내려와 축제판에 발을 슬쩍 들여놓았겠다.

브리크샤(vriksha)는 산스크리트어로 나무를 뜻한다. 앞에 측정이 어려운, 엄청나다는 의미의 깔파(Kalpa)가 붙은 깔파브리크샤는 인도를 여행 중에 종종 만나게 되는 반얀(banyan) 나무다. '소망성취 나무'라는 다른 명칭이 붙은 이 나무는 옆으로 퍼져나가는 가지에서 수많은 뿌리가 땅을 향해 기둥처럼 내리며 성장하기에, 나무 한그루가 숲을 이뤄 심지어는 1,000명이 들어가 앉을 수 있는 크기까지 자란다.

대표적인 것은 인도 캘커타 하우라에 있는 반얀 나무로 외양은 울창한 숲으로 보이지만 지상으로 받침대처럼 기둥을 내리며 옆으로 퍼져나간 단 한 그루 나무다.

한 그루가 이루어 낸 이 숲에 서면 늘 기도문 하나가 생각난다. 보리심과 공성이라는 두 개의 축에 관한 기도문, 즉 보리심과 공성의 지혜가 싹트게 하고, 후퇴하지 않도록 하고, 이 나무처럼 위없이 자라나도록, 가슴에서 간절하게 일궈내는 기도문이다. 보리심과 공성, 이 두 가지가 마치 깔파브리크샤처럼 자라나면 얼마나 좋겠는가, 더불어 큰 보디삿뜨바가 되어 자신이 만든 그늘에 인도의 따가운 햇살은 물론 무지막지한 몬순의 빗줄기를 온몸으로 막아서서, 수천 수행자와 아라한들의 청량지(淸凉池)가 되어 그들을 보호한다면 얼마나 좋겠는가.

예부터 사람들은 큰 축제판에는 신들이 찾아와 사람 모습을 한 채 뒤섞여 있다고 믿어왔다. 깔파브리크샤가 마법으로 사람 형상을 한 채 축제에 휩쓸려 이리저리 돌아다닐 때 그를 유심히 바라본 사람이 있었다. 도력이 매우 막강한 탄뜨라 수행자는 나무가 사람으로 변장해서 축제판을 이리저리 돌아다니고 있

쉬바 사원인 마주 데가는 피라미드처럼 급한 계단을 통해 올라야 한다. 1690년 리디 락스미 여왕이 건립했다. 그러나 사원을 지은 후원금 대부분은 박타푸르의 부파틴드라 왕의 어머니, 즉 리디 락쉬미 여왕의 어머니인 황태후에 의한 것이었기에, 사람들은 장모(maju)가 후원했다 하여, 장모라는 단어를 넣어 마주 데가라 부른다. 위치가 좋고 크기가 당당해서 사람들의 약속장소로 즐겨 사용된다.

음을 한눈에 알아보았으니, 슬며시 뒤따르다가 어느 순간 자신의 도력을 이용해서 나무의 마법을 풀어버렸다.

아차. 순식간에 천상의 나무는 본래 모습을 드러내어 축제판을 뒤덮어버리는 거대한 숲으로 변했겠다. 나무로 변했으니 다리는 땅에 박혀 쉽게 움직일 도리가 없는 데다가, 사람 형태로 다시 돌아가 천상으로 내빼기에는 상대 수행자 도력이 너무 강했다. 이제는 협상하는 수밖에.

깔파브리크샤는 사람들이 원하는 대로, 사원을 세울 수 있도록 천상의 거대한 나무인 자신의 일부를 제공하기로 약속하고 나서야 풀려날 수 있었다. 이렇게 해서 약속대로 깔파브리크샤가 제공한 재료로 나무사원, 즉 카트만답(Kathmandap)이라는 목조건물이 만들어지기 시작했다. 어떻게 한 그루 나무로 이렇게 큰 사원이 만들어질 수 있는가? 그것에 대한 답이다.

사원의 목재는 당연히 반얀 나무이며 그 출신은 천상과 연결되어 있으며, 도력이 막강한 수행자가 개입되었고, 그리하여 사원이 생겼으며 이제 도시 이름으로 남겨졌다는 이야기다.

칸티푸르 시내를 여행하기 위해서는 먼저 카트만답을 찾아 이런 사연이 스며 있는 목조건물에 입장하는 일이 첫걸음이다. 비록 신화의 이야기지만 사원의 나무 기둥을 쓰다듬는 일은 살아서 천상의 나무를 만져보는 일, 어찌 마음의 설렘이 없으리오. 1층 네 곳의 거대한 기둥 16개를 하나하나 쓰다듬고 만져보며 이마를 대는 가운데 내 마음은 신화시대의 천상과 맞닿는다.

카트만두의 시초를 일으킨 사원 안에서 많은 사람들이 담소하거나 낮잠을 잔다. 어느 나무는 혼자의 힘으로 이런 일을 일으키고, 어떤 나무들은 수천수만이 함께 모여야 간신히 이런 결과를 가지고 온다.

어떤 나무가 될 것인가?

자신의 보리심과 공성의 지혜를 키워 커다란 반얀 나무처럼 되어 보다 많은 중생을 싣고 바다를 건너가는 마하야나(mahayana), 대승(大乘)의 재목이 되어야 하지 않겠는가. 카트만두 사원이 우리에게 고구정녕하게 일컫는 이야기로 카트만두, 카트만두, 무심하게 이름을 부르는 가운데 숨은 뜻이 보인다.

• 카트만답 앞에 놓인 싱하 사딸. 이름이 의미하듯이 한때 여행객들이 쉬어가던 장소였으나 현재 1층은 상인들에 의해 점거 당해 쇼핑몰로 변모했다. 문화재를 활용하는 방법을 보면 진정 네팔스러운 일이다. 지붕에는 비슈누와 가루다 등의 형상이 있다. 이 건물은 카트만답을 만든 후 남은 나무들을 모아서 지었다 한다.

## 고라크나트와 고르카 왕국

카트만답 중심에는 결가부좌로 앉은 요기 상이 있다. 한 도시의 가장 중심이 되는 사원에 그것도 사원에 중앙 자리에 앉아 있다는 사실만으로 보통 존재가 아니라는 추측을 일으킨다. 주인공은 고라크나트(Goraknath)라는 인물로 생몰연대가 신비에 쌓여 있어 후세사람들은 대충 9-12세기 사이 인물이라 두루뭉술하게 이야기한다.

사실 히말라야에 은둔한 요기들은 자신이 해탈에 들 때를 대비해서 제자를 키우는 경우가 있고, 제자는 스승의 이름을 그대로 물려받는 경우가 왕왕 있다.

내게도 힌두교 스승이 한 분 있어 히말라야 일대에서 옴기리바바지라는 이름으로 널리 통한다. 그는 과거 자신이 스승의 이름을 그대로 물려받았다고 이야기를 전했으며, 히말라야로 들어가 낡은 육신을 벗고 신과 합일하러 들어가기 전, 수제자를 키워 자신의 이름을 이어 넘긴다 했다. 고라크나트의 생몰연대가 이렇게 확실하지 않은 이유는 바로 스승의 이름을 그대로 전수 받는 전통에 의하지 않았나, 추측이 가능하다. 역시 쉬바 신의 화신으로 추앙 받는 고라크나트는 아직 히말라야에 살고 있다고 말한다는 사람조차 있지 않은가.

역사서에 의하면 마첸드라나트(Matsyendra Nath)가 쉬바 신으로부터 직접 가르침을 받아 나아트 파가 창시되고, 그의 제자 고라크나트에 의해 이 파가 부흥기를 맞이한 것으로 알려져 있으며 때는 9세기 후반이라 한다. 힌두교의 여러 학파 중에 신비주의 색채가 가장 짙게 배어 있다.

신비주의자들의 거처는 저자거리가 아닌 고립된 깊은 숲속, 히말라야 동굴 등등이기에 입문식을 통과하면 이런 숲으로 들어가 쉬바 신과 하나가 되는, 즉 합일되는 경지로 나간다. 일반 힌두교도는 부정한 것들을 모두 태워버리는 불을 상징하는 오렌지 빛 수행복을 입어, 정신적으로 번뇌가 없으며 육체적으로도 청정함을 추구한다는 자신들의 목표를 보여주지만, 신비주의자들은 신의 옷은 때로는 벌거벗은 몸이라 복장에 연연하지 않는다. 모든 신비주의가 그러하듯이 카스트 따위는 염두에 두지 않았고, 결혼 유무에 대한 구속은 아예 없었다.

나아트 파는 고라크나트에 의해 밀교적 요소에 더해 하타요가를 통한 육신의 청정함을 추구하는 금욕적인 수련이 추가, 강조되었다. 그는 「시스야 다르산(Sisya Darsan, 교설의 거울)」, 「사브디(교설 송가)」 등등, 40여 편의 운문과 산문을 남기는데, 요가 수행자들이 어떻게 마음가짐을 가지고 어떻게 수행해야 하는지에 관한 것이라 한다.

이 파의 신비주의에서는 수행이 깊어지면서, 차크라가 열려 병을 치료하는 능력이 생기고, 사방의 짐승들과 교류가 가능해지기에 이들은 질병을 치료하고 숲속의 맹수들을 자유롭게 부렸다. 좌탈(坐脫)로 세상을 뜨면 결가부좌 그 자세 그대로 땅에 묻었고, 비록 죽었지만 영혼은 깊은 명상 속에서 쉬바 신과 하나가

카트만답 사원 중앙에 모셔진 성자 고라크나트. 수많은 힌두교 성자 중에 샤 왕조와 연관이 있었다는 이야기로 인해 네팔에서는 단연코 독보적으로 모셔진다. 얼마나 많은 치성을 온몸으로 받아들였는지 형체가 무너져간다. 사랑의 대가로 형상을 잃어가는 대신 상대의 마음에는 온전하게 새겨지리니.

되었다고 생각하여, 무덤 위에는 쉬바 신의 상징인 링감을 놓았다. 이런 무덤을 지바 묵타(Jiva Mukta)라 부른다.

이토록 쟁쟁한 명성을 가진 힌두교 거두가 현재 네팔의 중심인 카트만두, 그리고 카트만두의 중심인 사원, 그 사원의 가장 중앙에 결가부좌로 앉아 있다. 그는 바로 네팔을 통일한 나라얀 샤가 따르던 정신적 지주였으며, 당연히 카트만두 정중앙에 모셔야 했다.

나라얀 샤는 이 구루를 만난 것으로 알려져 있다. 서로의 생몰연대가 몇 세기 차이 날 정도로 상당히 달라, 시공을 초월한 신비로운 만남인지 자신의 통치의 정당성을 위해 설을 유포한 것인지는 알 수 없으나, 히말라야 주변에서 일어나는 신비체험은 모두 부정하기 어렵다.

나라얀 샤가 고라크나트를 찾았을 때, 구루는 매우 더러운 모습으로 결가부좌 상태에 있었다. 고라크나트는 불결한 손으로 위생 상태를 전혀 알 수 없는 요거트를 손에 따라주겠다고 했단다.

요즘까지도 구루들은 자신의 물통에서 신도들에게 성스러운 물을 손에 부어준다. 신도들은 오른 손, 혹은 양손으로 받아 마시고 남은 물은 머리에 뿌리며 감사해한다. 큰 구루들의 이런 공물, 푸라사드는 얼른 받아 자신에게 오는 축복으로 생각하며 주저 없이 받아먹는 것이 원칙이다.

그런데 나라얀 샤, 일단 손으로 받았으나 더러움에 당연히 머뭇거렸겠다. 주저하는 동안 그의 손바닥 사이로 요거트가 흘러 발등에 뚝 떨어졌다. 예지력 있는 신비주의자 고라크나트, 말한다.

• 통일 네팔의 초대 왕 프리트비 나라얀 샤. 손가락은 유아독존의 자세로되 반대편은 칼을 들었다. 손가락 하나로 세운 것은 여러 가지 의미로 해석이 되는 바 가장 그럴 듯한 것은 네팔을 하늘 아래에서 하나의 국가로 통일시켰다는 의미다. 사실 그가 네팔을 통일하지 않았으면, 인도를 점령한 영국에 의해 히말라야의 작은 왕국들은 조각조각 의미 없이 부서졌을 것이다. 프리트비 나라얀 샤 덕분에 통일 네팔이라는 하나의 구심점을 가지고 외세에 허리를 굽혔을지언정 버텨낼 수 있었다. 많은 문화재들이 약탈된 후 대영 박물관 창고로 향하지 않고 많은 부분 제자리에 남게 된 일도 이 왕의 치적이다.

• 카트만두 분지 안에 덕망 있는 가네쉬 사원이 네 곳에 있다. 그 중 하나가 카트만답에 인접한 야쇼끄 비나야끄 사원으로 마루 가네쉬 사원이라 부르기도 한다. 분지 내부에 가장 중요한 가네쉬 사원이기에 하루 종일 신자들의 긴 행렬이 끊이지 않는다. 가네쉬는 머리는 코끼리 형태, 몸은 사람이며 쉬바 신과 파르바티의 아들이다. 아주 오래전부터 여행자들은 여행의 안녕을 위해, 여행에서 자신의 노고만큼의 수입을 얻을 수 있도록 이 사원을 반드시 찾았다.

"네가 말하는 것마다 이루어졌을 터이나, 다만 밟는 곳마다 너의 땅이 되리라."

무슨 말인고 하면 네가 만일 주저하지 않고 마셨다면 내 축복이 입으로 들어가 네가 말하는 대로 모든 일이 이루어졌을 터이지만, 그 축복의 핵심이 너의 발에 떨어진 고로 네가 밟는 곳이 너의 땅이 되는 정도로 행운이 제한되리라는 이야기.

이것만 해도 땅 부자를 꿈꾸는 사람에게는 대단한 축복이다. 그렇지만 땅 부자란 급이 한참 아래 급이다. 죽으면 가지고 갈 수 없는 것이 땅이나 재화 그리고 가족이다. 뱉은 말로 다 이루어질 수 있다면, 신과 하나가 되겠다든지, 붓다가 되겠다, 선언한다면 얼마나 엄청난 일이겠는가.

이쯤 되면 고르카 왕국의 어원이 어디서 왔는지 어렴풋하게 윤곽이 잡힌다. 바로 고라크나트의 이름에서 가지고 온 것으로 성자의 이름을 내건 국명이라 나 같은 사람에게는 나라 이름에 존경심이 일어난다. 우리에게 의상국, 원효국, 베드로국이 가능했을까?

카트만두의 중심 사원에, 거기에 더해 사원의 정중앙에 고라크나트를 모신 일은 바탕이 모두 훤하게 보이는 구도다. 진실의 가능성 반, 그리고 침략에 대한 정당성을 부여하기 위해 힌두교 성자를 끌어들였을 가능성 반.

나라얀 샤의 조상들은 본래 인도 북동쪽 라자스탄 귀족이었다. 이들은 13세기 터키계 무슬림 고르 왕조 침략과 16세기 몽골계 무굴왕조 침략에 저항하다가 일부는 굴종적으로 제자리에 남게 되고, 일부는 히말라야 산속으로 이동하여 새로운 터전을 닦는다. 나라얀 샤의 선조, 드라비아 샤(Drabya Shah)는 히말라야 쪽으로 이동하여 1559년 혹은 1560년 현재 중부 네팔 마나슬루 입구인 고르카 지방에 정착하여 람 샤(Ram Shah) 왕조를 연다.

나라얀 샤가 카트만두를 삼키려고 결심했던 당시 고르카는 인구 12,000의 작은 왕국이었다. 네팔에 여기저기 군웅할거한 46여 개의 왕국 중에서 중간 정도 규모라고나 할까. 전쟁을 치르려면 군인들이 먹고 움직이고 무기를 공급받는 등, 엄청난 재화가 필요하기에, 어느 누구도 이런 작은 집단이 일어나서 네팔을 통일할지 꿈조차 꾸지 못했을 것이다. 더구나 인구가 12,000이라면 어린아이, 노인, 여자를 빼고 전쟁에 참여할 사람이 도대체 얼마나 되는가.

그러나 해냈다. 나라얀 샤는 티베트와의 교역의 중요점인 눌코트를 점령하여 재화의 이동을 차단하고, 이어 카트만두 분지에서 위치가 높고 카트만두 분지와 네팔 서부지역을 연결하는 전략적 요충지 키르티푸르를 집요하게 공략하여 점령함으로써, 서부지역으로부터 카트만두를 돕고자 하는 세력과 격리한 후, 이제 1768년 카트만두 전체를 삼키게 된다.

인도는 무슬림들의 침략 등등으로 무슬림들의 세력이 증가하며 순수 힌두 왕국에서 이미 벗어났다. 나라얀 샤는 자신들의 조상을 생각하며 점령지를 순수한 힌두교 왕국으로 선포하고 국정을 펴나가게 되는 바, 여기에 힌두교의 대

성자 고라크나트의 이름이 필요했으리라.

카트만답 건축물 모서리에 네 가지 가네쉬 형상이 자리한다. 카트만두 분지 내의 풍수적으로 중요한 위치에 놓인 가네쉬 사원을 의미한다.

1. 박타푸르
2. 부가마티(Bungamati)
3. 차바힐(Chabahil)
4. 초바르(Chobar)

힌두들은 가네쉬에게 간곡히 부탁할 일이 있으면 네 곳 모두 순례를 돌았다 한다. 그러나 4곳 사원의 의미를 안에 모셔, 이곳에서 기도하면 네 곳을 모두 순례한 일과 동일한 공덕을 받는 것으로 인정받았다. 물론 약식이라는 의미가 있으니 카트만두 분지가 여러 나라로 갈라져 있어 분지 내의 성지순례가 용이하지가 않았기에 만들어진 방편이다.

카트만답 바로 우측으로는 가네쉬에게 헌정된 야쇼끄 비나야끄 사원이 있다. 가네쉬는 제물을 담당해서일까, 점점 바라는 것이 많아지는 요즈음, 매캐한 향냄새 속에 날이 갈수록 참배객들의 줄이 길어진다.

## 바이라바, 분노하는 쉬바 신

신화에서 힌두의 위대한 신들은 종종 자신의 위대함을 놓고 말다툼을 벌인다. 어느 날 메루 산 정상에서 한 성자가 신성의 본질을 묻는 질문에, 브라흐마와 비슈누는 각기 자신의 위대함을 말하면서 입씨름한다.

결판이 나지 않자 『베다』에 기록된 내용을 참고하여 둘 중 누가 더 뛰어난지 결정하기로 합의를 본다. 그런데 『베다』에는 자신들의 이름은 찾아볼 수 없으며 엉뚱하게 쉬바 신이야 말로, 창조, 유지, 파괴의 위대한 신이라 기록되어 있는 게 아닌가. 불평이 터져 나온다.

"쉬바 신은 귀신들의 왕이며 무덤가에 살고 있는 자. 벌거벗은 몸에 재를 온통 칠하고, 머리카락은 뱀으로 장식한 채 틀어 올렸다. 말라비틀어지고 볼품없는 괴이한 형상을 가진 자가 어찌 최고의 신이 될 수 있는가!"

마침 프라나가 나타나 그들 대화에 끼어들며 설명한다.

"당신들이 알고 있는 모습은 쉬바 신의 참된 모습이 아닙니다."

그렇다. 외모 따위가 무슨 소용 있는가. 질투에 눈이 어두워 외모로 상대를 깎아내린다. 사실 이런 일은 흔하다. 누가 무슨 업적을 이루고 어떤 행위를 했는가보다, 사투리가 심하다, 다리를 전다, 얼굴이 추하다 등등으로 비방을 일삼는 게 보통 소인배들의 흔한 일이다.

성자는 부언한다.

"그는 가끔 자신의 에너지와 결합하며 루드라 형상으로 나타나 다양한 환상의 놀이를 즐깁니다."

그대들이 본 것은 단지 여러 모습 중에 하나, 외모뿐이라는 충고다. 그러나 브라흐마와 비슈누, 둘은 동의하기 어렵다는 표정을 짓는 가운데, 빛 덩어리에서 검은 피부를 가지고 삼지창을 든 존재가 튀어나오니 바로 쉬바 신이다.

브라흐마는 당시 5개의 머리를 가지고 있었던 바, 그중 머리 하나가 질투로 시작된 분노를 표현하며 예고 없이 나타난 쉬바 신을 크게 비웃으며 꾸짖는다.

"나는 내 앞에 나타난 네가 누군지 알고 있다. 너는 내가 루드라라고 불렀던 존재이니, 나의 아들아, 내 발밑에서 용서를 구하라. 그러면 내, 너를 보호하리라."

쉬바 신은 분노한다. 분노의 에너지가 뿜어져 나오는 가운데, 무시무시한, 마치 개를 닮은, 그것도 싸움을 업으로 삼는 투견의 얼굴을 닮은 검은 존재가 갑자기 튀어나왔으니 이름하여 바이라바(bhairava). 바이라바는 단지 엄지손가락만으로 혹은 칼로 자신에게 굴종을 요구한 창조의 신 브라흐마의 다섯 번째 머리를 단숨에 잘라버린다.

말하자면 죽음의 신 쉬바 신에서 나온 바이라바란, 신 중의 신이며, 최고 중

• 이렇게 귀여운 바이라바도 있을까. 무섭다기보다 장난스럽고 귀여워 신상에서 도리어 해학이 읽힌다. 꿈에 이 모습 그대로 튀어나와도 긴장감 없이 미소 지으며 껴안을 수 있다. 그러나 현지인들은 진심을 내어 매우 지극하고 심각하다. 바이라바의 절대성을 찬미하며 보호한다. 현지 사람들은 이 자리에서 발굴된 바이라바의 풍화를 막기 위해 세대를 이어나가면서 정성을 다할 것이다.

의 최고이며, 창조의 근원조차 배어버릴 수 있는 막강한 능력의 소유자라는 이야기겠다. 그것도 온몸을 사용하지 않고 손가락 하나만을 사용해서.

모든 창조물들은 파괴되어 버린다는 은유이며, 짚을 잔뜩 실은 낙타의 허리를 부러뜨리는 것은 작은 지푸라기 하나이듯이, 멸망은 작은 것으로부터 도래한다는 뜻도 숨겨져 있다. 그 어떤 창조도 종말을 이겨내지 못한다.

그의 모습이 칸티푸르가 시작되는 입구, 자간나트 사원 근처에 당당하게 버티고 있다. 옳지 않은 이야기로 상대를 비방하며 허세를 떠는 대상을 가차 없이 응징하고야 만다는 에너지의 표현이다. 또한 거짓말 혹은 옳지 않은 말은 반드시 화를 불러온다는 의미가 있어 한때 위증을 가려내기 위해 죄인을 이 앞에 세웠다는 이야기가 있다. 이 앞은 아달라뜨, 즉 법원이었다. 당연히 거짓말을 했던 죄인은 신상 앞에서 피를 토하며 고꾸라졌다는 이야기가 덤으로 전해진다. 구업을 응징하는 자리다.

언제 만들어졌는지 알 수 없으나 프라탑 말라 재위 시에 다른 건물을 세우기 위해 땅을 파다가 발굴되어 지상으로 일으켜 세웠다 한다. 전해오는 이야기에 의하면 축제에 참석한 바이라바를 사람들이 범죄를 저지르고 떠도는 방랑자로 오인하여 도력과 쇠사슬을 이용해서 묶어버렸고 바이라바는 땅 밑으로 스스로 가라앉았다고 이야기한다.

카트만답에 이어 볼거리 2위다. 천진난만하거나 혹은 개구쟁이 같은 모습을 보면 깔리 바이라바가 무섭다기보다 불경스럽게도 귀여운 생각이 든다. 내 덩치가 바이라바만큼 크다면 가슴에 안고 등을 토닥토닥, 두드려주고 싶다.

"나는 네(파괴)가 안 무서워, 내 안에 있는 너, 도리어 귀엽구나."

## 네팔의 여신 쿠마리

힌두교에서 여신의 권위는 남신과 거의 동일하다. 일원적인 힘을 추구하는 종교이기에 남과 여의 힘은 에너지의 방향이 다를 뿐이며, 서로 균형 잡혀 있고,

때로는 서로 하나가 되기 위해 부단하게 노력한다. 이런 와중에 샥티라는 여성형 에너지의 개념이 싹터 자리 잡았고 힌두교의 이런 교리는 훗날 불교 밀교에서 적극 도입되었다.

본디 인도로 들어온 아리안 족에게 이런 여성적인 개념은 찾아보기 어려운 점으로 보아, 토착 드라비다 문화가 유입된 것으로 학자들은 추측한다. 남성들만의 거칠고 칙칙한 세상에 여성형이 들어가면서 다소 밝고 수다스러우며 명랑해졌다고나 할까.

카트만두 분지에 쿠마리라는 살아 있는 여신 역시 이런 힌두교 여성원리 흐름 중의 하나다. 11세기 인도에서 찾아온 아티사 디판카르(Atisa Dipankar)가 이런 사상을 카트만두 분지에 보급하여 심었고 당시 왕이었던 락쉬미까르마 데바(Laxmikarma Deva)는 여신에 대한 뿌자를 적극적으로 수용하며 발전시켜, 이때 처음으로 쿠마리 제도를 정립했다고 한다.

1024년에서부터 1040년 사이에 칸디푸르를 통치하던 락쉬미까르마 데바는 자신의 할아버지로부터, 자신이 영토를 넓히고, 부귀를 누리면서 건강하게 살 수 있었던 것은 모두 쿠마리 도움이었다는 이야기를 자주 들었다. 할아버지는 손자를 무릎에 앉혀놓고 자신의 과거사를 이야기하면서 쿠마리의 도움을 흥미진진하게 이야기했으리라. 그런 연유로 인도의 고승 아티사의 충고와 같은 외부 자극으로부터 왕국에 쿠마리 제도를 정착시킬 결단을 쉽게 일으켰으리라.

그 역시 할아버지처럼 부귀영화를 누리며 살기 위해, 이어 자신의 왕국이 대대로 여신의 은총을 받기 위해 쿠마리의 후광이 필요하다고 느꼈고, 더바르의 락쉬미 바르맘(Laxmi-barmam) 사원에 가서 샤캬 족의 반디야(bandya) 계급의 소녀를 뽑아 쿠마리로 삼게 된다.

현재까지 이어지는 카트만두의 로얄 쿠마리의 마차 축제는 할아버지 구나까르마 데바(Gunakarma Deva) 혹은 바로 락쉬미까르마 데바 둘 중에 한 사람이 시작한 것으로 간주하고 있다.

칸티푸르의 국왕 라뜨나 말라(Ratna Malla)가 1501년에 작은 탈레주 사원을 건립한 후, 마헨드라 말라(Mahendra Malla)가 현재 탈레주 바와니 사원 있는 위치에 3층 사원을 세웠으니 역대 왕들이 많은 공을 들였다.

그렇다면 쿠마리는 누구일까. 쿠마리는 탈레주 여신의 육화(肉化)라 하며 탈레주는 네팔만의 독창적인 여신이지만 다름 아닌 두르가 여신의 성격을 모두 가지고 있다.

힌두교 경전에 등장하는 이런저런 사건들에는 거의 일치하는 진행순서가 있다. 단계별로 뼈대를 살피자면.

1. 악마(혹은 수행자)는 무지막지한 따파스(고행)를 한다.
2. 고행의 결과로 신으로부터 엄청난 능력을 대가로 받아내서 이제는 천하무적 상태에 이른다.
3. 그렇게 얻은 힘으로 세상을 혼란에 빠뜨리고 선량한 사람은 물론 심지어는 신까지 마구 괴롭힌다.
4. 신들은 직접 나서 싸우거나, 자신들이 창조한 대리자를 내세워 악마와 싸운다.
5. 악마(혹은 악마 역을 맡은 수행자)는 패하여 죽음을 맞이하고 신들이 승리를 거머쥔다.

이런 형식의 시간별 전개에서 벗어나는 사건은 거의 없다고 보면 된다. 여기서 따파스를 하면 왜 엄청난 힘을 얻는 것인가? 묻지 않을 수 없다. 이에 대한 힌두교의 답은 간단하다.

"신이 그렇게 했기 때문이다."

간단하게 넘어갈 수 있는 대답이지만 사실 이런 이야기는 짚고 넘어가야 한다.

플라톤 역시 이렇게 물었다.

"신이 했기 때문에 좋은 것인가? 신과 관계없이 좋은 것인가?"

붓다는 의심해보라는 이야기를 종종했으며 '와서 보라'는 이야기도 경전에 보인다. 어떤 행위들을 의심하고 바라보면서 그것이 진실인지 파보라는 뜻이겠다. 의심의 심연까지 내려가라는 이야기다. 붓다가 그 일을 했다고 그대로 판박이로 따라 하라는 것이 아니라, 그 일이 진리에 이르는 길인지, 그릇된 길인지 살펴보고 따르라는 가르침이다. 신의 독단적인 선언과 그것을 맹목으로 따르는 일은 진리에 이르는 길과 다르다. 만일 이 일을 꿰뚫어보았다면 따파스는 시작되지 않는다. 고행이란 사실 자신이 무엇이 되겠다는, 혹은 자신이 무엇을 이루겠다는 아견(我見)에 바탕을 둔다.

그렇게 보면 불교에서 선(善)이라 하는 것은 그것이 선이기에 선이지, 신이나 붓다가 선이라 설명해서 선인 것은 아니다. 훗날 다른 종교에서는 교주가 선으로 이야기한 것을 선으로 간주하기 위해 신학(神學)이라는 옷을 입게 되며, 세월이 흐르면서 사회적 선의 가치기준이 바뀌자 그 두루마리는 점점 더 두터워졌다. 지키기 위한 변명이 학문으로 발전한다. 하여 신의 이야기를 거부하는 쪽은 악이 된다. 선이라는 폭력. 어디 선뿐인가, 악도 그러하다.

위의 힌두교 골격을 마음 안에 놓고 사건 하나를 따라가 보자.

아수라들의 왕 마히사(Mahisa)는 덩치가 엄청나게 크고 외모는 험악한 수컷 물소의 모습이었다. 악마라는 이름을 뒤에 붙여 통상 마히사아수라(Mahisha asura)라고 한다.

"어떤 모습을 가지고 있어도 죽음을 맞이하지 않게 하소서."

마히사아수라 역시 아견을 가지고 고행을 했고, 그 대가를 원했고, 이어 신의 축복을 받았다. 말하자면 사람 모습일 경우 아무리 강한 무기로도 그를 죽음으로 몰아갈 수 없으며, 비단 사람의 모습이 아니라, 물소, 호랑이, 그 어떤 형상을 취하더라도 죽음을 당하지 않을 수 있다는 것.

일단 힘을 얻은 마히사아수라는 다른 악마들을 모아 나날이 힘을 키워나간다. 세상이란 하나를 얻으면 다른 것도 얻고 싶고, 작은 세력을 규합했으면 큰 세력으로 힘을 불리고 싶은 모양이다. 그는 이제 악마들과 함께 신의 세계까지 넘보면서 전쟁을 걸어왔다. 승승장구.

신들의 영역은 줄어들기 시작했으니, 기어이 브라흐마까지 맥없이 밀려나 비슈누와 쉬바 신이 있는 처소를 찾아왔다. 이들이 한 자리에 보여 그간의 마히사의 악행에 대해 이야기를 듣는 동안 자신들 내부에게 솟구쳐 오르는 어마어마한 분노의 힘을 느낀다. 이들은 격렬한 분노를 참지 않고 떼자스(tejas, 화염)로 내뿜자 불꽃은 한 곳에 모여 응축되더니, 그 중심에서 무시무시한 형상을 가진 여신이 태어났다.

신들이 분노를 가지고 있지 않고 놓아주었다는 설정은 기막히다. 내부에 품어 분을 곰삭히는 것은 인간이 하는 것이고, 분을 풀어내 없애는 일은 성자와 신이다. 그리하여 신은 뒤끝이 없이 다시 비게 된다.

여신은 곧장 신들에게로 다가오니 쉬바 신은 자신의 최고무기인 삼지창, 비슈누는 차크라, 아그니는 투창, 바이유는 활, 바루나는 포승 그리고 인드라는 번개를 건네주었고, 히마바트, 즉 히말라야 산신은 그녀에게 탈것으로 사자를 제공했다. 최고의 무기와 탈것을 갖추었으니 무서울 것이 어디 있겠는가.

그녀는 지체 없이 아수라들이 포진하고 있는 적진을 향해 일직선으로 달려나갔다. 악마들은 비명과 함께 추풍낙엽처럼 떨어져 나가고 피가 강을 이루며 흘러가는 가운데에 기어이 마히사와 단 둘이 대면하게 되었다.

무시무시한 그녀의 공격에 마히사는 그만 올가미에 걸리고 만다. 그러자 커다란 물소에서 몸을 줄여 사자로 변신하여 그물망을 빠져나가 도망간다, 사자를 베어버리자 이번에는 인간 영웅의 모습으로 탈바꿈하고, 여신이 화살을 날려 벌집으로 만들자, 코끼리가 되어 화살을 우수수 털어낸다. 이제는 코를 내밀어 여신을 위협하기 시작했다. 여신은 칼로 코끼리 코를 날려버린다. 이제는 다시 본래의 보습인 무시무시한 물소로 되돌아와서는 우주가 흔들릴 정도로 땅을 쿵쿵 짓밟았다. 마히사는 어떤 형태를 취해도 완벽한 모습일 경우에는 불사(不死)였기에 여신의 다양한 공격에도 아무런 충격이 없었다.

이제 다시 원점으로 돌아와 둘이 마주섰다. 둘은 피하지 않고 서로를 향해 뛰어들었다. 그러나 결과는 예견된 것. 수소를 땅에 패대기치면서 쉬바 신의 삼지창으로 목을 꿰뚫어 버린다. 악마는 다시 인간 영웅의 모습으로 바꾸며 수소 바깥으로 탈출하려는데, 아뿔싸, 몸이 수소에서 반도 빠져나오지 못했을 무렵,

• 광장에서 쿠마리를 뽑는 행사를 시작한다. 이제 꽤나 엄격한 과정을 거쳐 쿠마리로 선발된 후 사원으로 들어가게 된다. 가문의 영광이 된다. 가족들은 아이가 간택될 수 있도록 최선을 다한다. 세상은 참으로 원하는 일이 다양하다.

상체는 인간 영웅이었으나 하체는 채 모습이 바뀌지 못하고 수소였던 순간, 섬광 같은 일격에 목이 떨어져 나간다. 즉 완벽한 형상을 갖추기 전에 이 순간을 놓치지 않은 여신의 공격이 성공했다.

남성으로부터 창조되었지만 남성신들이 이루지 못하는 업적을 이루어낸 것은 바로 여신이라는 사실도 관전 포인트 중 하나다. 막강한 남신 셋의 분노는 여신 하나의 분노이니 여자 분노에는 오뉴월 서리가 내리는 일이 당연하다. 이것이 첫 전투였으며 대승을 거두는 전과를 얻었다.

그 후 화염에서 태어난 여신은 이런저런 전투에서 신들의 대리인으로 출전하여 승승장구했다. 그러나 이때까지 그녀의 이름은 마히사의 목을 잘랐다는 의미에서 마히사마르디니(Mahisa-mardini 혹은 Mahisasura-mardini)였다. 사실 이 당시 두르가라는 이름은 다른 악마가 가지고 있었다. 『리그 베다』에 의하면 두르가(Durga)는 '도달하기 어려운' 혹은 '위험한'이라는 의미.

이야기가 되려고 그랬는지 이 악마 두르가가 신들의 세상으로 쳐들어와 신들을 모조리 험한 숲으로 내쫓아 버렸다. 두르가는 지상에서는 강의 흐름을 바꿔버리고, 불을 꺼뜨려버렸으며, 하늘에서는 달과 별들을 모조리 사라지게 만들었다. 갑자기 비가 내리도록 장난질 치는가 하면 흉년이나 풍년을 마음대로 조정했으니 지상에는 큰 혼란이 왔다. 도탄에 빠진 신들과 사람들 사이에서 한숨이 터져 나왔다.

신들은 쉬바 신에게 도움을 청했고, 쉬바 신은 다시 불꽃 형상의 타리니 여신에게 이 일의 해결을 부탁한다. 여신은 일단 카라라트라, 즉 깜깜한 밤을 만들어 혼란을 만들어 적을 없애려했으나 성과를 보지 못해, 직접 두르가가 점령한 강 링포체(카일라스)로 찾아간다.

최대의 전투가 벌어진다. 현재 지명으로 이야기하자면 마팜융초(마나사로바)와 강 링포체(카일라스) 사이에 놓인 바르카 탕까(Barkha thanka), 즉 바르카 평원에서 한 판 승부를 겨룬다.

한쪽은 마히사마르디니 단 하나, 반대편은 악마 두르가와 셀 수 없는 숫자의 부하들이 1억 대의 전차, 1,200마리의 코끼리, 1,000마리의 말이 구름처럼 운집했다.

권선징악.

불패의 치명적인 팜므파탈 마히사마르디니.

역시 이미 예견된 결과. '4. 신들은 직접 나서 싸우거나, 자신들이 창조한 대리자를 내세워 악마와 싸운다'가 있으니 당연히 '5. 악마는 패하여 죽음을 맞이하고 신들이 승리를 거머쥔다'가 준비되어 있다.

그녀는 이번에는 1,000개의 팔을 내밀어 모든 것을 초토화시키려는 듯 화염으로 넘실거리며 적진을 누비면서 악마들을 살육한다. 피가 튀기고 비명소리 즐비한 가운데 종횡무진. 뒤로 밀리던 적들은 마히사마르디니를 향해 하늘에 비처럼 화살을 쏟아져 내리도록 했고, 화살이 모두 소진되자 이제 바르카 초원에 놓인 바위와 초목을 잘라 던졌다. 싸움에서 힘없이 밀리는 두르가와 군대는 급한 김에 산을 만들어 던지기도 했으나 상대는 일곱 조각으로 가볍게 흩어버렸고 이것들은 현재 바르카 평원의 강 링포체(카일라스) 주변의 산들이 되었다.

이게 본래 되는 싸움인가. 모두 처참하게 전사한다. 마지막으로 남은 것은 두르가. 이제 마히사마르디니는 두르가의 가슴을 향해 화살을 한 방 날려 숨통을 완전히 끊어놓는다.

여신은 악마 두르가를 해치운 기념으로 이제 자신의 이름을 아예 두르가로 바꾸었으니 가장 용맹한 적장의 이름을 자신이 가짐으로써, 자신은 그보다 더욱 위대함을 내보인 격이다. 그 후 이름이 바뀐 두르가 여신은 싸움에서는 늘 우아한 모습을 보였다. 악마에게는 무시무시한 존재였으나 사람들에게는 자신들을 수호하는 따뜻한 어머니 모습으로 비추어졌다. 두르가는 노래한다.

> 나는 루드라를 위해 활을 구부리고, 브라흐만을 증오하는 악행자를 물리치며, 나는 인간을 위하여 싸운다. 나는 하늘과 땅에 두루 편재해 있다.
>
> -『리그 베다』 중에서

『마하바라타』에서 전쟁이 시작되려할 때 크리슈나는 아르쥬나에게 두르가에게 경의를 표하고, 더불어 승리를 기원하라고 권한다. 일종의 전쟁의 신인 셈이다.

두르가는 본래 인도 토착민들의 샥티 숭배가 비(非) 아리안 세력에 녹아들어 동화된 것으로, 세계를 파괴하는 에너지의 여성형으로 간주하면 된다. 정통 베다에는 두르가처럼 피를 마시고, 술을 마시며 지극히 폭력적인 여신은 찾기 어렵기에, 여러 정황을 감안하여 본래 토속신의 힌두교 유입으로 간주하고 있다.

두르가는 강력한 전사로서 군사적 의미를 포함하며, 전쟁이 벌어질 경우 제왕의 무기에 현현하는 것으로 알려져 있다. 즉 막강 군대의 배후, 왕실의 힘, 왕의 이미지를 두루 나타내는 바, 왕에게 힘을 주고, 왕권을 유지시키는 역을 맡기도 한다. 『라마야나』에서 라마를 보호하고 수호한다. 두르가가 왕국을 포기하거나 관심을 거두면 그 왕국은 자연스럽게 멸하게 된다.

탈레주는 두르가의 화신으로 두르가의 성격을 그대로 가졌으나 네팔에서 생긴 여신이기에 폭력적인 면에서는 조금 유연하다. 그러나 탈레주를 두르가로 바꿔 읽어도 크게 그르지 않다. 라마는 무시무시한 두르가의 보호 아래 있었고 네팔 말라 왕가는 두르가의 한 형태인 탈레주 보호 아래 있기를 원했다고 보면 쉽게 이해가 가능하다.

한편 카트만두 분지 초기 정착민들은 소 혹은 양을 키웠으며, 시간이 지나면서 다른 부족이 유입되며 기존의 소를 키우던 이들을 제압하고 왕권을 세운다. 신화에서 건강한 수소의 모습으로 나타나는 괴물은 바로 소를 키우던 초기 유목민을 상징하며, 새로운 종교를 가진 왕에 의해 통치되는 강력한 세력 앞에 굴복하게 된다. 고팔들은 소를 상징하고 물소를 죽인 두르가는 바로 새롭게 진격한 세력을 상징한다는 해석도 있어 흥미롭다.

쿠마리에 대해서는 여러 전설이 있다. 그중 하나가 파탄(랄릿푸르)의 싯디 나라싱하 말라(Sidhi Narasingha Malla) 통치 시의 이야기다. 왕은 밤마다 자신의 처소를 찾아오는 탈레주와 주사위 게임을 즐겼다. 여신은 자신이 찾아와 주사위 게임하는 것을 어느 누구에게도 알리지 않기를 명했다.

사실 주사위 게임이이라지만 주사위만 떼굴떼굴 굴렸을까. 정치인끼리, 혹은 정치인이 경제인과 골프를 쳤다면 그들이 스윙하여 공만 날리고 있는 걸까. 더구나 탈레주, 즉 두르가는 바로 왕권을 보호하는 상징이다.

왕은 자신과 여신이 만나는 일에 대해 함구했다. 그러던 어느 날 밤만 되면 자주 자리를 비우는 왕의 행동에 의아심을 품은 왕비가 왕을 뒤따른다. 그리고 왕의 처소 열쇠구멍을 통해 아름다운 여신 탈레주를 보는 순간, 눈이 확 뒤집혔겠다, 전후좌우 사정 모르고 왕비가 난입하며 요즘 말로 진상을 부렸겠다. 하늘 같은 여신에게 육두문자를 엄청 퍼부었을 것이다.

탈레주는 분노했다. 그렇게 신신당부했는데, 왕비 하나 제대로 간수하지 못하다니! 그렇지 않아도 분노에서 태어난 여신이 아닌가. 큰일 났다. 탈레주는 왕권과 왕국의 버팀목, 그녀가 은총을 거두는 순간 왕국은 바람 앞에 촛불처럼 위태롭다. 사태의 심각성을 알아차린 왕은 사색이 되어 싹싹 빌었겠다. 여신은 말한다.

"네가 만일 나를 다시 보기 원하고 더불어 내가 너의 왕국을 보호해주기를 정녕 원한다면 라트나왈리(Ratnawali)의 네왈리 중에서 나의 환생을 찾아라!"

탈레주는 작은 약속조차 지키지 못하는 인간 앞에 이제 더 이상 직접 나타나지 않겠다는 뜻을 밝히고 홀연히 사라져버렸다. 왕은 탈레주의 혼이 실린 어린 소녀를 찾아야만 했다. 왕국의 모든 것을 걸고 찾아내야만 했다.

또 다른 이야기 역시 골격이 비슷하다. 이것은 앞의 이야기보다 앞서는 트라이로카 말라(Trailokya Malla) 왕 시절 이야기로, 왕이 여신의 아름다움을 이기지 못하고 여신에게 동침을 요구했다는 설이다. 사람이 분수를 모르면 일이 생긴다. 더구나 상대가 신일 경우 자칫하다가는 크게 경을 친다. 상대가 신이라는 사실을 잊어버렸을까. 예리한 칼끝에 발린 꿀을 그렇게 맛보고 싶었을까. 여신은 분노하며 대리인을 찾으라며 떠나갔으니 그만해도 다행이었다.

모두 신성과 욕정, 즉 라마와 까마의 구별이 안 되어 벌어진 일이다. 왕은 바즈라차리야(Vajracharya) 계급, 금세공 장인의 가문에서 두사스(Dhusas)를 직접 찾아낸다. 이것은 파탄(랄릿푸르)의 쿠마리의 시초이다.

현재 하누만 도카 근처의 더바르 광장의 쿠마리가 유명하지만 연대상 실제 원조는 파탄(랄릿푸르)인 셈이다. 현재 카트만두 쿠마리는 네와르의 샤캬 족에서 선발된다.

연대기에 따르면 쿠마리 제도는 박타푸르까지 퍼진다. 비문에 의하면 1280년 이 지역 국왕이 쿠마리에 대한 첫 번째 숭배 의식을 수행했다고 언급한 점을 참고하자면 탈레주 관습은 분지에 있는 세 왕국에 모두에 정착되었다.

쿠마리에 대해서는 많은 참고서적과 다양한 이야기들이 존재한다. 신기하기는 하지만 그렇게 많이 끌리지 않는 이유를 모르겠다. 혹시 인도 정통 신화에 경도되어 변방 이야기를 가볍게 보는 것은 아닐까. 그러나 유명세 때문에 더바르 방문 시에 한 번은 둘러보아야 할 명소에 넣게 된다.

## 하누만을 기리는 하누만도카

바아라브 사원, 쿠마리 사원에 이어 3번째 볼거리는 하누만도카.

1. 나살 촉
2. 로한 촉
3. 빤쯔 무키 하누만 사원
4. 트리부번 박물관

일단 하누만이 누구인지 알아야 옳다. 『라마야나』는 기원전 300년 전에 발미키에 의해 쓰인 전쟁 이야기로 기나긴 내용을 추려 말하기는 쉬운 일이 아니다. 그러나 기본 골격은 간단한다.

코살라 왕국, 아요디아의 왕자 라마는 자나카 왕의 딸 시타와 결혼한다. 왕자 라마는 부친의 둘째 왕후의 음모로 당연히 받아야 할 왕위를 이어 받지 못하고 숲으로 14년 간 추방 길에 오르면서 사건이 본격적으로 시작된다. 너무나 아름다운 외모와 그에 못지않은 따뜻한 마음을 가진 시타가 숲속에서 랑카의 왕 라바나에게 납치되어 버리자, 라마는 아내 시타를 찾아 나선다. 사람은 물론 원숭이들과 힘을 합쳐 랑카를 공격하는 등, 온갖 우여곡절 끝에 결국 아내를 구출해낸다. 음모, 사랑, 이별, 전쟁, 이것이 기본 구도이며 이곳에 수많은 장식이 이렇게 저렇게 붙은 것이 『라마야나』다.

랑카는 인도의 아래에 있는 망고 모양의 스리랑카로 시타를 찾기 위해 인도

남단에 이른 우군들은 100요자나 떨어진 해협에 절망한다. 누군가 이 바다를 넘어 랑카에 들어가 시타의 생사 여부를 확인해야 했으나 어느 누구도 이곳을 쉽게 뛰어넘을 능력이 없었다. 자신이 뛰어넘을 수 있는 능력을 이야기하면서 적격자를 찾았으나 모두 역부족. 그러자 병사 중에 가장 연로한 잠바반은 아무런 말없이 구석에 앉아 있는 '해골을 가진 남자'라는 이름의 하누만을 바라보며 말한다.

"나는 저기 조용히 앉아 있는 바이유의 아드님께서, 이 임무를 수행할 수 있는 힘과 기술을 갖춘 가장 적합한 분이라고 생각합니다. 오, 모든 분야의 지식을 갖춘 병사여! 오, 당신은 왜 조용히 앉아 있습니까?"

• 하누만 상이 옷을 입은 이유가 늘 궁금했다. 어디를 가든지 원숭이 신에게 노란 옷을 정성스럽게 입혀 놓았다. 고카르나 마라데브 사원의 사제가 '그도 신이기 때문'이라고 명쾌하게 설명해주어 순식간에 의문이 풀려버렸다. 원숭이 외관을 가지고 있지만 신의 반열에 오른 존재에 대한 네팔 사람들의 예의. 비록 짐승이라도 그 안의 신성에 있다면 외모 따위는 별다른 가치가 없이 공경을 받는다는 소중한 발상.

하누만은 비록 원숭이 모습을 하고 있지만 어머니는 본래 하늘의 여신인 안자나였다. 안자나는 전생에서 거친 행동으로 현자의 저주를 받게 된 후 지상의 바라나에서 여성 전사로 다시 태어나 살고 있었다. 훗날 성인이 되어 숲을 걷고 있는 중에 누군가가 자신의 몸을 마구 쓰다듬는 것이 아닌가. 비록 여성이지만 전사는 전사. 그녀는 분노하며 보이지 않는 상태에서 자신을 더듬고 있는 자에게 고함을 친다.

"너는 누구냐? 이 사악한 놈이여! 네가 감히 누군데 나를 모욕하는가!"

그녀를 껴안은 것은 바로 바람의 신 바이유였다. 너무나 아름다운 모습에 바이유는 참을 수가 없었던 거다. 바이유는 그녀를 달랜다.

"화내지 마시오. 내가 만진다 해서 당신의 몸은 더럽혀지지 않소. (본디 나는 몸이 없는 바람이라) 몸이 아니라 마음으로 포옹했고, 이 포옹으로 인해 당신에게는 한 어린아이가 태어날 것이요."

어마어마한 능력을 가진 바람의 신이 자신을 껴안았다니 성깔 있는 여전사는 한풀 꺾인다.

사실 바람이란 얼마나 위대한가. 바람이 없으면 소리가 없어 우리는 말을 하지 못하고 만뜨라를 읊지 못한다. 바람이 없으면 배는 대양을 넘어설 수 없고, 벌과 나비만으로 되겠는가, 세상의 열매를 맺게 만드는 일 역시 바이유 몫이라 대지는 불임이 된다. 그러나 바이유가 흔든다고 마음[心]까지 흔들려서는 안 되는 것이 수행자다. 풍동번동(風動幡動) 이야기는 그래서 나왔다.

바이유는 여전사에게 좋은 이야기를 더한다.

"힘과 지혜에 있어서 그 아이는 나와 동등할 것이요."

아이는 역시 남달랐다. 모든 면에 있어 힘과 지혜가 특출하였다. 아이는 어느 날 하늘을 보다가 마치 나무 열매처럼 생긴 태양에 눈이 꽂혔다. 하누만이 땅을 박차고 태양을 향해 날아오르자, 가만히 지켜보던 인드라, 자칫하면 태양이 위태로워지고, 그렇다면 지상에 큰 재앙이 닥칠 터, 하누만을 향해 자신의 무기인 번개를 때린다. 인드라의 벼락에 무릎 꿇지 않을 존재가 있는가. 하누만은 오른쪽 턱이 깨지면서 산으로 추락하여 기절해 버린다.

아들이 다치면 아버지가 나서는 일은 지상의 인간이나 천상의 신이나 마찬가지인가. 바이유는 인드라 행위에 대한 보복으로 자신의 일을 멈추어 버리니, 지상에서는 바람이 멈추고 생물들이 호흡을 못하며 질식 상태에 들어간다. 이제 세상은 바람 하나 없는 적막한 상태로 들어가 서서히 죽어가기 시작했다. 신들은 속수무책으로 당하는 수밖에 없었다. 그들은 대책 회의 끝에 바이유를 찾아간다.

"앞으로 모든 신들은 하누만에게 축복을 내릴 것이며, 하누만 자신이 스스로 죽겠다는 의지가 없는 한, 신들의 그 어떤 무기로도 하누만을 살해할 수 없도록 하겠노라."

이렇게 서약을 듣고서야 바이유는 움직이기 시작했다. 바람은 다시 불고 참았던 숨이 터져 나왔으니 사물은 생기를 되찾는다.

어린 시절 이미 태양을 향해 날아오르던 하누만이 까짓 해협 하나 넘지 못하겠는가. 이제 하누만이 나선다. 『라마야나』는 서술한다.

"그때 그의 두 눈은 결의에 불탔다. 그는 서서히 몸을 부풀리기 시작했다. 모두들 경이의 눈으로 하누만을 쳐다보았다. 거대하게 몸을 부풀린 하누만은 사자처럼 몸을 한 번 부르르 떨었다. 그는 앙가다와 장로들에게 인사를 올린 후 말했다."

이제 이어지는 이야기를 살피면 하누만이 어떤 존재인지 알 수 있다.

"저는 바이유의 아들이기 때문에 건너뛰기에 자신이 있습니다. 저는 또 메루 산을 (한 번에) 1,000번이나 (쉬지 않고) 돌 수 있으며, 이 산을 밀어 바다에 넣어 버릴 힘도 가지고 있습니다. 아침부터 시작해서 저녁까지 세상의 동쪽 끝에서 서쪽 끝까지 태양과 함께 (같은 속도로) 달릴 수 있습니다."

바람의 신 바이유의 아들이라 건너뛰기, 말하자면 멀리뛰기를 잘 할 수 있고, 힘도 넉넉하며, 속도 역시 빨라서 삼박자를 모두 갖춘 능력자라는 이야기다. 아무도 넘지 못할 해협을 하누만이 잠바반의 충고를 듣고 나선 것이다.

그는 마헨드라 언덕에 올라선다. 모든 힘을 다리에 모아 힘차게 봉우리를 향해 몇 걸음을 걷는 동안 땅이 울리자 짐승들은 무서워하며 뿔뿔이 흩어졌다. 하누만은 바다와 랑카를 향해 마음을 집중하고, 수르야, 인드라, 바이유, 브라흐마 그리고 삼라만상에게 기도를 올리고 손으로 대지를 때리면서 두 발로는 산 정상을 힘차게 박차고 뛰어 오른다. 많은 나무들이 뿌리 채 뽑혔다.

그는 해협을 뛰어넘어 랑카로 진입한다. 그리고 랑카에서 정탐의 목적을 수행하고 여러 가지 장애와 시련을 극복하고 동료들이 기다리는 마헨드라 언덕으로 다시 되돌아온다.

『라마야나』 중에서 47장에서부터 58장까지를 「순다라 칸다」라 칭하며, 이렇게 하누만이 랑카에 들어가기 전부터, 랑카에서의 일 그리고 귀환까지의 이야기를 주로 다룬다.

힌두교도들이 이 부분을 매우 중요시한다.

> 어떤 재난을 피하고 싶거나 어떤 일의 성공을 기원할 때 사람들은 랑카에서의 탐험을 다룬 시편인 「순다라 칸다」를 읽는다. 하누만이 되돌아올 때까지 발생한 모든 것을 적은 이 장을 읽으면서 하누만이 성공한 것과 같은 결과를 얻을 수 있다고 믿는 것이다
>
> –C. 라자고파라차리의 『라마야나』 중에서

재난을 피하고 싶다던가, 성공을 원하는 이들은 이 대목을 읽으면 그런 효과가 온다는 이야기가 된다.

하누만 홀로 엄청난 넓이의 해협을 넘어가, 장애가 가득 찬 랑카를 휘젓고 목표를 달성한 후, 다시 무사히 돌아 나오는 과정 안에 그런 돌파 및 성취의 에너지가 숨어 있다는 해석이 된다. 그의 난관에 비하면 내가 겪고 있는 사건이 얼마나 사소한 것인지 깨닫는다. 인간을 도와주고, 악의 세력을 무찔러 막아주며, 선행을 베풀고, 무엇보다 어려운 일 생기면 가차 없이 해결하기에 어떤 일을 새롭게 도모할 때 사람들은 하누만을 지극하게 찾는다.

특히 하누만의 신속한 능력은 '가장 빨리 소원을 들어주는 신,' '원하는 바를 빨리 이루어주는 신'으로 자리 잡게 만들었다. 하루 이틀 후, 한두 주 후, 혹은 한두 달 후의 소망을 몇 번의 계절이 지나가는 동안 극심한 고행으로 구할 수

- 자간나트는 세상, 전 우주의 소유자라는 의미를 가지며, 이 사원은 비슈누의 화신, 즉 크리슈나에게 헌정된 사원이다. 성적인 유희를 마다하지 않는 크리슈나의 사원이기에 사원의 지붕 받침대에는 노골적인 성행위 장면이 조각되어 있으며 대각선에 있는 총각 하누만 상은 이 모습을 보지 못하도록 눈을 가렸다. 한편으로 번개는 쿠마리 신의 행위이고 쿠마리는 처녀이기에 이런 성적인 조각이 있으면 피해간다고 한다. 건물을 번개로부터 보호하기 위해서라는 이야기도 있다. 고대 네팔의 야람버 왕은 자신의 악행을 참회하기 위해 고행을 한 결과 침만 뱉어도 적을 섬멸하는 괴이한 능력을 쉬바 신으로부터 부여 받는다. 야람버는 이 능력으로 〈마하바라타〉 전투에 참전하였으나 크리슈나와 의견충돌을 일으키고, 서로 다툰다. 야람버는 당신이 그렇게 나온다면 당신의 사원을 파괴하겠다고 선언한다. 이런 이야기에 바탕으로 1563년 마헨드라 말라 왕이 야람버를 대신하여 크리슈나에게 속죄 참회하는 의미에서 사원을 세웠다. 야람버의 이야기는 당시 크리슈나에게 머리가 잘렸다는 설, 귀환하여 카트만두 분지의 크리슈나 사원을 파괴했다는 설 등등 다양하다. 사진 좌측 사원이다.

는 없지 않은가.

이쯤 이야기하면 하누만 도카에 하누만을 모신 이유가 드러난다. 하누만의 배경을 모르면 코드를 풀 수 없다.

왕궁 입구에 이런 강력한 에너지의 표상을 수호신으로 모셔 왕가와 나라의 안녕을 구하고, 더불어 천재지변과 같은 재난 역시 피하도록 갈구하며, 왕국의 승승장구를 빈다는 의미가 숨어 있다.

"옴 훔 하누마테 루드라카마타에 훔 풋 스와하."

하누만은 어디를 가든지 노란색 혹은 주황색 망토를 두르고 있다. 원숭이들은 옷을 입지 않고 나다니지만 하누만은 곧 죽어도 신이다. 제아무리 변발에 나체의 쉬바 신이라도 대중에게 대부분 하의는 입고 나타나는 마당에 하누만은 원숭이로되 신이기 때문에 옷을 입혔다.

옷을 입힌 후 눈까지 가린 이유는 마주 보는 자간나트(Jagannath) 사원 기둥에 성적인 조각들을 성적 경험이 전혀 없는 하누만이 보지 않도록 하기 위해서다.

하누만 상 우측의 작은 문을 통해 들어가면 꽤나 드넓은 광장이 나온다. 광장 주변을 에워싸는 멋진 문과 문틀을 가진 건축물들은 왕과 왕족이 거주했었고, 광장에서는 대관식과 같은 국사에 중요한 행사를 소화해왔다.

12세기에서 18세기까지 조금씩 손을 보아 훌륭한 모습을 이루었으나 1932년 지진에 대부분 무너지고 새롭게 그러나 비슷하게 복구했다. 1770년에 건립했다는 일대에서 절대고도를 자랑하는 9층 높이의 바산타푸르(Basantapur)가 고초를 이겨낸 모습으로 당찬 위용을 자랑한다.

현재는 트리부번 왕 기념박물관(King Tribhuvan Memorial Museum)과 그의 아들인 마헨드라에게 헌정된 마헨드라 박물관(Mahendra Museum)이 있어 과거 왕들의 행적을 사진, 그림 그리고 소장품을 통해 소상하게 살필 수 있다. 세월이 좋아 왕이 외국의 사절들을 만나던 접견실까지 관람이 가능하다.

갈 수 있는 곳까지 구석구석 가보자.

## 인간에게 붙잡힌 인드라

더바르 북쪽에는 몇 개의 방문처가 있다.

1. 인드라 촉
2. 카테심부 스투파
3. 아싼 똘레
4. 세또 마첸드라나트

어느 날 인드라는 자신의 거처에서 지상으로 내려온다. 파리자트(parijat) 꽃을 어머니 다기니(Dagini)에게 가져다 드리기 위해서였다. 파리자트 꽃은 인도와 네팔을 여행하는 사람들이 흔히 만나게 되는 꽃으로 중앙에는 주황색이며 그곳을 중심으로 아주 작은 불가사리 모양으로 가늘고 하얀 꽃잎이 햇살처럼 퍼져나간 모습이다. 본래 천상에서 아름다운 자태를 뽐내던 파리자트는 어느 날부터인가 지상으로 자리를 옮겨갔고, 인드라 어머니는 다른 신들에게 제례를 올리기 위해 아들에게 이 꽃을 부탁했다.

농부로 변장하고 꽃을 찾아 이곳저곳을 기웃거리다가 꽃밭에 들어간 인드라, 아무래도 엉성하게 변장한 탓에 사람들에게 들켜 졸지에 도둑으로 몰리고 잡혀버리더니 꽁꽁 묶인다.

인드라가 타고 다니는 하얀 코끼리가 주인을 찾아 카트만두 거리를 골목골목 모두 뒤졌으나 인드라의 뛰어난 변장 탓에 알아차리지 못해 다만 헛일이었고, 며칠 동안 하늘에서 아들을 기다리던 어머니 다기니, 참다못해 아들을 찾아 손수 지상 카트만두로 내려온다. 그런데 아들이 묶인 채로 광장에 대롱대롱 매달려 있는 게 아닌가!

코끼리는 모르지만 어머니는 자신의 핏덩어리 아들이 어떤 꼴을 하고 있어도 단박에 알아본다! 인드라 어머니가 인드라에게 다가서는 순간, 사람들은 자신들이 묶어 놓은 존재가 천상의 인드라 신임을 알아차리고 웅성웅성 전전긍긍하기 시작했다.

상대는 천둥 번개를 한순간에 지상으로 내리꽂고 더구나 대지를 비옥하게 만들어주는 빗줄기를 대지에 내리는 위대한 신. 큰일 났다. 카트만두에 벼락이 떨어지고 온통 물바다가 되거나, 반대로 비구름이 찾아오지 않아 심한 가뭄에 시달릴 터, 이 무례를 어찌한다 말인가. 그를 화나게 했다면 당장에 앞날을 기대하기 어렵지 않은가. 모두들 바들바들 떨었다.

사실 사람들이 신을 향해 공들여 경배하는 일은 신이 인간에게 베푸는 도움도 큰 비중을 차지하지만, 신에 대한 두려움이나 경외심이 못지않은 몫을 가진다. 사람들은 한편으로는 경외하는 신과 신성에 대해 불가항력으로 이끌리면서도, 또 다른 한편으로는 신에게 전율과 공포감을 품는 것이 고대종교의 특징이다. 반면, 유신교와 달리 무신교인 불교에서는 종교적인 두려움은 존재하지 않는 성질을 가지고 있다. 불교에서는 외부적인 힘이 아니라 내부적인 힘에 초점을 맞추고 있기 때문이다.

사람들은 인드라가 천상에서 내려와 카트만두 대지를 직접 방문한 것만 해도 대단한 영광이라고 생각하고 무한 사과를 올리며, 이런 무례를 해소하기 위해 정기적으로 사람들이 행렬을 이루어 걸어가며 노래하고 춤추는, 즉 인드라 방문을 기념하는 축제를 해마다 열기로 허리를 굽혀가며 제안하고, 쾌히 허락을 받는다.

인드라의 어머니는 사람들이 제안한 인드라 축제에 대한 답례로 비가 적은 겨울철에는 충분한 이슬을 계곡에 내려주고, 습기를 품은 안개를 듬뿍 선물하여 곡물들이 성장할 수 있도록 하겠다고 약속했고, 더불어 지난 몇 해 동안 카트만두 분지에서 사망한 영혼을 천국으로 데리고 가겠다 선언했다. 거기에 더해 해마다 축제를 이어간다면 축제 중에 그해 세상을 떠난 영혼을 천상으로 인도하겠다고 약속한다.

그 후 이 축제는 인드라 자트라(Indra Jatra)로 이름이 붙여져 이어져 내려오고 있다. 여드레 동안 이어지는 이 축제 첫날에는 쿠마리까지 마차를 타고 참석하며 왕이 쿠마리의 축복을 구한다.

• 카트만두 분지 내에 면적은 그리 크지 않지만 3국으로 나뉘면서 서로 간 이동이 용이하지 않았으리라. 이런 연유로 스왐부나트를 쉬이 가지 못하는 랄릿푸르 주민들을 위해서, 비록 크기는 작으나 유사한 모습의 탑을 만들어 놓고 참배하도록 했다. 카트만두에서 카트, 스왐부나트에서 스왐부(심부)를 따와 카테심부라고 부른다. 뒷심이 약한 자그마한 스왐부나트, 골목 속에 숨어 있다.

이때 인드라 모친이 인드라와 함께 영혼을 데리고 천상으로 오르던 도중, 인도하던 인드라는 잠시 연못에 빠지고, 혹은 목욕을 하고, 이때 뒤따르던 영혼들은 길을 잃고 우왕좌왕한 사건이 일어났다. 이후 인드라 자트라에서는 이런 사건의 재발을 막기 위해서 축제 중에 영가들이 천상으로 가는 길을 헤매지 않도록 하기 위해, 그해 집안에 죽은 사람이 있는 가족이 영가들에게 연습을 시키는 제례(Dangi Jane)가 포함이 되어 있다. 또한 인드라가 연못에 빠지지 않게 하기 위해 인드라를 미리 목욕을 시키는 곳, 즉 다하촉 인드라 다하(Dahachowk's Indra daha)까지 만들게 되었다.

인드라 정도의 힘을 가진 신이 어떻게 맥없이 사람들에게 붙잡혔을까? 카트만두의 평범한 시민들의 뭉친 힘이 강력한 신보다 능력이 한 수 위라는 반증인가?

그러나 이것은 머리 좋은 인드라가 자신을 두고두고 알릴 수 있는 계기로 삼았을 가능성이 있다. 쉬바, 비슈누에게 밀려나가는 인드라의 계략이며 더 깊게 생각하자면 인드라 어머니 다기니의 혜안이다.

또 한편으로 신화를 거두어내면 물 부족 혹은 물의 과잉으로 시달리던 분지 사람들이 물을 담당하는 인드라를 귀하게 모신 결과이기도 하다.

몬순이 끝나는 9월 무렵 인드라 축제가 시작된다. 옆에서 지켜보면 난리도 이런 난리가 없다. 곳곳에서 시간별로 축제가 준비되어 있으며 먹고 마시고 놀고 그야말로 카트만두 분지의 큰 잔치판이다.

그동안 카트만두 분지를 호시탐탐 노리던 프리트비 나라얀 샤가 1768년 이 축제통을 놓칠 리가 없었으니 모든 사람들이 축제에 정신줄을 놓은 사이 카트만두를 점령한다. 카트만두의 강점이자 최대의 약점은 과거로부터 지금까지 이런 축제다. 이미 적군이 창칼을 들고 외곽까지 포위하고 있는 마당에 모든 무기를 내려놓고 먹고 마시고 노래하고 춤추는 사람들. 흘러가는 우주의 불가사의 한 단위를 알고 있는 히말라야 사람들이 우리처럼 하루하루 아등바등 사는 사람들에게 던지는 유쾌한 철학적 농담처럼 보이기도 한다.

인드라 촉은 바로 인드라의 지상현현을 말하고 있는 지역이기에 산책이 필

• 사원의 2층 중앙을 보면 금속으로 만든 깃발이 보인다. 지구상에 사각형이 아닌 삼각형의 깃발을 가진 나라는 네팔이 유일하다. 야람버 왕이 인도대륙에서 벌어진 마하바라타 전쟁에 참전하면서 처음 들고 간 것이 바로 삼각형 깃발이다. 당시 삼각형이 오늘까지 이어져 내려오면서 히말라야 산악국가의 상징으로 굳어졌다. 사원에 모셔진 빔센 상은 무역의 수호신답게 12년마다 히말라야를 넘어 티베트의 수도 라싸까지 모셔갔다가 다시 되돌아오는 일을 반복했다. 중국이 국경을 닫은 후 이런 전통은 사라졌으니, 중국 공산당에 의해 위대한 신적 능력을 가진 거인의 걸음걸음이 끊어져버렸다. 다시 보고 싶다. 빔센이 히말라야를 돌파하는 힘찬 여정을.

수가 된다.

또 다른 이야기는 『마하바라타』와 유관하여 고대 키라티 왕조의 용맹한 야람버 왕과 관련되었다는 이야기.

야람버는 인도 대륙에서 마하바라타라는 큰 전쟁이 일어났을 때, 네팔의 용맹한 전사들과 함께 카트만두를 떠나 테라이 전쟁터로 나갔다. 그는 무시무시한 그리고 빛나는 은빛 가면을 쓰고 전장에 나타났는데 그 모습은 바로 쉬바 신의 바이라바(Bhairava) 모습과 똑같았다. 살벌한 모습에 전쟁에 참가한 모두 커다란 두려움을 느꼈다.

예로부터 깃발은 자신들이 누군지를 알리는 이름과 같았기에 모든 군대의 이동에는 깃발을 전면에 내세웠다. 당시 야람버의 군대가 들었던 키라트 깃발, 즉 삼각형 깃발은 현재 네팔 국기의 원조라고 한다. 전 세계에서 단 하나뿐인 삼각형 네팔 국기의 원조에는 무시무시하고 당당한 산악국가 기운이 기원이 된다.

크리슈나는 야람버에게 물었다.

"야람버 왕이여, 그대는 어느 편에서 싸울 것인가?"

야람버는 당당하게 약한 편 혹은 지는 편에 서겠노라 선언했다.

사실 가끔 나도 이럴 때가 있다. 나와 이익 관계가 전혀 없는 두 나라가 축구를 할 때, 평소 약해 보이던 나라를 응원하는 일이다. 세상 균형을 위해 강자보다는 약한 편을 편들고 싶은 심정 꽤나 여러 번이었으니 야람버의 마음도 크게 다르지 않았으리라.

크리슈나는 야람버의 풍채를 보며 그가 자신의 적인 카우라바 편에 서면 자신들에게 큰 위협이 되리라 생각했다. 만일에 상대편에 서서 자신들을 공격한다면 전쟁은 길어지게 마련이었다. 순간 크리슈나 신은 칼을 뽑아 야람버 목을 쳐버렸다. 크리슈나 신의 힘이 얼마나 강했는지 야람버가 머리에 쓰고 있던 마스크는 허공을 가로질러 카트만두까지 날아와 떨어졌단다.

또 다른 이야기는 이렇게 목이 잘린 야람버는 조금도 기가 죽지 않고 자신이 마하바라타 전쟁을 끝까지 바라볼 수 있도록 크리슈나에게 부탁했고 허락을 받는다. 그리고 인도 대륙을 흔들던 전쟁이 끝난 후 야람버의 머리는 카트만두로 귀환했으며 인드라 촉에 내려앉았다 전한다.

야람버에 대해서는 수많은 버전이 존재하여 진위를 가리기는 어렵다.

## 흘러간다, 꽃이 핀다

한 곳 한 곳 찾아가 신화시대에 진입하여 시간을 보내다보면 왕궁 사이로 신속하게 저녁이 찾아온다. 사원의 계단을 타고 올라 앉아 서쪽을 바라보면 건물들이 석양을 배경으로 마치 처처에 피어난 우담화처럼 보인다. 생주이멸이라는 도도한 흐름 속에 모두 바뀌어나가도 카트만두라고 이야기하는 쉽게 변하지 않는 형이상학적 본질이 피워낸 꽃무더기다. 먼 나라 나그네가 사원에 앉아 순간의 집합들이 흘러가는 것을 바라보기에는, 흘러가도록 하는 힘을 느껴보기에는 저녁 시간이 그만이다. 급하게 일으킨 신도시에서는 만날 수 없는 생각들. 해 지는 시간, 여행자는 방안을 찾기보다 바깥 사원에 앉아 도시를 바라보는 일 역시 필요하다. 아침, 한낮은 물론 일몰 상념에 젖기 좋은 곳, 칸티푸르, 빛의 도시.

나는 태어나서 오늘에 이르렀다. 태어났을 때 내가 가진 세포는 현재 가지고 있는 60조 개 세포 중에 단 하나도 남은 것이 없이 완벽히 새것으로 바뀌었다. 저기 서 있는 사원이라고 다를 리 없어 지붕의 기와 그리고 처마는 처음 것이 아니고 기둥도 여러 번 새것으로 교체되었다. 파괴되었다가 다시 세웠으며, 그사이 사제는 계속 바뀌고 신도들 역시 모두 거듭 바뀌었다. 강물이 흘러나오고 사람들이 강의 이름을 바그마티라 지어주었으나 강줄기는 변했고 강물도 예전 물이 전혀 아니다. 시초와는 전혀 다른 이것을 사람들은 그래도 임현담이라 부르고, 이 도시를 꾸준히 카트만두라고 칭하고 있다. 국민들이 종교와 문화를 통해 내부 결속을 통해 만들어 온 카트만두라는 정체성, 즉 시간의 흐름 속에 도화지 위에 지워지고 덧붙여지며 그려온 카트만두라는 그림들이다.

• 칸티푸르 뒤엉킨 골목골목 요소마다 국보급 문화재들이 자리한다. 종교란 다만 '생각'으로 생각하는 이들에게 이교도 종교적 조형물은 신비로움으로 경탄을 자아내지만, 종교가 '생활' 자체인 현지인들은 무심으로 지나친다.

그림 감상법을 논하는 구루와 학자가 세상에 널렸거늘 그림의 바탕 화폭, 즉 도화지의 중요성을 설파하는 이 많지 않다. 우리는 그림을 바라보며 하나의 명작이라 감탄하면서도 화폭 혹은 도화지가 존재한다는 중한 사실을 잊고 본다. 그러나 불교 경전은 세상을 화폭에 그려진 그림으로 설명하며 그림을 그린 자리, 즉 화폭의 중요성을 강조해왔다. 커다란 화폭에 마음을 담아 붓을 들어 그려나가 화폭 위에 작품이 완성되듯이, 우리의 삶은 무엇인가를 바탕으로 마음을 담아 건물을 세우고 조각물을 장식하며 사원을 일으킨 것이라 설명해왔다. 배후의 바탕이, 화폭이, 도화지가 없다면 표층에 무엇을 표현한다는 일이 가능하기는 가능한 일이겠는가.

카트만두라는 도시를 일으킨 시초의 심층에는 빛이 있다. 일심이라 말해도 좋고, 진여 혹은 여래장이면 어떠랴. 밝고 청정한 빛 푸루샤라는 화폭 위에 신들, 인간들, 그리고 그 외 유정무정들이 그림을 그려왔다. 심층의 바탕과 표층의 표현, 불일불이(不一不異)한 이 두 가지, 두루 살펴가며 진정한 법계를 알아차리는 일이 각(覺)이리라. 그림자와 빛을 바라보면 휘장 뒤의 큰 그림이 슬며시 보인다.

이제 밑그림을 살피고 도화지를 느낀 여행자가 찻집에 들어서면 주인은 작은 불을 켜는 시간이다. 더불어 상가의 불이 하나둘 켜지며 불이 켜질 때마다 이 빛의 도시 수호자, 아름다운 락쉬미가 밝은 빛으로 세상에 나온다.

옴 슈림 마하락쉬미에 나마하.

카트만두의 더바르 광장

# 안식처, 쉼터 혹은 대피소

살다보면 앞뒤로 막혀버리는 날들, 혹은 시간이 온다. 정말이지 어디론가 떠나, 모든 것을 끊고 아주 잊고 지내고 싶은 생각뿐이다.

그러나 돌아보면 현실이 어디 그런가. 자신을 붙잡고 있는 수많은 간절한 요소들, 특히 가족들, 자신이 이 모든 것을 한순간 버렸을 경우, 당장 연쇄적으로 일어날 불행한 현상들에 대한 상상이 바짓가랑이를 꽉 잡고 감정을 삭이라고 권유한다. 한숨을 쉬거나 머리를 흔들며 절망한다. 이겨내지 못하는 사람들은 한강 다리 위에서, 아파트에서 뛰어내리기도 한다.

하기야 이런 모든 것이 일어나기 전에 싹을 자르듯 일찌감치 버리고 출가라는 방향을 결정한 현명한 분들이 많다. 기회를 놓치거나 그럴 용기가 없는 사람들은 삶의 어느 순간부터 주기적으로 찾아드는 이런저런 회의감에 시달릴 수밖에 없다.

사실 멀리 떠난다 해서 고민이 근본적으로 해결되는 일이 아니다. 보통 질긴 뿌리가 아니며 이것은 자신의 존재에 대한 해결이 없는 한 계절 태풍처럼, 몬순의 빗줄기처럼 때 되면 어김없이 한바탕 몰아친다.

나이를 먹으면서 들이닥치는 이런 갑갑함은, 집에서 멀리 나간다는 커다란 행동을 하지 않고도 어느 정도 삭힐 수 있다. 즉 마음으로 출가를 시키는 심출가(心出家)로 해결할 수 있고, 소소한 사건들이 찾아오면 마음의 안식처나 대피소로 잠시 향하면 된다. 물론 대피소가 대수는 아니다. 진흙을 던지면 개는 진흙을 따라가고 사자는 던진 사람을 찾아가 물어버리니, 던진 사람, 즉 존재의 의미를 해결하는 순간에 이르러야 대피소 서까래와 기둥은 무너지며 모두를 내려놓을 수 있다.

불교에서는 불(佛)·법(法)·승(僧), 즉 붓다, 다르마, 승가가 이 역할을 하며, 특히 티베트불교에서는 앞의 세 가지에 더해 라마(스승)까지 얹어 네 가지 안식처를 만들어 놓았다. 하나하나 모두 소중하고 효과가 높되 대부분 이 안식처를 적절하게 활용하지 못하고, 가끔 번개가 내리꽂히고 비바람 몰아치는 거친 들판에서, 혹은 맹수들이 오가는 어둠 내린 숲속에서 우왕좌왕할 따름이다.

개인적으로는 라마(근본스승), 쌍게(붓다), 최(다르마) 그리고 게둔(승가), 이런 안식처에 더해 히말라야가 대피소다. 배낭 안에 이런저런 짐들을 부려놓고 직접 떠난 일이 구체적인 행동이라면, 갑갑한 일이 생기거나 장벽에 부딪히면 조용히 앉아 흔들리는 마음을 하얗고 높은 산이 연이어 펼쳐지고, 함지박 같은 계곡 사이 야생화를 가득 담겨, 바로 이 자리가 천국임을 선포하는 풍경 속으로 떠나보내는 일 역시 소극적이나마 외부와 단절된 대피소 행이었다.

그곳에서 만났던 수행자들의 어묵동정, 자연과 하나가 되어버리던 느낌, 배후에 위대한 힘에 대해 무릎을 꿇던 회상은 이곳에서의 욕망에서 기인된 조악하고 거친 생각들을 곧바로 정화한다. 이런 일을 거듭하면 효과는 깊어지고 오래 지속된다. 사실 자신이 이런 마음 따스한 장소를 만드는 일은 어렵지 않다. 늘 챙겨주시는 스승, 아니면 지리산, 덕유평전, 해지는 사막, 구례 섬진강변 어디쯤 등등, 마음이 쉬는 자리를 만들면 되기에, 어느 누구든 의지만 있다면 대피소를 쉽게 만들 수 있다.

익숙해지면 우리 마음은 이동식 안식처며, 성지를 품는 경우 이동식 성지가 되며, 더 나가면 나는 늘 성지가 되어 바로 성지 그 자체다. 가령 대피소가 붓다인 경우, 붓다처럼 생각하고 동화되어 내가 붓다처럼 행동하는 경지로 나아가 내가 바로 붓다이니 티베트불교에서 주로 쓰는 수행방법 중의 하나다.

카트만두 역시 안식처 중에 하나다. 어디로 이어지는지 매우 궁금한 골목들, 골목 귀퉁이에 숯을 피워 연신 부채질하며 옥수수를 굽는 아주머니, 때가 꼬질거리는 낡은 건축물들, 아침이면 삐걱대며 지나가는 릭샤 소리, 건물을 장식하는 목조문양, 힌두제신을 모시고 다양한 붓다들을 모신 고대 사원들 등등.

이 책의 내용이란 사실 안식처, 쉼터이자 대피소 중 한 곳의 이야기였고 활자로 옮기는 동안 마음은 무척 따뜻했다. 내내 안식처에 머무는 기분이었으니 나는 초대 붓다부터 여러 성자들이 머물고 설법했던, 힌두신들이 머물며 여러 사연을 만들어낸 카트만두였다.

옴 나모 붓다, 옴 나모 브라흐만, 옴 나모 쉬바, 옴 나라얀 스와하.

## 벼루를 씻다

어딘가 여행을 떠나고자 하는 사람들은 가이드북을 손에 쥔다. 정보가 넘쳐나는 요즘은 검색을 통해 자신이 가려는 장소와 볼거리를 프린트해서 손에 들고 떠나기도 한다.

히말라야 문화권에 발을 내딛던 1990년대 시초에는 오로지 몇 종류의 영어서적 이외에 안내서는 만날 수 없었고 그나마 책을 구하려면 서울의 중심부에 자리한 대형서점 한 곳까지 애써 다리품을 팔아야 했다. 인터넷 구입 등등은 어림도 없던 시기였다. 다행스럽게 오늘에 이르러서는 많은 책이 쏟아져 나와 자신의 취향에 따라 고를 수 있게 되었다.

카트만두에 관한 책을 준비하면서 국내외에서 발행된 책들과 잡지에 기고된 글들, 그 외 논문과 같은 참고문헌을 이리저리 검토해 보았다. 같은 내용을 다시 문자화하여 발행한다면 넘쳐나는 정보에 부질없는 정보만 더할 뿐 별다른 의미가 없으리라는 생각 때문이었다.

결국 다른 곳에는 없는 내용을 중심으로 카트만두에 관한 책을 한 권을 내도 좋겠다는 결정을 내렸다. 남들이 이미 서술한 내용은 많이 생략하고 다른 책에서는 이야기하지 않는 신화와 그 사연들을 소개하는 일만으로도 가치가 있겠구나, 스스로 발행 허가를 냈다. 즐비한 문화재 사이를 걸으면서 건축물의 아름다움에 감탄하는 일에 더해 내 쉼터가 품고 있는 사연을 더한다면 여행객과 순례자의 이해가 깊어지지 않을까.

네팔은 인도의 힌두교와 티베트의 불교 사이에서 피어났기 때문에 힌두교와 티베트불교를 다루지 않으면 해결이 곤란한 문제가 대두되었다. 그러자니 전에 저자가 이미 발행한 힌두권 히말라야 『가르왈 히말라야』 편과 티베트 문화의 총화 『강 린포체』 편 내용 일부가 겹치게 되었다. 하여 중요한 부분만 발췌하여 수록하고 나머지는 남들이 하지 않은 이야기들을 중심으로 글을 쓰게 되었다.

모든 이야기의 기초가 되는 『스왐부 뿌라나』와 『네팔 마하뜨야』에 대한 서적 구입과 번역에 있어, 네팔에 거주하는 아우 포카넬 시버, 그리고 이제 한국에서 훗날 네팔의 발전을 위해 배우며 살아가는 또 다른 아우 우프레띠 수던, 두 사람이 없었으면 불가능했으며, 감사하다는 말로 마음을 전하기에는 턱없이 부족하다.

글을 쓰면서 따뜻하기만 했을까, 거기에 더해 무척 즐거웠다. 카트만두 골목을 이리저리 헤매며 다닐 때는 그것이 다만 '여행'이라는 생각뿐이었는데 사실 여행이 아니라 만족에 근거를 둔 '행복'이었다. 네팔 카트만두에 도착했을 때, 놀라움과 불편함은 익숙함과 편안함으로 치환되어 있다.

이제는 골목을 지나면 사이사이 무엇이 자리하고 있는지 알 수 있어 향기롭고 깊은 맛을 가진 토속주 똥바 집 몇 곳은 물론, 두어 잔이면 다리가 후들거리는 독주 럭시를 파는 어두침침하고 술 냄새에 절어 있는 선술집까지 알며, 김이 모락거리는 달바트 집도 내 집처럼 쉬이 찾아간다. 어디쯤 가면 이런저런 사원이 어떤 목적으로 그 자리에 있는지 제대로 안다. 일주일이 무슨 이야기인가, 3

년을 지내도 심심하지 않게 지낼 자신이 있다.

카트만두 문화재의 절대량은 일반인이 상상하기 어려울 정도로 방대하여 모든 사원을 포함한 문화재를 지면에 소개하기 어렵다. 내 안식처 중에 하나인 카트만두의 사원 하나하나 골목골목까지 모두 소상하게 밝히면 좋으련만 지면이 허락하는 범위를 지키기 위해 『스왐부 뿌라나』, 『네팔 마하뜨야』에서 이야기하는 신화적 카트만두 골격과, 여행객이라면 필수적으로 찾게 되는 유네스코 세계문화유산을 중심으로 이야기를 풀어놓았다. 기록보다는 구전에 의존하던 지역이라 사원들이 언제 어떻게 시작했는지 명확하지 않으며 사원 내부 공간에 대해서는 접근이 거의 불가능했다. 실측을 통해 가로 세로 높이 등등 소개하고 사진으로 소상한 모습까지 밝히고 싶었지만, 이것 역시 이교도에게는 있을 수 없는 일. 한국어를 모국어로 쓰는 힌두교 사제가 나오기 전까지는 어려운 일이리라.

개인적으로 중요하다는 느낌을 받은, 즉 반드시 살펴야 할 몇 곳만 기원과 관계된 신화 등등을 소개했기에 많이 부족하면서 말이 많아 지나치게 넘친다. 내 쉼터 중 하나를 균형감을 잃고 수다스럽게 자랑한 꼴이다.

그러면서도 결국 이런 책을 만들게 되다니 회심(回心)을 품고 배낭을 짊어지고 처음 집을 나선 날부터 여기까지 참 먼 길, 제대로 방향을 잡아 잘 왔다는 생각이 든다.

云何見祖師 要識本來面 亭亭塔中人 問我何卯見

…

借師錫端泉 洗我綺語硯

어찌하여 조사를 알현하고자 하는가.

나의 본래 면목을 알고자 함이네.

원적하여 탑 중에 계신 조사께서는

나에게 "그대는 무엇을 보았는가."라고 묻는다.

…

조사께서 석장을 꽂아 파놓은 남화사 뒤 탁석천 물로
말 꾸며낸 내 벼루 깨끗이 씻어내네.

소동파(蘇東坡) 한시 일부로 카트만두 안식처의 문을 닫는다.
이제 다시 설산으로 눈을 돌려야 할 시간이다.
"옴 싸르베브요 뿌스빠안잘림(모든 분들에게 손을 모아 꽃을 올립니다)."

## 참고서적


『깨달음의 길』, 총카파 지음, 청전 옮김, 지영사, 2005.
『나가르주나』, 깔루빠하나 지음, 박인성 옮김, 장경각, 1994.
『나가르주나 중론』, 서정형, 서울대학교 철학사상연구소『철학사상』 별책 3권, 2004.
『나는 걷는다 붓다와 함께』, 청전 스님, 휴, 2010.
『네팔, 론리 플래닛 트래블 가이드』, 조 빈들로스 지음, 안그라픽스, 2009.
『느리게 산다는 의미』(1), 피에르 쌍소 지음, 김주경 옮김, 동문선, 2000.
『놓아버리기』, 아잔 브람 지음, 혜안 옮김, 궁리, 2012.
『다가니까야』, 각묵 스님 옮김, 초기불전연구원, 2006.
『대당서역기』, 현장 지음, 권덕주 옮김, 우리출판사, 1980.
『대불전경』, 밍군 사야도 지음, 최봉수 옮김, 한언, 2009.
『달라이 라마의 자비명상법』, 라마 예세 툽텐 지음, 박윤정 옮김, 정신세계사, 2005.
『두르가 여신 연구』, 유현정, 석사학위논문, 동국대학교, 2008.
『라마야나』, 발미키 지음, 주해신 옮김, 민족사, 1993.
『라마야나』, C. 라자고파라차리 지음, 허정 옮김, 한얼미디어, 2005.
『마누법전』, 이재숙, 이광수 옮김 한길사, 1999.
『밀교의 성불원리』, 중암 편저, 정우, 2005.
『바가바드 기타』, 길희성 옮김, 한길사. 1992.
『바가바드 기타』, 정창영 옮김, 시공사, 2000.
『베단따 철학』, 김선근, 불광출판부, 1990.
『보살』, 안성두 편, 도서출판 씨아이알, 2008.
『불타의 세계』, 나까무라 하지메, 나라 야스아끼, 사또오 료오준 지음, 김지견 옮김, 김영사, 2011.
『붓다 브레인』, 릭 헨슨, 리챠드 멘디우스 지음, 장현갑, 장주영 옮김, 불광, 2010.
『사색의 즐거움』, 위치우위 지음, 심규호 옮김, 이다미디어, 2010.
『상징 기호 표지』, 조르쥬 나타프 지음, 김정란 옮김, 열화당, 1995.
『수타니파타』, 김운학 옮김, 범우사, 2001.
『세계를 간다, 네팔』, 랜덤하우스코리아, 2011.
『신화로 만나는 인도』, 노영자, PUFS, 2000.
『신화와 현실』, 미르세아 엘리아드 지음, 이은봉 옮김, 성균관대학교 출판부, 1998.
『신화의 힘』, 조셉 캠벨, 빌 모이어스 지음, 이윤기 옮김, 고려원, 1993.
『양초 한 자루에 담긴 화학 이야기』, 마이클 패어데이 지음, 박택규 옮김, 서해문집, 1998.
『용수의 공사상 연구』, 프레데릭 J. 스토렝 지음, 남수영 옮김, 시공사, 1999.
『용수의 마디아마카 철학』, 자야데바 싱 지음, 김석진 옮김, 민족사, 1987.
『우파니샤드』(Ⅰ, Ⅱ), 이재숙 옮김, 한길사, 1996.

『예세 초겔』, 설오 옮김, 김영사, 2004.
『위대한 스승의 가르침』, 빼뙬 린뽀체 지음, 오기열 옮김, 지영사, 2012.
『인도로 가는 동안』, 임현갑, 문학의 문학, 2013.
『인도 만다라 대륙』, 사이 다케오 지음, 이만옥 옮김, 들녘, 2001.
『인도 문화의 이해』, 이은구, 세창출판사, 1999.
『인도, 신과의 만남』, 스티븐 P. 아펜젤러 하일러 지음, 김홍옥 옮김, 다빈치, 2002.
『인도 신화』, 김형준, 청아출판사, 2012.
『인도 신화』, 스와미 치트아난다 사라스바티 지음, 김석진 옮김, 북하우스, 2002.
『인도 신화』, 라다크르시나이야 지음, 김석진 옮김, 장락, 1995.
『인도 신화의 계보』, 류경희, 살림, 2003.
『인도의 사상과 문화』, 문을식, 여래, 2001.
『인도의 신화와 예술』, 하인리히 침머 지음, 이숙종 옮김, 대원사, 2000.
『인도의 철학』, 조셉 켐벨 지음, 김용환 옮김, 대원사. 1992.
『인도인의 길』, 존 M. 콜러 지음, 허우성 옮김, 세계사, 1995.
『인도철학』, R. 뿔리간둘라 지음, 이지수 옮김, 민족사, 1991.
『인도철학사』, 라다크리슈난 지음, 이거룡 옮김, 한길사, 1996.
『인도철학의 자아사상』, 카나쿠라 엔쇼 지음, 문을식 옮김, 여래, 1994.
『임제어록』, 임제의현 지음, 정성본 역주, 한국선문화연구소, 2011.
『쟁경』, 좌오촨둥 지음, 노만수 옮김, 민음사, 2013.
『전륜성왕 아쇼까』, 이거룡, 종이거울, 2009.
『종문무고』, 장경각, 1992.
『직지』, 동국대역경원 역, 조계종출판사, 2006.
『집단 기억의 파괴』, 로버트 베번 지음, 나현영 옮김, 알마, 2011.
『초발심자경문』, 보조지눌, 운주사, 1995.
『티베트불교입문』, 탈랙 캅괸 림포체 지음, 유기천 옮김, 청년사, 2006.
『티베트의 지혜』, 쇼갈 린포체 지음, 오진탁 옮김, 민음사, 2000.
『학파로 보는 인도사상』, 사티스찬드라 찻테르지, 디렌드라모한 닷타 지음, 김형준 옮김, 예문서원, 1999.
『한 권으로 정리한 이야기 인도신화』, 김형준, 청아, 1999.
『행복은 혼자 오지 않는다』, 에카르트 폰 히르슈하우젠 지음, 박규호 옮김, 은행나무, 2009.
『힌두교』, 베르너 숄츠 지음, 황선상 옮김, 예경, 2007.
『힌두의 신화와 철학』, 스와미 하르시아난다 지음, 김석진 옮김, 소나무, 1991.
『힌두이즘』, 로버트 찰스 제너 지음, 길희성 옮김, 여래, 1996.
『CEO 스티브 잡스가 인문학자 스티브 잡스를 말하다』, 이남훈, 팬덤북스, 2011.

雪蓮道場 5

허말라야의 맹주

# 네팔 히말라야

카트만두 편

Kathmandu

글·사진 임현담
펴낸이 김인현
펴낸곳 종이거울

2016년 3월 3일 초판 1쇄 발행

편집진행 정선경
디자인 쿠담디자인
관리 김옥균
인쇄 및 제본 금강인쇄(주)

등록 2002년 9월 23일(제19-61호)
주소 경기도 안성시 죽산면 거곡길 27-52(용설리 1178-1)
전화 031-676-8700, 02-419-8704
팩시밀리 031-676-8704
e-mail dopiansa@hanmail.net



ISBN 978-89-90562-50-0 (04980)
세트 978-89-90562-11-2 (04980)

이 도서의 국립중앙도서관 출판예정도서목록(CIP)은 서지정보유통지원시스템 홈페이지(http://seoji.nl.go.kr)와
국가자료공동목록시스템(http://www.nl.go.kr/kolisnet)에서 이용하실 수 있습니다. (CIP제어번호 : 2016003051)



•

진리생명은 깨달음[自覺覺他]에 의해서만 그 모습[覺行圓滿]이 드러나므로
도서출판 종이거울은 '독서는 깨달음을 얻는 또 하나의 길'이라는 믿음으로 책을 펴냅니다.